suhrkamp taschenbuch
wissenschaft 1742

Gedankenexperimente verheißen Erkenntnisgewinn ohne empirische Arbeit – eigentlich eine Unmöglichkeit vor dem Selbstverständnis der modernen Naturwissenschaften. Und doch hat das Forschen mit Gedankenexperimenten eine lange Tradition in den empirischen Wissenschaften von ihren Anfängen bei Galilei und Newton bis heute. Hier wird die Geschichte des alten Menschheitstraums erzählt, Naturgesetze durch reine Vernunftgründe erschließen zu können – vom Optimismus der Naturphilosophen wie Kant und Ørsted bis zu den Rückzugsgefechten des »Gesunden Menschenverstands« mit den abstrakten Naturtheorien von Relativität und Quanten. Gesucht wird, ob sich in der reichhaltigen Begriffs- und Methodengeschichte des »Gedankenexperiments« neben zahlreichen illusorischen Hoffnungen auch eine sinnvolle Bedeutung für den Gebrauch in den Naturwissenschaften finden läßt.

Ulrich Kühne hat in Oxford Physik und Philosophie studiert, an der Universität Bremen Wissenschaftsphilosophie unterrichtet und arbeitet gegenwärtig in der Sachbuchredaktion der *Süddeutschen Zeitung* in München.

Ulrich Kühne

Die Methode des Gedankenexperiments

Suhrkamp

D. M.
sororis optimae
S. K.

Bibliografische Information Der Deutschen Bibliothek
Die Deutsche Bibliothek verzeichnet diese Publikation
in der Deutschen Nationalbibliografie
http://dnb.ddb.de

suhrkamp taschenbuch wissenschaft 1742
Erste Auflage 2005

Satz: TypoForum GmbH, Seelbach
Druck: Nomos Verlagsgesellschaft, Baden-Baden
Printed in Germany
Umschlag nach Entwürfen von
Willy Fleckhaus und Rolf Staudt
ISBN 3-518-29342-7

1 2 3 4 5 6 – 10 09 08 07 06 05

Inhalt

Einleitung

> »Wie Archimedes sagte: Gebt mir einen festen Stützpunkt und ich hebe die Welt aus den Angeln, so kann der Physiker jetzt sagen: Gebt mir die geringste Abweichung vom Prinzip von der Erhaltung der Kraft, in der entlegensten Naturkraft, in der unausführbarsten Gedankenmaschine, und ich werde Euch für nichts Kräfte liefern, so gewaltige und so viel als sich Eure Phantasie nur ausmalen kann.«
>
> *Heinrich Hertz*, 1884[1]

Ein Gespenst geht um in den Wissenschaften – das Gespenst des Gedankenexperiments. In allen Disziplinen forscht man mit Gedankenexperimenten, in der Physik ebenso wie in der Moralphilosophie. Theoretische Entdeckungen werden als Ergebnisse von Gedankenexperimenten präsentiert, Gedankenexperimente fördern technische Erfindungen und machen den Schulunterricht von trokkenen Fächern leicht und anschaulich. Die Wissenschaftshistoriker haben Gedankenexperimente in allen bedeutenden Werken menschlichen Denkens gefunden.

Mit »*Gedanken*experiment« ist eine Wissenschaftsmethode gemeint, die man in Gedanken ausführt. Bei der Durchführung eines Gedankenexperiments braucht man sich nicht aus dem Lehnstuhl zu erheben, um in die Welt hineinzuschauen oder ein reales Meßgerät zu bedienen. Zugleich ist mit »Gedanken*experiment*« aber auch eine Art von Experiment gemeint: Es bereichert unser Wissen und läßt uns also etwas entdecken, was wir vorher noch nicht wußten. In einem Lexikon der Wissenschaftsphilosophie wird »Gedankenexperiment« definiert als

> ein ↑Experiment, dessen Ablauf methodisch entwickelt ist, das jedoch aus technisch-kontingenten (Kosten des technischen Aufwands etc.) oder prinzipiellen (Dimension der gedachten Versuchsgeräte, moralische Grenzen beim Umgang mit Versuchspersonen etc.) Gründen nicht ausgeführt wird.[2]

1 Hertz (1884) 134.
2 Carl F. Gethmann in: Mittelstraß (1980) 712.

Ein »Experiment« ist bekanntermaßen das

> planmäßige Herbeiführen von (meist variablen) Umständen zum Zweck wissenschaftlicher ↑Beobachtung.[3]

Hiermit sieht man sofort, daß das Gedankenexperiment ein Experiment ist, dem die Hauptsache fehlt. Ein Experiment macht man gerade genau deshalb, weil man etwas über die Welt erfahren möchte, was man nicht erfährt, wenn man im Lehnstuhl sitzen bleibt. Wenn man das Experiment nur methodisch entwickelt und sich danach – aus welchen Gründen auch immer – nicht die Mühe macht, es real auszuführen, um eine reale Beobachtung zu gewinnen, setzt man die eigenen Vorurteile keiner Gefahr aus und wird nichts Neues erfahren.

In Disziplinen wie der Moralphilosophie, die bisher nie Experimente benutzt hatten, mag es wohl als bloße begriffliche Verwirrung abgetan werden, daß man dort neuerdings behauptet, mit »Gedankenexperimenten« zu forschen. In den empirischen Wissenschaften sollte der angebliche Gebrauch von »Gedankenexperimenten« sofortigen Protest hervorrufen. Ist es nicht gerade das Selbstverständnis der eigenen Tradition, daß die Naturwissenschaften genau deshalb erfolgreich wurden, weil sie alle mittelalterlichen Methoden, über die Natur bloß nachzudenken, durch das reale Experiment ersetzten? Ergibt sich mit der Methode des Gedankenexperiments jetzt doch wieder die Möglichkeit, in einer fensterlosen Mönchsklause die Geheimnisse der Natur zu entschlüsseln? Könnte sich der Staat die erheblichen Kosten für experimentelle Grundlagenforschung einsparen, wenn es der Wissenschaftsphilosophie endlich gelingt, die Methode des Gedankenexperiments sauber zu explizieren und als Alternative zum realen Experiment zu entwickeln?

Solche Hoffnungen wird dieses Buch enttäuschen. Es wird sich auf den nachfolgenden Seiten leider kein Indiz dafür finden, daß sich das reale Experiment in den Naturwissenschaften durch eine wie immer geartete Methode des bloßen Nachdenkens ersetzen läßt. Aber dagegen, daß Gedankenexperimente überhaupt dieses Ziel haben, Experimente durch Denken zu ersetzen, spricht schon das Ergebnis einer Untersuchung des in der aktuellen Literatur wohl meistzitierten Musterbeispiels eines Gedankenexperiments: Galileis Gedankenexperiment zum Fallgesetz *(I.2)*. Tatsächlich entwickelt

3 Peter Janich in: Mittelstraß (1980) 621f.

Galilei das Argument dieses Gedankenexperiments in einer Gesprächssituation, in der sämtliche empirischen Fakten über die Fallbewegung längst bekannt sind. Galileis Absicht mit dem Gedankenexperiment war, die geeigneten Hintergrundannahmen offenzulegen, mit denen sich diese Fakten erklären lassen, und dadurch nützliche Hinweise zu liefern, wie die später gefundene mathematische Theorie der Fallbewegung auszusehen hat.

Der erste Teil des Buchs versucht den Rahmen zu finden, in dem ein sinnvoller und möglicher Begriff des Gedankenexperiments in den Naturwissenschaften entwickelt werden kann. Aus der Absicht der Wissenschaft, Wissen nicht bloß in einem Katalog zu sammeln, sondern in einem System zu ordnen, können sich Gründe ergeben, ob nicht ein Wissen revidiert werden muß, um »besser zum übrigen Wissen zu passen«. Wenn nicht jede Überzeugung unverbunden zu allen übrigen stehen soll, dann muß es Kriterien geben, um in jedem konkreten Einzelfall zu entscheiden, ob diese Überzeugung nicht nur für sich, sondern auch vor dem Hintergrund der übrigen Überzeugung aufrechterhalten werden kann. Die Formen des Argumentierens, das hierfür nötig ist, kann man sinnvoll »Gedankenexperimente« nennen, ohne damit in die Nähe des ungeklärten Spuks zu geraten, Tatsachen durch bloßes Denken zu ersetzen.

Ein in diesem Rahmen entwickelter Begriff des Gedankenexperiments kann sich auf eine lange Tradition der Wissenschaftsphilosophie berufen, eine Tradition, die in der aktuellen Literatur über Gedankenexperimente weitgehend in Vergessenheit geraten ist und sie so der Gefahr aussetzt, einem bloßen Modewort anzuhängen. Im zweiten Teil wird versucht, die bisherigen Beiträge zur Methode des Gedankenexperiments in einer historischen Entwicklungslinie nachzuzeichnen. Diese Linie spannt sich von den Anfängen des Begriffs »Gedankenexperiment« im Umfeld der Romantischen Naturphilosophie des frühen 19. Jahrhunderts über die Physiker, die im Zusammenhang mit den neuen Theorien von Relativität und Quanten über und mit Gedankenexperimenten diskutiert haben, bis zu den Anfängen der großen Unübersichtlichkeit, die mit dem inflationären Anwachsen der wissenschaftsphilosophischen Literatur über Gedankenexperimente vor etwa zwanzig Jahren einsetzte.

Wertvolle Anregungen und Korrekturen zu dieser Arbeit erhielt ich insbesondere von Elke Brendel, Daniel Cohnitz, Harald Czinczel, Brigitte Falkenburg, Fritz Felgentreu, Ulrich Gähde, Gerd

Graßhoff, Michael Hampe, Rainer Hegselmann, Andreas Hüttemann, Neb Kujundzic, Peter Richter, Hans-Peter Schütt, Michael Stöltzner und Constanze Wartenberg. Von meinen Lehrern, denen ich mehr als nur eine Ausbildung in Physik und Philosophie verdanke, möchte ich insbesondere David Brink, Harvey Brown, Roger Cashmore und Bill Newton-Smith nennen. Für die Finanzierung der Arbeit danke ich meinen Eltern, der Landesgraduiertenförderung Baden-Württemberg und dem Rektor der Universität Bremen. Die größte Unterstützung habe ich von Erhard Scheibe, Hans Jörg Sandkühler und Manfred Stöckler erhalten. Ihnen danke ich auch, daß eine frühere Fassung dieses Buchs als philosophische Dissertation angenommen wurde. Keiner der Genannten ist für die verbliebenen Fehler verantwortlich; schon deshalb, weil ich nicht allen Vorschlägen gefolgt bin.

München im Dezember 2004, U. K.

Teil I.
Probleme der Methode des Gedankenexperiments

> »So verfügt der Schöpfer einer Hypothese über schier unbegrenzte Möglichkeiten und Hilfsmittel, er ist so wenig auf die physiologischen Leistungen seiner Sinnesorgane angewiesen wie auf die Benützung physikalischer Meßgeräte. Mit seinem geistigen Auge durchschaut und kontrolliert er die feinsten Vorgänge, die sich in einem physikalischen Gebilde abspielen, er verfolgt die Bewegungen eines jeden Elektrons, er kennt die Frequenz und die Phase einer jeden Welle, ja er schafft sich sogar nach freier Willkür seine Geometrie. Und mit seinen geistigen Werkzeugen, seinen Instrumenten von idealer Genauigkeit greift er in alle physikalischen Geschehnisse nach Belieben ein, um die verwegensten Gedankenexperimente auszuführen und aus deren Ergebnis weittragende Schlüsse zu ziehen. Alle solche Schlüsse haben freilich mit wirklichen Messungen zunächst gar nichts zu tun. Daher kann auch eine Hypothese an sich niemals durch Messungen direkt als richtig oder als falsch erwiesen werden, sie kann sich nur als mehr oder minder zweckmäßig herausstellen.« *Max Planck*, 1930[1]

Es macht einen Unterschied, ob man etwas zu wissen glaubt oder ob man im Besitz einer wissenschaftlichen Erkenntnis ist. Die Wissenschaftsphilosophie gründet ihre Relevanz auf diesen Unterschied: daß der Anspruch, etwas zu wissen, eine völlig neue Qualität erhält, wenn dieses Wissen ein »wissenschaftliches« ist.

Zweifelsohne kann die Wissenschaft auf eine Erfolgsgeschichte

1 Max Planck, »Positivismus und reale Außenwelt«, Vortrag vom 12. November 1930; in: Planck (1949) 238f.

zurückblicken. Die intellektuellen Überzeugungen und technischen Errungenschaften, die mittelbar oder unmittelbar auf Wissenschaft zurückgeführt werden, dominieren weite Bereiche des Lebens der heutigen Menschen und stehen im Zentrum der öffentlichen Reflexion über unsere Kultur. Bei praktisch jedem Thema, das uns wichtig erscheint, lassen sich Standpunkte vorbringen, die als Antworten »der Wissenschaft« referiert werden. Das Etikett der Wissenschaftlichkeit besitzt eine historisch gewachsene Autorität. Das macht es nötig, sich jederzeit aufs neue darüber Gedanken zu machen, was Wissenschaft ist.

Wenn der Wissenschaft ein so bestimmender Einfluß auf unser Leben und unser Selbstverständnis zugeschrieben wird, ist damit üblicherweise diese Vorstellung verbunden: daß wissenschaftliche Erkenntnis eine zivilisationsgeschichtliche Entdeckung der frühen Neuzeit war, eng verbunden mit den prominenten Namen von Nikolaus Kopernikus, Andreas Vesalius, Simon Stevin, Johannes Kepler, William Gilbert, Galileo Galilei oder Isaac Newton. Hier hat sich etwas durchgesetzt, was sich grundlegend von früheren Wissensansprüchen und Überzeugungen unterscheidet. Der Kern dieses Neuen ist nicht in den konkreten Inhalten zu suchen, die damals als erste wissenschaftliche Erkenntnisse verkündet wurden, sondern hat Bestand, auch nachdem spätere Wissenschaft wie Quantenmechanik und Relativitätstheorie vieles davon überwarf. Das, was Wissenschaft ausmacht, liegt in der Art, wie Probleme formuliert und angegangen werden, den Methoden, wie Wissen erzeugt, begründet oder revidiert wird, der Form, in der die Ergebnisse dieser methodischen Arbeit als Theorien gesichert und übermittelt werden. Kurzum, Wissenschaft ist bestimmt durch ein intellektuelles Instrumentarium für den Umgang mit Wissen und Wissensansprüchen – das erstmals in den Schriften von Francis Bacon und René Descartes als eine grundlegende Neuerung expliziert wurde. Die beiden heute meistgenannten Schlagworte, dieses Instrumentarium zu charakterisieren, sind: *Experiment* und *Mathematik*. Die Gewißheit einer wissenschaftlichen Erkenntnis gründe sich ausschließlich auf die beiden Quellen: *Erfahrung* und *Logik*.

Der Erfolg von Wissenschaft wirft Fragen auf. Ist dieser Erfolg wünschenswert? Ist die Gesellschaft gut beraten, sich an wissenschaftlichen Erkenntnissen zu orientieren? Wird in den wissenschaftlichen Theorien das beste uns Menschen zu einer Zeit verfügbare Wissen gespeichert, oder gibt es bessere Alternativen? Ist das in den Theorien abgelegte Wissen gar gleichbedeutend mit Wahrheit, oder führt es wenigstens stetig in Richtung zur Wahrheit? Führt der schnellste Weg zu einer technischen Problemlösung tatsächlich über den Umweg der wissenschaftlichen Theorie?

Wie immer man den Erfolg der Wissenschaft im Detail beschreiben mag, selbst ein Gegner naturwissenschaftlicher Wissensansprüche wird der Diagnose zustimmen: Etwas an der Art, wie Menschen seit der Neuzeit das Projekt »Wissenschaft« betrieben haben, ist für einen Erfolg verantwortlich, den man bloß an der Omnipräsenz dieses Projekts festzumachen braucht, um sich für das Erfolgsgeheimnis zu interessieren. Zustimmung wird nicht benötigt. Für weitergehende Fragen, die über die bloße Feststellung des Erfolgs hinausgehen, muß das Projekt der Wissenschaft zuerst mit transparenten und hinreichend detaillierten Normen beschrieben werden. Führt Wissenschaft zur Wahrheit? Ist Wissenschaft moralisch gut? Solche Fragen setzen voraus, daß die Normen bekannt sind, um zu entscheiden, was Wissenschaft ist und was nicht. Alles, was sonst über Wissenschaft geurteilt wird, ist bedroht, sich als gegenstandslose Konstrukte herauszustellen, wenn die hierzu vorausgesetzte Beschreibung der Normen von Wissenschaft, des intellektuellen Instrumentariums, durch dessen Gebrauch eine Behauptung zu einer wissenschaftlichen Erkenntnis geadelt wird, nicht für die tatsächliche Wissenschaft paßt.

In der Rückbesinnung auf die empirische Basis hatten wichtige Entwicklungen der Wissenschaftsphilosophie ihren Ausgangspunkt: Ist das, was wir über Wissenschaft sagen, noch verträglich mit dem, wie Wissenschaft tatsächlich betrieben wird? Wäre die Wissenschaft dort, wo sie heute ist, wenn die Wissenschaftler die Probleme und Antworten der Wissenschaftsphilosophie ernst genommen hätten? Bekanntes Beispiel ist die »historische Wende« der Wissenschaftsphilosophie, die insbesondere auf die Untersuchung der *Struktur wissenschaftlicher Revolutionen* (1962) von T. S. Kuhn zurückgeht. Daß man dem Programm des »Logischen Empirismus« heute mit Skepsis begegnet, ist eine Folge davon. Es sah nach Kuhn nicht mehr so aus, als ließe sich die Entwicklung der Wissenschaft logisch aus dem, was die Wissenschaftler an empirischen Daten sammeln, erklären.

Die empirische Basis der Wissenschaftsphilosophie sind die überlieferten Veröffentlichungen, Theorien, Meßergebnisse, Laborbücher von Wissenschaftlern sowie die Dokumente öffentlicher Diskussion hierüber. Auch hier besteht das Problem der geeigneten Auswahl. – Es läßt sich nicht sagen, was Ursache und was Folge ist: Die Unsicherheit über die Grundlagen der eigenen Disziplin ist in dem Maße gestiegen, wie die empirische Basis verbreitert wurde. Früher bestand Konsens, daß Wissenschaft am besten anhand der Naturwissenschaft zu verstehen sei und innerhalb der Naturwissenschaft die Physik die Rolle des Vorreiters aller Wissenschaften innehabe. Konkret bräuchte man sich nur mit den wenigen Achttausendern im Gebirge der Wissenschaft zu beschäftigen, den großen, mathematisch ausformulierten, abgeschlossenen Theorien der Physik: Newtons Gravitationstheorie, Maxwells Elektrodynamik, Einsteins Relativitätstheorie und einigen wenigen anderen. Alle übrige Wissenschaft müsse man als Vorstudien auf dem Weg zu Theorien der gleichen Art begreifen. Dieser Konsens ist heute erschüttert. Ist eine Wissenschaftsphilosophie, die sich an den großen Theorien der Physik orientiert, überhaupt maßgeblich, uns etwas über das Wesen von Wissenschaft insgesamt sagen zu können? Läßt sich nicht gerade das Scheitern der großen Entwürfe früherer Wissenschaftsphilosophie darauf zurückführen, daß diese nur für einen ganz speziellen Teil der Wissenschaft konzipiert wurden?

Wir wissen heute viel über die nicht verallgemeinerungsfähigen Besonderheiten einer verwirrenden Vielfalt von Spezialdisziplinen und Forschungsepisoden, aber kaum etwas über Wissenschaft – warum sie, trotz aller Kuriositäten, erfolgreich ist. Was ist Wissenschaft? Ist es die Methode der Theoriebildung, wie sie von Physikern behauptet wird, die an einem Elementarteilchenbeschleuniger arbeiten, oder liegt sie eher in den Erkenntnissen, die Ethnologen berichten, wenn sie den seltsamen Volksstamm der Elementarteilchenphysiker in seiner natürlichen Umwelt, dem Labor, beobachten?[2] Noch bevor es richtig anfing mit der Anhäufung wissenschaftshistorischer Fallstudien, die zeigen, wie verworren die Wege des Wissens sind, gab es mit Paul Feyerabend (1975) den intellektuellen Führer der neuen Unübersichtlichkeit. *Anything goes!* war sein Rat, der beim Publikum ankam und dort mit Begeisterung aufgenom-

2 Eine solche ethnologische Interpretation der modernen Physik findet sich beispielsweise in Latour und Woolgar, *Laboratory Life: The Social Construction of Scientific Facts*, 1979.

men wurde, sich fortan nicht mehr um Wissenschaftsphilosophie kümmern zu müssen.

Die Vorstellung, Wissenschaft gründe ihren Erfolg auf einem freien Spiel der Phantasie, dessen methodische Normen und intellektuelle Dogmen nicht festgelegt werden können, ohne den zukünftigen Erfolg zu gefährden, hat etwas Beruhigendes, das jedoch mit einem Risiko behaftet ist. Beruhigend ist die Konsequenz, nun die Früchte der Wissenschaft – je nach Neigung – genießen, ignorieren oder bekämpfen zu können, ohne sich für die Art ihrer Entstehung interessieren zu müssen. Das Risiko liegt darin, daß diese Meinung nicht stimmen könnte.

Über Jahrhunderte hatte man Wissenschaft zwiespältig wahrgenommen, einerseits als Wohltat in ihren Errungenschaften, andererseits als tödliche Bedrohung für alle anderen als der einen, der wissenschaftlichen Weltauffassung. Faktisch hatte die Wissenschaftsphilosophie immer viel mit dem Thema zu tun, wie man den offensichtlichen Erfolg der Wissenschaft und insbesondere die eigene Teilhabe an der technisch-wissenschaftlichen Zivilisation mit den eigenen schon vorher und ganz ohne Wissenschaft gewonnenen religiösen, politischen, moralischen und philosophischen Überzeugungen unter einen Hut bringen könne. Verspottet nicht die bloße Tatsache, daß ein Fernsehapparat funktioniert, daß also eine bestimmte Theorie über den Aufbau der Welt in erfolgreiche Technik umgesetzt werden kann, einen Großteil der hiermit übermittelten Ideen? Man braucht nicht auf das historisch ferne Beispiel von Galileis Konflikt mit der katholischen Kirche zurückzugreifen, um zu erkennen: Wenn es *die* wissenschaftliche Weltauffassung gibt, also einen zwingenden Schluß von den Methoden und Inhalten erfolgreicher Wissenschaft auf philosophische Überzeugungen, würde davon nicht nur eine mittelalterliche Religionsvorstellung betroffen sein. Wir müßten praktisch jede unserer Überzeugungen überprüfen. – Feyerabends Behauptung, die ihn in eine lange Tradition der Wissenschaftsphilosophie setzt, war: Es gibt keine Verbindung zwischen erfolgreicher Wissenschaft und einer jeden behaupteten wissenschaftlichen Weltauffassung. Von Zeit zu Zeit sollte man nachschauen, ob es Anlaß gibt, neu nachzudenken.

1. Überblick auf die Methode des Gedankenexperiments

Die »Gedankenexperimente« sind ein solcher Anlaß. Seit einigen Jahrzehnten sind sie in aller Munde; in allen Wissenschaften wird mit Gedankenexperimenten geforscht, in den Naturwissenschaften ebenso wie in Sozialwissenschaften, in der Moralphilosophie, Sprachphilosophie, Philosophie des Geistes. Selbst Techniker und Ingenieure benutzen nach eigenem Bekunden Gedankenexperimente, um Maschinen effizienter zu machen und Computersoftware zu erstellen. Die Wissenschaftshistoriker haben den Gebrauch der Gedankenexperimente bis zu den Vorsokratikern zurückverfolgt. Überall, wo in der Menschheitsgeschichte erfolgreich Erkenntnis vermehrt wurde, wurde mit »Gedankenexperimenten« gearbeitet. Diese Einsicht drängt sich auf, wenn man Literaturdatenbanken aller Wissensdisziplinen nach dem Schlagwort »Gedankenexperiment« (oder »thought experiment«) durchsucht. Die Wissenschaftsphilosophie hat trotz des rasanten Anwachsens der Publikationen die Brisanz des Themas noch nicht hinreichend verarbeitet: Mit dem Namen »Gedankenexperiment« soll offensichtlich eine eigenständige Wissenschaftsmethode bezeichnet werden. Das würde aber bedeuten: *Es gibt eine zusätzliche, vorher unbeachtete Wissenschaftsmethode!* Die Entdeckung einer neuen Methode der Wissenschaft wäre eine Sensation, denn das hieße, daß alles, was bisher zu Themen wie Experiment und Mathematik, Logik und Modelle, Induktion, Abstraktion und Idealisierung in den Wissenschaften geschrieben wurde, wesentlich unvollständig ist, wenn nicht zusätzlich die Rolle der Gedankenexperimente bei der wissenschaftlichen Theoriebildung berücksichtigt wird.

Das Interessante an der Entdeckung der Gedankenexperimente ist nicht – um das Thema gleich einzuschränken –, daß sogar schon die Vorsokratiker Gedankenexperimente ausgeführt haben oder daß man auch in Moralphilosophie und Philosophie des Geistes Gedankenexperimente ausführen kann, sondern daß Gedankenexperimente auch in den Bereichen von Naturwissenschaft praktiziert wurden, die unzweifelhaft das Paradebeispiel von Wissenschaft abgeben. Das heißt: Die Methoden, die zu den großen physikalischen Theorien geführt haben, Newtons Gravitationstheorie, Maxwells

Elektrodynamik, Einsteins Relativitätstheorie, sind ohne Berücksichtigung der Gedankenexperimente nicht verstanden. Wenn Gedankenexperimente hier eine Rolle gespielt haben, können die rationalen Gründe der Theoriebildung und -ablösung ohne Berücksichtigung der Gedankenexperimente nicht verstanden werden.

Hier liegt tatsächlich ein ernstes, allgemeines Problem der aktuellen Wissenschaftsphilosophie: Die in der breiten Öffentlichkeit normalerweise völlig selbstverständlich angenommene Meinung, daß wissenschaftliche Erkenntnisse geradezu der Inbegriff von objektivem Wissen seien, die frei von Vorurteilen und Vorlieben behauptet würden, ließ sich bei der genaueren Untersuchung von historischen Theorieablösungsprozessen nicht bestätigen. Allzu oft in der Wissenschaftsgeschichte liefern die empirischen Daten – also die Ergebnisse von realen Experimenten – keine hinreichende Begründung dafür, daß eine alte Theorie zugunsten einer neuen aufgegeben wurde. Wenn nun aber eine seit den Anfängen der Wissenschaft vorhandene, aber bisher nicht beachtete Wissenschaftsmethode entdeckt wurde – das Gedankenexperiment –, eröffnet sich eine neue Möglichkeit: Es könnte sein, daß in den Ergebnissen der Gedankenexperimente, die man zu Zeiten der historischen Theorieablösung ausgeführt hatte, gerade die »fehlenden« Gründe liegen, warum die alte Theorie zugunsten einer neuen aufgegeben wurde.

Die Vermutung, es bei der Entdeckung der Methode des Gedankenexperiments mit einer Sensation der Wissenschaftsphilosophie zu tun zu haben, vergleichbar mit Bacons *Neuem Organon* (1620) oder Mills *Logik* (1843), ist allerdings getrübt. Allzu offensichtlich sind die »Gedankenexperimente« im weit überwiegenden Teil der inflationär anwachsenden Literatur, die von Gedankenexperimenten handelt oder in der Gedankenexperimente beschrieben werden, nicht mehr als ein Modewort. Oft ist damit nicht mehr gemeint als »nachdenken«. Daß unsere Sprache die Form des Konjunktivs ermöglicht und Modalbegriffe bereitstellt, reicht nicht aus, um von einer neuen Wissenschaftsmethode zu sprechen. Überlegungen, die mit »Was wäre, wenn ...« anfangen, sind so alt wie die Menschheitsgeschichte, sicherlich oft instruktiv, aber noch kein interessantes neues Thema der Wissenschaftsphilosophie. Die Hauptschwierigkeit, mit den Gedankenexperimenten etwas über Wissenschaft zu lernen, liegt in der zu großen Popularität der »Gedankenexperimente«. Wenn schon die Vorsokratiker Gedankenexperimente ausgeführt haben, ist das eigentlich ein Grund, von den Gedankenexperimenten nicht allzuviel für die Wissenschaft zu erwarten, denn die Wissenschaft, die in dem uns interessierenden Sinn erfolgreich war, hat erst zweitausend Jahre später angefangen.

Offensichtlich beruht die Popularität der Gedankenexperimente auf der Vermutung, daß Gedankenexperimente ein legitimes und erfolgreiches Instrument wissenschaftlicher Forschung sind. Wieso sollte jemand in der Moralphilosophie, die bisher nie eine experimentelle Wissenschaft war, auf die Idee kommen, jetzt mit »Gedanken*experimenten*« zu forschen, wenn die Ergebnisse von Gedankenexperimenten nicht das Gütesiegel seriöser wissenschaftlicher Erkenntnis hätten? Es besteht keine Einigkeit in der Literatur über Gedankenexperimente, außer daß Stevin, Galilei oder Einstein an zentralen Stellen ihrer wissenschaftlichen Arbeit Gedankenexperimente durchgeführt haben sollen. Das vermutete Ergebnis dieser Gedankenexperimente, die Theorien dieser Physiker, besitzen ein solches Ansehen als Vorbild gesicherten Wissens, daß selbst die Namen ihrer vermeintlichen Methoden kopiert werden.

Von einem Modewort »Gedankenexperiment« kann man erst seit einigen Jahren sprechen. Der Begriff selbst hat eine lange Geschichte, in der er schon früher Phasen großer Beliebtheit erfahren hat, um danach wieder in den Hintergrund zu treten. Insbesondere in der Folge von Albert Einsteins einmaliger Popularität als eines theoretischen Wissenschaftlers in der Kulturgeschichte wurde das »Gedankenexperimentieren« auch schon in den 20er Jahren des 20. Jahrhunderts zu einer Art Volkssport. Daß ein Fachbegriff ins öffentliche Bewußtsein eingedrungen ist, erkennt man, wenn er beiläufig von der Weltliteratur aufgegriffen wird. Thomas Mann läßt seinen *Felix Krull* diese Überlegung anstellen:

Ich kann mein inneres Verhalten zur Welt, oder zur Gesellschaft, nicht anders als widerspruchsvoll bezeichnen. Bei allem Verlangen nach Liebesaustausch mit ihr eignete ihm nicht selten eine sinnende Kühle, eine Neigung zu abschätzender Betrachtung, die mich selbst in Erstaunen setzte. Ein Beispiel dafür ist der Gedanke, der mich zuweilen beschäftigte, wenn ich gerade, im Speisesaal oder in der Halle, die Hände mit der Serviette auf dem Rücken, einige Minuten müßig stand und die von den Blaufräcken umschwänzelte und verpflegte Hotel-Gesellschaft überblickte. Es war der Gedanke der *Vertauschbarkeit*. Den Anzug, die Aufmachung gewechselt,

> hätten sehr vielfach die Bedienenden ebensogut Herrschaft sein und hätte so mancher von denen, welche, die Zigarette im Mundwinkel, in den tiefen Korbstühlen sich rekelten – den Kellner abgeben können. Es war der reine Zufall, daß es sich umgekehrt verhielt – der Zufall des Reichtums; denn eine Aristokratie des Geldes ist eine vertauschbare Zufallsaristokratie.
>
> Darum gelangen mir diese Gedankenexperimente öfters recht gut, wenn auch nicht immer, da ja erstens doch die Gewohnheit des Reichtums eine wenigstens oberflächliche Verfeinerung zeitigt, die mir das Spiel erschwerte, und zweitens in den polierten Pöbel der Hotel-Sozietät immer auch eigentliche, vom Gelde unabhängige, wenn auch mit Geld versehene Vornehmheit eingesprengt war.[3]

Die Szene zeigt ein feines Gespür für die Bedeutung des Begriffs im Zuge der öffentlichen Diskussion über Einsteins Gedankenexperimente. Relativität war etwas, was man mit »Gedankenexperimenten« erforschen mußte – ob Relativität der Naturgesetze oder der sozialen Klassenunterschiede. Der Hochstapler Felix Krull beläßt es natürlich nicht beim *Gedanken*experiment; er drängt auf empirische Überprüfung.

In das Vokabular von Naturwissenschaft und Wissenschaftsphilosophie wurde der Begriff »Gedankenexperiment« um das Jahr 1900 von Ernst Mach eingeführt. Die erste theoretische Arbeit über die Methode des Gedankenexperiment ist allerdings schon 1811 vom dänischen Naturwissenschaftler und Naturphilosophen Hans Christian Ørsted (1777-1851) veröffentlicht worden; in einer Übersetzung durch ihren Autor ist sie 1822 auf deutsch erschienen. Anschließend an diese wissenschaftsphilosophische Arbeit zur Wissenschaftsmethode schreibt Ørsted einen Aufsatz über den damaligen Forschungsstand der Chemie, den er (mit leichten Variationen) in Dänisch, Französisch und Deutsch veröffentlicht. In diesem Aufsatz, *Ansicht der chemischen Naturgesetze durch die neueren Entdekkungen gewonnen* (Berlin 1812), findet sich das erste vom Autoren so bezeichnete »Gedankenexperiment« und zugleich die erste Fundstelle des Wortes. Dieses Gedankenexperiment beschäftigt sich mit der Frage, ob man Wasserstoff zu den Metallen zählen kann. Ørsted hat sich in seiner Wissenschaftsphilosophie auf Immanuel Kant berufen. Kant hat über das »Experiment der reinen Vernunft« philosophiert, andere Autoren seiner Zeit reden vom »Experimentieren in

3 Thomas Mann, *Bekenntnisse des Hochstaplers Felix Krull*, drittes Buch, drittes Kapitel.

Gedanken« – hierin kann man Vorläufer des Gedankenexperiments sehen.

Diskussion und Rezeptionsgeschichte zu den Gedankenexperimenten gibt es allerdings erst in Anschluß an Machs Beiträge – Ørsteds Veröffentlichungen blieben hier wirkungslos. Nach Mach beschäftigten sich, um hier nur einige bekannte Namen zu nennen, auch Pierre Duhem (1906), Karl Popper (1959), Alexandre Koyré (1960) und Thomas S. Kuhn (1964) mit der Wissenschaftsphilosophie der Gedankenexperimente, jeweils jedoch eher am Rande ihrer Hauptwerke.

Die ersten Monographien zur Wissenschaftsmethodologie der Gedankenexperimente wurden, auf der Grundlage einer beständig gewachsenen Menge an Aufsätzen, erst im letzten Jahrzehnt des 20. Jahrhunderts veröffentlicht, angefangen mit James Robert Browns »platonistischer« Interpretation der naturwissenschaftlichen Gedankenexperimente in *The Laboratory of the Mind – Thought Experiments in the Natural Sciences* (1991a) und einem Sammelband mit den Beiträgen zu einer Tagung *The Place of Thought Experiments in Science and Philosophy*, die 1986 in Pittsburgh abgehalten wurde (herausgegeben von Tamara Horowitz und Gerald Massey, 1991). Im folgenden Jahr erschien eine ausführliche Monographie von Roy Sorensen, *Thought Experiments* (1992a). Die zentrale Standesorganisation der Wissenschaftsphilosophie, die *Philosophy of Science Association*, widmete den Gedankenexperimenten mittlerweile schon zwei Sitzungen bei ihren Hauptkongressen (PSA, 1992 und 2002). Die Menge populärer Bücher, die Sammlungen von historischen und neuen Gedankenexperimenten als unterhaltsame Rätsel für die Leser präsentieren, ist mittlerweile kaum noch zu überblicken. (Im Literaturverzeichnis ist eine größere Auswahl aufgeführt.) Daneben gibt es eine Reihe unveröffentlichter Doktorarbeiten zum Thema Gedankenexperimente. Die erste wurde schon 1970 von Sheldon Krimsky an der Universität Boston, betreut von Robert Cohen, geschrieben, *The Nature and Function of ›Gedankenexperimente‹ in Physics*.

Ein grundsätzliches Problem der anwachsenden Literaturmenge über Gedankenexperimente liegt darin, daß wir mit mehr Lösungen und Interpretationen konfrontiert werden, als es Klarheit über eine gemeinsame Fragestellung gibt. Im wesentlichen sehen alle Autoren (wichtige Ausnahme: Pierre Duhem), die sich explizit mit Gedankenexperimenten auseinandersetzen, die Gedankenexperimente insgesamt positiv bis enthusiastisch, eingeschränkt höchstens darauf, daß bestimmte Formen von Gedankenexperimenten nicht legitim seien. Die nicht legitimen Gedankenexperimente sind meist gerade diejenigen, deren Ergebnisse vom Autor abgelehnt werden. Der Eindruck ist nicht von der Hand zu weisen, daß die meisten kritischen Texte über die Methode des Gedankenexperiments in Wirklichkeit die Fortsetzung einer Diskussion über bestimmte Inhalte mit anderen Mitteln sind.

Beispielsweise entwickelt Kathleen Wilkes in dem Buch *Real People – Personal Identity without Thought Experiments* (1988) einen Standpunkt zum Problem der »personalen Identität« (in der praktischen Philosophie), der sich insbesondere gegen einen Standpunkt richtet, wie er beispielsweise in dem mit Gedankenexperimenten vollgepackten Buch *Reasons and Persons* (1984) von Derrek Parfit vorgebracht wurde. Die Argumentation ist nun nicht bloß gegen die inhaltlichen Aussagen Parfits gerichtet, sondern insbesondere gegen die Methode, mit der Parfit und andere ihren Standpunkt begründet haben. Bemerkenswert ist allerdings, daß in Wilkes' Kritik an der Methode des Gedankenexperiments ausdrücklich der Nutzen und die Legitimität der *naturwissenschaftlichen* Gedankenexperimente anerkannt wird.

Innerhalb der Literatur über Gedankenexperimente gibt es nur diese beiden (*fast* überall geteilten) Gemeinsamkeiten, anhand derer sich das Thema »Gedankenexperiment« nur unzureichend bestimmen läßt:

(a) Was ist ein Gedankenexperiment? Auf jeden Fall gibt es eine kleine Menge von Beispielen, die als Vorbild von Gedankenexperimenten dienen und die allesamt aus der Physikgeschichte stammen. Mit ihren Schlagworten bezeichnet sind das insbesondere: Stevins Kugelkranzbeweis, Galileis Gedankenexperiment zum Fallgesetz, das Eimer-Gedankenexperiment von Newton, Maxwells Dämon, Einsteins Zug-und-Bahndamm-Gedankenexperiment, Einsteins Aufzug, Heisenbergs Gammastrahl-Mikroskop-Gedankenexperiment, das Einstein-Podolsky-Rosen-Paradox und ein paar mehr. Was immer sonst noch über Gedankenexperimente gesagt oder als Beispiel eines Gedankenexperiments angesehen wird: die hier genannten sind das Vorbild.

(b) Die Auffassung, daß in diesen Beispielen eine im wesentlichen

nützliche und legitime Forschungsmethode angewandt wurde, die zu wichtigen Erkenntnissen der Wissenschaft geführt hat.

Aber schon das in diesen beiden Punkten Gesagte ist problematisch. In praktisch keinem der genannten Beispiele hat der Autor des Gedankenexperiments selbst dieses als »Gedankenexperiment« bezeichnet (Ausnahme: Heisenberg). Selbst die Ausführung eines Experiments *in Gedanken* ist nicht notwendigerweise gemeint. Newton beispielsweise schreibt im Originaltext, auf den sich die Bezeichnung »Eimer-Gedankenexperiment« bezieht, sogar ausdrücklich: »Diesen Versuch habe ich selbst gemacht« – soll heißen: real ausgeführt, nicht bloß in Gedanken.[4]

Schwerer wiegt, daß die Wahrnehmung der genannten Gedankenexperimente als Gedankenexperimente ein Binnenphänomen der Literatur über Gedankenexperimente ist. Trotz des beträchtlichen Anwachsens der Literatur über Gedankenexperimente macht diese innerhalb der Gesamtmenge dessen, was über Wissenschaftsphilosophie und -geschichte veröffentlicht wird, nur einen kleinen Teil aus. Der größte Teil der Literatur über beispielsweise das Einstein-Podolsky-Rosen-Paradox verwendet die Bezeichnung »Gedankenexperiment« nicht.

In der Literatur über Gedankenexperimente fehlt noch immer der Nachweis, daß in diesen Episoden der Wissenschaftsgeschichte eine eigene, von anderen Episoden verschiedene Wissenschaftsmethode angewandt wurde, die einen neuen Namen benötigt. Die vorliegenden Publikationen richten sich nicht an einen Skeptiker, der einfach rundweg leugnet, daß mit dem Begriff »Gedankenexperiment« ein informativer Inhalt verbunden werden kann. Gedankenexperimente werden als (unter diesem Namen) gegeben vorausgesetzt, und dann wird versucht, den bestmöglichen Gehalt hineinzuinterpretieren. Bezeichnend ist, daß durchaus nicht durchgehend der Begriff »Gedankenexperiment« positiv besetzt ist. Außerhalb der Wissenschaftsphilosophie kann er auch als Schimpfwort benutzt werden. Abgeleitet vom deutschen »Gedankenexperiment« ist seit kurzem das pejorative Adjektiv *gedanken* in die englische Slangsprache eingedrungen. Das *New Hacker's Dictionary*[5] expliziert es mit den Worten »ungrounded; impractical; not well-thought-out; untried; untested«.

4 Newton (1687) 29.

5 Raymond, Eric S., *The New Hacker's Dictionary*, Cambridge/Mass., [3]1996.

Die jüngste Diskussion über Gedankenexperimente hat sich wesentlich auf das *logische* Problem der Gedankenexperimente verengt. Wesentlichen Anteil an der Ausrichtung der nachfolgenden Forschung über »Gedankenexperimente« in der Wissenschaftsphilosophie hatten Horowitz und Massey, die im Vorwort des von ihnen herausgegebenen Sammelbandes (1991) das *paradox of thought experiments* erfunden haben (und sogleich mit einer Tradition von Thomas Kuhn ausstatteten). Hiermit bezeichnen sie

> the initially puzzling fact that thought experiments often have novel empirical import even though they are conducted entirely inside one's head, so to speak.[6]

Das Rätsel lautet also: Wie können Gedankenexperimente neues empirisches Wissen erzeugen, wenn sie doch ausschließlich »im Kopf«, d.h. ohne Einwirkung der Empirie, ausgeführt werden? Das Paradox liegt zwischen der scheinbar offensichtlichen Fähigkeit der (geglückten, erfolgreichen) Gedankenexperimente auf der einen Seite und der scheinbar offensichtlichen Grundlage der empirischen Wissenschaft auf der anderen. Anscheinend können Gedankenexperimente empirische Tatsachen, bzw. Naturgesetze, beweisen – das Standardbeispiel hierfür ist Galileis Gedankenexperiment zum Fallgesetz. Und bekanntermaßen ist empirische Wissenschaft nur durch Empirie möglich – hierbei denkt man an das übliche Bild: War erfolgreiche Wissenschaft nicht gerade erst dann entstanden, als man anfing, ausnahmslos und vorurteilsfrei auf die Natur zu schauen, anstatt wie in den Mönchsstuben des Mittelalters bloß über die Natur nachzudenken? Das »Paradox der Gedankenexperimente« ist also die oben genannte Provokation, durch das Gedankenexperiment könne der Lehnstuhl des Philosophen das Labor ersetzen.

Die überhaupt nur möglichen Optionen, das so beschriebene Paradox zu lösen, sind schnell aufgezählt. Es sind die beiden Standpunkte der Brown-Norton-Debatte, die unmittelbar an die Veröffentlichung von Browns Monographie und des Sammelbandes von Horowitz und Massey (1991) einsetzte.

(a) James Robert Brown sieht durch die Entdeckung der Möglichkeit von Gedankenexperimenten das traditionelle Bild von empirischer Wissenschaft widerlegt. In Konsequenz bekennt er sich offen zum *Platonismus*. Es steht damit durchaus in einer Tradition;

6 Horowitz / Massey (1991) 1.

schon vor ihm hatte der Wissenschaftshistoriker Alexandre Koyré auch insbesondere durch die Untersuchung der Forschungsmethode von Galilei geschlossen: *Good physics is made a priori.*[7] Platonismus bedeutet bei Brown, daß den Naturgesetzen die objektive Realität von Platons »Ideen« zukommt. Ideen sind nur unvollkommen in der Erfahrung realisiert, Meßungenauigkeit und Störeinflüsse machen das, was wir empirisch wahrnehmen, zu schlechten Abbildern der Ideen. Die (erfolgreichen) Gedankenexperimente würden hingegen eine unmittelbare Wahrnehmung der Naturgesetze ermöglichen. Brown benutzt die Analogie von »sehen«. Mit Gedankenexperimenten können wir Naturgesetze *sehen*, so wie wir mit unseren Augen Gegenstände sehen. Brown vertritt damit einen Außenseiterstandpunkt in der modernen Wissenschaftsphilosophie. Er widerspricht der Grunderfahrung und -überzeugung der Wissenschaftler, daß alle Versuche der Menschheitsgeschichte, Erfahrungswissen anders als mit der Erfahrung zu begründen, gescheitert sind. Aber auch zu dem Problem, daß man durch die Rhetorik von Rationalismus, Metaphysik und jetzt neuerdings den Gedankenexperimenten getäuscht werden kann, ein falsches Naturgesetz zu glauben, hat Brown eine Antwort: Das sei nicht anders als mit der visuellen Wahrnehmung. Auch beim normalen Sehen gibt es das Problem der optischen Täuschung, manchmal etwas zu sehen, was nicht da ist. Der Empirismus, der sich auf die Wahrnehmung stützt, habe hier kein geringeres Problem als der Platonismus, den Brown verficht.

(b) Wenn man hingegen weiterhin der Überzeugung bleibt, daß empirisches Wissen nur aus der Erfahrung bezogen werden kann, können Gedankenexperimente, die anscheinend neues Erfahrungswissen produzieren, dies nur scheinbar tun. Für John Norton (und die Mehrzahl der modernen Autoren) sind Gedankenexperimente im Kern gewöhnliche *Argumente*. Lediglich durch ihre Präsentationsform können sie überraschend wirken. Es ist wie beim Zauberkünstler im Varieté: Niemand bestreitet, daß dort auf der Bühne die normalen physikalischen Gesetze gelten, aber durch viel Hokuspokus übersieht man meist den Hasen im Ärmel des Zauberers, bevor er ihn aus dem Zylinder zieht. Norton behauptet, Gedankenexperimente seien bloß Argumente, die mit vielen überflüssigen Details ausgeschmückt sind. Sie preßten unerwarteten Saft aus oberfläch-

7 Koyré (1960) 88.

lich betrachtet trockenen Annahmen. (»Thus thought experiments can be no more than picturesque arguments squeezing unanticipated juice from superficially dry assumptions.«[8]) Wenn Gedankenexperimente empirisches Wissen gewinnen lassen, dann hat man dieses Wissen schon als verborgene Prämissen in das Gedankenexperiment hineingesteckt.

Im Anschluß an Nortons Standpunkt stellt sich die Aufgabe, die verborgenen Prämissen in den Argumenten der Gedankenexperimente zu suchen und zu erklären, woher wir diese beziehen oder warum wir von ihrer Wahrheit überzeugt sind. Viele Standpunkte zum Gedankenexperiment (auch gerade solche von vor Norton) lassen sich nach ihrer Antwort auf diese Frage klassifizieren. Generell macht man die *Intuition* dafür verantwortlich, die Prämissen der Gedankenexperimente zu akzeptieren, ohne zu bemerken, daß es überhaupt empirische Prämissen sind. Aber woher stammt die Intuition? Aus früherem Erfahrungswissen, an das wir uns wiedererinnern? Ist in der Grammatik unserer Sprache Erfahrungswissen gespeichert? Ernst Mach nennt das, worauf sich ein Gedankenexperiment stützt, *Instinkt* und erklärt ihn evolutionistisch durch die Anpassung menschlichen Denkens an die Umwelt. Wenn man beim Thema »Wiedererinnern an unbewußtes Wissen« ist, trennt uns nur noch ein kleiner Schritt zu den Philosophien von Plato oder Kant. Vielleicht läßt sich auch vieles von dem, was Kant mit »Anschauung« gemeint hat, als »Intuition« begreifen? Die Begründungen dieser nicht mehr auf eine konkrete Erfahrung rückführbaren Erfahrungssätze sind offensichtlich verschieden, je nachdem, welches philosophische System wir betrachten, aber ihre Funktionen innerhalb der jeweiligen Behauptungen über die Methode der Gedankenexperimente ähneln sich sehr.

Das zentrale Motiv, mit Gedankenexperimenten etwas Sinnvolles zu verbinden, liegt in den vorhandenen Beispielen. Es ist dies die Vermutung, daß in einer bestimmten Klasse von Episoden der Wissenschaftsgeschichte etwas Besonderes stattfindet, was sich nicht auf die übrigen Methoden der Naturwissenschaft reduzieren läßt und deshalb einen eigenen Namen verdient. Es ist die Aufgabe der Wissenschaftsphilosophie, dieses Besondere zu individuieren. Das gelingt

8 Norton (1993) 34.

in den meisten wissenschaftsphilosophischen Abhandlungen über Gedankenexperimente nicht sehr gut: Ausgehend von einigen Beispielen der Physikgeschichte sehen es die Autoren regelmäßig geradezu als glückliche Entdeckung an, daß die hierbei als Gedankenexperiment offengelegte Methode wunderbar vielseitig sei und an praktisch jeder Stelle unseres Denkens und Forschens angewandt werden könne. Im Resultat gibt es eine verschworene Gruppe von Freunden des Gedankenexperiments, die immer und überall in der menschlichen Kulturgeschichte Gedankenexperimente sehen, und eine Disziplin Wissenschaftsphilosophie, die problemlos gänzlich ohne diesen Begriff auskommt und weiterhin bloß von »Denken« spricht, wenn bloßes Nachdenken gemeint ist, und von »Modellen«, wenn es um Modellrechnungen geht.

Es wäre schon ein schöner Erfolg, wenn sich eine einzige sinnvolle Explikation der Methode des Gedankenexperiments finden ließe, die auch einen Skeptiker davon überzeugt, daß es notwendig sei, von einer eigenständigen »Methode des Gedankenexperiments« zu sprechen. Neben der Ausdehnung des Begriffs auf nahezu alle menschlichen Denkleistungen kann man als anderes Indiz für die bisher nicht geglückte Begründung, die Wissenschaftsphilosophie brauche »Gedankenexperimente«, in der Neigung erkennen, schon in dem Kernbestand der prominenten Gedankenexperimente aus der Physikgeschichte nicht *eine*, sondern unterschiedliche Arten von Gedankenexperimenten auszumachen. Diese Neigung zur Taxonomie ist schon in der ersten Monographie von Krimsky (1970) ausgeprägt. »The result of this dissertation is [...] to show that no single paradigm will suffice«,[9] schreibt er, um nach der Untersuchung aller Permutationen von Eigenschaften wie *actualizabilty, superfluous performance* und *executed in thought* und ihrer Negationen schließlich sechs wesentlich verschiedene Arten des Gedankenexperiments zu postulieren. Sorensen, der die modallogische Struktur der Gedankenexperimente analysiert, findet zehn verschiedene Argumentationsarten von Gedankenexperimenten.

Die Beispiele der Gedankenexperimente aus der Physikgeschichte sind allerdings herrlich. Insbesondere in ihrer Präsentation *als* Gedankenexperimente. Das berühmteste Beispiel eines Gedankenex-

9 Krimsky (1970) 3.

periments, das durchgehend in der gesamten aktuellen Literatur über Gedankenexperimente als Vorbild genommen wird, ist eines, das Galilei als »kurze, bindende Schlussfolgerung« in den *Discorsi* (1638) vorgestellt hat. In James Robert Browns Buch über Gedankenexperimente hört sich das so an:

Let's start with the best (i.e., my favourite). This is Galileo's wonderful argument in the *Discoursi* to show that all bodies, regardless of their weight, fall at the same speed (Galileo, 1974, 66f.). It begins by noting Aristotle's view that heavier bodies fall faster than light ones (H > L). We are then asked to imagine that a heavy cannon ball is attached to a light musket ball. What would happen if they were released together?

Reasoning in the Aristotelian manner leads to an absurd conclusion. First, the light ball will slow up the heavy one (acting as a kind of drag), so the speed of the combined system would be slower than the speed of the heavy ball falling alone (H > H+L). On the other hand, the combined system is heavier than the heavy ball alone, so it should fall faster (H+L > H). We now have the absurd consequence that the heavy ball is both faster and slower than the even heavier combined system. Thus, the Aristotelian theory of falling bodies is destroyed.

But the question remains, ›Which falls fastest?‹ The right answer is now plain as day. The paradox is resolved by making them equal; they all fall at the same speed (H = L = H+L).[10]

Oder in der knappsten Zusammenfassung durch Henning Genz:

Gegen die Lehre des Aristoteles, schwere Körper würden schneller fallen als leichte, wendet Galilei ein, daß dann ein mit einem leichten verbundener schwerer Körper schneller fallen müsse als der schwere, da beide zusammen schwerer wären als der schwere Körper allein. Andererseits müßten beide zusammen langsamer fallen als der schwere, da der leichtere den Fall des schwereren verlangsamen müßte. Also, folgert Galilei, fallen alle Körper, unabhängig von ihrer Schwere, gleich schnell.[11]

Diese Argumentation rechtfertigt jedes Interesse. Was mit dieser Argumentation implizit behauptet wird, ist eine Sensation. Zwei Ergebnisse werden abgeleitet: *(1)* Aristoteles' Fallgesetz, Körper fallen desto schneller, je schwerer sie sind, ist falsch. *(2)* Alle Körper fallen unabhängig von ihrer Schwere gleich schnell. Die Sensation liegt darin, daß beide Ergebnisse richtig sind und trotzdem keine reale Beobachtung benötigt wurde, sie zu beweisen.

10 Brown (1991) 1f.
11 Genz (1999) Klappentext.

Beide Ergebnisse sind richtig im Sinne, daß sie auch heute noch Bestandteil unseres physikalischen Wissens sind. Wer das noch nicht im Physikunterricht gelernt hat, dürfte sie wohl für ausgesprochen kontraintuitiv halten: Ist es nicht eine selbstverständliche Erfahrungstatsache, daß eine Feder langsamer zu Boden gleitet, als eine Bleikugel fällt? Daran zweifeln auch Physiker nicht. Nur ohne Reibung und Auftrieb des umgebenden Mediums (beispielsweise der Luft) fallen tatsächlich (beobachtbar) alle Körper gleich schnell. Diese Tatsache hat auch nach Galilei viel Verwunderung unter den Physikern verursacht. Alle der zahlreichen *realen* Experimente, die man nach Galilei zur Überprüfung dieser Feststellung durchgeführt hat, haben aber gezeigt: Die Gravitation wirkt tatsächlich – genau so, wie mit diesem Gedankenexperiment angeblich schon vorher festgestellt wurde – nicht auf eine spezielle Gravitationsladung (wie z. B. die elektrische oder magnetische Anziehung), sondern völlig unabhängig von allen Materialeigenschaften allein auf die Masse. Wenn aber das Bewegungsverhalten aller Körper unter Gravitation gleich ist, macht es keinen Sinn, zwischen der Masse, die das Bewegungsverhalten eines Körpers unter Krafteinwirkung bestimmt (träge Masse), und der Masse, die die Größe der Krafteinwirkung durch die Schwere des Körpers bestimmt (schwere Masse), zu unterscheiden. In der allgemeinen Relativitätstheorie (1915) wurde schließlich wegen dieser völligen, empirisch vorgefundenen Proportionalität zwischen träger und schwerer Masse die Schwerkraft aus der Physik herausgekürzt, d. h. wurde als untrennbarer Bestandteil eines allgemein formulierten Gesetzes über das Bewegungsverhalten von Körpern eingeordnet. Kurzum: Das genannte Ergebnis des Gedankenexperiments ist von höchster Wichtigkeit und Wirksamkeit für die Physik. Es ist einer der wenigen Fälle, wo eine physikalische Erkenntnis auch nach 400 Jahren noch nicht durch eine neue abgelöst wurde und sogar noch immer nahe der Forschungsfront wirksam ist.

So wichtig und richtig das Ergebnis ist, die Argumentation des Gedankenexperiments ist problematisch. Die Sensation, die in den oben zitierten Präsentationen des Gedankenexperiments enthalten ist, liegt in dem offensichtlichen Anschein, dieses Ergebnis ohne empirische Forschung allein durch Nachdenken zu gewinnen. Offensichtlich ist es eine *empirische* Tatsache, wie schnell verschiedene Körper (allein oder zusammengebunden) fallen. Es wird suggeriert, man könne die empirischen Aussagen der beiden Ergebnisse des Gedankenexperiments allein durch Nachdenken gewinnen. Und wenn das in diesem Fall geht, läßt sich wohl noch viel mehr Wissenschaft im Lehnstuhl betreiben. Warum gibt der Staat eigentlich noch so viel Geld für die Experimentalphysik aus, wenn das auch billiger und müheloser geht, durch gezieltes Gedankenexperimentieren? Man könnte meinen, mit realen Experimenten müßten sich nur die weniger kreativen Forscher behelfen; die schlaueren – wie Galilei – könnten dasselbe auch mit bequemen Gedankenexperimenten entdecken. Was Galilei mit diesem Gedankenexperiment wirklich beweisen wollte und bewiesen hat, kann nur eine Untersuchung des Originals des Gedankenexperiments in seinem historischen Kontext zeigen.

2. Fallstudie: Galileo Galileis Gedankenexperiment zum Fallgesetz

In der aktuellen Literatur wird das berühmte Gedankenexperiment zum Fallgesetz von Galilei regelmäßig mit diesen Behauptungen vorgestellt: *(1)* Es widerlege das alte Fallgesetz von Aristoteles, wonach Körper desto schneller fallen, je schwerer sie sind. *(2)* Es beweise, daß alle Körper unabhängig von ihrer Schwere gleich schnell fallen. Und *(3)*, Beweis und Widerlegung gelängen ohne Rückgriff auf empirisches Wissen. Um diese Behauptungen zu überprüfen und zu einem angemessenen Verständnis von Galileis Gedankenexperiment zu gelangen, ist es sinnvoll, erst einmal zu untersuchen, was an empirischem Wissen über die Fallbewegung zu Galileis Zeit bekannt war *(2.1)* und was Aristoteles tatsächlich über die Fallbewegung gemeint hatte *(2.2)*. Erst anschließend wollen wir Galileis Gedankenexperiment im Wortlaut untersuchen.

2.1 Hintergrund: Empirisches Wissen

Im Zusammenhang mit Galileis Gedankenexperiment zum Fallgesetz aus den *Discorsi* (1638) ist wenig bekannt, daß Simon Stevin schon 1586 die Durchführung des dazu gehörenden *realen* Experiments berichtet. Im Anhang zur ersten Auflage der *Weeghconst* schreibt Stevin:

The experience against Aristotle is the following: Let us take (as the very learned Mr. Jan Cornets de Groot, most industrious investigator of the secrets of Nature, and myself have done) two spheres of lead, the one ten times larger and heavier than the other, and drop them together from a height of 30 feet on to a board or something on which they give a perceptible sound *[merckelick gheluyt]*. Then it will be found that the lighter will not be ten times longer on its way than the heavier, but that they fall together on to the board so simultaneously that their two sounds seem to be one and the same rap. The same is found also to happen in practice with two equally large bodies whose gravities are in the ratio of one to ten; therefore Aristotle's aforesaid proportion is incorrect.[12]

Hier haben wir einen glaubwürdigen Bericht einer empirischen Untersuchung mittels realer Experimente 50 Jahre vor der Veröffentlichung von Galileis Gedankenexperiment (und etwa gleichzeitig mit dem ersten Entwurf dieses Gedankenexperiments durch Galileis Vorläufer und Lehrer Benedetti). Stevins Mitarbeiter, der Herr de Groot, ist ein seriöser Zeuge, dessen Existenz jedenfalls aus unabhängigen Quellen historisch hinreichend belegt ist.[13]

Ebenso ist in der wissenschaftsphilosophischen Literatur über Gedankenexperimente zu wenig gewürdigt worden, daß auch Galilei selbst von seinen *realen* Experimenten zur Untersuchung der Fallgeschwindigkeit berichtet. Galileis »Gedankenexperiment« steht im Kapitel »Erster Tag« der *Discorsi* (1638). Am »Vierten Tag« ist zu lesen:

Hinsichtlich des ersten Umstandes lehrt der Versuch, dass zwei gleich grosse Stäbe, deren einer zehn bis zwölf mal schwerer als der andere ist (z. B. der eine aus Blei, der andere aus Eichenholz) aus einer Höhe von 150 oder 200 Ellen mit kaum merklich verschiedener Geschwindigkeit an der Erde

12 Stevin (1586) 510f.

13 Johan Hugo Cornets de Groot (*lat.* Janus Grotius, 8. März 1554 bis 3. Mai 1640) war (neben anderen Verdiensten) Übersetzer einiger Werke des Archimedes ins Niederländische und von 1591 bis 1595 Bürgermeister von Delft.

anlangt, woraus wir sicher schliessen, dass bei beiden Körpern der Luftwiderstand gering ist; und wenn beide Stäbe gleichzeitig zu fallen beginnen, dabei aber der Bleistab wenig, der Holzstab stark verzögert wäre, der erstere beim Fallen merklich dem letzteren vorauseilen müsste, während er zugleich zehn mal schwerer ist; dies aber tritt keineswegs ein, sein Vorauseilen wird nicht einmal den hundertsten Theil der ganzen Höhe betragen. Zwischen einem Blei- und einem Steinstabe, der nur ein Drittel oder die Hälfte von jenem wöge, würde beim Aufprall auf der Erde kaum noch ein Unterschied zu beobachten sein.[14]

Und viele weitere Textstellen. Galilei berichtet von unzähligen realen Experimenten zum Fallgesetz in den *Discorsi* sowie in früheren Texten und in seinerzeit unveröffentlichten Handschriften. Allein durch die erzählerische Form einer Unterhaltung zwischen den fiktiven Personen Salviati, Sagredo und Simplicio ist der Experimentalbericht aus den *Discorsi* nicht mit einem vollständigen Protokoll von Galileis realen Experimenten versehen, sondern in unbestimmten Formulierungen – »wir werden sehen« – verpackt. Nimmt man den Schreibstil Galileis für das, was er ist – einen Theaterdialog –, müßte der Regisseur an einer Stelle wie der gerade zitierten die Schauspieler das reale Experiment auf der (Freilicht-) Bühne vor den Zuschauern ausführen lassen. Offensichtlich gibt es keinen physikalischen Grund, warum ein solches Schauexperiment nicht funktionieren sollte.

Innerhalb der *Discorsi* hat der »Erste Tag« die Funktion einer informellen Einführung: Die spannendsten Themen von Physik und Naturphilosophie werden angeschnitten, Höhepunkte der späteren mathematisch-formalen Behandlung in ihrer Bedeutung veranschaulicht. Es geht Galilei in diesem Kapitel noch nicht um die mathematischen Theorien selbst, sondern um deren intellektuelle Vorbereitung.

Wenn wir die Frage stellen: Was soll mit dem Gedankenexperiment von Galilei gezeigt werden? ist eine Antwort unmittelbar klar: Auf jeden Fall soll das Gedankenexperiment *nicht* beweisen oder herausfinden lassen, wie Körper in Wirklichkeit fallen. Dies war nämlich schon bekannt. Ziemlich gleich nach der Vorstellung des Gedankenexperiments läßt Galilei Simplicio (der in den *Discorsi* die Rolle des Aristoteles-Anhängers einnimmt) einwenden, daß es schwer zu glauben sei, ein Bleikorn falle so schnell wie eine Kano-

14 Galilei (1638) 225f.

nenkugel. Hierauf antwortet Salviati (die Personifizierung von Galilei im Gespräch):

Aristoteles sagt: ein Eisenstab von 100 Pfund kommt von einer Höhe von 100 Ellen herabfallend in einer Zeit an, in welcher ein einpfündiger Stab, frei herabfallend, nur 1 Elle zurückgelegt hat: ich behaupte, beide kommen bei 100 Ellen Fall gleichzeitig an: Ihr findet, dass hierbei der grössere um 2 Finger breit vorauseilt, so dass, wenn der grössere an der Erde ankommt, der kleinere noch einen Weg von 2 Fingerbreit Grösse zurückzulegen hat: Ihr wollt jetzt mit diesen 2 Fingern hinwegschmuggeln die 99 Ellen des Aristotelischen Fehlers, und nur von meiner kleinen Abweichung reden, den gewaltigen Irrthum des *Aristoteles* aber verschweigen.[15]

Hieraus sieht man, daß das Gedankenexperiment in eine Gesprächssituation eingebettet ist, in der die wesentlichen *empirischen* Fakten über das Fallverhalten von Gegenständen qualitativ bekannt sind. Die Gesprächsteilnehmer sind uneins über die richtige Erklärung der Fallbewegung, aber die ungefähren Tatsachen über sie sind nicht kontrovers: Unterschiedliche Gegenstände (verschiedenes Material, Form, spezifisches Gewicht) fallen in Luft nur geringfügig verschieden schnell. Einen größeren Unterschied bewirkt nur die Oberflächenform der Körper: »wie z. B. Gold, der specifisch schwerste Körper, als sehr dünnes Blatt in der Luft flattert.«[16]

Galilei verrät in seinen Texten nicht, ob er Stevin gelesen hat. Man muß dies jedoch vermuten, da Galilei in jeder Hinsicht auf der Höhe der Wissenschaft seiner Zeit stand und auch beispielsweise von der niederländischen Erfindung des Fernglases ziemlich umgehend informiert war. Mit letzter Sicherheit läßt sich also nicht sagen, ob Stevins oben zitierter Experimentalbericht oder ob seine eigenen Experimente wesentlichen Einfluß auf seine Gedanken über das Fallverhalten hatten. Galilei präsentiert dieses Thema allerdings so, daß er auch den Lesern, die *nicht* zuvor kontrollierte reale Experimente durchgeführt haben, unterstellt, die wesentlichen empirischen Fakten zu kennen. Es geht hier um empirische Alltagskenntnisse, die man notfalls schnell mit ein paar informellen Experimenten am Küchentisch nachholen könnte.

Insbesondere solche Fakten sind empirisch offensichtlich – für Gelehrte wie für das gemeine Volk, zu Galileis Zeiten wie heute:

15 Galilei (1638) 59.
16 Galilei (1638) 59.

(a) Körper mit einer großen Oberfläche fallen merklich langsamer.
(b) Körper, bei denen die Oberflächenform nicht wesentlich zur Verlangsamung beiträgt, fallen im wesentlichen unabhängig von ihrem Gewicht gleich schnell. – Hier ist mit »Gewicht« das gemeint, was man als Zugkraft beim Tragen des Körpers spürt und beispielsweise mit einer Balkenwaage messen kann.
(c) Es gibt allerdings kleinere Unterschiede in der Fallgeschwindigkeit unterschiedlicher Körper.

Dieses Alltagswissen bezieht sich auf das Herunterfallen von Gegenständen in der normalen Umgebung, d. h. auf das Fallverhalten in einem luftgefüllten Raum und auf Fallhöhen bezogen, die einem menschlichen Maßstab entsprechen. Dieses Alltagswissen erwirbt man sich wie gesagt, wenn man beispielsweise schon einmal etwas von einer Tischkante geworfen hat. Zusätzlich besitzen normale Menschen auch einen Fundus an Alltagswissen über das Sinkverhalten und die Sinkgeschwindigkeit von Körpern in Wasser, aber diese Aspekte von Galileis Abhandlung über das Fallgesetz wollen wir hier ausklammern.

2.2 Hintergrund: Die Theorie des Aristoteles

Es gibt in den Werken des Aristoteles keinen überzeugenden Hinweis darauf, daß ihm das eben beschriebene »Alltagswissen« unbekannt gewesen sein könnte. Wir haben aber eben in den Zitaten gesehen, daß man zu Galileis und Stevins Zeiten Aristoteles unterstellte, er habe gemeint, daß ein hundertmal schwererer Körper hundertmal schneller fallen würde. Dies klingt – wie auch Galilei deutlich sagt – nach einem groben Verstoß gegen die offensichtliche Alltagserfahrung. In diesem Abschnitt soll ausschließlich versucht werden, diese seltsame, dem Aristoteles unterstellte Behauptung zu erklären.

Offensichtlich kann und müßte man zu Aristoteles und zur Weiterentwicklung seiner Lehren bis Galilei sehr viel sagen. Aristoteles war bis Galileis Zeit »*Der Philosoph*« schlechthin. Dieses hohe Ansehen des Aristoteles – bei aller Kritik, die ebenfalls aus der gesamten Rezeptionsgeschichte überliefert ist – gründet sich nicht auf absurde und weltfremde Behauptungen. Im Gegenteil: Aristoteles galt als der Philosoph mit den besonders überzeugenden Ansichten, die man (bei durchaus tiefsinnigen Details) gerade als ausgesprochen *intuitiv verständlich* und wahr empfand. Im Unterschied zu Aristoteles sah man insbesondere in Plato einen Philosophen mit Ideen, die weit über den Erfahrungshorizont hinausgehen. Auf Platons Philosophie gründeten sich Traditionen mit deutlich mystisch-hermetischem Einschlag; Aristoteles hingegen war vor der Erfindung der modernen Naturwissenschaft geradezu der Inbegriff für nüchtern-rationale Naturforschung und -beobachtung. – Diese Klarstellung läßt die oben kolportierte Behauptung über das Fallverhalten nur noch seltsamer anmuten. Was hatte Aristoteles tatsächlich gesagt, daß er so von Stevin und Galilei (und offenbar auch von den zeitgenössischen Aristoteles-Anhängern) verstanden wurde?

Aristoteles äußert sich an vielen Stellen seiner Werke über die Fallbewegung, am ausführlichsten in der *Physica* (»Vorlesung über Natur«) und in *De caelo* (»Über den Himmel«). Die Diskussionen von Galilei und seinen Zeitgenossen machen deutlich, daß sie sich in ihrer Aristotelesinterpretation insbesondere auf das 4. Buch *(Δ)* der *Physica* beziehen und dort auf den Abschnitt, in dem Aristoteles das »Vakuum« behandelt (*Physica Δ*, 213a12-217b28). Worum geht es in diesem Textabschnitt?

Aristoteles möchte die Theorien einer Reihe seiner Vorläufer widerlegen, die behauptet hatten, für die Möglichkeit von Bewegung sei ein leerer Raum notwendig. Insbesondere nennt Aristoteles die Pythagoreer und die Atomisten Demokrit und Leukippos als Philosophen, die diese Meinung vertraten. Der Grundgedanke dieser von Aristoteles kritisierten Meinung ist intuitiv einleuchtend: Bewegung heißt, daß ein Körper zu einer anderen Stelle im Raum kommt. Damit der Körper dorthin kommen kann, darf diese Stelle nicht schon von einem anderen Körper blockiert sein. Bewegung ist hiernach nur möglich, wenn das jeweils nächstliegende Raumgebiet in Bewegungsrichtung leergeräumt ist. Also: Wenn es offensichtlich Bewegung gibt – so wurde vor (und nach) Aristoteles behauptet –, dann muß auch der »leere Raum« existieren.

Diese Behauptung zu widerlegen ist Aristoteles' Absicht. Für Aristoteles ist jeder Raum ausgefüllt und Bewegung findet statt, indem sich Materien mit unterschiedlichen Qualitäten untereinander im Raum verschieben. Aristoteles' Beweisführung hat regelmäßig die Form der *reductio ad absurdum*. In dem genannten Textabschnitt findet sich hiervon eine größere Menge. In jedem dieser Argumente expliziert Aristoteles das, was seine Vorläufer unter »leerem Raum« verstanden haben könnten, um anschließend zu zeigen, daß »leerer Raum« in der genannten Explikation nicht existieren kann oder absurd ist. Absurd ist für Aristoteles insbesondere alles, was zu Unendlichkeiten führt. Alle Größen der Natur müssen für Aristoteles einen Grad haben, der dahingehend eindeutig bestimmt ist, daß er nicht durch Null oder durch Unendlich ausgedrückt wird.

Der Aufbau von Aristoteles' Argumentation impliziert, daß viele unverträgliche Behauptungen aufgestellt werden. Nach dem einen *reductio-ad-absurdum*-Argument folgt für Aristoteles, daß im Vakuum alle Körper unendlich schnell sein müßten, nach dem anderen, daß im Vakuum sich Körper gar nicht bewegen könnten u.s.w. Diese unterschiedlichen Konsequenzen vereint nur die Tatsache, daß Aristoteles sie allesamt für absurd hält. Die Annahmen jedes dieser Argumente sind verschieden; es sind die unterschiedlichen Explikationen des Begriffs vom »leeren Raum«, die Aristoteles seinen Vorläufern unterstellt, verbunden mit unterschiedlichen Hilfsannahmen, die Aristoteles für selbstverständlich hält. – Als vorbereitendes Beispiel sei dieses Argument genannt:

Weiter: Niemand könnte wohl sagen, weswegen denn (im Leeren) etwas in Bewegung Gesetztes einmal irgendwo zum Stillstand kommen sollte: warum hier eher als da? Also, entweder wird (alles) in Ruhe sein, oder es muß notwendig ins Unbegrenzte fortgehende Bewegung sein, wenn nicht etwas Stärkeres hindernd dazwischentritt.[17]

Was Aristoteles hier als Konsequenz der Annahme einer Möglichkeit von »leerem Raum« präsentiert, ist im wesentlichen das bekannte Galileische Trägheitsgesetz. Nur, im Unterschied zu Galilei hält Aristoteles dieses für so absurd, daß er mit dieser Konsequenz auch die Annahme widerlegt sieht. Warum ist das für Aristoteles absurd? Weil in dieser Konsequenz *Unendlichkeit* und *Unbestimmtheit* ausgedrückt sind. Die Natur ist jedoch für Aristoteles in jeder Größe endlich und bestimmt. Es gibt in der Natur keine Bewegung, die ins Unendliche fortbesteht; wenn dies behauptet wird, ist das für Aristoteles absurd.

Hierin äußert sich eine grundlegende Änderung im Wissenschaftsverständnis zwischen Aristoteles und der modernen Natur-

17 Aristoteles, *Physica* Δ, 215a19-24; Übersetzung Hans Günter Zekel.

wissenschaft. Die moderne Naturwissenschaft behauptet Gesetze wie beispielsweise das Trägheitsgesetz nicht deshalb, weil sie empirisch wahr sind (also sprachliche Abbilder der sichtbaren Phänomene der Natur), sondern um sie als *Bausteine* für eine konstruktive Nachbildung der Natur zu verwenden. Auch Galilei war klar, daß es auf der Erde keine »ins Unbegrenzte fortgehende Bewegung« von irgendeinem Körper gibt. Aber diese Fiktion ermöglicht es zusammen mit anderen, das reale und beobachtbare Verhalten der Natur nach genauen quantitativen Gesetzen *nachzubilden*.

Betrachten wir nun das Argument aus dem genannten Textabschnitt der *Physica*, worin die Aspekte der Philosophie des Aristoteles deutlich werden, von denen Galilei in seinem berühmten Gedankenexperiment spricht.

Wir sehen ja, daß (Körper), die *größeren Antrieb* haben, sei es an Schwere oder an Leichtheit, wenn alle übrigen Bedingungen gleichbleiben, schneller eine gleiche Strecke durchmessen, und zwar in dem Verhältnis, welches die (dabei vorkommenden) Größen zueinander haben. Das müßte also auch (bei einem Weg) durch eine leere Strecke so sein. Aber das geht nicht: aus welchem Grund soll denn hier die Bewegung schneller vonstatten gehen? Auf erfüllten Wegstrecken gilt das ja mit Notwendigkeit: Schneller teilt auf Grund seiner Kraft das Größere (den durchmessenen Körper) auseinander; entweder teilt es ihn auf Grund seiner äußeren Gestalt oder durch den Antrieb, den ein von sich aus bewegter oder ein losgeschickter (Körper) besitzt. Also müßte (im Leeren) alles gleichschnell sein. Aber das geht nicht.[18]

Hier steht tatsächlich die Behauptung, die Stevin und Galilei dem Aristoteles unterstellen: Wenn alle übrigen Bedingungen gleich sind, dann fallen unterschiedlich schwere Körper unterschiedlich schnell, und zwar im Verhältnis ihrer jeweiligen Schwere. Zusammen mit anderen Textstellen kann man dies durchaus als mathematische Proportionalität interpretieren: Zwei Körper, die nur hinsichtlich ihrer Schwere unterschieden sind, fallen eine gleiche Strecke in unterschiedlichen Zeiten, so daß der Quotient der beiden Fallzeiten *proportional* dem Quotienten der beiden Schweren ist (und der schwerere Körper der schnellere).

In anderen Argumenten (als dem gerade zitierten) verwendet Aristoteles eine solche behauptete Proportionalität, um hieraus zum Beispiel die Absurdität einer »Division durch Null« abzuleiten. Wie

18 Aristoteles, *Physica* Δ 216a13-21; Übersetzung Hans Günter Zekel.

gesagt: Ein zentraler Gedanke des Aristoteles ist die Forderung, daß jede Größe der Natur eindeutig bestimmt sein muß. Bei der Zuordnung von Zahlenwerten auf Eigenschaften der Natur darf nirgendwo Null oder Unendlich vergeben werden.

In dem eben zitierten Argument ist die Konklusion, die Aristoteles absurd erscheint, die Behauptung: »Im Vakuum bewegen sich alle Körper gleich schnell.« Wie vorhin haben wir auch hier eine Aussage, für die Galilei berühmt geworden ist. Galilei hat dieses Fallgesetz offensichtlich nicht selbst erfunden, sondern nur entdeckt, daß es naturwissenschaftlich »wahr« ist, während Aristoteles das gleiche Fallgesetz noch für absurd hielt.

Warum ist es für Aristoteles absurd anzunehmen, zwei unterschiedlich schwere Körper würden sich (im leeren Raum) gleich schnell bewegen? Die Antwort ist offensichtlich: Weil es der Prämisse des Arguments widerspricht. Die Prämisse des Arguments ist: Es seien zwei Körper betrachtet, die einen *unterschiedlichen* Antrieb haben. Diesen Antrieb nennt Aristoteles die »Schwere«. Die Schwere ist die Ursache der Fallgeschwindigkeit. Verschiedene Ursachen haben verschiedene Wirkungen. Verschiedene Schweren verursachen also verschiedene Fallgeschwindigkeiten. Wenn nun im Vakuum unterschiedliche Körper gleich schnell fallen, dann wären sie ja aufgrund dieser Voraussetzung gleich schwer. Aber es war ja in diesem Argument vorausgesetzt, daß die beiden Körper nicht gleich schwer sind. Zwei Körper können nicht sowohl gleich schwer als auch verschieden schwer sein, also führen die Annahmen zum Widerspruch. Von allen Prämissen des Arguments meint Aristoteles dann natürlich wie zuvor, daß die Annahme der Möglichkeit eines Vakuums zu eliminieren sei, um den Widerspruch zu vermeiden.

Dies muß noch deutlicher gesagt werden: Für Aristoteles ist *der Grad der »Schwere« die Ursache des Grads der Fallgeschwindigkeit.* Dies ist eine Nominaldefinition. Der Anlaß dieser Definition ist folgender: Unterschiedliche Phänomene haben – nach Aristoteles, aber auch sonst – unterschiedliche Ursachen. Unterscheiden sich die Phänomene in einem *Grad*, dem ein Zahlenwert zugeordnet werden kann (also z. B. »Geschwindigkeit«), so hat auch die Ursache einen Grad mit einem Zahlenwert. Die Beziehung zwischen Ursache und Wirkung muß eindeutig bestimmt sein. Also ist die Beziehung der Grade von Ursache und Wirkung ebenfalls eindeutig zu bestimmen.

Einfachheitshalber oder als konventionelle Definition kann man hier lineare Proportionalität einsetzen. Soweit es die philosophische Forderung nach Eindeutigkeit an die Beziehung von Ursache und Wirkung betrifft, würde es auch jede andere streng monotone Funktion tun.

Das berüchtigte »aristotelische Fallgesetz« erhebt also gar nicht den Anspruch, ein spezielles empirisches Naturgesetz (zum Zweck der Vorhersage von Fallgeschwindigkeiten) zu sein, sondern ist eine Explikation einer in Graden ausgedrückten Ursache-Wirkungs-Beziehung: Wenn es in der Natur beobachtbare Unterschiede in der Fallgeschwindigkeit zwischen verschiedenen Körpern gibt, so nennen wir (d.h. Aristoteles) die Ursache hierfür »Schwere«. Diese Eigenschaft muß bei unterschiedlich schnell fallenden Körpern einen unterschiedlichen Zahlenwert haben und bei gleich schnell fallenden Körpern einen gleichen Zahlenwert. – Mit dieser Erklärung ist offensichtlich:

(a) Das »aristotelische Fallgesetz« ist – nach Aristoteles' Definition – *analytisch* wahr.

(b) Das »aristotelische Fallgesetz« enthält keinen logischen Selbstwiderspruch.

(c) Das »aristotelische Fallgesetz« kann mit empirischen Mitteln nicht widerlegt werden. Es kann keiner empirischen Tatsache widersprechen, weil es nur die Funktion hat, empirische Tatsachen zu interpretieren, nicht jedoch vorherzusagen.

Offensichtlich kannte Aristoteles auch viele empirische Fakten über das reale Fallverhalten von Gegenständen, wie auch schon angedeutet im letzten Zitat zu sehen war. Er besaß mit Sicherheit das übliche Alltagswissen über beispielsweise Luftreibung, den Einfluß der Form eines Gegenstand auf seine Fallgeschwindigkeit, den Auftrieb, das Bewegungsverhalten in verschiedenen Medien u.v.m. Auch sollte erwähnt werden, daß die Bewegungslehre des Aristoteles noch viele andere Aspekte hat; z.T. solche, die aus Sicht heutiger Selbstverständlichkeiten zunächst ungewohnt erscheinen. Beispielsweise unterscheidet Aristoteles kategorial zwischen der Bewegung »nach unten« und »nach oben« (letzteres beispielsweise von Rauch), wobei für ersteres die »Schwere«, für letzteres die »Leichtheit« die Ursache ist. Zwischen Schwere und Leichtheit sah Aristoteles *keinen* graduellen Übergang in einer gemeinsamen Größe eines »spezifischen Gewichts«. – Alle diese Aspekte sollen in der Beschränkung auf den Hauptgedanken des Gedankenexperiments von Galilei außer acht gelassen werden.

Das Thema des Gedankenexperiments läßt sich hier schon ahnen. Es lautet: Wie widerlegt man eine analytische Wahrheit? Offensichtlich geht das weder mit logischen noch mit empirischen Mitteln.

Die Schwachstelle des aristotelischen Fallgesetzes liegt hierin: Obwohl es gewissermaßen philosophisch einleuchtend und befriedigend ist, läßt es sich nicht zu einer *quantitativen Theorie* zur *Vorhersage* von Bewegungsabläufen ausbauen. Das Problem liegt darin, daß die von Aristoteles als Ursache stipulierte Größe der »Schwere« nicht unabhängig vom empirischen Fallverhalten, also von ihrer Wirkung, bestimmt ist. Für eine Vorhersage muß man aber die entscheidenden Größen der Ursachen schon vor und unabhängig von ihrer Wirkung bestimmen können. Insbesondere besitzen wir auch einen *anderen* Begriff von Schwere, der mit diesem hier von Aristoteles gebrauchten nicht identifiziert werden kann. Diese *andere* Schwere ist das »Gewicht«. Das »Gewicht« ist die intuitiv wahrgenommene Größe, die für das subjektive Empfinden der Zugkraft eines Gegenstands beim Hochheben und Festhalten verantwortlich ist (also bei nicht frei fallenden Körpern). Das »Gewicht« läßt sich mittels der Balkenwaage quantifizieren, wie seit Urzeiten geschehen, und ist hierdurch als *additive Größe* definiert: Zwei Körper mit gleichem »Gewicht« (d.h. »Gleichgewicht der symmetrischen Balkenwaage«) haben nach dieser intuitiven Definition zusammengenommen ein zweifaches Gewicht: $G \oplus G = 2G$. Hingegen gilt im genannten Fallgesetz von Aristoteles für die Schwere offensichtlich *nicht* $S \oplus S = 2S$. Hier ist jeweils mit »$\oplus$« die Handlung des Verbindens zweier Körper zu einem gemeint; das Resultat auf der rechten Seite ist jeweils das, was in die Formel, die Ursache mit Wirkung verbindet, eingeht.

2.3 Galileis Argument

Nach diesen Vorbemerkungen schauen wir uns Galileis Gedankenexperiment im Wortlaut an. Um die Gefahr einer Verfälschung zu minimieren, soll hier das *ganze* »Gedankenexperiment« zitiert werden, einschließlich der wesentlichen Teile des Vor- und Nachspanns zum relativ kurzen »eigentlichen« Argument. Also nach jeder Unterbrechung des Zitats durch eine festzuhaltende Beobachtung oder einen Kommentar wird Galileis Text ohne Auslassung fortgeführt.[19]

In einer allgemeinen und recht sprunghaften Plauderei zwischen dem modernen, praktisch veranlagten und aufgeschlossenen *Sagredo*, dem Aristoteleskenner und Anhänger der traditionellen Schulphilosophie *Simplicio*[20] sowie dem modernen Naturforscher *Salviati* (den Galilei wohl als *alter ego* in dieser Unterredung auftreten läßt) kommt man auf das Thema »Vakuum« zu sprechen. Man erinnert sich, daß Aristoteles die Möglichkeit eines Vakuums ausgeschlossen hatte. Sagredo bittet Simplicio, den Beweis des Aristoteles hierfür zu erklären. Wir beginnen mit Simplicios Antwort:

Simpl. Aristoteles bekämpft, soviel ich mich entsinne, die Meinung einiger älterer Philosophen, die das Vacuum als nothwendig einführen, damit eine Bewegung zu Stande kommt, da ohne dasselbe eine Bewegung unmöglich sei. Im Gegensatz hierzu beweist Aristoteles, dass gerade die Thatsache der Bewegung die Annahme eines Vacuums widerlege; sein Beweis ist folgender. Er discutirt zwei Fälle: erstens lässt er verschiedene Massen in ein und demselben Medium sich bewegen: zweitens ein und dieselbe Masse in verschiedenen Medien. Im ersten Falle behauptet er, dass verschiedene Körper in ein und demselben Medium mit verschiedener Geschwindigkeit sich bewegen, und zwar stets proportional den Gewichten; so dass z. B. ein 10 mal grösseres Gewicht sich 10 mal schneller bewege. Im anderen Fall nimmt er an, dass die Geschwindigkeiten ein und derselben Masse in verschiedenen Medien sich umgekehrt wie die Dichtigkeiten verhalten; so dass, wenn z. B. die Dichtigkeit des Wassers 10 mal so gross ist als die der Luft, die Geschwindigkeit in der Luft 10 mal grösser sei, als die Geschwindigkeit im Wasser. Die zweite Behauptung weist er folgender Art nach: Da die Feinheit des Vacuums um ein unendlich kleines Intervall sich unterscheidet von dem körperlich mit allerfeinster Masse erfüllten Raume, so wird jeder Körper, der im erfüllten Medium in einiger Zeit eine gewisse Strecke zurücklegt, im Vacuum sich momentan bewegen; aber instantane Bewegung ist unmöglich; mithin ist es unmöglich, dass in der Folge der Bewegung ein Vacuum sich bilde.

Hier sehen wir die Umdeutung des aristotelischen Fallgesetzes. Aus einem philosophisch-analytischen Postulat ist ein empirisches Na-

19 Galilei (1638) 56-60.

20 Die Wahl dieses Namens mußte nicht als ironische Spitze gegen die »Einfältigkeit« der Aristoteliker verstanden werden. »Simplicio« könnte eine Anspielung auf den angesehenen spätantiken Aristoteleskommentator *Simplicius von Silizien* (um 530 n. Chr.) sein.

turgesetz geworden. Dieses pseudo-aristotelische Fallgesetz hat die Formel:

$$V = k\,G/D$$

Hierbei ist V die Fallgeschwindigkeit (also die Gesamt-Zeit zum Durchlaufen der festgelegten Fallstrecke), G das Gewicht (diesmal, obwohl nicht ausdrücklich gesagt: das Balkenwaagen-Gewicht), D die Dichte des Mediums gemessen anhand ihres Gewichts pro Einheitsvolumen. *k* ist eine Konstante, die dazu dient, allen *ceteris-paribus*-Bedingungen Rechnung zu tragen.

Diese Umdeutung wird durch die beiläufig eingefügte Erläuterung deutlich, »so dass z. B. ein 10 mal grösseres Gewicht sich 10 mal schneller bewege.« Diese Erläuterung bedeutet, daß man meint, dieses Gesetz zur empirischen Vorhersage anwenden zu können. Das heißt: Die Größe des »Gewichts« muß in anderer Weise bestimmt sein als (wie bei Aristoteles) allein durch die Wirkung der Fallgeschwindigkeit. – Wir hatten schon durch das Zitat von Stevin gesehen, daß diese Umdeutung damals zeitgemäß war. Auch Stevin verwendet diese Interpretation. Und da Galilei hier den »Aristoteliker« Simplicio reden läßt, kann man vermuten, daß diese Interpretation unter seinen philosophischen Professorenkollegen verbreitet war.

Salv. Der Beweis ist, wie man sieht, »ad hominem«, d. h. gegen diejenigen gerichtet, welche das Vacuum als für die Bewegung nothwendig erachten. Wenn ich nun die Schlussfolgerung anerkenne, indem ich zugleich zugebe, dass eine Bewegung im Vacuum nicht statthabe, so wird damit die Annahme eines Vacuums im absoluten Sinne, ohne Rücksicht auf Bewegung, keineswegs widerlegt. Um etwa im Sinne jener Alten zu reden und um besser zu durchschauen, wieviel *Aristoteles* beweist, scheint mir, könnte man alle beide Meinungen verwerfen.

Salviati bezweifelt die Zulässigkeit dieser Aristotelesinterpretation – also gerade die eben bemerkte Umdeutung der eigentlichen Absicht des aristotelischen Fallgesetzes. Galilei hat offensichtlich Aristoteles auch im Original gelesen und nicht bloß seinen philosophischen Professorenkollegen zugehört. Aristoteles ging es darum, eine philosophische Behauptung seiner Gegner zu widerlegen, nicht um das Aufstellen eines vorhersagefähigen quantitativen Naturgesetzes.

Gegen diese Umdeutung bringt Salviati drei Gründe vor: *(a)* Mit dieser Umdeutung läßt sich nicht mehr das eigentliche Beweisziel von Aristoteles erreichen. Das heißt, mit Annahme der Formel V = *k* G/D läßt sich bestenfalls sagen, daß im Vakuum keine Bewegung stattfinden kann, nicht jedoch, was Aristoteles' eigentliche Absicht war, daß das Vakuum nicht existieren kann. *(b)* Zum anderen spricht hiergegen das später folgende Gedankenexperiment. *(c)* Und außerdem sagt Salviati im gleichen Absatz, daß diese Formel empirisch falsch sei:

> Zunächst zweifele ich sehr daran, dass *Aristoteles* je experimentell nachgesehen habe, ob zwei Steine, von denen der eine ein 10 mal so grosses Gewicht hat, als der andere, wenn man sie in ein und demselben Augenblick fallen liesse, z.B. 100 Ellen hoch herab, so verschieden in ihrer Bewegung sein sollten, dass bei der Ankunft des grösseren der kleinere erst 10 Ellen zurückgelegt hätte.
>
> *Simpl.* Man sieht's aus Ihrer Darstellung, dass Ihr darüber experimentirt habt, sonst würdet Ihr nicht reden vom Nachsehen.
>
> *Sagr.* Aber ich, Herr *Simplicio*, der ich keinen [*richtig:* einen][21] Versuch angestellt habe, versichere Euch, dass eine Kanonenkugel von 100, 200 und mehr Pfund um keine Spanne vor einer Flintenkugel von einem halben Pfund Gewicht die Erde erreichen wird, wenn beide aus 200 Ellen Höhe herabkommen.

Alle außer dem Philosophieprofessor Simplicio waren damals natürlich bestens mit den Erfahrungstatsachen zum Thema Kanonen- und Flintenkugeln vertraut. Aber *nachdem* hier die empirischen Tatsachen festgestellt sind, folgt trotzdem *zusätzlich* ein weiteres Argument. Dies ist nun das »eigentliche« und so berühmte Gedankenexperiment:

> *Salv.* Ohne viel Versuche können wir durch eine kurze, bindende Schlussfolgerung nachweisen, wie unmöglich es sei, dass ein grösseres Gewicht sich schneller bewege, als ein kleineres, wenn beide aus gleichem Stoff bestehen; und überhaupt alle jene Körper, von denen Aristoteles spricht. Denn sagt mir, Herr *Simplicio*, gebt Ihr zu, dass jeder fallende Körper eine von Natur ihm zukommende Geschwindigkeit habe; so dass, wenn dieselbe vermehrt oder vermindert werden soll, eine Kraft angewandt werden muss oder ein Hemmniss.

Die Formulierung »wenn beide aus gleichem Stoff bestehen; und überhaupt alle jene Körper, von denen Aristoteles spricht« zeigt die Verwirrung über die richtige Aristotelesinterpretation. Das (gleich

21 Druckfehler in der Übersetzung von Arthur von Oettingen.

fortgeführte) Argument des Gedankenexperiments selbst verwendet die Prämisse, daß die Körper »aus gleichem Stoff bestehen«, nicht. Aristoteles hatte hiervon im oben zitierten Argument gegen die Pythagoreer ebensowenig gesprochen. Aristoteles originales Fallgesetz ist für alle Körper gültig, die überhaupt fallen (im Unterschied zum Aufsteigen durch »Leichtheit«), eingeschränkt lediglich durch die *ceteris-paribus*-Bedingung, um von äußeren Einflüssen wie der Oberflächenform oder der Fallhöhe abzusehen.

Die Einschränkung auf Körper »aus gleichem Stoff« ist offensichtlich ein Entgegenkommen Galileis auf nach-aristotelische und vor-galileische Versuche, das aristotelische Fallgesetz als empirisches Gesetz umzudeuten und hierbei dann die »Schwere« bei Aristoteles als »spezifisches Gewicht« oder als »Materialeigenschaft« zu interpretieren. Diese Versuche müssen mit dem am Ende von *2.2* genannten Argument scheitern.

Simpl. Unzweifelhaft hat ein Körper in einem gewissen Mittel eine von Natur bestimmte Geschwindigkeit, die nur mit einem neuen Antrieb vermehrt, oder durch ein Hinderniss vermindert werden kann.

Salv. Wenn wir zwei Körper haben, deren natürliche Geschwindigkeit verschieden sei, so ist es klar, dass, wenn wir den langsameren mit dem geschwinderen vereinigen, dieser letztere von jenem verzögert werden müsste, und jener, der langsamere, müsste vom schnelleren beschleunigt werden. Seit Ihr hierin mit mir einverstanden?

Simpl. Mir scheint die Consequenz völlig richtig.

Diese Hälfte des Arguments ist auch für Aristoteles akzeptabel. Wie oben gesehen, war Aristoteles völlig vertraut mit der Tatsache, daß *äußere* Faktoren (z. B. Oberflächenform) wesentlichen Einfluß auf die tatsächliche Fallgeschwindigkeit haben.

Salv. Aber wenn dieses richtig ist, und wenn es wahr wäre, dass ein grosser Stein sich z. B. mit 8 Maas Geschwindigkeit bewegt, und ein kleinerer Stein mit 4 Maass, so würden beide vereinigt eine Geschwindigkeit von weniger als 8 Maass haben müssen; aber die beiden Steine zusammen sind doch grösser als jener grössere Stein war, der 8 Maass Geschwindigkeit hatte; mithin würde sich nun der grössere langsamer bewegen, als der kleinere; was gegen Eure Voraussetzung wäre. Ihr seht also, wie aus der Annahme, ein grösserer Körper habe eine grössere Geschwindigkeit, als ein kleinerer Körper, ich Euch weiter folgern lassen konnte, dass ein grösserer Körper langsamer sich bewege als ein kleinerer.

Wie würde Aristoteles hierauf antworten? Die Konsequenz aus der Analytizität von Aristoteles' Fallgesetz hatten wir oben schon genannt: Die »Schwere« von Aristoteles kann nicht mit dem »Gewicht« identifiziert werden. Dieses Gegenargument hat Galilei offenbar vorhergesehen, weshalb er hier gar nicht von Schwere oder Gewicht redet, sondern allein von der Wirkung der Schwere, der »Geschwindigkeit«. Ebenso vermeidet Galilei, um die Allgemeinheit des Arguments nicht einzuschränken, jeden Bezug auf die Proportionalität. Galilei unterstellt ausschließlich, daß Aristoteles ein *monotones* Verhältnis der Grade von Ursache und Wirkung verlangt.

Aber dies verschleiert nur den Fehler, den Galileis Argument hier aus Sicht der originalen Lehre des Aristoteles begeht. Der größere Stein würde – nach Aristoteles – zwar schneller fallen, wenn man die Ursache der Fallbewegung des kleinen Steins hinzunimmt, nicht jedoch, wenn man zusammen mit der Ursache der Fallbewegung des kleinen Steins auch noch den kleinen Stein selbst hinzunimmt. Bildlich gesprochen »verbraucht« der kleine Stein für seine eigene, langsamere Fallbewegung ohne Rest alles, was er an Ursache für eine Fallbewegung zu bieten hat. Für den großen Stein bleibt dann nichts mehr übrig, was ihn durch die Verbindung schneller machen könnte. Anders gesagt: Zusammengenommen haben die beiden Steine zwar (in Übereinstimmung mit der Forderung nach einem monotonen Ursache-Wirkungs-Verhältnis) mehr »Schwere« als ein Stein allein, aber es sind ja nun auch zwei Steine zu bewegen. Mehr Ursache verursacht mehr Wirkung. Aber diese Wirkung äußert sich hier in vergrößerter Menge, nicht in vergrößerter Geschwindigkeit.

Simpl. Ich bin ganz verwirrt, denn mir will es nun scheinen, als ob der kleine Stein, dem grösseren zugefügt, dessen Gewicht und daher durchaus auch dessen Geschwindigkeit vermehre, oder jedenfalls, als ob letztere nicht vermindert werden müsse.

Simplicio hingegen hat offensichtlich das obengenannte »pseudoaristotelische Fallgesetz« vor Augen. Er identifiziert Schwere mit Gewicht und verwendet das bekannte Additionsgesetz für Gewichte (allerdings auch nur hinsichtlich der Monotonie). Diese Umdeutung ist, wie gesagt, zwar keine korrekte Aristotelesinterpretation, aber trotzdem überaus sinnvoll, wenn man die neue Fragestellung hat (die Aristoteles noch nicht hatte), die empirische Fallgeschwindigkeit von Körpern berechnen und vorhersagen zu wollen. Der

»Aristoteliker« Simplicio ist also bezüglich der Aufgabenstellung schon auf seiten Galileis. Ein Fallgesetz ist für Simplicio nicht mehr (wie noch für Aristoteles) ausreichend, wenn es sich bei der Beantwortung philosophischer Probleme bewährt, sondern es muß sich auch zur quantitativen Vorhersage empirisch überprüfbarer Tatsachen eignen. Die Gleichsetzung von Schwere mit dem durch die Balkenwaage quantifizierten Gewicht ist hier der naheliegende erste (aber letztendlich falsche) Schritt.

Salv. Hier begeht Ihr einen neuen Fehler, Herr *Simplicio*, denn es ist nicht richtig, dass der kleine Stein das Gewicht des grösseren vermehre.

Simpl. So? das überschreitet meinen Horizont.

Salv. Keineswegs, sobald ich Euch von dem Irrthume, in dem Ihr Euch bewegt, befreit haben werde: und merket wohl, dass man hier unterscheiden müsse, ob ein Körper sich bereits bewege, oder ob er in Ruhe sei. Wenn wir einen Stein auf eine Wagschale thun, so wird das Gewicht durch Hinzufügung eines zweiten Steines vermehrt, ja selbst die Zulage eines Stückes Werch wird das Gewicht um die 6-10 Unzen anwachsen lassen, die das Werchstück hat. Wenn Ihr aber den Stein mitsammt dem Werch von einer grossen Höhe frei herabfallen lasset, glaubt Ihr, dass während der Bewegung das Werch den Stein drücke, und dessen Bewegung beschleunige: oder glaubt Ihr, dass der Stein aufgehalten wird, indem das Werchstück ihn trägt? Fühlen wir nicht die Last auf unseren Schultern, wenn wir uns stemmen wollen gegen die Bewegung derselben; wenn wir aber mit derselben Geschwindigkeit uns bewegen, wie die Last auf unserem Rücken, wie soll dann letztere uns drücken und beschweren? Seht Ihr nicht, dass das ähnlich wäre, wie wenn wir den mit der Lanze treffen wollten, der mit derselben Geschwindigkeit vor uns herflieht? Zieht also den Schluss, dass beim freien Fall ein kleiner Stein den grossen nicht drücke und nicht sein Gewicht, so wie in der Ruhe, vermehre.

Hier präsentiert Salviati das eigentliche Ergebnis des Gedankenexperiments, also die Konsequenz aus der Paradoxie, die *Galilei selbst* durch das Argument des Gedankenexperiments bewiesen sah. Dieses Ergebnis hat für sich genommen weder etwas mit Aristoteles zu tun noch mit der Behauptung, daß alle Körper (im Vakuum oder sonstwie) gleich schnell fallen.

Die Paradoxie war: Die beiden vereinigten Steine fallen sowohl schneller als auch langsamer als der schnellere allein. Galileis Konsequenz ist: »Beim freien Fall drückt ein kleiner Stein den großen nicht und vermehrt auch nicht sein Gewicht, so wie in der Ruhe.« – Es stellen sich zwei Fragen: *(a)* Mit welchem Argument begründet

Galilei diese Konsequenz? und *(b)* Wie löst sich mit dieser zusätzlichen Annahme die Paradoxie auf?

Zu Teil *(b)*: Es war angenommen, daß ein kleiner Stein langsamer fällt und ein großer Stein schneller. Von hier ausgehend wurden zwei Argumente entwickelt, deren Konklusionen zusammengenommen zum Paradox führen.

(1) Das erste Argument war: Bei der Vereinigung bremst der langsamere den schnelleren und der schnellere beschleunigt den langsameren. Dies ist die eine Prämisse, die Galilei mit seinem »Endresultat« verneint. – Wenn es so wäre, daß der eine Stein naturgemäß schneller wäre als der andere, dann würden natürlich während des Falls Zug- oder Druckkräfte auftreten. Das Konditional bezweifelt Galilei nicht. Hiervon handelt auch die nächste Frage von Simplicio.

(2) Zum anderen wurde argumentiert: Durch die Vereinigung bildet sich ein größerer Stein, als der große Stein zuvor allein war. Auch diese Prämisse verneint Galilei mit seinem »Endresultat«. – Wenn sich ein größerer Stein gebildet hätte, so hätte er nach der »pseudo-aristotelischen« Prämisse schneller fallen müssen und würde so im Widerspruch zur Konklusion aus Teilargument *(1)* stehen.

Das Endresultat von Galilei verneint also die Prämissen von Teilargument *(1)* und *(2)* und vermeidet so die Paradoxie. Über die anderen Annahmen im Gesamtargument des »Gedankenexperiments« ist hierdurch nichts gesagt. Also insbesondere auch nichts über das pseudo-aristotelische Fallgesetz selbst. Es bleibt mit diesem Endergebnis von Galilei also durchaus weiterhin möglich, daß unterschiedliche Steine unterschiedlich schnell fallen. Galilei sagt lediglich: Durch die *Vereinigung* verändert sich das Gewicht, das für die Fallgeschwindigkeit verantwortlich ist, *nicht in der Weise*, wie sich die Gewichte in Ruhe (in einer Waagschale) addieren.

Die Paradoxie des Gedankenexperiments ist also durch die Annahme von Galileis »Endresultat« erfolgreich verhindert. Aber die Argumentation des Gedankenexperiments selbst konnte vom logischen Standpunkt nicht die Auswahl begründen, die Galilei traf, um die Paradoxie zu beseitigen. Man hätte auch jede andere Annahme des Gedankenexperiments aufgeben können. Warum gerade dieses Endergebnis von Galilei?

Zu Frage *(a)* finden wir im letzten Zitat die Antwort. Der Grund für dieses Endergebnis liegt *nicht* im Gedankenexperiment, sondern in einem Appell, sich an ein schon bekanntes Alltagswissen zu erinnern, den Galilei in rhetorische Fragen kleidet: »Fühlen wir nicht die Last auf unseren Schultern, wenn wir uns stemmen wollen gegen die Bewegung derselben; wenn wir aber mit derselben Geschwindigkeit uns bewegen, wie die Last auf unserem Rücken, wie soll dann letztere uns drücken und beschweren? Seht Ihr nicht, dass das ähnlich wäre, wie wenn wir den mit der Lanze treffen wollten, der mit derselben Geschwindigkeit vor uns herflieht?«

Wer jemals mit einem vollgepackten Rucksack von einer Mauer gesprungen ist, besitzt dieses Erfahrungswissen. Dieses Erfahrungswissen möchte Galilei in die Wissenschaft einbringen. Es erzwingt eine Unterscheidung zwischen »Gewicht in Ruhe«, das durch die Balkenwaage gemessen wird und für das Gefühl, eine Last zu tragen, verantwortlich ist, und dem »Gewicht im freien Fall«, das von Aristoteles in seiner Definition für die Fallgeschwindigkeit verantwortlich gemacht wird. Ein Körper kann nun – mit diesem Erfahrungswissen – ein gewaltiges »Gewicht in Ruhe« haben und trotzdem keinerlei »Gewicht im freien Fall«. Dies wissen wir aus Erfahrung, und die Wissenschaft weiß es genau seit Galileis eben zitiertem Hinweis. Aristoteles hatte über diese Unterscheidung noch nichts gesagt.

Die Bedeutung dieser Unterscheidung zwischen zwei verschiedenen Sorten von »Gewicht« in ein und demselben Körper ist zunächst schwer zu verstehen. Es kommt zu einer Nachfrage:

Simpl. Aber wenn der grössere Stein auf dem kleineren ruhe?

Diese Frage ist nicht so überflüssig, wie sie vielleicht zunächst erscheint. Salviati hat nämlich, wie eben gezeigt, mit dem Einbringen der Erfahrung über den Unterschied zwischen ruhendem und fallendem Gewicht *nicht* bewiesen oder behauptet, daß die beiden Steine gleich schnell fallen müssen. Aus Galileis Endergebnis folgt lediglich, daß die Änderung der Fallgeschwindigkeit *nach dem Verbinden* nicht durch die Addition der Ruhegewichte gefolgert werden kann. Wenn man mit Simplicio annimmt, die Steine fallen doch unterschiedlich schnell, dann wird der schnellere jedenfalls eine Gewichtskraft auf den kleineren ausüben. Wie diese Gewichtskraft nun – nach Einführung der Unterscheidung zwischen Ruhegewicht und Fallgewicht – beschrieben werden muß, ist keine triviale Frage. (Das ursprüngliche Argument des Gedankenexperiments ist ja zu diesem Zeitpunkt schon durch Salviatis letzte Äußerung aufgehoben worden.)

Salv. So würde er das Gewicht vermehren müssen, wenn seine Geschwindigkeit überwöge; aber wir fanden schon, dass, wenn die kleinere Last langsamer fiele, sie die Geschwindigkeit der grossen vermindern müsste, und mithin die zusammengesetzte Menge weniger rasch sich bewegte, als ein Theil; was gegen Eure Annahme spricht. Lasst uns also feststellen, dass grosse und kleine Körper, von gleichem specifischen Gewicht, mit gleicher Geschwindigkeit sich bewegen.

Der letzte Satz wirkt irritierend. Eigentlich möchte und soll Salviati hier nur seine letzte Aussage detaillierter erklären. Der letzte Satz scheint aber etwas völlig Neues zu sagen, nämlich: »Alle Körper (mit gleichem spezifischem Gewicht) fallen gleich schnell.« Das ist gerade das Ergebnis, das in den unzähligen populären Darstellungen und von Seiten der Platonisten angeblich aus dem Gedankenexperiment bewiesen wurde. Diese Interpretation muß allerdings – trotz diesem scheinbar sie bestätigenden Galileizitat – weiterhin zurückgewiesen werden.

Warum verwendet Salviati hier die Einschränkung »specifisches Gewicht«, obwohl hiervon innerhalb der bisherigen Argumente nicht die Rede war? »Specifisches Gewicht« bedeutet hier nicht das, was es heute bedeutet (Gewicht pro Einheitsvolumen), sondern drückt die gleiche Einschränkung aus, die vor Beginn des Arguments schon genannt wurde: »wenn beide aus gleichem Stoff bestehen; und überhaupt alle jene Körper, von denen Aristoteles spricht.« Mit dem Begriff »specifisches Gewicht« bezieht sich Galilei auf die Theorie des Aristoteles – die *originale* Theorie des Aristoteles, so wie oben vorgestellt – also auf die obengenannte »Schwere«, die Aristoteles als Ursache unterschiedlicher Fallgeschwindigkeiten stipuliert hatte.

Was also Salviati im letzten Satz sagt, ist: »Körper von gleicher ›Schwere‹ bewegen sich – unabhängig davon, wie unterschiedlich groß, also wie unterschiedlich ihr ›Gewicht‹ ist – mit gleicher Geschwindigkeit.« Im Kern ist das Aristoteles' analytisches Fallgesetz, allerdings mit einer bedeutenden neuen Erkenntnis im Zusatz bereichert: Körper von gleicher Schwere (im aristotelischen Sinne) können höchst unterschiedlich groß und schwer (im Sinne des Ruhegewichts) sein. Mit diesem Zusatz wird die stillschweigende und unbemerkte Gleichsetzung von Schwere und Gewicht der Aristotelesinterpreten aufgedeckt.

Die Differenzierung zwischen dem aristotelischen Begriff für die Ursache der Bewegung (Schwere) und der intuitiven, umgangssprachlichen Zuschreibung der Eigenschaften »groß und klein« eröffnet allerdings bloß die Möglichkeit, daß beide Größen voneinander abweichen könnten – sie beweist nicht, daß sie es in der Realität auch tun: Es ist möglich, daß Körper mit radikal verschiedenem Ruhegewicht die gleiche aristotelische Schwere, also die gleiche Fallgeschwindigkeit haben. Bewiesen, daß dies nicht nur denkmöglich, sondern empirisch wahr ist, ist das damit noch nicht. Dies kann nur die Empirie entscheiden. Und genau danach fragt Simplicio gleich anschließend:

Simpl. Eure Herleitung ist wirklich vortrefflich: und doch ist es mir schwer zu glauben, dass ein Bleikorn so schnell wie eine Kanonenkugel fallen sollte.
Salv. Sagt nur, ein Sandkorn so schnell wie ein Mühlstein. ...

Die Frage ist also: Ist diese neugefundene theoretische Möglichkeit physikalisch real? Jetzt kommt das Gespräch auf die Frage nach dem *empirisch* richtigen Fallgesetz. Und *jetzt erst*, anschließend an die Argumentationen des Gedankenexperiments, äußert Salviati seine *empirische* Hypothese, daß alle Körper gleich schnell fallen – und schränkt diese Aussage sogleich ein, indem er diese Hypothese nur angenähert für gültig hält. Allerdings sei sie sehr viel besser angenähert gültig als das obengenannte pseudo-aristotelische Fallgesetz. Salviati gibt also gleich mit der ersten Behauptung zu, daß unterschiedlich schwere Körper nicht exakt gleich schnell fallen, aber die behauptete Proportionalität der Fallgeschwindigkeit zum Gewicht sei noch wesentlich falscher, »bei welchem ich um Haaresbreite von der Wirklichkeit abweiche, indem Ihr unter dieses Haar verbergen wolltet den Fehler eines Anderen [des Pseudo-Aristoteles] von Ankertau-Dicke.«

Hier sind wir nun mitten im üblichen Geschäft der empirischen Wissenschaft und verlassen die Diskussion, weil wir nur auf das Gedankenexperiment schauen wollten.

2.4 Was wurde durch das Gedankenexperiment bewiesen?

Diese Frage hat zwei Aspekte: *(a)* Was wußte man in der Wissenschaft nach diesem Gedankenexperiment mehr, als man vorher wußte? und *(b)* Was ist an der Beweisführung für diesen Erkenntnisgewinn spezifisch *gedankenexperimentell* gewesen? Das heißt: Was an dieser Beweisführung könnte man sinnvollerweise die Anwendung einer Methode namens »Gedankenexperiment« nennen? Beide Fragen müssen zusammen beantwortet werden.

Die wichtigste Neuerung hatte schon vor dem Gedankenexperiment und schon vor Galilei stattgefunden: daß man sich überhaupt für eine empirisch anwendbare qualitative und prognosefähige Formel für die Beschreibung von Fallbewegungen interessierte. Aristoteles hatte zu diesem Ziel noch keine Anstrengung unternommen und keine Theorie entwickelt. Im Zuge dieser Neuerung wurde Aristoteles so uminterpretiert, daß seine für andere Ziele entwickelte Überlegung zu Ursache und Wirkung der Fallbewegung nun als *quantitative* Formel verstanden wurde. Diese so verstandene Formel ist empirisch grob falsch, wie Galilei an vielen Stellen genüßlich betont, wie aber auch schon vor Galilei *als ein empirischer Befund* allgemein bekannt war.

Die allgemeinste Beobachtung zu der zitierten Beweisführung von Galilei und zugleich der Rahmen, in dem ein sinnvoller Begriff einer Methode des Gedankenexperiments sichtbar wird, liegt hierin: Dieses grob falsche pseudo-aristotelische Fallgesetz erweist sich als ein Sprungbrett oder als eine Leiter, um auf diesem offenbar bequemeren und zielsichereren Weg zu einem verbesserten Fallgesetz zu gelangen, als dies ohne diese Hilfe möglich erschienen wäre. Die Argumente von Galilei führen nicht direkt von den empirischen Fakten zu seinem eigenen, richtigen Fallgesetz, sondern regelmäßig über den scheinbaren Umweg der Korrektur des grob falschen pseudo-aristotelischen Fallgesetzes zu diesem. Dies ist ein interessantes, bisher zu wenig beachtetes Thema der Wissenschaftsmethodologie: Wie man von einer vorliegenden, möglicherweise schon falsifizierten Theorie zu einer verbesserten Theorie findet, ohne die Theorie einfach wegzulegen und die neue Theorie von Grund auf errichten zu müssen.

Welche neuen Erkenntnisse werden im Laufe der Argumentation von Galilei vorgebracht? Die zentrale Neuheit ist das, was Galilei selbst als Resultat präsentiert: Es gibt einen physikalischen Unterschied der Wirkung eines Körpers auf einen mit ihm verbundenen anderen Körper zwischen der Ruhe und dem freien Fall. Im ersten Fall ist die Ursache für das Gefühl der Last *das Ruhegewicht*, das auch mit einer (Balken-) Waage gemessen und quantifiziert werden kann.

Im letzeren ist es *das Fallgewicht.* Das Fallgewicht ist bei einem freien, ungehinderten Fall immer gleich Null.

Wie begründet Galilei diese Erkenntnis, daß zwischen Ruhegewicht und dem Gewicht, das die Ursache für die Fallgeschwindigkeit ausdrückt, unterschieden werden muß? Durch (induktive) Verallgemeinerung von Alltagserfahrungen. Er erinnert an die »Last auf unserem Rücken«, an die Vorstellung, jemanden »mit der Lanze treffen zu wollen, der mit derselben Geschwindigkeit vor uns her flieht« etc. Die hierdurch gewonnene Erkenntnis war offenbar in der rudimentären Physik, die damals vorhanden war, noch unbekannt.

In späteren »Gedankenexperimenten« konnte man die induktiven Verallgemeinerungen von *Alltagswissen* regelmäßig nicht mehr sinnvoll einsetzen. Die Physik hatte sich schnell weiterentwickelt, und ab einem bestimmten Entwicklungsstand findet man kein anschauliches Alltagswissen mehr über »Lanzen und Lasten« oder sonstige allgemeinbekannte Naturphänomene, das eine *noch nicht berücksichtigte* Bereicherung des theoretischen Wissens darstellt. In den erfolgreichen Gedankenexperimenten *nach* Galilei sind es die dann schon vorhandenen elaborierten Theorien, welche die Rolle des Alltagswissens einnehmen; beispielsweise wenn Einstein auf Grundlage von Maxwells Elektrodynamik (und nicht aus einem Alltagswissen) das Prinzip der Konstanz der Lichtgeschwindigkeit formuliert.

Eine (durch Induktion oder Abstraktion gewonnene) Verallgemeinerung von bekanntem Wissen wird man weder als neue Wissenschaftsmethode noch als Gedankenexperiment ansehen. Interessant ist vielmehr der besondere Gebrauch, der von diesen Verallgemeinerungen gemacht wird.

Wir haben es im Umfeld des Gedankenexperiments mit drei verschiedenen Aussagetypen zu tun, die wir nach dem *Grad der Allgemeinheit* ihrer Aussage anordnen können: *(1)* empirische Einzeltatsachen, beispielsweise über Lanzen und Lasten. *(2)* Quantitative Naturgesetze, insbesondere das pseudo-aristotelische Fallgesetz und später Galileis neues approximatives Fallgesetz »Alle Körper fallen ungefähr gleich schnell.« Und *(3)* qualitative Allsätze der Art »Ein langsamer Körper wird einen schnellen Körper bremsen, wenn beide verbunden werden.« oder »Im freien Fall übt das Ruhegewicht eines Körpers weder Druck noch Zug (-Kräfte) auf einen anderen frei fallenden Körper aus.« und viele mehr.

Betrachtet man nicht die Allgemeinheit, sondern – nach einer intuitiven Bedeutung des Begriffs – den *Informationsgehalt* oder die Nützlichkeit der Erkenntnis, so wird man auf jeden Fall die Aussagen vom Typ *(2)* an die Spitze stellen. Es gibt ein Interesse, die Natur nicht bloß qualitativ, sondern auch quantitativ beschreiben und vorhersagen zu können. Die effizienteste Weise, Wissen auszudrücken, ist die Form einer mathematischen Theorie. Eine größere Allgemeinheit, als in einer mathematischen Theorie ausgedrückt ist, kann nur mit einem Verlust an Information erkauft werden.

Das Interesse der Wissenschaftsphilosophie gilt traditionell den Begründungsbeziehungen und Methoden, die in der Menge der Aussagen von Typ *(1)* und *(2)* angesiedelt sind. Wie kommt man von Einzeltatsachen zu Theorien? Wann muß eine Theorie unter dem Druck der Tatsachen aufgegeben werden? In welcher logischen Beziehung stehen unterschiedliche Theorien?

Die Aussagen vom Typ *(3)* könnte man auch, ohne hierdurch ein neues Thema zu eröffnen, in diese Diskussionen der Wissenschaftsphilosophie einfügen, indem man sie einfach als Teilmenge der Gesetzesaussagen *(2)* ansieht. Quantitative und übermäßig allgemeine Gesetze sind *auch* Naturgesetze, nur eben ziemlich primitive und unentwickelte. Es kann nicht bezweifelt werden, daß die Aussagen von *(3)* prinzipiell genauso begründet werden und begründet werden müssen wie die Aussagen von *(2)*. Also ebenso wie ein quantitatives Naturgesetz muß sich ein unspezifischer Allsatz der Art »Unterschiedlich schnelle Körper bilden beim Verbinden einen Körper mit mittlerer Geschwindigkeit« auf die Empirie berufen, also entweder auf eine induktive Verallgemeinerung empirischer Einzeltatsachen oder auf andere Theorien, die schon bekannt und akzeptiert sind. – Aber ebensowenig, wie in der Begründung von Aussagen des Typs *(3)* ein besonderes Problem liegt, sah man bisher einen besonderen Grund, sich für das Wissen, das in Aussagen des Typs *(3)* abgelegt ist, zu interessieren.

Die wissenschaftshistorischen Episoden, die im Umfeld der »Gedankenexperimente« untersucht wurden, zeigen nun aber, daß Aussagen vom Typ *(3)* in einer interessanten Weise in wissenschaftliches Argumentieren eingehen. Regelmäßig sind an der Entstehung oder Revision von quantitativen Naturgesetzen (vom Typ *(2)*) nicht nur empirische Tatsachen (vom Typ *(1)*) beteiligt, sondern auch solche qualitativen Verallgemeinerungen (vom Typ *(3)*). Der Umweg über

Aussagen von Typ *(3)* ist in Wirklichkeit eine argumentative Abkürzung.

Bildlich gesprochen: Theoriebildung und die Suche nach verbesserten Theorien geht man am besten »von beiden Seiten« aus an. Auch wenn beide Seiten sich schließlich nur aus dem einen empirischen Zustand der Welt herleiten, so wie er uns in vielen Einzeltatsachen gegeben ist. Für das Argumentieren von der Seite ausgehend, wo die Aussagen vom Typ *(3)* angesiedelt sind, empfiehlt sich der Name »Methode des Gedankenexperiments«. Die Begründung der Wahrheit von Aussagen vom Typ *(3)* fällt in den Aufgabenbereich der ansonsten bekannten und untersuchten Methoden der Wissenschaft, beispielsweise der Induktion von bekannten (Alltags-) Erfahrungen oder der Abstraktion von bekannten Theorien. Aber das Argumentieren mit diesen zum Zweck der Verbesserung unserer Theorien (Typ *(2)*) findet regelmäßig in einer Weise statt, die schon in langer Tradition intuitiv »Gedankenexperiment« genannt wird.

Um eine Beziehung zwischen einer Theorie und einer empirischen Einzeltatsache (vom Typ *(1)*) herzustellen, verwendet man insbesondere das (reale) Experiment. Im Experiment wird »die Natur befragt«, ob die Tatsachen mit den Folgerungen aus der Theorie übereinstimmen. Um eine Beziehung zwischen einer qualitativen Verallgemeinerung (vom Typ *(3)*) und einer Theorie herstellen zu können, muß ebenso ein gemeinsamer Anwendungsfall herangezogen werden, das Szenario des Gedankenexperiments.

Ein reales Experiment ist uninteressant, wenn es nur Altbekanntes bestätigt. Es ist interessant, wenn es in extreme Bereiche des Anwendungsbereichs einer Theorie vordringt oder sogar ein Ergebnis produziert, das im Widerspruch zu einer zuvor geglaubten Theorie steht. Die interessanten Gedankenexperimente sind auch gerade die Extremfälle, die Konstruktionen von Möglichkeiten, die gerade noch so in den Grenzbereichen der zulässigen Interpretation eines Satzes angesiedelt sind – etwas, das Imre Lakatos »Monster« genannt hat *(II.4.5)*. Ein »Monster« entsteht bei dem Unterfangen, eine Behauptung böswillig genau »beim Wort« zu nehmen und jede Bereitschaft und Fähigkeit, anderswoher schon empathisch zu wissen, »was eigentlich gemeint war«, zu unterdrücken.

Galileis Gedankenexperiment ist so ein »Monster«. Es konstruiert einen Anwendungsfall eines absichtlich mißverstandenen »aristotelischen Fallgesetzes« – so daß dieses in einen Konflikt mit allgemeinen Alltagserfahrungen gerät. Dieses »pseudo-aristotelische Fallgesetz« erhält man, indem man einen Satz von Aristoteles über-wörtlich nimmt und alles Wissen darüber, was Aristoteles eigentlich gemeint hat, unterdrückt. Es gibt verschiedene mögliche Strategien, auf die »Widerlegung« des »pseudo-aristotelischen Fallgesetzes« durch den Anwendungsfall »Herunterfallen zweier zusammengebundener, unterschiedlich schwerer Steine« zu reagieren.

Man kann kapitulieren und nun das »pseudo-aristotelische Fallgesetz« als definitiv falsch und widerlegt ansehen. Alternativ hierzu kann man aber auch das Monster »aussperren«, indem man das Aristotelische Fallgesetz präziser formuliert. Man artikuliert also das, was eigentlich gemeint war, in einer solchen Ausführlichkeit, daß der Versuch, die Worte bösartig wörtlich zu nehmen, mißlingt – beispielsweise durch die explizite Einschränkung des Aristotelischen Fallgesetzes auf »Reinstoffe« und das explizite Verbot, das Fallgesetz auf »verbundene Körper« anzuwenden. Oder durch den expliziten Hinweis, dass das Aristotelische Fallgesetz von der Eigenschaft »Schwere« handelt, die nicht mit »Gewicht« verwechselt werden darf. Diese Strategien haben die Funktion, Wissen von Irrtümern zu *reinigen*, indem es klarer und unmißverständlicher formuliert wird.

Es gibt eine weitere Strategie, die sich allerdings nicht in einem logisch einfachen Sachverhalt beschreiben läßt, aber zur interessantesten Entwicklung führt. Diese Strategie besteht daraus, die durch das Monster bedrohte Theorie konstruktiv so umzugestalten, daß das Monster zu einem harmlosen Anwendungsfall dieser verbesserten Theorie wird. Die Aufgabe ist also, ein neues Fallgesetz zu finden, das auch zu quantitativen Vorhersagen geeignet ist und außerdem das Verbinden von zwei Körpern zu einem zuläßt.

Die Durchführung dieser weiteren Strategie verläßt den Bereich des Gedankenexperiments. Galilei benötigt zur Herstellung und Begründung seines verbesserten Fallgesetzes viele Dutzend Seiten im Anschluß an das eigentliche Gedankenexperiment. In dieser nachfolgenden Argumentation wird das gesamte Arsenal wissenschaftlicher Methoden benötigt, Analogiebetrachtungen, Hypothesen, Induktionsschlüsse, Logik, Mathematik und nicht zuletzt viele empirische Tatsachen. Die Argumentation des Gedankenexperiments hat hierfür nur einige wenige, aber wichtige Bausteine geliefert, indem es einige Aspekte einer jeden Theorie des freien Falls mit einigen allgemeinen, qualitativen Aussagen in Beziehung gesetzt hat, die wir aus anderen (empirischen) Gründen für zwingend wahr halten. Durch diese Beziehung fungieren sie wie Normen oder Randbedingungen, die die Suche nach einer verbesserten Theorie des freien Falls in eine aussichtsreiche Bahn leiten.

3. Ortsbestimmung einer Lücke im Verständnis von Wissenschaft

Ein sinnvoller Begriff des Gedankenexperiments setzt voraus, daß ohne diesen Begriff etwas Wesentliches über die Wissenschaften und ihren methodischen Apparat nicht verstanden werden kann. Das heißt, es muss in der Wissenschaftsphilosophie ein bisher ungelöstes Problem geben, eine Verständnislücke zwischen einer tatsächlichen, erfolgreichen Wissenschaftspraxis und ihrer Beschreibung durch die Wissenschaftsphilosophie. Wir sollten in diesem Abschnitt nicht gebannt auf die Gedankenexperimente schauen, sondern die allgemeine Frage stellen: Was ist bei den Methoden, Überzeugungen zu gewinnen, zu verändern oder abzulösen, noch nicht verstanden? Interessant sind solche Episoden der Wissenschaftsgeschichte, wo eine wissenschaftliche Überzeugung gewonnen oder aufgegeben wurde, ohne daß die Gründe dafür offensichtlich sind.

Der klassische »gute Grund«, eine Überzeugung zu ändern, ist die nachgewiesene Unwahrheit der Überzeugung, also das empirische Scheitern. Jemand hat beispielsweise eine Theorie und meint, man müsse von ihr überzeugt sein, weil man sie leicht überprüfen könne: In einem bestimmten Experiment mache ein Meßgerät einen charakteristischen Zeigerausschlag. Man macht das Experiment, und der Zeiger bewegt sich nicht, selbst dann nicht, als man mehrmals gegen das Meßgerät schnippt, um sicherzugehen, daß kein Wackelkontakt vorliegt. Wenn nun am nächsten Tag der Mensch, der die Theorie vorgeschlagen hatte, nichts mehr von dieser Theorie wissen will, dann haben wir die »klassische« Situation. Die Begründung der Überzeugungsänderung dieses Menschen wirft kein philosophisches Problem auf. Faktisch kam diese klassische Situation in der

Wissenschaftsgeschichte ziemlich selten vor. Dies ist der Kern der Unzufriedenheit mit der traditionellen Wissenschaftsphilosophie des Empirismus.

Theorien in Übereinstimmung mit den Tatsachen zu bringen scheint nicht das einzige Motiv zu sein, Theorien zu entwickeln. Die Gründe, eine wissenschaftliche Theorie zu übernehmen oder aufzugeben, sind dadurch nicht mehr einfach. Eine Theorie kann empirische Mängel haben, aber trotzdem Vorteile gegenüber dem bloßen Katalog aller bisherigen Meßergebnisse – so daß man sie für wahr hält und alle Abweichungen von den Meßergebnissen zum Thema einer anderen Theorie erklärt, die diesen Störeffekt beschreiben soll. Die intellektuelle Verarbeitung des Ziels, empirisch angemessene Theorien finden zu wollen, führt so zu Kriterien der Theoriewahl, die nicht monoton zu Theorien zunehmend besserer Übereinstimmung mit den Meßwerten führen müssen. Man kann das mit den Strategien beim Fußballspielen vergleichen: Zwar ist das Ziel simpel und eindeutig – mehr Bälle ins gegnerische Tor zu schießen, als ins eigene gehen –, aber daraus folgt nicht, daß es klug wäre, jedesmal, wenn man im Besitz des Balles ist, diesen in Richtung auf das gegnerische Tor zu schießen. Manchmal ist sogar ein Abspiel zum eigenen Torwart dem globalen Ziel, den Ball ins gegnerische Tor zu bekommen, dienlicher.

Nicht wenige unter den berühmten und erfolgreichen Physikern haben offen bekannt, für wie befremdlich sie die empiristische Wissenschaftsphilosophie als Beschreibung ihrer wissenschaftlichen Arbeit halten. Den größten intellektuellen Aufwand scheinen diese Physiker nicht auf Fragen der Übereinstimmung von Theorie und Erfahrung zu verwenden, sondern auf Fragen, die auf den ersten Blick geradezu metaphysisch erscheinen. Beispielsweise der Vater der Quantenphysik, Niels Bohr. Carl Friedrich von Weizsäcker berichtet von Bohrs Eindruck nach einem Treffen mit Vertretern der damals neu entstandenen, streng empiristischen Wissenschaftsphilosophie des »Wiener Kreises«:

Bohr war tief enttäuscht, weil sie alles, was er über die Quantentheorie gesagt hatte, so freundlich entgegengenommen hatten, und sagte uns: »Wem nicht schwindlig wird, wenn er zum erstenmal vom Wirkungsquantum hört, der hat überhaupt nicht verstanden, wovon die Rede ist.« Sie akzeptieren die Quantentheorie als ein Ergebnis der Erfahrung, denn es war ihre Weltanschauung, Erfahrung zu akzeptieren; Bohrs Problem war aber gerade, wie so etwas wie das Wirkungsquantum denn überhaupt eine Erfahrung sein kann.[22]

Das Zitat ist um so erstaunlicher, als die Philosophen des Wiener Kreises eigentlich angetreten waren, eine für die modernen Entwicklungen der Naturwissenschaften von Quantenmechanik und Relativitätstheorie angemessene Wissenschaftsphilosophie zu entwickeln und dadurch insbesondere die modernen Naturwissenschaftler vor Anfeindungen durch die damals vorherrschende, metaphysisch geprägte Schulphilosophie in der Tradition Kants in Schutz zu nehmen. Naturwissenschaftler wie Bohr schienen jedoch für die neuen Freunde unter den Philosophen eher noch mehr Spott übrig zu haben als für die alten Feinde unter den Schulphilosophen.

Ein prominentes modernes Beispiel ist der Physiknobelpreisträger Steven Weinberg, der für seine philosophiekritischen Äußerungen berüchtigt ist: »Eine Kenntnis der Philosophie scheint indes für Physiker von keinerlei Nutzen zu sein, abgesehen davon, daß die Arbeit einiger Philosophen uns hilft, den Irrtümern anderer Philosophen aus dem Wege zu gehen.«[23] Wie stellt sich Weinberg vor, was Wissenschaftsphilosophen *eigentlich* machen sollten? Sein Buch *Dreams of a Final Theory* (*Der Traum von der Einheit des Universums*, 1993) ist hier aufschlußreich; das Anliegen dieses Buchs war allerdings nicht, Wissenschaftsphilosophen ihre Aufgabe zu erklären, sondern die Öffentlichkeitsarbeit zum Zweck, die staatliche Finanzierung eines extrem teuren Geräts der experimentellen Grundlagenforschung, eines 83 km langen Teilchenbeschleunigers *Superconducting Super Collider*, zu erhalten. Das Kapitel »Wider die Philosophie« beginnt mit diesem Absatz:

> Da subjektive und oft vage ästhetische Urteile den Physikern vielfach weiterhelfen, könnte man vielleicht erwarten, daß auch die Philosophie, aus der sich schließlich unsere gesamte Wissenschaft entwickelt hat, uns Unterstützung bieten würde. Können wir von der Philosophie irgendeine Orientierung in Richtung auf eine endgültige Theorie erwarten?[24]

Weinberg ist offensichtlich auf der Suche nach einer neuen Metaphysik, die mit den gleichen Ansprüchen wie die großen Systeme der Philosophiegeschichte auftritt und sich von diesen nur dahinge-

22 Weizsäcker (1971) 226.
23 Weinberg (1993) 174f.
24 Weinberg (1993) 173.

hend unterscheiden soll, wahr zu sein und damit auch die letzte physikalische Theorie finden zu lassen. Weinbergs Antwort auf seine rhetorische Frage ist »Nein!« – die Philosophen defätieren (durch die vielen Mißerfolge ihrer Geschichte entmutigt) die ihnen zustehende Aufgabe. Die Physiker bleiben auf sich gestellt. Man muß Weinbergs Argument so verstehen: Eigentlich ist die Suche nach der »letzten Theorie« (oder »Weltformel«) eine philosophische Aufgabe. Aber weil die vorhandene Philosophie keine Hilfe dabei ist, bleibt nur der umständliche physikalische Weg des (realen) Experiments. Also benötigt man den teuren Teilchenbeschleuniger, um zur wahren philosophischen Einsicht zu kommen.

Dieses Argument kann sich leicht gegen die Absicht des Urhebers wenden: Wenn die Suche nach der Weltformel eine philosophische Aufgabe ist, sollte es eigentlich der erste Schritt sein, es zunächst nur mit der Philosophie, die Weinberg vorschwebt, zu probieren, und erst danach – nur falls die auf diesem Weg gefundene Weltformel noch ein Bedürfnis nach weiterer experimenteller Überprüfung impliziert – die dann noch sinnvollen Experimente nachzureichen. Durch das blinde Herumsuchen im unerforschten Datenbereich der extremen Hochenergiephysik läuft man gerade Gefahr, das höchste Erfolgserlebnis der Naturmetaphysik (im Sinne von Weinberg) zu verderben, indem man die Weltformel, die sich nach Weinberg *auch* durch ein klares ästhetisches Urteil hätte erschließen lassen, zuerst aus den empirischen Daten abliest und so dem Skeptiker das unnötige Argument liefert, die zu den Daten passende Philosophie bloß *post hoc* erfunden zu haben. Außerdem ist Philosophie (gleich welcher Richtung und Größenordnung) bei weitem billiger als ein *Superconducting Super Collider.* – Der amerikanische Kongreß hat schließlich, nachdem die Bauarbeiten schon begonnen hatten, das Projekt *Superconducting Super Collider* aus Kostengründen eingestellt. Mir ist nicht bekannt, ob im Gegenzug der Etat eines Instituts für Naturphilosophie erhöht wurde.

Weinbergs Kampf um den *Superconducting Super Collider* wie auch Bohrs abfällige Bemerkung über die Empiristen verdeutlichen ein zentrales Problem der Wissenschaftsphilosophie, das auch bei der Frage nach dem Sinn von Gedankenexperimenten akut ist: Den beteiligten Personen der Naturwissenschaft geht es nicht bloß um empirische Fakten, aber dieses andere, um das es bei der Naturwissenschaft geht, läßt sich anscheinend nur in der unhaltbaren, dunklen Sprache einer religiös eingefärbten Naturmetaphysik beschreiben. Mit einem Bekenntnis zum Empirismus hätte Weinberg zwar eine stimmige Begründung für die Notwendigkeit gehabt, zur Suche nach den Naturgesetzen der Elementarteilchenphysik teures Experimentiergerät benutzen zu müssen, allerdings auf Kosten der Begründung für das besondere Interesse an der Elementarteilchenphysik.

Wenn man keine Hoffnung hat, je zu einem tiefsinnigen *Verständnis* der Natur zu finden, und die Existenz von effektiven *ästhetischen Kriterien* leugnet, mit denen sich die grundlegenden Naturgesetze erschließen ließen, dann gibt es keine Alternative zur empirischen Arbeit mit realem Experimentiergerät, wie teuer dieses auch ist. Andererseits wird man sich mit dieser Geisteshaltung fragen, warum von allen unerforschten Phänomenen der Natur gerade die sehr schwer zu beobachtenden Phänomene von Hochenergie-Teilchenstrahlen den Aufwand des Erkenntnisgewinns wert sind. Weinbergs Antwort ist hier klar: Die Hochenergiephysik handelt von den Naturgesetzen der elementarsten Teile der Materie, alle Phänomene des Universums stellen wir uns hieraus entwickelt vor. Wenn es eine Weltformel gibt, wird diese nach dieser Auffassung zuallererst die Elementarteilchen und ihre Wechselwirkungen beschreiben. Die Suche nach der Weltformel ist für Weinberg die Fortsetzung des Menschheitsprojekts der Kosmologie mit den Mitteln der exakten Naturwissenschaft. Es ist die Hoffnung, auf die letzten Fragen der Menschheit eine säkulare, mathematische Antwort zu finden, die sich experimentell überprüfen läßt: Was hält die Welt im Innersten zusammen? Warum ist das Universum so, wie es ist?

Die wissenschaftsphilosophische Aufgabe mit den Gedankenexperimenten, wie mit jeder anderen Wissenschaftsmethode, liegt darin, die Rationalität der Argumente beim Angreifen und Verteidigen, Entstehen und Ändern von Theorien mittels dieser Methode offenzulegen. Das Problem hierbei hat zwei Seiten: Einerseits *sind* diese Argumente nach jedem normalen Verständnis des Begriffs rational – sie handeln von Sachfragen, werden in Sprache ausgetragen und beantwortet. Es läßt sich normalerweise keines der offensichtlichen Merkmale nicht-rationaler Meinungsänderung feststellen, weder daß Begriffe beliebig sind, noch daß nicht-sprachlicher Einfluß genommen wird, also »Gewalt«. Andererseits handeln die Argumente viel zu wenig vom »eigentlichen« Thema der Naturwissenschaft, der logischen Beziehung von Theorien auf die Erfahrung. Sobald man also reale Episoden der Wissenschaftsgeschichte finden kann, die sich weder als ordentlicher Gebrauch der bekannten Logik erklären lassen noch *nachweisbar* irrational sind, dann haben wir eine Lücke im Verständnis von Wissenschaft.

Daß es hier etwas zu entdecken gibt, soll mit zwei Beispielen gezeigt werden. Beide Beispiele handeln dem Namen nach nicht von Gedankenexperimenten, aber trotzdem, wie ich das sehe, vom gleichen Thema, um das es bei den Gedankenexperimenten geht. Es sollen zwei Texte vorgestellt werden, zum einen *(a)* aus einem Buch von Steven Toulmin und Albert Jonsen (1988), zum anderen *(b)* ein kurzer Aufsatz von Werner Heisenberg (1973).

(a) Wenn es bei der Naturwissenschaft anerkanntermaßen darum geht, empirisch anwendbare Theorien zu entwickeln, so sind naturwissenschaftliche Theorien doch nicht die einzigen Überzeugungssysteme, mit denen sich Menschen beschäftigen. Im Text von Toulmin und Jonsen können wir das Problem der Rationalität von Überzeugungsänderungen völlig losgelöst von den Problemen der empirischen Naturwissenschaft untersuchen. Wie arbeitet und argumentiert man eigentlich mit einem Überzeugungssystem, dem es nicht um die Abbildung der Erfahrung geht? Als »Gegenteil« einer naturwissenschaftlichen Theorie könnte man ein religiös begründetes Moralsystem ansehen. Hier ist ziemlich unkontrovers zu konstatieren, daß die Überzeugungssätze, die Handlungsnormen, nicht durch den Verweis auf empirische Tatsachen widerlegt werden können. Die Normen werden nach dem Bekunden ihrer Verfechter mit religiösen Offenbarungen begründet, d.h. Dogmen. Nun könnte man meinen, ein dogmatisches Überzeugungssystem, das gegen empirische Tatsachen immun ist, wäre damit auch automatisch vor jeder Änderung abgesichert. Dies ist historisch nicht zutreffend; alle älteren Religionen haben im Laufe ihrer Geschichte eine Entwicklung in ihren Glaubenssätzen vollzogen – und nicht in jedem Fall wurden diese Änderungen dem Begründungscharakter religiöser Überzeugungssysteme gemäß als neue Offenbarungen in den Kanon eingeführt. Tatsächlich wird *argumentiert* – d.h. die Änderung wird mittels Sprache auf Basis der bisherigen Überzeugungen begründet. Uns interessiert hier diese bloße Existenzaussage: Es *gibt* Methoden des rationalen Argumentierens zum Zweck der Revision

von Überzeugungssätzen nicht bloß in den Naturwissenschaften, sondern offensichtlich überall, wo Menschen Überzeugungen in Systemen organisieren, selbst bei einem scheinbar dogmatischen, allein aus der religiösen Offenbarung gewonnenen System wie der katholischen Morallehre. Anders gesagt: Die bloße Organisation von Überzeugungen in einem System impliziert fallbezogene Ordnungskriterien, die zu einer Dynamik von Überzeugungsänderungen führen können. Sobald nicht jede Meinung unverbunden von allen übrigen Meinungen steht, läßt sich rational argumentieren, ob nicht eine Meinung geändert werden muß, um »besser« zu den übrigen zu »passen«. Der Input von Außen – bei den Naturwissenschaften die neuen empirischen Daten, bei Religionen neue Offenbarungen – ist nur ein zusätzlicher Stör- oder Antriebsfaktor bei einer Dynamik von Überzeugungsänderungen, die auch ohne Störung von außen normalerweise nicht zum Erliegen kommt.

(b) Der Ausgangspunkt unserer Arbeit war die Feststellung, daß auf der alleinigen Grundlage von Empirie und Logik in Gedankenexperimenten kein Sinn zu sehen ist. Wenn behauptet wird, daß Gedankenexperimente in der Praxis von Wissenschaft doch Sinn haben, ist es angeraten, unsere Untersuchung nicht auf ein blindes Vertrauen in die vorhandenen Konzepte der Logik zu gründen. Unser Problem sind gerade die kreativen Überzeugungsänderungen in einer Disziplin, die durch Argumente begründet werden, deren Spielregeln offenbar den Experten und Eingeweihten der Disziplin sinnvoll und maßgeblich erscheinen – und die wir vielleicht übersehen, wenn wir sie vorschnell mit den Selbstverständlichkeiten der Logik kritisieren. Trotzdem ist Expertenwissen etwas, mit dem die Wissenschaftsphilosophie nicht zufrieden sein kann, ehe es nicht schließlich doch in einer logischen Form aufgelöst ist, die auch nicht Eingeweihten verständlich ist. Expertenwissen ist das implizite, in der Praxis erfolgreich angewandte, aber nicht in der allgemeinen Sprache (der Logik) abgefaßte Wissen. Es ist auch schon deshalb von der Wissenschaftsphilosophie zu durchleuchten, weil es anderenfalls zu einer elitären Abgrenzung führen würde. Die Außenstehenden wären auf das bloße Vertrauen in die Autorität der Experten angewiesen, wenn diese die Wahrheiten ihrer Disziplin – oder gar Änderungen in diesen Wahrheiten – mitteilen. Vertrauen in Autoritäten steht dem Geist und der Tradition der Wissenschaft diametral entgegen – und doch haben die modernen anspruchsvollen Theorien dazu geführt,

daß in der öffentlichen Präsentation von Wissenschaften fast ausschließlich hiermit begründend argumentiert wird.

Hier ist es von Interesse, wenn einer dieser Experten selber den Versuch unternimmt, das nicht in Form transparenter, logischer Regeln gefaßte Entscheidungswissen der Experten seiner Disziplin zu erklären. Werner Heisenberg (1901-1976) war einer der produktivsten Physiker des 20. Jahrhunderts. Er wird uns noch mehrmals beschäftigen, da er sich auch über die Methode des Gedankenexperiments geäußert und im Zusammenhang mit der von ihm entdeckten »Unbestimmtheitsrelation« (1927) der Quantenmechanik selbst Gedankenexperimente vorgestellt hat. Darüber hinaus hat Heisenberg aber auch über grundlegende Fragen der Wissenschaftsphilosophie geforscht. Im Zentrum seiner Beiträge hierzu steht der von ihm selbst geformte Begriff der »abgeschlossenen Theorie«. Seit 1929 hat Heisenberg nach eigenem Bekunden über die Bedeutung von »abgeschlossenen Theorien« mit seinen Kollegen aus der Quantenphysik diskutiert und durchgehend von 1934 bis kurz vor seinem Tod zu diesem Thema veröffentlicht, aber erst wenige Wissenschaftsphilosophen haben diesen Beitrag aufgegriffen. In einem Gesamtüberblick konnte Erhard Scheibe »Heisenbergs Begriff der abgeschlossenen Theorie« (1993) mit zahlreichen ungelösten Problemen der Wissenschaftsphilosophie in Beziehung setzen, und vor diesem Hintergrund wird man den Nutzen, den wir hier aus Heisenbergs Gedanken über »abgeschlossene Theorien« ziehen wollen, eher für einen Nebeneffekt halten. Uns interessiert nur der Aspekt, daß Heisenberg mit seinen Gedanken über »abgeschlossene Theorien« das Expertenwissen offenlegen möchte, das theoretische Physiker bei ihrer Arbeit leitet – ein Wissen, das ohne direkten Rückgriff auf die Erfahrung eine Entscheidung über die Qualität einer vorliegenden Theorie ermöglicht. Das ist genau das, was wir benötigen, wenn eine nicht-empirische Forschungsmethode wie das Gedankenexperiment funktionieren soll.

(a) Exkurs: Toulmin und Jonsen über die Geschichte moralischen Argumentierens

Die beiden Autoren des Buchs *The Abuse Of Casuistry – A History of Moral Reasoning* (1988), Albert Jonsen und der Wissenschaftsphilosoph Steven Toulmin, waren in den siebziger Jahren Mitglieder einer Ethikkommission, die im Auftrag des Kongresses der Vereinigten Staaten Regeln für den ethischen Umgang mit Patienten und medizinischen Versuchspersonen entwickeln sollte. Das Gefühl, dort etwas – mit Erfolg – getan zu haben, was sich im Rahmen der vorherrschenden ethischen Theorien nicht erklären läßt, veranlaßte sie zu dieser umfassenden Untersuchung über die Geschichte der Methode »Kasuistik«.

Die Kasuistik ist (oder war) in weiten Teilen der Moralphilosophie schlecht angesehen, und doch ist Kasuistik genau das, was faktisch in Ethikkommissionen und im weiten Feld der »Angewandten Ethik« betrieben wird: das auf konkrete Einzelfälle bezogene Argumentieren, die Suche nach Regeln für die Behandlung von Grenzfällen und Ausnahmen allgemeiner moralischer Prinzipien. Als »Gegenteil« von Kasuistik gilt in der Moralphilosophie die saubere, logisch genaue Deduktion aus feststehenden, universalen moralischen Prinzipien. Das schlechte Ansehen der Kasuistik in der Moralphilosophie geht wesentlich auf Blaise Pascals Streitschrift gegen die Jesuiten, die *Lettres provinciales* (1657), zurück: Mit hinreichend absurd gewählten Ausnahmefällen argumentierend ließe sich jede Schandtat rechtfertigen, jedes moralische Prinzip verwässern oder ins Gegenteil verkehren. Statt moralischen Wissens (das eindeutig wahr oder falsch ist) würde man mit Kasuistik nie mehr als bloße Vermutungen und Wahrscheinlichkeiten auffinden.

Als Beispiel der Art von Argumentation, die man »kasuistisch« nennt, können wir das moralische Prinzip betrachten, daß geborgte Sachen zurückzugeben sind.[25] Selbstverständlich ist dieses Prinzip gültig, wenn es sich bei der Sache um eine silberne Suppenterrine handelt. Aber was, wenn man vom Nachbarn eine Pistole geborgt hat und, während sie noch im eigenen Besitz ist, der Nachbar in einem Wutanfall ankündigt, sobald ihm die Pistole zurückgegeben

25 Jonsen / Toulmin (1988) 7.

werde, mit ihr einen anderen Nachbarn zu erschießen? In dieser Lage könnte ich mich nicht auf die universale Gültigkeit des moralischen Prinzips berufen; ich würde mich schuldig machen, wenn ich ihm die Pistole aushändigte. Gleichzeitig wird hier klar, um welch konstruierte Fälle es in der Kasuistik geht, kontrafaktisch zu den üblichen Lebenserfahrungen normaler Menschen. Es wäre Kasuistik in dem bekannten schlechten Sinne, wenn aus dieser Fallkonstruktion geschlossen würde, das Prinzip, geborgte Sachen zurückgeben zu müssen, habe keine Gültigkeit und daß man demnach auch geliehene Suppenterrinen nicht zurückzugeben brauchte. Häufig wurden kasuistische Schlußfiguren in dieser Art angewandt, um ein offensichtliches, aber den eigenen Interessen zuwiderlaufendes moralisches Gebot auszuhebeln. Das schlechte Ansehen der Kasuistik ist ein Resultat eines solchen fadenscheinigen Gebrauchs.

Andererseits gibt es ein gravierendes Problem mit den moralischen Prinzipien. Genauer: mit der Art, die Pascal vorschwebte, wie mit moralischen Prinzipien sauber zu argumentieren sei. Es ist in diesem Rahmen schwer vorstellbar, wie es zu Änderungen moralischer Überzeugungen oder überhaupt zu einer Kommunikation zwischen Anhängern unterschiedlicher moralischer Überzeugungen kommen kann. Dies scheint nur möglich in Form von Revolution oder Kapitulation. Der Bereich des möglichen Gebrauchs rationaler Argumente ist vollständig erschöpft, sobald bei einem moralischen Problem geklärt wurde, daß kein trivialer Fehler bei der Anwendung der logischen Schlußregeln unterlaufen ist und also alle verbleibenden Widersprüche zwischen den Kontrahenten prinzipieller Natur sind. Wenn beispielsweise ein moralisches Überzeugungssystem es Ärzten unter bestimmten Umständen erlaubt, Abtreibungen vorzunehmen, ein anderes dies generell verbietet, so ist diese bloße Feststellung, daß dem so ist, schon alles, was sich auf der Grundlage rationalen Argumentierens zwischen Vertretern beider Überzeugungssysteme sagen läßt. Um Einigung herzustellen, müßten mindestens die Vertreter eines der beiden Überzeugungssysteme ihre Prinzipien ändern, d. h. die Prämissen ihrer moralischen Urteile neu definieren – einen fundamentalen Glaubenswandel vollziehen. Dieser Glaubenswandel kann unmöglich durch logische Argumente erfolgen, denn er muß ja – qua Voraussetzung – bewirken, daß nach dem Glaubenswandel die Negation eines vorher abgeleiteten moralischen Urteils mit den neuen Prämissen verträglich ist. Neues und altes Überzeugungssystem stehen in einem expliziten Widerspruch. Also läßt sich Einigkeit über moralische Urteile vor diesem Hintergrund, falls sie nicht von Anfang an besteht, nur mit nicht-rationalen Mitteln herstellen: Überredung, Manipulation, Zwang, Gewalt. Im Umkehrschluß folgt aus dieser Auffassung von Moral: Sollten beide Parteien doch zu irgendeiner praktikablen gemeinsamen Linie gefunden haben, wie konkrete Einzelfälle moralisch zu bewerten sind, so folgt zwingend und ist nur durch Rhetorik schönzufärben, daß mindestens eine der beiden Parteien die eigenen Prinzipien verraten haben muß.

Dieses düstere Bild entspricht jedoch nicht der Wahrnehmung, die Jonsen und Toulmin von solchen Einigungsprozessen in Ethikkommissionen hatten (die gerade so zusammengesetzt werden, daß sie Vertreter von einem möglichst breiten Spektrum höchst unterschiedlicher moralischer Positionen und Glaubensbekenntnisse enthalten). Pascals Moralvorstellung eignet sich ihrer Meinung nach auch nicht zur adäquaten Beschreibung historischer Beispiele von moralischen Überzeugungsänderungen. Es sei möglich und geschehe sogar recht häufig, daß Menschen sich über die Bewertung konkreter Fälle einigen und dazu frühere Urteile aufheben – ohne Gewalt, mit dem bloßen Mittel der Argumentation. Hingegen stünden moralische Sätze, die »weiter oben« in der Hierarchie moralischer Überzeugungen angesiedelt sind, die fundamentalen Prinzipien, auf die sich ein moralisches System oder ein Glaubensbekenntnis stützt, normalerweise jenseits aller Diskussion fest und unangreifbar. Als Strategie sei es ausgesprochen unklug, bei einem Konflikt über ein konkretes moralisches Bewertungsproblem das zu tun, was aus logischer Sicht als erstes nötig wäre: die übergeordneten Prinzipien des Gegners, aus denen sich sein Urteil ableitet, anzugreifen. Es sind die historischen Fallstudien, aus denen das Buch von Jonsen und Toulmin seine Überzeugungskraft schöpft. Ein Beispiel soll hier kurz skizziert werden:[26]

Das Verbot des Wuchers hatte über Jahrhunderte in der christlichen Moralphilosophie einen Stellenwert, der heute vielleicht mit der Präsenz des Themas Abtreibung und Sexualmoral im öffentlichen Auftreten der katholischen Kirche vergleichbar ist. Die Ausgangslage von den Anfängen christlichen Glaubens bis ins Hoch-

26 Jonsen / Toulmin (1988) Kap. 9, 181-94.

mittelalter ist klar und eindeutig: Das Verbot des Wuchers steht, abgeleitet von recht eindeutigen Bibelzitaten und in der übereinstimmenden Auslegung der kirchlichen Autoritäten von mehr als tausend Jahren, im Zentrum christlicher Moral. Als Wucher wurde jede Gewinnabsicht ohne Einsatz von Arbeit, Mühe oder Risiko verstanden, insbesondere jede Forderung nach einer Entlohnung für das Verleihen von etwas. Das Paradigma für Wucher war der Darlehenszins (in jeder Höhe): Wenn jemand Geld verlieh, hatte er ein Anrecht darauf, das Geld in gleicher Höhe zurückbezahlt zu bekommen. Forderte er zusätzlich Zinsen, machte er sich des Wuchers schuldig. Dieser Glaubensgrundsatz wurde durch kasuistische Argumentation gestürzt. Ein paar Stationen dieser sich über 500 Jahre hinwegziehenden Entwicklung:

Auch Thomas von Aquin (1226-1274) bekräftigte das christliche Verbot der Darlehensverzinsung. Allerdings erkannte er es mit christlicher Moral vereinbar, wenn sich zwei Geschäftsleute als *societas* zusammentun, ihr Kapital in ein gemeinsames Geschäft investieren, dessen Profit sie teilen. Eine solche *societas* durfte durchaus Stille Teilhaber haben: Einer der Geschäftspartner investierte Geld, um beispielsweise ein Schiff zu kaufen, der andere seine Arbeit und Fähigkeiten, um als Kapitän damit Fernhandel zu betreiben. Der relevante moralische Unterschied zwischen einem verbotenen verzinsten Darlehen und einer erlaubten *societas* wurde darin gesehen, daß die Geschäftspartner einer *societas* nicht nur den Profit, sondern auch das Risiko des Verlustes teilten. Aus einer anderen Entwicklungslinie heraus hatte sich unabhängig von der Erfindung der *societas* ein Versicherungswesen entwickelt, dessen Verträglichkeit mit dem christlichen Glauben ebenfalls der kirchlichen Überprüfung standhielt: Es ist erlaubt, Verträge abzuschließen, nach denen ein Vertragspartner einen Betrag als Prämie zahlt, der andere Vertragspartner sich hierfür verpflichtet, im Falle eines Unglücks mit einem größeren Betrag den Schaden zu übernehmen.

Um 1500 wurde von Kasuisten eine Vertragskonstruktion erfunden, die sogleich außerordentlich populär wurde, der sogenannte *Deutsche* oder *Dreifachvertrag*: Der erste dieser drei formal unabhängigen, aber gleichzeitig abgeschlossenen Verträge sah die Gründung einer *societas* vor. Der erste Vertragspartner zahlte einen Betrag ein und erwarb sich so das Anrecht auf einen Teil des Profits. Als zweites wurde ein Versicherungsvertrag unterschrieben. Der Vertragspartner, der das Geld in die *societas* investiert hatte, versicherte dieses Kapital und einen kleinen, aber feststehenden Teil des erwarteten Profits gegen Verlust durch Unglücksfälle aller Art. Anstatt nun hierfür eine Prämie zu bezahlen, verzichtete der Vertragspartner auf den gesamten Rest des ihm zustehenden Teils des erwarteten Profits aus der gemeinsamen *societas*. Ein dritter Vertrag brauchte nur mehr die Zahlungsmodalitäten der ersten beiden Verträge festlegen: Dem ersten Vertragspartner wurde eine jährliche Zahlung von üblicherweise 5% des eingesetzten Kapitals zugesagt für die Dauer der gemeinsamen *societas*, die mit der Rückzahlung des eingesetzten Kapitals endete und keinen Nachweis des mit dem Kapital tatsächlich erwirtschafteten Profits nötig machte.

So offensichtlich der Deutsche Vertrag nur eine Zusammenführung von vorher Vorhandenem und für moralisch zulässig Erachtetem ist, war allen Beteiligten klar, daß im Resultat ein simpler Darlehensvertrag mit 5%iger Schuldverzinsung geschlossen worden war – der Kapitalgeber also genau die Form von Profit ohne Einsatz von Arbeit, Mühe oder Risiko erwirtschaftete, die als Paradigma von Wucher galt. Es kam zu ausführlichen Diskussionen mit vielen Fallüberprüfungen und Argumenten, die wir hier ignorieren. Letztendlich war es die Erfindung des Deutschen Vertrags, die dazu führte, das Verbot des Wuchers neu zu definieren. »Wucher« war fortan nicht mehr die bloße Darlehensverzinsung selbst, sondern – wie heute noch – eine Zinsforderung von besonderer, unmoralischer Höhe.

Warum ist diese Änderung der kirchlichen Definition von Wucher für uns interessant? Weil diese Überzeugungsänderung einige Qualitäten aufweist, die stutzen lassen: Offensichtlich ist, daß es hierbei nicht um einen peripheren Glaubensinhalt ging, sondern ein Urteil aus dem Zentrum eines scheinbar unverrückbaren Überzeugungssystems geändert wurde. Offensichtlich ist ebenfalls, daß diese Änderung – so radikal sie in dem in Frage stehenden Bereich der Bewertung von Wucher war – die Grundzüge des Überzeugungssystems insgesamt intakt gelassen hat: Die Revolution blieb lokal begrenzt; sie hat nicht zum Zerfall der christlichen Kirche geführt. (Die etwa gleichzeitig erfolgte Abspaltung von reformierten Kirchen (Luther, Calvin) gründete sich auf andere Konflikte als bei der Frage nach der christlichen Bewertung von »Wucher«.) Die beiden Hauptmerkmale sind jedoch, daß dieser Überzeugungsänderung einerseits schwerlich das Prädikat »rational« vorenthalten werden kann. Jedenfalls wurde die Überzeugungsänderung argumentativ gefunden und gerechtfertigt, nicht durch einen Glaubenskrieg. Andererseits läßt sich diese Überzeugungsänderung nicht als Deduktionsschluß auf der Grundlage bloßer Logik erklären. Es ist nicht so, daß die alte Definition selbstwidersprüchlich war oder hier ein neues Lemma aus alten Prämissen bewiesen wurde. Aber hiermit sind wir beim Thema: Überzeugungssysteme sind in einem Bereich, in dem weder empirische Fakten (die bei religiösen Bekenntnissen immer eine untergeordnete Rolle spielen) noch logische Schlüsse relevant sind, einem Prozeß der Veränderung unterworfen, der einer Rationalität gehorcht, die wenig verstanden ist.

Natürlich ließe sich behaupten, nicht Argumente seien ausschlaggebend gewesen, sondern die katholische Kirche habe bei der Frage des Wuchers unter dem Druck ökonomischer Zwänge einen Glaubensgrundsatz verraten. Das Verbot des Wuchers (in der ursprünglichen Bedeutung) war einfach nicht mehr praktikabel in einer zunehmend arbeitsteiligen Gesellschaft mit zunehmend kaptialintensiven Produktionsmethoden. Das moderne Kreditwesen ist ein notwendiger Bestandteil einer sich entwickelnden Wirtschaft; das alte Dogma vom Wucher stand im Weg und wurde beseitigt. Auch darf bezweifelt werden, ob alle Argumente der Kasuisten den Ansprüchen unvoreingenommenen Vernunftgebrauchs genügen. Dem Haupterfinder des Deutschen Vertrags, Dominikanerpater und Professor der Universität Ingolstadt Johann Eck, wurde nachgesagt, er habe lukrative Zuwendungen vom Bankhaus Fugger erhalten. Die bloße Existenz des Bankhauses Fugger zeigt auch, was aus allen Quellen offensichtlich wird: Das Thema Wucher war deshalb zentral in der öffentlichen Diskussion von Glaubensinhalten, weil es hier eine etablierte Tradition von öffentlichen und halböffentlichen Verstößen gab. Nur hatte die Kirche über Jahrhunderte allen Versuchungen widerstanden, die Normen an die praktizierten Lebensverhältnisse anzupassen. Warum hat sie das dann doch im Zuge der Erfindung des Deutschen Vertrags getan?

Bemerkenswert und worauf es hier ankommt ist, daß es überhaupt eine durchgehende, detaillierte Argumentationslinie gibt. Wir können die Rationalität von Argumenten analysieren, von denen zumindest von den beteiligten Personen behauptet wurde, sie seien für den Wandel der moralischen Überzeugung verantwortlich.

Keine der beteiligten Personen hatte mit externen Größen außerhalb der christlichen Moral argumentiert; es ist auch schwer vorstellbar, daß sich damals jemand von einer Behauptung hätte beeindrukken lassen »Wir müssen das christliche Verbot des Wuchers neu fassen, weil sich sonst unsere Wirtschaft nicht entwickelt.« Es ist nicht notwendig, eine irrationale oder von außen erzwungene Änderung der Geisteshaltung zu unterstellen. Von Toulmin und Jonsen wurde das Material ausgegraben und aufbereitet,[27] das als Grundlage einer erfolgreichen rationalen Rekonstruktion eines fundamentalen Überzeugungswandels angesehen werden muß. Was im Resultat oder aus der Außenperspektive ein logischer Widerspruch zwischen dem Glauben an *p* und dem Glauben an *nicht-p* ist, findet im Deutschen Vertrag und den anderen hier nicht genannten kasuistischen Argumentationskonstrukten dieser Zeit eine kontinuierliche Reihe von Zwischenschritten, die jeder für sich weder revolutionär noch unbegründet erscheinen.

Wie sollte eine solche rationale Beschreibung der Veränderung in der moralischen Bewertung von Wucher aussehen? Wir wollen diese Frage hier nicht beantworten, nur mit ein paar Überlegungen strukturieren, die methodischen Probleme skizzieren, die Jonsen und Toulmin unter dem Namen »Kasuistik« – nicht »Gedankenexperiment« – behandelt haben.

Die erste Unterfrage, die man sich bei der Untersuchung der Rationalität in der kirchlichen Neubewertung von Wucher stellen muß, lautet: Ist das Ergebnis dieser Neubewertung zwingend gewesen, und falls ja, nach welchem Maßstab? Hierzu muß man sogleich wiederholen, daß uns die deduktive Logik allein keine Begründung liefern kann, die Überzeugungsänderung für zwingend zu halten. Selbst wenn man den Deutschen Vertrag so interpretiert, daß hierdurch ein logischer Widerspruch des vorherigen moralischen Bewertungssystems offengelegt wurde, so ist dadurch die Richtung der Korrektur, die das Bewertungssystem erfahren mußte, um den Widerspruch zu vermeiden, nicht vorgegeben.

Den »logischen« Widerspruch, der durch den Deutschen Vertrag ans Licht kommt, könnte man so beschreiben: Der Deutsche Vertrag demonstriert, daß im damals gültigen moralischen Bewertungssystem die bloße Konjunktion, bzw. gleichzeitige Ausführung, von

27 Vgl. auch: John Noonan, *The Scholastic Analysis of Usury*, Cambridge/Mass. 1957.

zwei moralisch zulässigen Handlungen zu einer unmoralischen Handlung führt; erlaubte Gründung einer *societas* und erlaubter Versicherungsvertrag konstituieren zusammen einen unerlaubten Kreditverzinsungsvertrag. Liegt hierin das zentrale Problem? Vermutlich nicht, denn die Vorstellung, moralische Bewertungssysteme je mit einer solchen Konsistenz zu formulieren, daß in diesem Sinne *emergente* Bewertungen generell vermieden werden, erscheint unplausibel. Man wird wohl in jedem moralischen System Handlungen finden, die verboten sind, sich aber in einer solchen Weise kleinteilig in eine Konjunktion von Teilhandlungen zerlegen lassen, die jede für sich moralisch erlaubt sind. Somit ist zweifelhaft, ob ein Widerspruchsverbot dieser Art als generelle Prämisse moralischer Theorie angesehen werden darf. Sollte jedoch in diesem Punkt das wahrgenommene Problem gelegen haben, so ist die Korrekturrichtung trotzdem nicht vorgegeben. Falls die kirchlichen Autoritäten also ein Bild von christlicher Moral hatten, daß in dieser jede Konjunktion erlaubter Handlungen eine erlaubte Handlung darstellen müsse, hätte man diesen Zustand nach Aufkommen des Deutschen Vertrages auch auf vielen anderen Wegen erreichen können als auf der Neudefinition von »Wucher«. Beispielsweise hätte sich das Vertragsrecht dahingehend einschränken lassen, daß zukünftig Versicherungsverträge nur zwischen Personen geschlossen werden dürfen, die nicht schon anderweitig in einer Solidargemeinschaft vereinigt sind, mithin Versicherungsverträge zwischen Geschäftspartnern einer *societas* verboten werden. Oder man hätte verbieten können, zukünftige Gewinnerwartungen in Verträgen als Zahlungsmittel verwenden zu dürfen, also eine Prämienzahlung durch den Verzicht auf einen erwarteten Profit zu ersetzen. Die logisch zulässigen Korrekturmöglichkeiten sind unbegrenzt.

Von einer rationalen Rekonstruktion wird man verlangen, daß sie uns nicht nur sagt, warum es zu einer Änderung in einem Überzeugungssystem gekommen ist, sondern auch, warum diese Änderung gerade mit dem Ergebnis stattgefunden hat, das historisch belegt ist. Um das zu erreichen, benötigt man offenbar *inhaltliche Kriterien*. Diese inhaltlichen Kriterien müssen folgendes leisten, damit wir von einer befriedigenden rationalen Rekonstruktion sprechen können: Zum ersten müßten alle konkreten Anwendungsfälle des Wucherverbots, mit denen man vor der Erfindung des Deutschen Vertrags real zu tun hatte, mit diesen inhaltlichen Kriterien eine eindeutige

Bewertung ermöglichen. Zum zweiten dürfte der Deutsche Vertrag damit nicht verträglich sein. Und zum dritten müßte man nachweisen, daß von allen denkbaren Korrekturmöglichkeiten der historisch gewählte Weg, die Neudefinition von Wucher, eine optimale Lösung darstellt bei dem Versuch, diesen inhaltlichen Kriterien gerecht zu werden. Kurzum: Was wir benötigen, sind explizierbare Regeln, mit denen sich Überzeugungssysteme bewerten lassen. Herauskommen muß dabei: In einer Welt, in der ein Deutscher Vertrag unbekannt ist, läßt sich dem ursprünglichen System der christlichen Moral die Eigenschaft X zuschreiben; in einer Welt, in der Menschen Deutsche Verträge abschließen, behält dieses System diese Eigenschaft nur dann, wenn Wucher auf die beschriebene Art neu definiert wird. Und dann müßte sich nachweisen lassen, daß die Anhänger dieses Systems sowohl vor als auch nach der Neudefinition von Wucher es für ein (ungeschriebenes) Gesetz hielten, daß das christliche Moralsystem die Eigenschaft X erfüllen muß.

Offensichtlich bereitet es einige Schwierigkeiten, dieses X angemessen zu charakterisieren. Weil unsere Untersuchung nicht von Moralphilosophie handelt, wollen wir uns gar nicht erst auf die Suche begeben, wie es in diesem konkreten Fall auszusehen hat. Uns ist es wichtig festzustellen, daß wir offenbar zumindest das implizite Wissen über eine große Menge solcher X haben. Irgendwie scheinen wir zu wissen, daß aus dem eingangs genannten Beispiel vom Verleihen einer Pistole nicht geschlossen werden darf, daß die Norm, geborgte Sachen zurückgeben zu müssen, aufgegeben werden darf. Und irgendwie scheint sich in einem komplizierten Prozeß fallbezogener Diskussion zu ergeben, daß eine tausend Jahre alte Definition von Wucher nicht mehr haltbar ist.

Ein Teil des Problems liegt sicher in diesem Punkt: Wenn wir vor der Aufgabe stehen, unser Wissen von einem Bereich in ein kompaktes Gesetz zu formulieren, können wir nicht an alles denken. Es ist naheliegend, daß ein Gesetz, nachdem es niedergeschrieben vorliegt, weniger Information enthält, als wir eigentlich besitzen. Das Wissen, das bei der Niederschrift des Gesetzes unter den Tisch gefallen ist, kann später relevant werden. Es kann dazu führen, daß hierdurch eine harmlose Ausnahmeregelung erzwungen wird, etwa wenn beim Abfassen eines Gesetzes zum Thema »Verleihen« nicht an jede abwegige Situation mit pistolenverleihenden Nachbarn gedacht wurde. Aber es kann auch dazu führen, daß das Gesetz gänzlich neu geschrieben werden muß, wie dies beim Verbot von Wucher der Fall war.

Dieses Thema läßt sich mit einer Überlegung des Physikers Werner Heisenberg vertiefen und zugleich auf unseren eigentlichen Gegenstand konzentrieren, die naturwissenschaftliche Theoriebildung. Ein wesentliches Motiv, sich bei der Behandlung von Gedankenexperimenten im speziellen und der Rationalität von Überzeugungsänderungen im allgemeinen auf die Naturwissenschaften zu konzentrieren, liegt in der zentralen Stellung der Naturwissenschaften als Vorbild erfolgreichen Vernunftgebrauchs. Die Neigung ist verbreitet, die rationalen Begründungszusammenhänge aller anderen Überzeugungssysteme als jener der naturwissenschaftlichen Theorien und der Mathematik zur bloßen Geschmacksfrage zu erklären. Das Thema »Gedankenexperimente« ist allerdings in allen Disziplinen aktuell.

(b) Exkurs: Heisenberg über das Expertenwissen von abgeschlossenen Theorien

In seinen späten Jahren nahm Werner Heisenberg einen Beitrag für die Festschrift von Carl Friedrich von Weizsäcker zum Anlaß, sich mit der Frage zu beschäftigen:

> Woher kommt es, daß die richtige abgeschlossene Theorie schon im ersten Moment ihres Auftretens, vor allem für den, der sie zuerst sieht, eine enorme Überzeugungskraft besitzt, lange bevor die begrifflichen oder gar die mathematischen Grundlagen vollständig geklärt sind und lange bevor man sagen könnte, daß viele Experimente sie bestätigt hätten?[28]

Das Problem, das Heisenberg hier beschreibt, ist ein Phänomen der Wissenschaftsgeschichte. Nach Heisenbergs Wahrnehmung gibt es in der Wissenschaftsgeschichte eine bestimmte Klasse von Theorien, die er »abgeschlossene« Theorien nennt, deren Rechtfertigung ein Rätsel aufwirft. Dieses Rätsel ist die scheinbar prophetische Fähigkeit von zeitgenössischen Wissenschaftlern, eine abgeschlossene Theorie zu einem Zeitpunkt als die richtige Theorie zu erkennen, da die Behauptung sich offenbar noch nicht als richtig beweisen läßt. Heisenberg versucht dieses Rätsel zu lösen, indem er nach den Kriterien sucht, die bei der Prognose, ob eine Theorie sich spä-

28 Alle Zitate dieses Abschnitts aus: Heisenberg (1973), Seiten 140-144.

ter als richtig herausstellen wird, eine Rolle spielen. Das Rätsel der scheinbar prophetischen Fähigkeit von Wissenschaftlern löst sich nach Heisenberg also dadurch auf, daß Wissenschaftler bei der Prognose Indizien verarbeiten, die einem unbeteiligten Beobachter verborgen geblieben sind.

Verborgene Indizien, aus denen sich die Entscheidung ableiten läßt, welcher Theorie man vernünftigerweise glauben soll, sind genau das, was uns interessiert. Bevor wir uns allerdings Heisenbergs Antwort zuwenden können, müssen wir das Problem noch genauer klären. Dieses hat einige Fallstricke.

Man wird sich die Frage stellen, ob das von Heisenberg in der Wissenschaftsgeschichte beobachtete Phänomen überhaupt existiert. Heisenberg nennt einige Beispiele von Theorien, die seiner Meinung nach »abgeschlossene« sind: Newtons Mechanik als »Prototyp« und im weiteren Gibbs' statistische Theorie der Wärme, die spezielle Relativitätstheorie sowie die Quantenmechanik in der Axiomatisierung durch John von Neumann. Ein offensichtliches Problem dieser Auswahl liegt in der zuerst genannten Theorie. Heisenbergs Prototyp einer abgeschlossenen Theorie wurde (nach üblicher Auffassung) durch die später entwickelte Relativitätstheorie ersetzt. Das heißt, die Newtonsche Mechanik hält man heute für *falsch*; sie wird lediglich aus dem pragmatischen Grund vergleichsweise einfacher Handhabung und bei normalen Belangen vernachlässigbar kleiner Fehler weiterhin gebraucht. Kann also auch eine falsche Theorie »Die Richtigkeitskriterien der abgeschlossenen Theorien in der Physik« (so heißt der Aufsatz) erfüllen?

Heisenberg hat dieses Problem gesehen und schiebt es in überraschend hemdsärmeliger Weise beiseite. Er leugnet die Falschheit der Newtonschen Mechanik: »Wo die Begriffe ›Masse‹, ›Kraft‹, ›Beschleunigung‹ ohne Vorbehalt angewendet werden können, gilt auch heute noch das Gesetz ›Masse x Beschleunigung = Kraft‹ ohne jede Einschränkung.« Diesen Satz möchte Heisenberg durchaus nicht im Sinne eines *ex falso quodlibet* für wahr gehalten wissen, denn gleich im nächsten Absatz spricht er von der »Endgültigkeit der abgeschlossenen Theorie« und läßt keinen Zweifel, die Newtonsche Mechanik mit einzuschließen, wenn er die Behauptung der »Endgültigkeit« mit dem Kriterium begründet: »Die Experimente haben die Theorie bisher in jedem einzelnen Fall bestätigt, und es sind schon sehr viele Experimente durchgeführt worden.«

Nun ist es völlig ausgeschlossen zu vermuten, Heisenberg habe die Relativitätstheorie und ihre experimentellen Evidenzen nicht gekannt. Ebenso abwegig ist es, Heisenberg zum Parteigänger des Konstruktivismus zu erklären, ihm also zu unterstellen, er würde Wahrheit mit Akzeptanz gleichsetzen – selbst wenn er unmittelbar anschließend schreibt: »Die Entscheidung über die Richtigkeit einer Theorie ist also ein sich über längere Zeiträume erstreckender Prozeß, der zwar nicht die Beweiskraft einer mathematischen Schlußkette, wohl aber die *Überzeugungskraft* eines historischen *Faktums* besitzt.«

Hier zeigt sich einfach ein prinzipielles Problem der Wissenschaftsphilosophie. Um von Heisenberg etwas für das Verständnis von Wissenschaft zu lernen, müssen wir uns darauf einlassen. Der interessante Punkt, der diesem Aufsatz zu entnehmen ist, hängt an einer Argumentation, die sich querbeet durch die Wissenschaftsphilosophie rankt. Dieser Aufsatz ist keine Wissenschaftsphilosophie, sondern Teil des Materials, mit dem sich die Wissenschaftsphilosophie beschäftigen muß. Deshalb sollten wir Heisenbergs Gedanken auch nicht mit dem Einwand abblocken, das behauptete unmittelbare Erkennen der Richtigkeit einer abgeschlossenen Theorie sei alles andere als historisch belegt. Natürlich lassen sich zu den von Heisenberg genannten Theorien historische Quellen anführen, die zeigen, daß bei weitem nicht jedem diese Theorien »im ersten Moment ihres Auftretens« eingeleuchtet haben.

Um von Heisenbergs Aufsatz zu lernen, muß man sich ein geeignetes Bild zur Orientierung vorstellen. Heisenberg gehört sicherlich zu den Menschen, die am Tag der Erstveröffentlichung von Newtons *Principia* die Bedeutung dieses Werks erkannt hätten. Es tut dem, was Heisenberg sagen möchte, wenig Abbruch, ob wir »richtig« mit weniger kontroversen Begriffen wie »gut«, »pragmatisch brauchbar«, »einflußreich« oder »disziplinkonstituierend« ersetzen. Daß Newtons Mechanik wohl die wichtigste Theorie der Physikgeschichte ist, steht auch bei den skeptischen Wissenschaftsphilosophen außer Frage. Heisenberg schreibt aus der Perspektive eines *Experten* der Physik, der uns erklären möchte, wie er und seiner Meinung nach alle Experten die Qualität von physikalischen Theorien bewerten. Es geht um die Kriterien der Theoriewahl, wie sie von einem Praktiker gesehen werden. Das macht den Aufsatz interessant. Die wissenschaftsphilosophischen Positionen sind hier nur

Aufhänger; Heisenberg hatte es nie nötig, zur Einschätzung von physikalischen Theorien die Aufsätze von Wissenschaftsphilosophen zu konsultieren. Vermutlich war es die Philosophengruppe um Carl Friedrich von Weizsäcker, die ihn dazu veranlaßt hat, sich überhaupt auf die Probleme dieser Disziplin einzulassen.

Das Bild ist also – Physik auf Automechanik übertragend – das eines Mechanikers, der einem Auto sofort anhört, daß der Keilriemen nur noch genau 500 km weit hält oder die Zündkerze am dritten Kolben verschmutzt ist – und damit üblicherweise (nach Abzug der berufsbedingten Übertreibungen) recht behält. Dieser Experte wird nun von seinen Freunden mit einer Sammlung populärer *Do-it-yourself*-Handbücher konfrontiert, die dem Laien versprechen, sich diese Fähigkeiten des Experten durch Lesen aneignen zu können, und die er, der Experte, kommentieren soll. Es ist nur natürlich, daß einiges von dem, was wir zu hören bekommen, sich aus einem Berufsethos erklärt, solche theoretischen Abhandlungen generell nicht sonderlich ernst zu nehmen. (Etwa, wenn Philosophen den großen Newton für falsch halten.) Dies können wir getrost ignorieren.

In diesem Punkt trifft Heisenberg den Grundtenor wissenschaftsphilosophischer Standpunkte korrekt: das in der Wissenschaftsphilosophie überwiegende Bedürfnis, die Kriterien der Auswahl und Bewertung wissenschaftlicher Theorien mit einer möglichst kleinen Menge universell gültiger Merkmale beschreiben zu wollen. Die am häufigsten genannten Schlagworte greift Heisenberg auf und weist sie alle als ungenügend zurück: »Widerspruchsfreiheit«, »experimentelle Bestätigung«, »Prognosefähigkeit«, »Einfachheit«, »Schönheit«. Das Problem, das Heisenberg beschäftigt, ist, daß die anerkanntermaßen wichtigste und unverzichtbare Eigenschaft einer Theorie, empirisch angemessen zu sein, in der Praxis der Physiker nur eine untergeordnete Rolle spielt. Der Begriff, der Heisenberg als bester, natürlichster und die Praxis der Physik am treffendsten beschreibender erscheint, ist »abgeschlossen«. Eine Theorie, die (alternativ zu den genannten Merkmalen) abgeschlossen ist, ist für ihn, den Praktiker, fast automatisch die richtige Theorie. Dieses Qualitätskriterium hat allerdings den Nachteil, daß Heisenberg – wie er selbst gesehen hat – seinen wissenschaftsphilosophischen Freunden nicht vermitteln konnte, was er damit meint. Der vorliegende Aufsatz war sein letzter und detailliertester Versuch, diesen Begriff zu erklären.

Die beiden Fragen lauten: An welchen rationalen Merkmalen der Theorie erkenne ich, ob sie abgeschlossen ist? Und warum sollten diese Merkmale eine zuverlässige Prognose darüber erlauben, daß diese Theorie sich in der Empirie bewähren wird?

Von Weizsäcker hatte als Umschreibung für »abgeschlossen« die Formulierung vorgeschlagen: »durch kleine Änderungen nicht mehr zu verbessern«. Heisenberg greift diese Formulierung auf und verwendet sie gleichsam als Definition. Dies verschiebt allerdings nur die Frage: Wann ist eine Theorie durch kleine Änderungen nicht mehr zu verbessern? Was ist eine »kleine« Änderung? Erst gegen Ende des kurzen Aufsatzes versucht Heisenberg einfach seinem Gefühl Worte zu geben, keine wasserfeste Definition vorzustellen, und hier wird der Begriff der abgeschlossenen Theorie informativ. Er schreibt:

> Wahrscheinlich ist hier die entscheidende Voraussetzung, daß die Physiker, die sich eingehend mit dem betreffenden Erfahrungsbereich beschäftigt haben, einerseits sehr deutlich spüren, daß die einzelnen Phänomene des Erfahrungsbereichs eng zusammenhängen und nicht unabhängig voneinander verstanden werden können, daß aber andererseits gerade dieser Zusammenhang im Rahmen der bisherigen Begriffe nicht gedeutet werden kann. Der Versuch, eine solche Deutung trotzdem vorzunehmen, hat die Physiker immer wieder zu Annahmen geführt, die in sich Widersprüche enthalten, oder zu ganz unübersichtlichen Fallunterscheidungen oder in ein undurchsichtiges Gestrüpp von halbempirischen Formeln, denen man eigentlich ansieht, daß sie nicht richtig sein können. [...] Wenn dann beim intensiven Suchen nach neuen begrifflichen oder formalen Möglichkeiten der richtige Vorschlag für die abgeschlossene Theorie auftaucht, so hat er schon von Anfang an eine enorme Überzeugungskraft deswegen, weil er nicht sofort widerlegt werden kann. Der Forscher, der sich gründlich mit dem betreffenden Erfahrungsbereich beschäftigt hat, ist wahrscheinlich mit Recht der Überzeugung, daß er einen falschen Vorschlag für die endgültige Theorie sofort widerlegen könnte. Wenn der neue Vorschlag als eine echte Möglichkeit erscheint, bei der die früheren Schwierigkeiten vermieden werden, wenn er nicht sofort auf unlösbare Widersprüche stößt, so muß es schon der richtige Vorschlag sein.

Das Kriterium der Theoriewahl, das Heisenberg hier vorstellt, ist das der *Kohärenz*. Im Unterschied, bzw. in Ergänzung zu dem, was in der Wissenschaftsphilosophie üblicherweise über Kohärenz geschrieben wird, möchte er dieses Kriterium mit einer ontologischen Behauptung begründet wissen, die er als selbstverständliche

Erfahrungstatsache eines jeden Experten für Theorien ansieht und im nächsten Satz beim Namen nennt:

Denn die in Betracht kommenden Begriffssysteme bilden ja eine diskrete, sicher keine kontinuierliche Mannigfaltigkeit.

Das ist die zentrale Aussage. Warum ist diese Behauptung interessant? Ein Problem, mit dem die Wissenschaftsphilosophie gewissermaßen an jeder Stelle zu kämpfen hat, ist die zu große, scheinbar unbegrenzte Freiheit der intellektuellen Phantasie. Wo immer sich Menschen auf einen intellektuellen Rahmen festgelegt haben, um einen Gegenstandsbereich zu beschreiben, läßt sich der skeptische Einwand erheben: Warum gerade diese Begriffe, behaupteten funktionalen Zusammenhänge, Voraussetzungen? Die Frage ist deshalb berechtigt, weil sich normalerweise alle in Frage stehenden Ideen kontinuierlich variieren lassen und somit ungeklärt ist, warum man sich auf Inhalte festgelegt hat, die durch nichts vor einer prinzipiell unendlich großen Menge davon verschiedener Inhalte ausgezeichnet sind. Ein Beispiel hierfür ist das Problem der »empirischen Unterbestimmtheit« von Theorien: Auf der Grundlage der uns Menschen nur in endlicher Menge zugänglichen Meßdaten lassen sich immer beliebig viele Formeln finden, mit denen die bekannten empirischen Daten korrekt abgebildet werden, die aber in der Vorhersage zukünftiger Meßdaten voneinander abweichen. Damit ist es ungeklärt, warum sich jemand auf eine bestimmte Vorhersage, also eine von unendlich vielen Möglichkeiten, die bekannten Daten auf zukünftige zu extrapolieren, festlegt. Ein anderes Beispiel hatten wir im letzten Abschnitt: Die Menge unterschiedlicher moralischer Prinzipien, die eine konsistente Bewertung des Deutschen Vertrags erlauben, ist unbegrenzt. Dadurch wurde es zu einem Rätsel, warum die Kirche gerade die eine Möglichkeit der genannten Neudefinition von Wucher wählte.

Dieses Problem streitet Heisenberg ab. Er behauptet, *faktisch* bildeten Begriffssysteme kein Kontinuum, sondern träten als diskrete Einheiten in Erscheinung. Die logische Möglichkeit (mit der sich die Wissenschaftsphilosophen beschäftigen), kontinuierliche Übergänge zwischen Begriffssystemen zu sehen, hält er für irrelevant in der Wissenschaftspraxis. Das sieht nach einer abwegigen Behauptung aus. Es ist ein Faktum der Wissenschaftsgeschichte, daß die kontinuierliche Variation von Theorien, also die Suche nach »kleinen Verbesserungen«, immer ein wichtiges Forschungsprogramm war. Beispielsweise Newtons Gravitationstheorie: Newton sagt, die Anziehungskraft zwischen zwei Massen nimmt mit dem Quadrat des Abstandes ab. Selbstverständlich wurde es hier von nicht wenigen Forschern als legitime und bis zum empirischen Nachweis unentschiedene Frage angesehen, ob nicht statt der Potenz 2 des Abstandes eine minimale Variation – also beispielsweise 2,00001 – die Fakten genauer beschreibt. Vielleicht hatte Heisenberg dieses Beispiel vor Augen, denn in diesem konkreten Fall haben alle bisherigen Messungen den ursprünglichen Wert 2 als Optimum an empirischer Übereinstimmung der Strukturklasse von Newtons Gravitationstheorie erwiesen. Angesichts der unendlichen Möglichkeiten, die kontingenten Zahlenwerte und funktionalen Zusammenhänge in physikalischen Formeln zu variieren, ist Heisenbergs Verallgemeinerung auf *alle* solche Fälle begründungsbedürftig. Seine Behauptung ist, daß man sich generell die Versuche, durch »kleine« Variationen die empirische Qualität von Theorien zu verbessern, einsparen könne. Aber was sind die Kriterien, in Newtons Gravitationstheorie die Potenz 2,00001 als faktisch unzulässige Konstruktion einer bloß logischen Möglichkeit anzusehen?

Die Begründung von Heisenbergs Standpunkt scheint hier im Sande zu verlaufen: Die Frage war, mit welchem rationalen Kriterium man den empirischen Erfolg einer Theorie prognostizieren kann. Heisenbergs Antwort war: Wenn die Theorie die Eigenschaft hat, eine »abgeschlossene« zu sein. Eine Theorie ist abgeschlossen, wenn sie sich durch »kleine« Variationen nicht verbessern läßt. Nun lassen sich aber problemlos zu jeder Theorie viele andere konstruieren, die sich von der ursprünglichen nur durch kleine Variationen unterscheiden. Und somit stellt sich die Frage: Welche aus dieser Menge nur geringfügig verschiedener Theorien ist nun eigentlich die »abgeschlossene«, von der Heisenberg spricht? Die Antwort, die Heisenberg an verschiedenen Stellen in diesem Aufsatz präsentiert, ist einfach: Die richtige Theorie – also diejenige, die sich auch in zukünftigen Experimenten als empirisch zutreffend erweist. Aber dieses Kriterium reduziert das Argument zu einem Zirkel. Heisenberg sieht das Problem. Einen Ausweg kann es nur geben, wenn es Kriterien gibt, die falschen Theorien aus dieser Menge unabhängig von ihrem empirischen Scheitern zu erkennen. Genau das ist Heisenbergs Behauptung. Begründet wird sie allerdings in einer für die

Wissenschaftsphilosophie ungewöhnlichen Form: »Zur Begründung dieser Behauptung von der leichten Widerlegbarkeit eines falschen Vorschlags soll [...] eine Anekdote berichtet werden.« Weil die Frage wichtig und völlig ungeklärt ist, muß uns jedes Material recht sein, das Hoffnung auf eine Antwort macht. Deshalb wollen wir uns die Anekdote, mit der dieser Aufsatz endet, in voller Länge ansehen. Die Anekdote spielt in einem Leipziger Seminar in den 1930er Jahren, an dem neben Heisenberg verschiedene andere Physiker und der Mathematiker van der Waerden teilnahmen.

[...] und es kam einmal die Rede auf den berühmten Fermatschen Satz der Zahlentheorie, nämlich auf die Behauptung, es sei unmöglich, die Gleichung $a^n + b^n = c^n$ mit ganzen Zahlen *a*, *b* und *c* zu erfüllen, wenn der ebenfalls ganzzahlige Exponent *n* größer als 2 sei. Ich fragte dann, ob es nicht passieren könnte, daß irgendein Mathematiker vorgäbe, er habe den Fermatschen Satz widerlegt, indem er ein Beispiel für die Erfüllung der Gleichung anführte; die Zahlen *a*, *b*, *c*, und insbesondere *n* wählt er aber so groß, daß niemand die betreffenden Potenzen ausrechnen, also auch niemand die Unrichtigkeit der Gleichung nachweisen könnte. Van der Waerden widersprach sofort energisch und bot mir eine Wette an; ich solle mir irgendein Zahlenbeispiel dieser Art ausdenken, und er werde dann imstande sein, die behauptete Gleichung in weniger als sieben Minuten zu widerlegen; wenn ihm dies nicht gelingen sollte, hätte ich die Wette gewonnen, sonst er. Ich hatte dann eine Woche bis zum nächsten Seminar Zeit und bemühte mich natürlich, das Beispiel so einzurichten, daß es allen einfachen mir bekannten Kriterien standhielt, daß also z. B. die Reste gegenüber allen Primzahlen bis hinauf zu 13 die Gleichung erfüllten usw. Trotzdem gelang es van der Waerden, das Beispiel innerhalb von dreieinhalb Minuten zu widerlegen und damit die Wette zu gewinnen. Er hatte eben den ganzen Fragenkomplex so gründlich studiert, daß er viel mehr Kriterien zur Verfügung hatte als irgendein Physiker.

Falsche Vorschläge für eine abgeschlossene Theorie eines großen physikalischen Erfahrungskomplexes werden sich vielleicht nicht immer in dreieinhalb Minuten widerlegen lassen; aber sie werden doch von einem, der mit dem betreffenden Gebiet wirklich vertraut ist, sehr schnell als unzureichend erkannt werden. Der Überraschungs-Effekt bei dem richtigen Vorschlag, die Entdeckung, daß »das ja wirklich wahr sein könnte«, gibt ihm schon von Anfang an eine große Überzeugungskraft.

Um Mißverständnisse nicht aufkommen zu lassen, sollte erwähnt werden, daß damals, und auch als Heisenberg diese Anekdote niederschrieb, keine Computer zur Verfügung standen, also selbst simple Rechenoperationen mit hinreichend großen Zahlen (die trotzdem klein genug sind, sie in Dezimalform auf ein Stück Papier zu schreiben) in der Praxis nicht vollzogen werden konnten. Außerdem war der Fermatsche Satz noch nicht bewiesen. Der Beweis hat sich als außerordentlich langwierig und umständlich herausgestellt.

Was sagt die Anekdote? Welches rationale Kriterium erlaubt den Schluß auf die empirische Falschheit oder Richtigkeit einer Theorie? Heisenbergs Antwort ist: kein einzelnes. Das heißt, keiner der kompakten Begriffe, mit denen in der Wissenschaftsphilosophie Versuche zur Rekonstruktion von Theorieübergängen unternommen werden, sie beispielsweise als Suche nach »einfachen« Theorien zu beschreiben, entspricht Heisenbergs Vorstellung. Eine Theorie ist »abgeschlossen«, wenn sie in Übereinstimmung mit sehr vielen Kriterien steht. Die Kriterien, die Heisenberg hier meint, sind keine universellen philosophischen, sondern solche, die ausschließlich in dem in Frage stehenden Bereich anwendbar sind und offenbar ausschließlich den Experten dieses Bereichs in ausreichender Anzahl zur Verfügung stehen. Die schiere Menge an Wissen über solche Prüfkriterien ist ausschlaggebend, um jemand als Experten auszuweisen, der falsche Theorien sofort und durch bloßes Nachdenken widerlegen kann.

Was sind das für Kriterien? Daß Heisenberg sie anhand eines Beispiels aus der Mathematik, nicht der Physik, illustriert, erleichtert keineswegs das Verständnis, denn von den besonderen Problemen bei *empirischen* Theorien wird nichts gesagt. In der Anekdote bestand die Aufgabe darin, von einer Gleichung, die vier verschiedene ganze Zahlen mit den Rechenoperationen Addition und Potenzierung verbindet, zu beweisen, daß sie nicht stimmt. Als Voraussetzung war gesetzt, daß der direkte Weg, die Gleichung einfach auszurechnen, aufgrund der Größe der genannten Zahlen versperrt ist. Das direkte Ausrechnen der Gleichung hätte deutlich mehr als sieben Minuten gebraucht. Die Kriterien, von denen Heisenberg spricht, bewirken also die Abkürzung des Rechenaufwands zur Entscheidung, ob die Gleichung gültig ist oder nicht. – Dies, die Möglichkeit, langatmige Beweise abzukürzen, ist in der Mathematik nichts Ungewöhnliches; schon im ersten großen Mathematikbuch, Euklids *Elementen*, wird sie ständig praktiziert. Das Verfahren der Abkürzung ergibt sich aus dem hierarchischen Aufbau der Mathematik: Der eigentliche, unabgekürzte Beweis eines Satzes besteht in der Rückführung auf die Axiome. Diese Arbeit kann man sich bei praktisch jedem Beweis ersparen, weil schon viele andere bewiesene Sätze vorliegen. Die Rückführung eines Satzes auf schon bewiesene Sätze genügt. Je mehr bewiesene Sätze jemand schon kennt, desto leichter und schneller gelingt ihm ein Beweis.

Als simples Beispiel eines Lemmas, das bei Heisenbergs Wette mit van der Waerden die Funktion eines Prüfkriteriums gespielt haben mag, könnte man den Satz nehmen, daß jede ganze Zahl nur dann ohne Rest durch 5 teilbar ist, wenn ihre letzte Ziffer eine 0 oder eine 5 ist. Wenn nun schon gezeigt wäre, daß die letzte Ziffer der ausgerechneten linken Seite der Gleichung eine 3 ist, die Zahl c aber durch 5 teilbar ist, so wäre ohne weiteren Rechenaufwand erwiesen, daß die Gleichung nicht erfüllt ist. Das Kriterium ist einfach eine schon bewiesene Aussage der Mathematik, die zufällig bei manchen weiteren Beweisproblemen anwendbar und nützlich ist.

Wenn Heisenberg sagt, die falschen Theorien ließen sich von Experten, die viele Prüfkriterien besitzen, leicht widerlegen, hat er sein Bild von der »abgeschlossenen Theorie« vor Augen: die richtige, »abgeschlossene« Theorie sei wie eine kleine Insel im Ozean der für den Laien möglich erscheinenden Theorien, die aber falsch, d. h. in Wirklichkeit nicht möglich sind. Wir haben hier offensichtlich mit verschiedenen Möglichkeitsbegriffen zu tun, die abhängig sind von der epistemischen Lage, d.h. dem Hintergrundwissen des Betrachters.

Ohne Zweifel teilt Heisenberg die Auffassung, daß es in Mathematik und Physik objektiv wahre und falsche Theorien gibt, daß es also nicht von der epistemischen Lage des Betrachters abhängt, ob eine Theorie wahr oder falsch ist. Einem Betrachter mag, wenn er nicht genug Wissen hat, um das zu entscheiden, eine falsche Theorie möglich erscheinen, aber deshalb bleibt sie immer noch eine falsche Theorie. Faktisch ist die Welt festgelegt, was die Theorien angeht, die in ihr wahr oder falsch sind. Aber bei den Modalbegriffen hat Heisenberg offenbar eine Dynamik vor Augen. Am Anfang der Entwicklung scheint alles möglich und das Faktische gänzlich zufällig. Mit zunehmendem Wissen schrumpft das Gebiet des Möglichen, und das Faktische erscheint zunehmend notwendiger. Bis schließlich Möglichkeit, Notwendigkeit und Realität in einem Punkt, der »abgeschlossenen« Theorie, übereinstimmen. Hier könne dann allein aus der Möglichkeit, daß sich die Begriffe der Theorie anwenden lassen, auf die Richtigkeit der Theorie geschlossen werden. Das Wissen, das mit seiner Vermehrung das Schrumpfen des Gebiets des Möglichen bewirkt, sind die genannten Prüfkriterien des Experten.

In der Mathematik ist die Rede von »Gebieten des Möglichen« und einem Schrumpfen derselben durch zunehmend allgemeinere Beweise verhältnismäßig unproblematisch. Beispielsweise die genannte Behauptung Fermats (von ca. 1637): Euler konnte beweisen, daß der Satz für die Zahlen $n = 3$ und $n = 4$ gültig ist; Legendre einige Jahrzehnte später auch für $n = 5$. Wiederum Jahrzehnte später wurde durch Ernst Kummer (1847) bewiesen, daß in allen Fällen, wo n eine »reguläre« Primzahl ist, die Behauptung stimmt. Vollständig bewiesen (für alle ganzen Zahlen n größer 2) wurde Fermats Satz in der Mitte der 1990er Jahre von Andrew Wiles. Alle vorherigen »Zwischen«-Beweise (die alle auf unterschiedlichen Beweismethoden basierten) haben die Menge von Fällen, in denen man Ausnahmen hätte vermuten können, zunehmend eingeschränkt.

Die Übertragung des Gleichnisses von der Mathematik auf die Physik bereitet Schwierigkeiten. Insbesondere diese: In der Mathematik sind die Kriterien, mit denen das Gebiet des scheinbar Möglichen eingeschränkt wird, die gewöhnlichen Theoreme der Mathematik. Die Theoreme sind in einem leicht explizierbaren Sinn unterschiedlich allgemein: Ein Beweis, der von $n = 4$ handelt, macht keine Aussage über $n = 5$; d. h. alle Fälle mit $n = 5$ bleiben gegenüber diesem Beweis kontingent. Und beide Fälle, $n = 4$ und $n = 5$, sind im Beweis für alle ganzzahligen n mit eingeschlossen. – Diese Situation haben wir bei physikalischen Theorien normalerweise nicht. Die Prüfkriterien des Experten, von denen Heisenberg spricht, können in der Physik nicht einfach die zuvor bekannten physikalischen Theorien sein. Der Erkenntnisfortschritt in der Physik geschieht normalerweise so, daß vorherige Theorien revidiert oder in ihrem ursprünglich angenommenen Gültigkeitsbereich eingeschränkt werden. Beispielsweise das Verhältnis von Keplers Planetengesetzen und Newtons Gravitationstheorie. Das Verhältnis an Allgemeinheit ist hier durchaus vergleichbar mit den sukzessiven Beweisen der Fermatschen Vermutung: Keplers Theorie handelt nur von sechs Objekten, den damals bekannten Planeten; Newtons Gravitationstheorie hingegen von allen Körpern. Wenn allerdings ein Experte Keplers Theorie als Prüfkriterium zur Feststellung der Möglichkeit von Newtons Theorie verwandt hätte, wäre sie abgelehnt worden. In

Newtons Theorie können in einem Sonnensystem, das aus mehr als zwei Körpern besteht, die Planeten keine (exakten) Ellipsenbahnen haben. In der Physik findet keine konservative Erweiterung des Wissens statt, so daß eine Theorie über einen eingeschränkten Gegenstandsbereich unverändert zu einem Teil der Theorie über den übergeordneten Gegenstandsbereich würde.

Wenn Heisenbergs Idee von der »abgeschlossenen« Theorie einen Sinn ergeben soll, wäre es allerdings nötig, daß es Entscheidungskriterien der Physik gibt, die den theoretischen Fortschritt – also auch alle Kuhnschen Revolutionen und Paradigmenwechsel – überleben. Wir reden hier nicht über empirische Einzeltatsachen, sondern über Kriterien, also Aussagen mit Gesetzescharakter der Art: »Alle Theorien mit dem Merkmal X sind gar nicht möglich in unserer Welt«. Und mit Ewigkeitscharakter: Diese Kriterien müssen über die gesamte Wissenschaftsgeschichte vom Zeitpunkt ihrer Erstentdeckung durch einen Experten an für gültig angesehen werden – und dies auch über alle zukünftigen Theorieentwicklungen hinweg. Von dieser Art Gesetzen benötigt der Experte nicht nur ein paar, sondern unzählige – so viele, daß die Merkmale X_1, X_2, X_3 … , von denen sie handeln, das Gebiet des Möglichen (wie es dem Laien erscheint) nahezu vollständig abdecken. Nur ganz versteckt zwischen den einander überlappenden Anwendungsbereichen dieser Auswahlkriterien findet sich Platz für eine Theorie, die keine der Merkmale X_1, X_2, X_3, … trägt und deshalb »ja wirklich wahr sein könnte« und es dann auch sei.

Zugleich scheinen die Experten nicht in der Lage zu sein, einen Katalog dieser Auswahlkriterien niederzuschreiben. Ein solcher Katalog würde doch die Suche nach neuen Theorien wesentlich erleichtern und außerdem die Theoriewahl der Experten den Laien transparent machen. Statt dessen legen die Experten immer nur dann ihre Auswahlkriterien auf den Tisch, wenn sie mit einem konkreten falschen Vorschlag für eine abgeschlossene Theorie konfrontiert werden, und nur so weit, um diesen einen Fall zu widerlegen. Die Lage scheint jener der Kasuistik ähnlich: daß man sich an ein Wissen, von dem gesagt ist, daß man es eigentlich schon immer gehabt habe, immer erst dann erinnert, wenn es relevant wird.

Die Frage ist noch immer unbeantwortet: Was sind das für Kriterien der Theoriewahl? Dank unserer Beschäftigung mit Gedankenexperimenten drängt sich hier eine klare, naheliegende Antwort auf.

Ein Musterbeispiel für das, was Heisenberg gemeint haben könnte, haben wir schon kennengelernt – oben bei dem Gedankenexperiment von Galilei. Eine der Prämissen des Gedankenexperiments war: »Ein schneller Körper, der mit einem langsamen verbunden wird, wird abgebremst. Verbindet man zwei unterschiedlich schnelle Körper, dann haben die verbundenen Körper eine gemeinsame Geschwindigkeit, die irgendwo zwischen den Geschwindigkeiten der vormals getrennten Körper liegt.«

Diese Prämisse hat den Charakter eines Gesetzes. Aber dieses Gesetz wurde vor der Erfindung des Gedankenexperiments nie als ein physikalisches Gesetz veröffentlicht. Gleichzeitig ist es so trivial und offensichtlich, daß es schwerfällt zu vermuten, Aristoteles oder sonst jemand vor Galilei hätte ihm nicht zugestimmt, wenn man gefragt hätte. Und dieses Gesetz läßt sich als Auswahlkriterium von Fallgesetzen verwenden: In der Menge aller möglichen Formeln, die das Bewegungsverhalten von fallenden Körpern beschreiben sollen (die wir uns von einem Affen an der Schreibmaschine erstellt vorstellen), werden einige mit diesem Kriterium verträglich sein, andere nicht. Dieses Kriterium wird von allen Bewegungsgesetzen seit Galilei erfüllt. Es ist nicht zu vermuten, daß zukünftige Entwicklungen der Physik hieran etwas ändern werden.

4. Ist die Methode des Gedankenexperiments neu?

Seit Urzeiten haben Menschen Überzeugungssysteme und Theorien entwickelt und danach weiterentwickelt oder aufgegeben und durch neue ersetzt. Diese Tätigkeit steht im Zentrum der geistigen Interessen von Menschen und somit auch die Frage nach den Qualitätskriterien, die wir in dieser Entwicklung zu erreichen wünschen, und den Methoden, deren Anwendung diese Wünsche zu erfüllen versprechen. Wir haben oben ganz natürlich zwei verschiedene Interpretationen von Rationalität gleichgesetzt: Zum einen wurde Rationalität unterstellt mit dem Nachweis des Fehlens oder wirkungslos Bleibens von explizit nicht-argumentativen Gründen für einen Überzeugungswandel: Wenn keine Gewalt (Erpressung, Bestechung,

Suggestion o. Ä.) angewandt wurde, dann bleibt wohl nur noch die andere Möglichkeit, daß der Überzeugungswandel rational begründet ist. Und das heißt positiv gewendet: daß wir eine Argumentation finden, die für den Überzeugungswandel ausschlaggebend war und ihn aus offenliegenden Prämissen transparent ableitet. Wenn aber weder das eine noch das andere der Fall zu sein scheint, sind Wissenschaft und Philosophie gefragt. Erstere, um zu untersuchen, ob nicht doch eine bisher unentdeckte Fremdbestimmung den Überzeugungswandel verursacht hat, z. B. ein bisher unbekannter psychologischer Mechanismus, ein in den Archiven verstaubtes Dokument, das eine politische Einflußnahme beweist. Letztere, um über die Rationalität von Überzeugungsänderungen nachzudenken; sich auf die Suche nach den verborgenen Kriterien und Regeln der Theoriewahl zu begeben. Aus dem Fehlen einer Erklärung für den Überzeugungswandel auf seine Irrationalität zu schließen ist jedenfalls voreilig; auch hierfür wäre eine Begründung notwendig, nämlich der positive Nachweis der Fremdbestimmung.

Offensichtlich ist eine so beschriebene Lücke im Verständnis von Überzeugungsänderungen, selbst wenn wir uns auf den engeren Bereich des naturwissenschaftlichen Theoriewandels beschränken, groß. Aber, so wird man einwenden, wir sind ja nicht die ersten, die darüber nachdenken, wie sich Überzeugungssysteme verbessern lassen oder wie andere Menschen mit rationalen Mitteln zu einer Änderung ihrer Überzeugungen zu bewegen sind. Vielmehr handelt es sich hierbei um das Hauptthema der abendländischen Philosophie. Warum sollte gerade die Methode des Gedankenexperiments das *missing link* der rationalen Rekonstruktion von Überzeugungsänderungen sein? Dieser Einwurf läßt sich noch verschärfen: Ist nicht ein Großteil des Problems hausgemacht durch eine willkürliche Verengung dessen, was in der modernen Wissenschaftsphilosophie als »rational« zugelassen wird?

In der Tradition des Logischen Empirismus ist ein Beweis ausschließlich die logische Ableitung aus Prämissen. Gültige Prämissen der Naturwissenschaft können ausschließlich Erfahrungssätze sein. Alle übrigen Sätze (also weder Erfahrungssätze noch abgeleitete Sätze) sind »Metaphysik«. Der Logische Empirismus machte sich zur Aufgabe, die Wissenschaft von allen eingängigen, traditionellen, aber logisch unbegründeten Methoden der »Metaphysik« zu reinigen. Und schon vorher, von Beginn der neuzeitlichen Naturwissenschaft an, wurde die naturwissenschaftliche Selbstbeschreibung der *Säuberung* von scholastischen Wissenschaftsmethoden entwickelt, die in dem Bild vom »finsteren Mittelalter« und dem »Licht der Wissenschaften« Verbreitung fand. Das, was hier pauschal »Metaphysik« genannt wurde, hat allerdings eine reichhaltige und vielschichtige Geschichte im menschlichen Denken. Wenn man feststellt, daß mit den übriggebliebenen, logisch sauberen Schlußregeln die tatsächliche Wissenschaft nicht mehr verstanden werden kann und in die so entstandene Erklärungslücke jetzt sogar schon Kulturrelativisten mit der Behauptung hineinstoßen, Wissenschaft sei ein gänzlich irrationales und willkürliches Geschäft von intellektuellen Vorlieben einer Herrschaftsclique, dann sollte man prüfen, ob nicht irgendwo in dem Unkraut »unlogischer« Metaphysik, das seinerzeit gejätet wurde, vielleicht der Samen einer Kulturpflanze mit Zukunftspotential liegt.

Man braucht nur in alte Logiklehrbücher zu schauen, um mit einem reichhaltigen Material an Argumentationstechniken und »Denkgesetzen« konfrontiert zu werden, die in den modernen Naturwissenschaften – zumindest dem Namen nach – verschwunden sind. Noch Kant hatte in seinen Logikvorlesungen (gemäß der Mitschrift von Gottlob Benjamin Jäsche) solche Themen wie *Erotetik* (die Kunst, ein Thema durch geeignete Fragen zu erschließen) oder *Meditation* behandelt. *Rhetorik* war früher eine Vernunftdisziplin, die von der Methode handelte, vernünftige Menschen zu überzeugen, nicht aber mit »rhetorischen Tricks« zu übertölpeln. Seit der Antike standen gleichberechtigt neben *Analytik* und *Syllogistik* immer auch die Methoden von *Dialektik* und *Topik*. Die Arbeiten über die ersteren stehen mit ihrem Anspruch auf sicheres Wissen in der Tradition unseres modernen Verständnisses von deduktiver Logik, die letzteren handeln von der Suche nach wahrscheinlichem Wissen – wie man einen unbekannten Gegenstandsbereich vernünftig erforscht und von einem vorläufigen Wissen zu einem verbesserten (aber nicht absoluten) Wissen gelangt.

Alle diese Methoden (und unzählige weitere, die allerdings merkliche Überschneidungen zeigen) wurden mit der Absicht entwickelt, den einen oder anderen Aspekt menschlicher Rationalität einzufangen. Das erklärte Ziel der Anwendung solcher Methoden sind vernünftige Überzeugungen, keine willkürlichen Behauptungen. In den heutigen Selbstbeschreibungen von Wissenschaft sind sie größtenteils vergessen.

Mit der obigen Beschreibung der Erklärungslücke der Wissenschaftsentwicklung und dem Wissen, daß »Gedankenexperiment« ein positiv besetzter Begriff innerhalb der wissenschaftlichen Selbstbeschreibung ist, läßt sich zu Recht vermuten, daß es eine unüberschaubare Literaturmenge gibt, worin Versuche unternommen werden, die eine oder andere der »ausgestorbenen« oder unbeachteten Wissenschaftsmethoden als Explikation der »Methode des Gedankenexperiments« zu rehabilitieren. Gewissermaßen haben wir das oben auch getan, als wir die Methode *Kasuistik* untersuchten. Der Eindruck zwängt sich allerdings auf, daß in der Mehrzahl dieser Beiträge gerade besonders problematische Erkenntnismethoden mit der Bezeichnung als »Methode des Gedankenexperiments« geadelt werden sollen. Eine heute skurril erscheinende Methode des Argumentierens in der Scholastik hatte den Namen *Obligationes* – eine fiktive, sophistische Dialogform über kontrafaktische Aussagen – und wird häufig von Mediavisten als eine frühe Form des »Gedankenexperiments« interpretiert.[29] Aber auch moderne philosophische Beiträge, die innerhalb der Naturwissenschaften ignoriert wurden, werden so umgedeutet: Edmund Husserls Methode der *eidetischen Variation*,[30] Max Webers *Idealtypus*,[31] der *dialektische Materialismus* der marxistisch-leninistischen Wissenschaftsphilosophie[32] – um einige Beispiele zu nennen. So fadenscheinig zumeist die jeweilige konkrete Absicht dieser Beiträge ist, die allgemeine Grundidee, daß Gedankenexperimente nur sinnvoll sind, wenn man sie in der *Tradition* der Versuche sieht, die eigentümliche Rationalität von Überzeugungsänderungen methodisch zu begreifen, ist sinnvoll.

Dies darf nicht dazu führen, das eigentliche Interesse an den Gedankenexperimenten, den Sinn der Erfindung dieses neuen Namens für eine Wissenschaftsmethode, aus den Augen zu verlieren. Wenn heute jemand beispielsweise Ciceros *Topik* als Ursprung der Methode des Gedankenexperiments ansähe, hätte man eben nicht bloß das Problem, diese Abweichung von Ciceros originaler Terminolo-

29 Z. B. King (1991) [in Horowitz/Massey (1991)], Yrönsuuri (1996).

30 Z. B. Mohanty (1991) [in Horowitz/Massey (1991)]; siehe auch: Wolfgang Künne, *Abstrakte Gegenstände*, Frankfurt/M. 1983, 150.

31 Z. B. Rehder (1980a), wo auch auf Ernst Bloch, *Tübinger Einleitung in die Philosophie*, Frankfurt/M. 1963, verwiesen wird.

32 Z. B. Hager (1979) u. (1982), sowie auch V. A. Štoff, *Modellierung und Philosophie*, Berlin (Ost) 1969.

gie zu begründen (warum nennt man diese Methode nicht einfach weiterhin »Topik«?), sondern auch, warum es 2000 Jahre dauern mußte, bis dieses Werk endlich seinen Nutzen für die (modernen) Wissenschaften offenbarte. »Gedankenexperimente« besitzen gewissermaßen das Privileg, frühzeitig in ihrer Begriffsgeschichte aufs richtige Pferd gesetzt zu haben, nämlich die *empirischen Wissenschaften*. Cicero hatte zweifelsohne das rationale Argumentieren vor Gericht als paradigmatischen Anwendungsfall der Topik angesehen, die Kasuistik war für die Diskussion zwischen Moralphilosophen und Theologen konzipiert, Husserls Interesse mit der Einführung des Begriffs der eidetischen Variation galt philosophischen Fragen der Epistemologie, Rhetorik übte man für den politischen Diskurs auf Marktplätzen etc. Hiergegen war das »Gedankenexperiment« jederzeit in erster Linie als etwas gedacht, was man machen sollte, um erfolgreich Naturwissenschaft zu betreiben. Nützlich und erfolgreich zu sein ist gewissermaßen Bestandteil der Definition von Gedankenexperiment – allerdings lediglich als Wunschvorstellung.

Obwohl wir uns bei den Gedankenexperimenten zwangsläufig im »weichen« Bereich von Theoriebildung und Überzeugungsänderung befinden – wo es keine »harten« Beweise gibt und alles Argumentieren scheinbar den Makel des »Psychologischen« trägt –, zeigen die unzähligen Traditionen der Philosophiegeschichte, daß es in diesen weichen Formen des Begründens (im Unterschied zu jenen des Beweisens) dennoch trotzdem sinnvolles Reden gibt, das geradezu im Zentrum menschlichen Interesses steht. Es ist der Normalfall, ein Urteil nicht hart und wasserfest beweisen zu können und trotzdem überzeugt zu sein, und dieses Überzeugtsein nicht als Akt autonomer Willkür zu begreifen, sondern mit bestimmten anderen Überzeugungen argumentativ zu verbinden und das Ergebnis als verbindlich nicht nur für sich selbst, sondern für alle Teilnehmer der rationalen Argumentation anzusehen. Es ist also nicht der Nachweis ihrer unlogischen Form oder Irrationalität, die uns dazu führt, uns hier nicht mit allen früheren Auswüchsen der »Metaphysik« zu beschäftigen, sondern allein das historische Faktum ihres Aussterbens innerhalb des engeren Kerns der Naturwissenschaften. Die besondere Form von »Metaphysik« in den »Gedankenexperimenten« hingegen lebt und vermehrt sich in den Selbstbeschreibungen der Naturwissenschaft. Im Gegenzug wollen wir die Gedankenexperimente nicht mit der Feststellung kritisieren, sie seien eine unlogische Form von »Metaphysik«.

Das Abgrenzungskriterium zwischen guten und schlechten Methoden der Naturwissenschaft ist der Erfolg. Bei Argumentationsmethoden läßt sich Erfolg an der *Akzeptanz* feststellen: Wenn in den Naturwissenschaften eine Theorie (nach eigenem Bekunden ihrer Vertreter) deshalb geglaubt wird, weil eine Argumentation in einem vorliegenden Text diese beweise, dann ist diese Argumentation offenbar akzeptiert – selbst wenn die Argumentation nach den logischen Standards der bisherigen Wissenschaftsphilosophie keinen Beweis darstellt.

Hier soll keineswegs die Bedeutung von Empirie und Logik für die Wissenschaft relativiert werden. Die Feststellung, daß es in den Naturwissenschaften akzeptierte Argumentationsmethoden gibt, die ohne logische und empirische Absicherung zu Theorieänderungen führen, impliziert weder die Existenz von metaphysischen Wahrheiten noch die Tatsache, daß so begründete Theorien bei einer späteren logischen und empirischen Überprüfung scheitern. Vielleicht trifft es diese Metapher: Auch in der Architektur findet man Gebäude, die der Schwerkraft zu spotten scheinen. Diese zu bauen bedurfte es keiner Erfindung eines »Lufthakens«. Daß alle Gebäude einstürzen, die nicht durch Fundamente mit dem sicheren Boden der Erde verbunden sind oder die Gesetze der Statik verletzen, läßt sich nicht vermeiden. Nur folgt aus der Notwendigkeit eines Fundaments und der Gültigkeit der statischen Gesetze nicht, daß jedes Gebäude zwangsläufig die Form einer ägyptischen Pyramide haben muß. Die Meinung, die Statik erlaube ausschließlich den Bau von Pyramiden, ist voreilig und unbegründet – Hilfsgerüste, Mörtel und Stahlträger machen möglich, was für jemanden, der aus den Gesetzen der Statik vermutet, Bauen sei gleichbedeutend mit der Tätigkeit, einen Stein (ohne Überhang) auf den anderen zu legen, unmöglich erscheint. Hier, im nächsten Teil, wird gewissermaßen etwas zur Kulturgeschichte der hohen Kunst des Bogen- und Kuppelbaus in barocken Kathedralen bis zu modernen Spannbetonkonstruktionen gesagt – im Bereich der hohen Kunst der wissenschaftlichen Theoriebildung.

Teil II.
Geschichte der Methode des Gedankenexperiments

»Mais on voit sur tut, que l'art d'inventer est peu connu hors des Mathematiques, car les Topiques ne servent ordinairement que de lieux memoriaux pour ranger passablement nos pensées, ne contenant qu'un catalogue des Termes vagues et des Maximes apparentes communement receues. J'avoue que leur usage est tres grand dans la rhetorique et dans les questions qu'on traite populairement, mais lorsqu'il s'agit de venir à la certitude, et de trouver des verités cachées dans la theorie et par consequent des avantages nouveaux pour la practique, il faut bien d'autres artifices. Et une longue experience de reflexions sur toute sorte de matieres accompagnée d'un succes considerable dans le inventions et dans les decouvertes m'a fait connoistre qu'il y a des secrets dans l'Art de penser, comme dans les autres Arts.«

Gottfried Wilhelm Leibniz, 1690/91[1]

1 Gottfried Wilhelm Leibniz, *Discours touchant la méthode de la certitude et l'art d'inventer* (*Abhandlung über die Methode der Gewißheit und die Kunst des Auffindens*, ca. 1690/91). Übersetzung von Herbert Herring in: Leibniz [GW] 4/210ff.: »Wir sehen aber vor allem, daß die Kunst des Auffindens außerhalb der Mathematik wenig bekannt ist, denn die Gemeinplätze dienen nur als Verzeichnisse zur leidlichen Anordnung unserer Gedanken und enthalten nichts als einen Katalog vager Ausdrücke und offenbar gemeinhin anerkannter Maximen. Ich gebe zu, daß sie in der Rhetorik und in landläufigen Fragen sehr häufig gebraucht werden; wenn es aber darum geht, Gewißheit zu erlangen und in der Theorie verborgene Wahrheiten zu entdecken und somit um neuen Nutzen für die Praxis, müssen wir uns ganz anderer kunstvoller Techniken bedienen. Eine lange Erfahrung im Nachdenken über alle Arten von Gegenständen, begleitet von beachtlichem Erfolg in Auffinden und Entdecken, haben mich zu der Erkenntnis geführt, daß es Geheimnisse in der Kunst des Denkens gibt wie in den anderen Künsten.«

Damit das Gedankenexperiment sich als nützlicher Fachbegriff in der Wissenschaftsphilosophie etablieren kann, ist es notwendig, daß alle wissenschaftsphilosophische Forschung über dieses Thema in einer gemeinsamen Tradition steht, auf der sie aufbaut und die sie fortführt. Das Fehlen einer gemeinsamen Geschichte ist ein augenfälliger Mangel der sprunghaft anwachsenden wissenschaftsphilosophischen Literatur über das »Gedankenexperiment«. Die Gefahr ist offensichtlich, daß ein heutiger Autor in den relativ neuen und unvorbelastet erscheinenden Begriff des Gedankenexperiments alles mögliche hineinprojiziert, was er schon immer mal sagen wollte. Obwohl auf diesem Weg viele interessante Gedanken publiziert werden, ist diese begriffliche Unschärfe für die Wissenschaftsphilosophie schädlich. Ohne die gemeinsame Forschungstradition laufen Beiträge über die Methode des Gedankenexperiments Gefahr, nur einer flüchtigen Mode zu dienen.

Der größte Teil der vorhandenen Literatur, die sich ausdrücklich mit »Gedankenexperimenten« beschäftigt, versucht keine Beziehung zu anderer Literatur mit demselben Thema herzustellen oder erwähnt höchstens einen oder zwei Namen von Vorläufern als Aufhänger. Die Voraussetzungen, von Entwicklungslinien oder einer Tradition eines Themas »Gedankenexperimente« in der Wissenschaftsphilosophie zu sprechen, sind also denkbar schlecht.

Gerade aus dem Grund geht es in dieser Geschichte nicht um Vollständigkeit. Die hier vorgestellte Tradition der »Wissenschaftsphilosophie des Gedankenexperiments« ist ein Konstrukt, aber wie zu hoffen ist, ein nützliches. Sie ist entstanden durch viele Entscheidungen. Die Entscheidungen basieren auf der Überzeugung, daß Geschlossenheit und nachvollziehbare Entwicklungslinien wichtiger sind als der Katalog von Vorkommnissen.

Die Aufgabenstellung ist, ob man auch ohne explizite Bezugnahme in den Überlegungen verschiedener Autoren Gemeinsamkeiten entdecken kann, die sich als Weiterentwicklung desselben Problems in Form von Standpunkt und Gegenstandpunkt entwickeln lassen und sich so zu einer Entwicklungslinie, einem Forschungsprogramm der Wissenschaftsphilosophie verdichten lassen. Aus dieser Aufgabenstellung ergibt es sich, daß die Autoren mit einer Ausführlichkeit behandelt werden, die in erster Näherung proportional mit ihrer Aktualität abnimmt. Bei dem ältesten Autor über Gedankenexperimente, Hans Christian Ørsted, sind wir noch bereit, Verirrungen und Umwege mitzugehen; wir wollen uns möglichst unvoreingenommen dem Thema nähern. Bei späteren Autoren läßt sich mit der Konzentration auf die Frage »Was gibt es denn Neues?« schneller vorangehen.[2]

Die nachfolgende Untersuchung der vorliegenden Beiträge zu einer Wissenschaftstheorie der Methode des Gedankenexperiments ist in erster Näherung chronologisch geordnet, wobei mit den Jahreszahlen in den Überschriften der vier Hauptabschnitte nur eine erste Orientierungshilfe beabsichtigt ist. Der erste Abschnitt *(II.1)* umfaßt in etwa den Zeitraum von der Veröffentlichung von Kants *Metaphysischen Anfangsgründen der Naturwissenschaft* (1786) bis zu Ørsteds letzter überarbeiteten Ausgabe seines Physiklehrbuchs in seinem Todesjahr (1851). Der zweite *(II.2)* behandelt die Entwicklungen von Machs Veröffentlichung der *Mechanik* (1883) bis zu seinem Lebensende (1916). Die Beiträge der modernen Physiker, die Aufschluß über ihr Verständnis der Methode des Gedankenexperiments geben, werden im dritten Abschnitt *(II.3)* untersucht. Die Auswahl umfaßt insbesondere die Zeit von Einsteins Veröffentlichung der speziellen Relativitätstheorie (1905) bis zu den Aufsätzen, die das »Einstein-Podolsky-Rosen-Gedankenexperiment« und »Schrödingers-Katzen-Gedankenexperiment« enthalten (beide 1935). Als erstes prominentes Datum der Beschäftigung mit der Methode des Gedankenexperiments innerhalb der modernen Wissenschaftsphilosophie, die im letzten Abschnitt dieses Kapitels *(II.4)* untersucht wird, kann man das Jahr der Erstveröffentlichung von Poppers *Logik der Forschung* (1934) ansehen.

2 Im Literaturverzeichnis sind zusätzlich zu den hier behandelten Arbeiten noch eine Anzahl von Veröffentlichungen aufgenommen, die bei einer liberaleren Behandlung von Nebenlinien oder erschöpfenden Auflistung von Variationen wichtig geworden wären, hier aber keine Berücksichtigung gefunden haben. Einige Arbeiten, die mir bekannt geworden sind und dem Namen nach von Gedankenexperimenten handeln, lasse ich sowohl im Text als auch im Literaturverzeichnis absichtlich unberücksichtigt, ohne dabei das Gefühl zu haben, Wesentliches zu unterschlagen.

1. Vernunft und Experiment: Das Gedankenexperiment in der Naturphilosophie (1786-1851)

1.1 Immanuel Kant

Wenn wir uns fragen, wo in der Geschichte der Reflexion über Naturwissenschaft ein sinnvoller Anfangspunkt für einen Fachbegriff »Gedankenexperiment« besteht, ist Immanuel Kant (1724-1804) eine naheliegende Antwort. Dies läßt sich unabhängig von der Kenntnis des nächsten Abschnitts über Ørsted begründen. Ørsted hatte als erster (mit diesem Namen) »Gedankenexperimente« in das methodische Inventar der Wissenschaft eingeführt und sich hierbei explizit auf Kant berufen.

Der erste Anhaltspunkt, um Kant an den Anfangspunkt einer Entwicklungslinie der Interpretation von Wissenschaft zu setzen, in der Gedankenexperimente zum notwendigen methodischen Instrumentarium gehören, findet sich in seiner besonderen, neuen Art, die Ausbildung von Wissen durch ein Zusammenwirken von empirischen und rationalen Elementen zu beschreiben. In der Vorrede zur zweiten Auflage (1787) der *Kritik der reinen Vernunft* wird dieses deutlich, und hier spricht Kant vom »Experiment der reinen Vernunft«,[3] was auch sprachlich eine Verwandtschaft seines Standpunkts mit dem Thema Gedankenexperiment nahelegt. Naturwissenschaft sieht Kant als Vorbild erfolgreichen Methodengebrauchs; in der »Kopernikanischen Wende« habe diese Disziplin von einem bloßen »Herumtappen« zum »sicheren Gang« einer Wissenschaft gefunden. Den Unterschied lokalisiert er in der Entdeckung der Experimentalmethode, die er so beschreibt:

Als *Galilei* seine Kugeln die schiefe Fläche mit einer von ihm selbst gewählten Schwere herabrollen, oder *Torricelli* die Luft ein Gewicht, was er sich zum voraus dem einer ihm bekannten Wassersäule gleich gedacht hatte, tragen ließ […]: so ging allen Naturforschern ein Licht auf. Sie begriffen, daß die Vernunft nur das einsieht, was sie selbst nach ihrem Entwurfe hervorbringt, daß sie mit Prinzipien ihrer Urteile nach beständigen Gesetzen vorangeht und die Natur nötigen müsse, auf ihre Fragen zu antworten, nicht

3 KrV Anm. B XXI.

aber sich von ihr allein gleichsam am Leitbande gängeln lassen müsse; denn sonst hängen zufällig, nach keinem vorher entworfenen Plane gemachte Beobachtungen gar nicht in einem notwendigen Gesetze zusammen, welches doch die Vernunft sucht und bedarf.[4]

Bemerkenswert ist die unübliche Charakterisierung von »Experiment«, die Kant hier vornimmt und die sich als Versuch erklären läßt, die Naturwissenschaftler gewissermaßen mit ihren eigenen Überzeugungen zu schlagen. Ein (empiristisch geneigter) Naturwissenschaftler, gefragt, worin denn das auf einen Hauptpunkt konzentrierte Besondere am physikalischen Experiment liegt, würde mit Sicherheit den *Antwortcharakter* des Experiments betonen: Es ist die Natur, von der wir mittels des Experiments die Information erhalten, die wir in unseren Theorien verarbeiten müssen. Diese Beschreibung eines Empiristen grenzt sich gegenüber einer Vorstellung ab, Wissenschaftler könnten aus sich selbst heraus Wissen produzieren. Das übliche Feindbild, das jemand vor Augen hat, der den experimentellen Charakter der Naturwissenschaft hervorhebt, ist der »Scholastiker«, der sich nur mit Büchern und Vernunft bewaffnet auf die Suche nach der Wahrheit begeben möchte.

Kant betont den *Fragecharakter* des Experiments. Dies heißt nicht, daß er der Beschreibung der Experimentalmethode durch einen Empiristen widersprechen würde; seine Absicht ist, die empiristische Antwort mit einer Beobachtung zu ergänzen: Selbst bei der gewissermaßen »allerempiristischsten« Tätigkeit des Menschen, der Durchführung realer Experimente in den Naturwissenschaften, gibt es ein nicht eliminierbares rationales Element, nämlich die Notwendigkeit, vorher Fragen zu formulieren und nachher das Verhalten der Natur als Antwort auf diese Fragen zu interpretieren. Die Metapher ist die eines »bestallten Richters, der die Zeugen nötigt, auf die Fragen zu antworten, die er ihnen vorlegt«, die Kant abgegrenzt wissen will gegen das falsche Bild vom Naturwissenschaftler als eines »Schülers, der sich alles vorsagen läßt, was der Lehrer will«.[5]

Nun geht es Kant – nach dieser Bemerkung in der Vorrede – im Rest der *Kritik der reinen Vernunft* nicht mehr um die Frage, wie das methodische Instrumentarium der Naturwissenschaften aussieht oder auszusehen hat oder warum es erfolgreich ist. Er setzt vor-

4 KrV B XIII f.
5 KrV B XIV.

aus, daß die Naturwissenschaften wegen ihres Gebrauchs der so beschriebenen Experimentalmethode erfolgreich sind und als Vorbild jeder erfolgreichen Erkenntnisdisziplin angesehen werden dürfen. Sein Anliegen in der *Kritik der reinen Vernunft* ist es, die Disziplin der *Metaphysik* im gleichen Maße wie die Naturwissenschaften erfolgreich zu machen. In zwei Hinsichten ist dieses weitere Programm von Kants Arbeiten für uns trotzdem noch interessant:

Zum einen *(a)* in der konkreten Art, wie er die physikalische Experimentalmethode auf eine Disziplin übertragen wissen will, die – auch für Kant – keine empirische ist. Wie formuliert Kant das Analogon des physikalischen Experiments auf eine rein gedankliche Tätigkeit? Oder mit Kants Begriff gefragt: Wie macht man in der Metaphysik »Experimente der reinen Vernunft«? Zum anderen *(b)* sind aber auch die Ergebnisse dieser von ihm neu begründeten Disziplin Metaphysik für uns interessant. Wenn von Gedankenexperimenten soviel geklärt ist, daß diese eine Methode der Naturwissenschaften sind, die ohne direkten Bezug auf die Empirie auskommt, dann muß man sich dem Problem stellen, zu klären, was sich ohne Rückgriff auf die Empirie in den Naturwissenschaften überhaupt sagen läßt. Anders gesagt: Welche Inhalte der Naturwissenschaft können oder müssen rationalistisch gefunden oder begründet werden? Kants Beitrag zur Metaphysik hat hier ein Forschungsprojekt ausgelöst, das mit großen Hoffnungen auf eine weitreichende rationalistische Fundierung empirischer Theorien von vielen Philosophen insbesondere aus der *Deutschen* oder *Romantischen Naturphilosophie* angegangen wurde. Als erstes Ergebnis von Kant selbst sind hier die *Metaphysischen Anfangsgründe der Naturwissenschaft* (1786) zu nennen, die Kant in der Zeit zwischen der ersten und zweiten Auflage der *Kritik der reinen Vernunft* veröffentlicht hat und an die wir unsere Frage richten.

(a) Wie Kant die erfolgreiche naturwissenschaftliche Experimentalmethode auf die Disziplin Metaphysik übertragen wissen will, beschreibt er in dieser Textstelle:

Diese dem Naturforscher nachgeahmte Methode besteht also darin: die Elemente der reinen Vernunft in dem zu suchen, *was sich durch ein Experiment bestätigen oder widerlegen läßt.* Nun läßt sich zur Prüfung der Sätze der reinen Vernunft, vornehmlich wenn sie über alle Grenze möglicher Erfahrung hinaus gewagt werden, kein Experiment mit ihren *Objekten* machen (wie in der Naturwissenschaft): also wird es nur mit *Begriffen* und *Grundsätzen*, die wir a priori annehmen, tunlich sein, indem man sie nämlich so einrichtet, daß dieselben Gegenstände *einerseits* als Gegenstände der Sinne und des Verstandes für die Erfahrung, *andererseits* aber doch als Gegenstände, die man bloß denkt, allenfalls für die isolierte und über Erfahrungsgrenze hinausstrebende Vernunft, mithin von zwei verschiedenen Seiten betrachtet werden können. Findet es sich nun, daß, wenn man die Dinge aus jenem doppelten Gesichtspunkte betrachtet, Einstimmung mit dem Prinzip der reinen Vernunft stattfinde, bei einerlei Gesichtspunkte aber ein unvermeidlicher Widerstreit der Vernunft mit sich selbst entspringe, so entscheidet das Experiment für die Richtigkeit jener Unterscheidung.[6]

Diese Textstelle ist nun alles andere als verständlich, allerdings hat Kant in späteren Teilen der *Kritik der reinen Vernunft* noch mehr zu diesem Thema gesagt und dort auch Beispiele für den »unvermeidlichen Widerstreit der Vernunft mit sich selbst« vorgeführt, letzteres im Kapitel über »Die Antinomie der reinen Vernunft«. Mit diesem Wissen im Hintergrund kann man folgende Deutung versuchen:

Die Inhalte, die Kant mit dieser auf die Metaphysik übertragenen Experimentalmethode »experimentell« überprüfen möchte, sind Grundsätze der Metaphysik. Von Kant im Laufe des Werks genannte Beispiele für Sätze dieser Art sind: »Nichts geschieht ohne Ursache«, »Jede ausgedehnte Substanz besteht aus einfachen Teilen«, »Die Welt hat keine Grenzen und ist sowohl zeitlich als auch räumlich unendlich« etc. Dies sind Aussagen, deren Sinngehalt und Richtigkeit durch die Methode der Metaphysik herausgefunden werden muß. Die unmittelbare Anwendung der naturwissenschaftlichen Experimente fällt als Prüfinstanz weg: Die Dinge, von denen in den metaphysischen Behauptungen die Rede ist, sind keine physikalischen Gegenstände – es gibt kein Objekt »Ursache«, das man in ein Reagenzglas schütten kann, um mittels eines davor gespannten Meßgeräts zu entscheiden, ob nichts ohne Ursache geschieht.

Das Vorbild des naturwissenschaftlichen Experiments in der Metaphysik wird für Kant in zwei Hinsichten relevant: Zum einen beruft sich Kant auf dieses Vorbild, wenn er sagt, daß die Metaphysik nur über solche Entitäten Aussagen machen dürfe, die sich für die Beschreibung möglicher Erfahrungen eignen. Also, obwohl die Disziplin Metaphysik vollständig in der Ebene der Sprache stattfindet, sind ihre Fachbegriffe für Kant keine beliebigen sprachlichen

6 KrV Anm. B XIX.

Erfindungen, sondern schöpfen ihre Bedeutung aus der Anwendung auf Erfahrungsinhalte. »Ursache« ist ein solcher Begriff, den man auch außerhalb metaphysischer Betrachtungen auf alltägliche Erfahrungen anwenden kann und der hierbei eine verständliche Bedeutung hat. »Engel« hingegen ist eine Entität, die nur als Fachbegriff früherer metaphysischer Systeme in Erscheinung getreten ist, dessen Bedingungen für die Zuschreibung auf ein physikalisches Phänomen ungeklärt sind und deshalb für Kant in der Metaphysik nichts zu suchen hat. Das erste »experimentelle« Testverfahren, das Kant in der Disziplin Metaphysik etablieren möchte, besteht also darin, die Sinnhaftigkeit von Begriffen anhand der Möglichkeit zu überprüfen, ein reales Experiment vorzustellen, das die Zuschreibung oder Nicht-Zuschreibung des Begriffs auf einen Gegenstand von empirischen Faktoren abhängig macht. Wenn beispielsweise jemand fragt, was ich unter dem Begriff »Ursache« verstehe, kann ich als Antwort ein konkretes Szenario beschreiben, bei dem ich die genauen empirischen Voraussetzungen nenne, wann ich den Keilriemen als »Ursache« für die Autopanne ansehe und unter welchen anderen Bedingungen statt des Keilriemens die Zündkerze diese »Ursache« ist. Die Bedeutung von (in der Metaphysik gebrauchten) Begriffen muß durch diese Möglichkeit, die Zuschreibung dieser Begriffe auf Erfahrungsinhalte in einem (potentiell realen) Experiment als Frage an die Natur zu richten, erwiesen sein.

Die eigentlichen Themen der Metaphysik sind allerdings durch eine mit dieser »Experimentalmethode« geklärten und bereinigten Begrifflichkeit noch nicht behandelt. Die Inhalte der Metaphysik, wie sie vor ihm betrieben wurde, sind nach Kants Verständnis durch »Übertreibung« des Anwendungsbereichs von Begriffen über den Bereich hinaus, in dem der Gebrauch dieser Begriffe durch die Erfahrung abgesichert ist, entstanden. Über die Sinnhaftigkeit und Wahrheitsbedingungen des Satzes »Der Keilriemen ist die Ursache der Autopanne« läßt sich schnell Einigkeit erreichen, aber das ist auch kein Satz der Metaphysik. Hingegen ist »Nichts geschieht ohne Ursache« ein Satz der Metaphysik, der sich allerdings nicht mehr dadurch überprüfen läßt, daß ich auf einen konkreten Ausschnitt der Welt zeige.

Nun könnte man meinen, daß solche Sätze der Metaphysik induktive Verallgemeinerungen von Einzelerfahrungen sind, also in analoger Weise begründet werden, wie in der Wissenschaft die

Naturgesetze. Die universale Gültigkeit des Gravitationsgesetzes wurde schließlich auch nur aus einer endlichen Menge von Beobachtungen erschlossen. Daß die Anwendung der naturwissenschaftlichen Induktionsmethode in der Metaphysik scheitert, ist eine zentrale Aussage der *Kritik der reinen Vernunft*. Kant führt den Nachweis im genannten *Antinomie*-Kapitel: Der induktive Schluß vom »Bedingten« zum »Unbedingten«, also von Erfahrungsinhalten auf Sätze der Metaphysik, führt zu Widersprüchen. Gegensätzliche Aussagen, etwa die, daß das Universum einen Anfang hat und daß es keinen Anfang hat, würden sich so ableiten lassen. Eine über die Erfahrungsgrenze hinausstrebende Vernunft gelangt zu einem unvermeidlichem Widerstreit.

Die zweite Lehre, die Kant aus der naturwissenschaftlichen Experimentalmethode für die Methode der Metaphysik zieht, ist deutlich anspruchsvoller (als eine Induktionsmethode) und macht den Kern der von ihm begründeten »Transzendentalphilosophie« aus. Kant möchte das naturwissenschaftliche Experiment hier nicht in Analogie auf ein metaphysisches Experiment übertragen wissen, sondern zum Untersuchungsgegenstand der Metaphysik machen. Die Naturwissenschaft untersucht in Experimenten beispielsweise die Fallbewegung von Körpern und gelangt so zur Erkenntnis des Fallgesetzes; Kants Metaphysik untersucht diese »experimentelle« Situation, also den Weg von dem, was der Naturwissenschaftler wahrnimmt, zu seinen Erkenntnissen und gelangt so zu Sätzen der Metaphysik.

Die grundlegende Voraussetzung, daß es hierbei etwas Interessantes zu entdecken gibt, ist der obengenannte intellektuelle Anteil des Forschers beim Befragen der Natur. Gewisse Anteile von dem, was der Naturforscher als Erkenntnis über die Natur präsentiert, findet Kant schon in den Voraussetzungen, die notwendig sind, um überhaupt Erfahrungserkenntnisse gewinnen zu können. Beispielsweise, daß alle Erfahrungsinhalte in Raum und Zeit bestimmt sind. Das erkennende Subjekt (ob Naturforscher oder normaler Mensch) muß nach Kant auf einen reichhaltigen und strukturierten Erkenntnisapparat zurückgreifen, bevor es die erste Erkenntnis aus der Erfahrung beziehen kann; mit der Analyse dieses Erkenntnisapparats beschäftigt sich der hauptsächliche Teil der *Kritik der reinen Vernunft*. Die Details brauchen uns hier nicht zu beschäftigen: Der argumentative Weg führt von den *Anschauungsformen* Raum und Zeit, deren Struktur vorgegeben sei, über *Schemata* zu einer bestimmten Begrifflichkeit, die nach Kant für das Erfassen von Erfahrungsinhalten vorausgesetzt werden muß, zu den *Kategorien*, aus deren Grammatik des vernünftigen Gebrauchs *Grundsätze* abgeleitet werden können.

Kants Kernaussage ist hier: Informative (»synthetische«) Aussagen über die Natur lassen sich ohne Rückgriff auf konkrete Erfahrungen (»a priori«) gewinnen, indem man den Apparat (»Vernunft«, »Verstand«) untersucht, der bei der Entstehung von konkreten Erfahrungserkenntnissen notwendigerweise beteiligt ist. Die zentrale, hierfür von Kant in der Metaphysik etablierte Argumentationsfigur (»transzendentale Deduktion«) ist der Schluß von den »Bedingungen a priori der Möglichkeit der Erfahrung« auf notwendige Aussagen der Weltbeschreibung. In einer oft verwandten Metapher (die allerdings hinkt, wenn man sie zu weit treibt) wird dies illustriert: Wenn wir alle rosa Brillen tragen würden, dann ließe sich die scheinbar empirisch gewonnene und äußere Gegenstände beschreibende Aussage, daß alle Gegenstände der Welt die Farbe Rosa haben, auch a priori begründen, indem man auf die Bedingung verweist, unter der in dieser Lage nur die Möglichkeit besteht, Gegenstände anzuschauen: nämlich durch das rosa Filterglas der Brille.

(b) Uns interessiert – da wir alle Ambitionen, Kants Transzendentalphilosophie angemessen wiederzugeben, schon aus Platzgründen unterlassen sollten – die Frage: Wie weit kommt man mit dieser »Experimentalmethode« der Vernunft? Läßt sich so etwas entdekken, was in den Naturwissenschaften interessiert?

Hier muß zunächst wiederholt werden: Es war *nicht* Kants Absicht, durch seinen Beitrag zur Metaphysik den Naturwissenschaftlern ihre Arbeit abzunehmen. Die Vorstellung, Labors durch Lehnstühle, in denen Metaphysiker sitzen und denken, ersetzen zu können (wie dies in der modernen Literatur zum Gedankenexperiment gelegentlich anklingt), ist Kants Philosophie fremd. Um das auszudrücken, steht der Begriff »Kritik« im Titel aller seiner Hauptwerke. Der Beitrag, den er den Naturwissenschaften zukommen lassen wollte, wird in diesen Bemerkungen aus der Vorrede der *Metaphysischen Anfangsgründe der Naturwissenschaft* deutlich:

Eigentliche Wissenschaft kann nur diejenige genannt werden, deren Gewißheit apodiktisch ist; Erkenntnis, die bloß empirische Gewißheit enthalten kann, ist ein nur uneigentlich so genanntes *Wissen.* […] Eine rationale Naturlehre verdient also den Namen einer Naturwissenschaft nur alsdenn, wenn die Naturgesetze, die ihr zum Grunde liegen, a priori erkannt werden, und nicht bloße Erfahrungsgesetze sind.[7]

Es geht Kant um die rationale Begründung der empirisch vorgefundenen Inhalte. Was die Naturforscher entdecken, hat für Kant den Makel des Kontingenten. Die Natur hätte sich ja auch anders verhalten können, als die Meßdaten der Naturforscher gezeigt haben. Diese Befürchtung soll die Metaphysik beseitigen; sie liefert Gründe, ein ansonsten bloß für empirisch wahr gehaltenes Naturgesetz für zwingend und vernunftnotwendig wahr zu halten. – Aber hier ist natürlich die Frage berechtigt: Wenn es möglich ist, Naturgesetze nicht bloß als Erfahrungsgesetze, sondern a priori zu erkennen, warum sollte man sich dann überhaupt noch die Mühe machen, sie vor dem *a-priori*-Erkennen zunächst erst als Erfahrungsgesetze auffinden zu wollen? Impliziert das Vorhaben Kants, die apodiktische Gewißheit von Naturgesetzen zu demonstrieren, nicht automatisch, daß man sich die empirische Naturerforschung auch einsparen können muß?

Das Problem, vor dem die Kant-Interpretation hier steht, ist das der Grenzziehung zwischen dem »reinen« und dem »empirischen« Teil der von den Naturwissenschaftlern immer als Mischprodukt gelieferten Naturgesetze. Die Summe von Kants Formulierungen läßt Spielraum für viele Interpretationen. Nach einer Interpretation, die insbesondere in der Zeit um 1800 bei der schon genannten *Deutschen Naturphilosophie* verbreitet war, gehören alle mathematisch formulierbaren Gesetze der Natur mit Ausnahme der numerischen Zahlenwerte von Naturkonstanten und kontingenten Anfangsbedingungen zum reinen Teil, der sich durch bloßes Nachdenken im Rahmen der Metaphysik a priori erschließen läßt. Modern gesagt: Die Weltformel läßt sich im Lehnstuhl finden, aber bei der Anwendung derselben zur Vorhersage von allem muß man vorher doch noch einige empirische Messungen vornehmen. (Es ist gewissermaßen konsequent, daß später auch Versuche unternommen wurden, mit entsprechenden Erweiterungen des Kantschen Ansatzes auch die Zahlenwerte von Naturkonstanten *a priori* zu bestimmen – wie in dem, allerdings zum Klischee verkommenen, Beispiel von Hegels Doktorarbeit (1801) die Anzahl der Planeten unseres Sonnensystems mit Vernunftgründen auf zehn festgelegt wurde.)

7 MAN *v* f. [468].

Der Grund für diesen Optimismus bezüglich der Reichweite rationalistischer Methoden in der Naturforschung läßt sich leicht in den *Metaphysischen Anfangsgründen der Naturwissenschaften* auffinden. Nach einer naheliegenden Lesart hat Kant in den vier Kapiteln dieses Buchs nicht nur die Newtonschen Axiome, sondern auch Newtons Gravitationsgesetz (mit Ausnahme des Zahlenwerts der Gravitationskonstante *G*) sowie das Boyle-Mariottesche Gesetz aus reinen Vernunftgründen abgeleitet. Ein solches Ergebnis steht in einem seltsamen Kontrast zu der Warnung, die Kant in der *Kritik der reinen Vernunft* ausspricht:

Die Mathematik gibt uns ein glänzendes Beispiel, wie weit wir es, unabhängig von der Erfahrung, in der Erkenntnis a priori bringen können. Nun beschäftigt sie sich zwar mit Gegenständen und Erkenntnissen bloß so weit, als sich solche in der Anschauung darstellen lassen. Aber dieser Umstand wird leicht übersehen, weil gedachte Anschauung selbst a priori gegeben werden kann, mithin von einem bloßen reinen Begriff kaum unterschieden wird. Durch einen solchen Beweis von der Macht der Vernunft eingenommen, sieht der Trieb zur Erweiterung keine Grenzen. Die leichte Taube, indem sie im freien Fluge die Luft teilt, deren Widerstand sie fühlt, könnte die Vorstellung fassen, daß es ihr im luftleeren Raum noch viel besser gelingen werde.[8]

Kant glaubte sich bei seinen Überlegungen zur Naturphilosophie im Bereich des empirisch Abgesicherten zu bewegen, nicht im luftleeren Raum der reinen Vernunft. Dies zeigt sich auch an den von Kant genannten Beispielen für Wissen, das nach seinem Verständnis sich nicht für die Überführung in ein »apodiktisches« eignet: die Chemie und die empirische Seelenlehre (Psychologie), »weil man von diesen, als zufälligen Gesetzen, die bloß Erfahrung gelehrt hat, keine Gründe a priori anführen kann.«[9] Ob Kant die Ambition geteilt hätte, daß die Menschheit eines Tages alles Wissen über die Natur in apodiktischer Form demonstrieren könnte, ist nicht sicher zu sagen.

Das allgemeine Problem jedes Versuchs, Wissen apodiktisch zu interpretieren, liegt in dem damit erzeugten Konservatismus: Ein apodiktisches Wissen ist man weit weniger bereit zu revidieren. Wenn dies dann doch notwendig werden sollte, ist dieser Übergang

8 KrV B 8f.
9 MAN *iv* [469].

wesentlich härter und schmerzhafter. So sehr der Ruhm Kants durch seine scheinbar geglückte *a-priori*-Demonstration der Newtonschen Physik ins Unermeßliche gesteigert wurde, so tief war sein Sturz, nachdem die Newtonsche Physik von neueren Theorien überholt war. Alle simplen Rehabilitations- oder Revisionsversuche, Kant habe das mit dem *a-priori*-Charakter der Newtonschen Physik nicht so gemeint, sind wenig plausibel.

Nach dieser etwas bescheideneren Lesart ist Kants Bedürfnis nach apodiktischer Gewißheit von Newtons Physik durch den bloßen Nachweis ihrer mathematischen Form Genüge getan: »Ich behaupte aber, daß in jeder besonderen Naturlehre nur so viel *eigentliche* Wissenschaft angetroffen werden könne, als darin *Mathematik* anzutreffen ist.«[10] Die Ambitionen Kants hätten sich darauf beschränkt, die empirischen Inhalte der Newtonschen Physik in der mathematischen Anschauung zu rekonstruieren. Eine Ablösung der einfachen Formel, die Newtons Gravitationsgesetz ausdrückt, durch die etwas kompliziertere Feldgleichung, in der die allgemeine Relativitätstheorie gefaßt ist, würde damit keinen prinzipiellen Unterschied bezüglich des *a-priori*-Charakters einer »eigentlichen« Wissenschaft im Sinne von Kant machen, sofern man auch die allgemeine Feldgleichung in der Anschauung konstruieren könnte. So verstanden wäre Kant empirisch unwiderlegbar, aber für die Naturwissenschaften allerdings auch von vornherein uninteressant. In den Naturwissenschaften geht es nun mal ganz zentral um die feinen Unterschiede in den empirischen Konsequenzen zwischen einer Newtonschen und einer Einsteinschen Formel.

Es ist unbestreitbar: Kant hat einige inhaltliche Aussagen der Physik als *a-priori*-Wahrheiten dargestellt, und einige dieser *a-priori*-Wahrheiten haben sich später als empirisch falsch herausgestellt. Beispielsweise sei die folgende genannt:

Anziehungskraft ist diejenige bewegende Kraft, wodurch eine Materie die Ursache der Annäherung anderer zu ihr sein kann. [...] *Zurückstoßungskraft* ist diejenige, wodurch eine Materie Ursache sein kann, andere von sich zu entfernen. [...] Es lassen sich nur diese zwei bewegende Kräfte der Materie denken. Denn alle Bewegung, die eine Materie einer anderen eindrücken kann, da in dieser Rücksicht jede derselben nur wie ein Punkt betrachtet wird, muß jederzeit als in der geraden Linie zwischen zweien Punkten erteilt angesehen werden. In dieser geraden Linie sind aber nur zweierlei Bewegun-

10 MAN *viii* [470].

gen möglich: die eine, dadurch sich jene Punkte von einander *entfernen*, die zweite, dadurch sie sich einander *nähern*.[11]

Dieses Beispiel zeigt, wie leicht die Taube der Vernunft in einen Bereich fliegt, in dem die Luft zu knapp ist, ihr Gewicht zu halten. Es liegt eine gewisse Ironie in der Philosophiegeschichte, daß gerade der enthusiastische Kantianer Hans Christian Ørsted den ersten handfesten experimentellen Nachweis zur Widerlegung einer von Kant vorgestellten Vernunftwahrheit gefunden hat – nämlich gerade der eben zitierten. Nach diesem Nachweis (siehe nächsten Abschnitt) gibt es nur mehr die Optionen, daß Kants rationalistischer Methodengebrauch in den Naturwissenschaften generell nichts taugt oder daß Kant selbst gelegentlich ein Fehler bei der Anwendung einer ansonsten, bei geeigneter Verbesserung, nützlichen Methode unterlaufen ist. Ørsteds Überlegungen hierzu sind von besonderem Interesse.

Die nachfolgende Untersuchung von Ørsteds Beitrag zeigt: Den Namen »Gedankenexperiment« hat Ørsted mit dem Ziel erfunden, hiermit den für die empirischen Wissenschaften sinnvollen und nützlichen Kern von Kants Naturphilosophie zu bestimmen. Es geht ihm also bei den »Gedankenexperimenten« gerade um die geeignete Verbesserung einer kantianischen Methode, die unter den empirischen Naturwissenschaftlern zunehmend in Mißkredit geraten war. Ørsteds Motiv ist offensichtlich; die konkrete inhaltliche Bestimmung seiner Methode »Gedankenexperiment« leider nicht – hierfür sind die Ausführungen Ørsteds zu dunkel und unvollständig. Insbesondere ist es verwunderlich, daß Ørsted selbst zwischen dem von ihm entdeckten Phänomen des Elektromagnetismus und der eben zitierten Behauptung von Kant gar keinen zwingenden Widerspruch – der einem heutigen Physiker unvermeidbar erscheint – gesehen hat.

1.2 Hans Christian Ørsted

Kants Behauptung aus den *Metaphysischen Anfangsgründen* war: Alle Kräfte der Natur sind *Zentralkräfte*, d.h. sie wirken als Anziehung oder Abstoßung auf der *geraden Linie* zwischen zwei Materiepunkten, die diese Kräfte verursachen und erleiden.

11 MAN 34 f. [498].

Hans Christian Ørsteds (1777-1851) Entdeckung von 1820 war folgende: Verbindet man die beiden Pole einer Batterie (die dank einer Erfindung von Alessandro Volta seit 1800 verfügbar war) über einen Draht, so zeigt dieser Draht eine Wirkung auf eine nahe gelegene Magnetnadel (z.B. von einem Kompaß). Die Magnetnadel wird weder angezogen noch abgestoßen, sondern sie richtet sich senkrecht zur Drahtrichtung aus, d.h. sie dreht sich. Vertauscht man die Pole an der Batterie oder stellt man die Magnetnadel auf die gegenüberliegende Seite des Drahtes, so dreht sie sich um 180°, zeigt also in die entgegengesetzte Richtung. Der Effekt läßt sich nicht abschirmen: Auch wenn zwischen Draht und Magnetnadel Gegenstände aus Glas, Metall, Holz, Wasser, Harz etc. geschoben werden, richtet sich die Magnetnadel wie beschrieben aus. Das ist im wesentlichen schon alles. Diese Entdeckung hat Ørsted in einer vierseitigen Mitteilung *Experimenta circa effectum conflictus electrici in acum magneticum* (1820) veröffentlicht, und sie hat ihn bis heute zur Berühmtheit gemacht. Die physikalische Maßeinheit für die magnetische Feldstärke ist nach ihm benannt.

Ørsted hat noch einige andere wissenschaftlichen Leistungen vollbracht, zu den wichtigsten zählen seine Entdeckung und erste Reindarstellung des Elements Aluminium (1825) und des Alkaloids Peperin (des Geschmacksstoffs von Pfeffer, 1820), seine Arbeiten über die Chladnischen Klangfiguren und die seinerzeit aufwendigsten Kompressionsexperimente. Seine philosophischen Schriften über Naturphilosophie, Methode, Geschichte und Interpretation der Naturwissenschaften haben ihm, wie auch seine Gedichte und populärwissenschaftlichen Schriften, keinen bleibenden Ruhm beschert. Seinerzeit, d.h. von etwa 1830 bis etwa einem Jahrzehnt nach seinem Tod, waren diese Schriften außerordentlich populär. Sie wurden in unzähligen Auflagen gedruckt und hatten so schöne Titel wie *Der Geist in der Natur*, *Der Springbrunnen*, *Der Weg von der Natur zu Gott*, *Gespräch über Symmetrie*. Für uns erfreulich ist, daß Ørsted seine wichtigsten Texte in deutsch geschrieben oder selbst ins Deutsche übersetzt hat. Als 1920 Kristine Meyer die dreibändige Gesamtausgabe der wissenschaftlichen Werke Ørsteds herausgibt, widmet sie seinem philosophischen Werk die letzten beiden Seiten der 150seitigen Einführung, die mit diesen Worten beginnt:

I shall now endeavour to give in brief the line of thought evidenced in that part of the philosophical production of his later years, which he himself classed as science, but which has rather had the effect of rendering conspicuous the philosopher *H. C. Ørsted* at the cost of the scientist of that name. The same train of reasoning forms the continuous thread running through his popular philosophical writings.[12]

Ørsted – daran ist aus seinen Schriften kein Zweifel möglich – war sich der Gefahr bewußt, durch seine Liebe zur Naturphilosophie in den Kreisen der empirischen Naturwissenschaft seinen Ruf zu gefährden. Ørsted hat zeitlebens an seinem Außenseiterstandpunkt gearbeitet, ohne ihn wesentlich zu korrigieren, und sich dabei von den beiden einflußreichen Traditionslinien abgegrenzt: Einerseits ist er gegen die zunehmende Mathematisierung der Naturwissenschaften aufgetreten und hat das schwindende Interesse an naturphilosophischen Fragen beklagt. Andererseits hat er sich mit keiner naturphilosophischen Schule verbündet; an den damals vorherrschenden Schulen und Systemen kritisierte er die fehlende Fundierung in der Empirie. So blieb Ørsted auch innerhalb der Philosophie wenig beachtet. Naturphilosophen, die nicht als Naturforscher aktiv geworden sind, zählen im *Deutschen Idealismus* und der *Romantischen Naturphilosophie* zu den berühmtesten Vertretern wie beispielsweise Friedrich Wilhelm Schelling (1775-1854) oder Georg Wilhelm Friedrich Hegel (1770-1831).

Bei Ørsted gibt es für die vorliegende Arbeit, aber auch für die Wissenschaftsphilosophie insgesamt, einiges zu entdecken. Die Suche nach dem begehbaren Mittelweg zwischen Rationalismus und Empirismus ist das Generalthema von Ørsteds Wissenschaftsphilosophie. Er wollte die Natur jenseits der empiristischen Genügsamkeit mit den Fakten auch noch »im Innersten« *verstehen*, dabei aber die Fehler früherer Metaphysik oder der zeitgenössischen Romantischen Naturphilosophie, die ihm deutlich bekannt waren, vermeiden. Ørsted war ein Schwärmer, der zu nüchtern und bodenständig war, das Schwärmen in blinder Naivität zu praktizieren. Er stand auf der Höhe des empirischen Wissens seiner Zeit und hatte das Bedürfnis, philosophische Behauptungen mit realen Experimenten zu überprüfen. In seinen philosophischen Texten hat sich Ørsted über viele Themen geäußert, die erst später aktuell wurden – beispielsweise die Dynamik des wissenschaftlichen Fortschritts anhand der Geschichte der Chemie ((1806) und (1812)). Er wußte,

12 Ørsted (1920a) 1/CLXIV.

daß Wissenschaft nicht linear fortschreitet und nicht immer die experimentellen Daten den Ausschlag gaben. Für uns ist das viele, zu dem die Wiederentdeckung von Ørsted eine Bereicherung wäre, nur der grob skizzierte Hintergrund zu unserem eigentlichen Interesse an Ørsted: seiner ersten Arbeit über die Methode des Gedankenexperiments und seiner hierdurch erfolgten Erfindung dieses Fachbegriffs.

In der Beschränkung auf dieses Thema soll in drei Teilen vorgegangen werden: *(1.2.1)* Als Vorbereitung wollen wir bei der Entdekkung des Elektromagnetismus bleiben. Diese steht nicht nur zentral in der Biographie von Ørsted, sondern hatte auch einen gravierenden Einfluß auf das philosophische Denken, vergleichbar mit der späteren Wirkung der Quantenmechanik auf die Philosophie. Indem hier einiges über den Hintergrund und die Folgen gesagt wird, ergibt sich auch die Gelegenheit, einige biographische Anmerkungen einzubringen, die geboten erscheinen, weil durch den gegenwärtigen Stand der Sekundärliteratur Ørsted in der Philosophie noch weitgehend unbekannt ist.

Anschließend *(1.2.2)* betrachten wir Ørsteds zentralen Text über Wissenschaftsphilosophie, den er unter dem Titel *Geist und Studium der allgemeinen Naturlehre* und Abwandlungen davon in mehreren Überarbeitungen veröffentlicht hat. Dieser Text war 1809 das Einleitungskapitel zu seinem Physiklehrbuch, das aus Ørsteds Physikvorlesungen an der Kopenhagener Universität hervorgegangen ist. 1811 veröffentlicht er ihn separat und mit größeren Erweiterungen. Hier erscheint erstmals die Behandlung der Methode des Gedankenexperiments. 1822 läßt er diesen Text in eigener Übersetzung (und einigen Änderungen) in *Schweiggers Journal für Chemie und Physik* drucken. Mit Variationen wird er in verschiedenen Sammelbänden seiner Aufsätze aufgenommen. In der letzten Überarbeitung behandelt Ørsted das Thema wieder als Einleitungskapitel zur ersten deutschen Ausgabe seines Physiklehrbuchs, *Der mechanische Theil der Naturlehre* (1851), die posthum in seinem Todesjahr erschien. Bei so vielen Neuauflagen sollte man eigentlich eine Rezeption seiner Überlegungen über Gedankenexperimente erwarten. Es gibt durchaus einige Sekundärliteratur zu den Themen »Ørsted, Elektromagnetismus und Romantische Naturphilosophie«. Zu »Ørsted und das Gedankenexperiment« ist nur ein einziger Aufsatz bekannt, der auch nur die Ambition hat, auf dieses zentrale Thema aufmerksam zu machen. 1976 veröffentlicht Johannes Witt-Hansen »H. C. Örsted, Immanuel Kant, and the Thought Experiment« im *Danish Yearbook of Philosophy*.

(1.2.3) Daß die Methode des Gedankenexperiments von Ørsted als ein zentrales Instrument der Naturforschung angesehen wurde, sieht man auch daran, daß Ørsted an vielen Stellen seiner Werke, die sich nicht mit der Methode der Naturwissenschaften beschäftigen, selbst und mit diesem Namen »Gedankenexperimente« vorgestellt hat. Das Spektrum der Themen, die Ørsted mit Gedankenexperimenten erforscht, ist außerordentlich bunt: Ob Wasserstoff zu den Metallen gezählt werden soll, ob die Bewohner des Jupiter, wenn es sie gäbe, die gleiche Moralvorstellung hätten wie wir, ob man sich Stoffe aus Atomen aufgebaut denken kann – das sind Themen, für die Ørsted Gedankenexperimente vorgestellt hat. Mit der Untersuchung, was sich aus Ørsteds Beispielen von Gedankenexperimenten über sein Verständnis der Methode lernen läßt, soll die Behandlung von Ørsteds Beitrag abgeschlossen werden.

1.2.1 Ørsted, Elektromagnetismus und das Verhältnis von Naturphilosophie zu Naturforschung

Ørsteds Experiment, das zur Entdeckung des Elektromagnetismus geführt hat, war zweifelsohne ein reales, kein Gedankenexperiment. Trotzdem ist diese empirische Entdeckung auch für das Thema »Gedankenexperimente« interessant, weil sie ein gutes Fallbeispiel zu einem Thema ist, das beim Thema »Gedankenexperimente« unvermeidbar auftaucht. Wenn bei den Gedankenexperimenten ausschließlich gedacht wird, so liegt hierin ein Extrem der normalen wissenschaftlichen Arbeit, bei der Handeln, Beobachten und Denken einhergehen. Es erscheint geradezu als Vorbedingung für jede weitergehende Behauptung über einen Nutzen von Gedankenexperimenten bei der wissenschaftlichen Arbeit, daß geeignete Vorstellungen und Gedanken über die Natur wenigstens einen *heuristischen* Nutzen haben. Wenn jemand intensiv und verständig über die Natur nachdenkt, sollte dies die Chancen, eine wichtige Entdeckung zu machen, fördern. Ørsted stand auf der Höhe der Forschung in der Metaphysik. Und Ørsted hat eine für die Wissenschaft äußerst wichtige Entdeckung gemacht. Da drängt sich die Frage auf, in welcher Beziehung Ørsteds Philosophie zu seiner Entdeckung des Elektromagnetismus stand. Haben philosophische Gedanken den Erfolg als empirischer Wissenschaftler herbeigeführt? Oder neutral gefragt: Was läßt sich anhand des Beispiels der Entdeckung des Elektromagnetismus über den Einfluß von philosophischen Überlegungen auf die Arbeit der Naturwissenschaft sagen?

Der erste Eindruck ist negativ. Insbesondere zwei Aspekte von Ørsteds Entdeckung lassen vermuten, Ørsted habe wohl eher *trotz* seiner Liebe zur Naturphilosophie hier eine großartige Entdeckung gemacht und sicherlich nicht *wegen*.

(a) Es ist naheliegend, Ørsteds Entdeckung des Elektromagnetismus für eine reine Zufallsentdeckung zu halten. 1857 – d.h. nach Ørsteds Tod – berichtet Ørsteds Kollege Christopher Hansteen (1784-1873) in einem Brief an Michael Faraday (1791-1867) über die Umstände von Ørsteds Entdeckung:

> Professor Oersted was a man of genius, but he was a very unhappy experimentator; he could not manipulate instruments. He must always have an assistant or one of his auditors, who had easy hands to arrange the experiment; I have often in this way assisted him as his auditor. [...] Oersted had tried to place the wire of the galvanic battery perpendicular (at right angles) over the magnetic needle, but remarked no sensible motion. Once, after the end of his lecture as he had used a strong galvanic battery to other experiments, he said, »let us now once, as the battery is in activity, try to place the wire parallel with the needle«. As this was made he was quite struck with perplexity by seeing the needle making a great oscillation (almost at right angles with the magnetic meridian). Then he said: »let us now invert the direction of the current«, and the needle deviated in the contrary direction. Thus the great detection was made; and it has been said, not without reason, that »he tumbled over it by accident«. He had not before any more idea than any other person, that the force should be *transversal*.[13]

Bei dieser Darstellung, die wohl darauf hinausläuft, Ørsted habe sein Glück durch eine gewisse Willkür im Umgang mit dem Experimentiergerät gefördert, mag auch Neid und Mißgunst eine Rolle gespielt haben. (Durch die erhaltenen Briefe ist erwiesen, daß Hansteen zur Zeit der Entdeckung des Elektromagnetismus aus Kopenhagen verreist war, also kein Zeuge gewesen sein kann.) Ernst Mach verwendet Ørsteds Entdeckung bei vielen Gelegenheiten geradezu als Paradigma für das Überraschungsmoment in den experimentel-

13 Hansteen an Faraday, 30. Dez. 1857; L. Pearce Williams (Hg.), *The Selected Correspondence of Michael Faraday*, Bd. 2, Cambridge 1971, 892.

len Wissenschaften. Aber er erkennt, daß Ørsted sein Glück herausgefordert hat durch sein intensives Suchen nach einem Zusammenhang zwischen Elektrizität und Magnetismus. »Sehen wir uns den Fall genau an, so bemerken wir, daß hier etwas *Gesuchtes* durch einen glücklichen Zufall *gefunden* wurde, welches aber ebensogut auch ungesucht sich dem aufmerksamen Beobachter hätte darbieten können, [...]«[14]

(b) Schwerer wiegt der Eindruck, als habe Ørsted die Chancen, die sich durch seine Entdeckung ergaben, vertan. Durch die Entdekkung der magnetischen Wirkung von elektrischem Strom hat sich ein großes unerforschtes Gebiet aufgetan; eine ganze Generation von heute berühmten Wissenschaftlern hat sich sofort darauf gestürzt. Nur Ørsted selbst hat nach dieser bloßen Entdeckung des qualitativen Zusammenhangs keine für die weitere Entwicklung der Physik wichtige Erkenntnis hinzugefügt. Ørsteds vierseitige Mitteilung über die Ablenkung der Magnetnadel durch den »elektrischen Konflikt« (Strom) verließ am 21. Juni 1820 die Druckerei in Kopenhagen. Schon am 25. September 1820 veröffentlicht Dominique François Arago (1786-1853) in Paris die Ergebnisse seiner sofort begonnenen Experimente zu diesem Phänomen. Er konnte zeigen, daß ein stromdurchflossener Draht nicht nur auf einen Magneten wirkt, sondern sich auch von einem Magneten bewegen läßt. Und nur drei Jahre später, 1823, gelingt es André Marie Ampère (1775-1836) mit unzähligen Experimenten, die mathematischen Formeln zu finden, die den Phänomenbereich »magnetische Wirkung von Strom« vollständig quantitativ beschreiben. In den nächsten Jahren werden viele verwandte Phänomene entdeckt; die Arbeiten zum Elektromagnetismus bilden die Forschungsfront der Physik. Berühmt geworden sind hierdurch beispielsweise Thomas Seebeck, Carl Friedrich Gauß, Michael Faraday, Wilhelm Weber, Hermann von Helmholtz, James Clerk Maxwell, Heinrich Hertz. Diesen Wissenschaftlern läßt sich weit weniger nachsagen, sie hätten ihre Erkenntnisse durch Glück gewonnen. Sie machen Experimente mit systematischer Variation der Randbedingungen und exakten quantitativen Messungen, sie entwickeln und verwenden abstrakte Mathematik, um die Meßdaten abzubilden. Ørsted hingegen versteift sich unmittelbar nach der Veröffentlichung seiner Mitteilung über

14 Mach (1905) 293.

das von ihm gefundene Phänomen (die selbst keine philosophische Interpretation enthält) darauf, dieses Phänomen philosophisch verstehen zu wollen; seine weiteren Experimente und Veröffentlichungen zum Elektromagnetismus lassen sich nur durch das philosophische Motiv erklären.

Wieso ist das von Ørsted entdeckte Phänomen »magnetische Wirkung von Elektrizität« von besonderem philosophischen Interesse? Und wo liegt das Problem für die Naturphilosophie von Kant?

Einerseits wirkte diese Entdeckung wie eine Erfüllung des kantianischen Traums von der Einheit aller Naturkräfte. Zwei vorher getrennte Phänomene, Elektrizität und Magnetismus, mit ihrer jeweils eigenen Kraft, die nur auf die jeweils eigenen Ladungsträger zu wirken schien, zeigte nun Gemeinsamkeiten, mit denen sich die Hoffnung begründen ließ, sie als bloß oberflächlich verschiedene Wirkungen ein und derselben Grundkraft verstehen zu können. Die Begeisterung für diesen Gedanken von der Einheit der Grundkräfte findet sich in praktisch jedem Text von Ørsted. Schon vorher war bekannt, daß sich beispielsweise Wärme und Licht (durch Glühen) mit elektrischem Strom erzeugen lassen, und irgendwie hing das auch mit der Chemie und mit den Lebensphänomenen zusammen: Elektrizität läßt abgetrennte Froschbeine zucken (Luigi Galvani, 1791) und verwandelt Wasser in zwei Sorten von Gasen (William Nicholson u. Anthony Carlisle / Johann Wilhelm Ritter, 1800), die sich wiederum durch einen Zündfunken in Wasser verwandeln lassen (Joseph Priestley, 1781; Henry Cavendish / Antoine Laurent de Lavoisier, 1783).

Andererseits läßt sich diese Wirkung des stromdurchflossenen Leiters auf einen Magneten nicht mit einem mechanischen Modell, das ausschließlich Zentralkräfte zwischen Materiepunkten verwendet, beschreiben. Das empirische Phänomen Elektromagnetismus ist nicht mit der oben zitierten Aussage von Kant vereinbar. Diese Erkenntnis hat sich allerdings erst sehr spät, nach Ørsteds Tod, vollständig durchgesetzt; vorher hatte sich dieser Umstand nur darin gezeigt, daß alle Vorschläge – so auch die von Ørsted – gescheitert sind, den Elektromagnetismus in einem Modell aus gradlinigen Zentralkräften zu entwickeln. Ein paar Stichpunkte zur weiteren Entwicklung dieses Problems: Noch zu Lebzeiten Ørsteds entwickelt Michael Faraday den Begriff der »Kraftlinie« – d. h. der *krumm-*

linigen Kraftlinie –, um die Wirkungen von Elektromagnetismus zu beschreiben. Hieraus entsteht später mit Hilfe der neuen Mathematik der Differentialgeometrie (insbes. durch Gauß) der moderne *Feld*-Begriff der Physik. In einem physikalischen Feld ist die Ursache der Bewegungsänderung von Gegenständen mit den Raumpunkten verbunden; dadurch läßt sich auch die philosophisch ungeliebte »Fernwirkung« vermeiden, allerdings mit der Konsequenz, daß nun die Ursache von Bewegungsänderungen nicht mehr der sichtbare Gegenstand ist: Ein (elektrisch, magnetisch etc.) geladener Körper verändert das Feld um ihn herum, die Feldveränderung breitet sich im Feld aus, und die lokale Feldstärke (die abgesehen von ihrer Wirkung unsichtbar ist) vereinigt die physikalische Wirkung der gesamten Umwelt auf einen Körper an einem Ort.

Daß es eine Beziehung zwischen Elektrizität und Magnetismus geben muß, hatte nicht nur Ørsted schon vor 1820 vermutet. Die Suche danach hatte, insbesondere nachdem es durch Voltas Erfindung der Batterie (1800) möglich war, kontinuierlichen elektrischen Strom zu erzeugen, das Ausmaß industrieller Großforschung angenommen. Es wirkt heute wie eine Verkettung dummer Zufälle, daß es bis 1820 dauerte, diesen Effekt zu beobachten. Beispielsweise lassen Hachette und Charles Bernard Desormes 1805 eine aus 1480 Zink-Kupfer-Platten bestehende Batterie in einer Wasserwanne schwimmen, um zu sehen, ob sie sich nach dem magnetischen Nordpol ausrichtet.[15] Die Pole der Batterie lassen sie dabei unverbunden. In der Zeit vor 1820 wurden gewaltige Batterien gebaut, die große Säle ausfüllten und aus Tausenden in Reihe geschalteten Voltaschen Elementen bestanden. Mit ihnen wurde Eisen, Quarz, Saphir und Platin geschmolzen, Diamant verdampft, aus Eisen Stahl gewonnen, Blitze und Lichtbögen erzeugt, chemische Reaktionen ausgelöst und chemische Verbindungen aufgebrochen. Die Wirkung des elektrischen Stroms auf eine Magnetnadel (die sich schon mit einer einfachen Taschenlampenbatterie nachweisen läßt) hatte auch bei diesen großen Elektrizitätsmengen niemand bemerkt. – Angesichts dieser langen vergeblichen Suche nach einer Verbindung zwischen Elektrizität und Magnetismus erscheint es wieder plausibel, daß der Elektromagnetismus nicht als »Zufallsentdeckung« im Rahmen der normalen Forschung dieser Zeit zu finden war, sondern

15 Vgl. Bern Dibner, *Oersted and the Discovery of Electromagnetism*, Blaisdell Publ. [2]1962, 15.

ein besonderer intellektueller Hintergrund Ørsteds für diesen Erfolg wichtig war.

Ein paar biographische Daten:[16] Hans Christian Ørsted (1777-1851) wuchs als Sohn eines Apothekers in der dänischen Provinz (Rudkøbing auf der Insel Langeland) auf. Sein jüngerer Bruder Anders Sandoe Ørsted wurde später ein einflußreicher Jurist und Minister. Ab 1794 studierten beide in Kopenhagen. 1799 promovierte Hans Christian Ørsted mit einer Arbeit über Kants *Metaphysische Anfangsgründe der Naturwissenschaft* und begann eine akademische Karriere an derselben Universität (1806 außerordentlicher, 1817 ordentlicher Professor für Naturwissenschaft). Sommer 1801 bis Anfang 1804 begab sich Ørsted auf eine Europareise, bei der er mit den wichtigsten Naturwissenschaftlern und Naturphilosophen bekannt wurde und viele Freundschaften schloß. Solche längeren Auslandsaufenthalte wiederholte er noch einige Male später. Durch seine Entdekkung des Elektromagnetismus 1820 wurde Ørsted in einem solchen Maße zu einer Berühmtheit, daß er zu Lebzeiten die Wissenschaft Dänemarks fast vollständig beherrschte. Ørsted hatte (auch wegen seines Bruders) beste Beziehungen zum König, der Regierung und allen in- und ausländischen Wissenschaftsinstitutionen. Durch seinen Einfluß kommt es zur Gründung der Gesellschaft zur Verbreitung der Naturlehre (1824) und der Technischen Universität Kopenhagen (P*olytekniske Læreanstalt*, 1829); er betreibt und noch mehr fördert er anwendungsbezogene wissenschaftliche Forschung und wird als eine treibende Kraft bei der technologisch-industriellen Modernisierung Dänemarks genannt. Auf der negativen Seite führt eine so dominierende Position zu Verkrustungen. Olaf Pedersen[17] macht 1988 in einer Studie Ørsted dafür verantwortlich, daß in Dänemark die Bedeutung der *mathematischen* Naturwissenschaft erst um Jahrzehnte verspätet erkannt wurde. Ørsted hatte nie wesentlich mit Formeln gearbeitet, und Pedersen meint, er habe auch nie Newtons Physik richtig verstanden. Tatsache ist, daß Ørsteds

16 Für die Biographie ist Kristine Meyers Vorwort zur Gesamtausgabe (1920a) die materialreichste Quelle.

17 Olaf Pedersen, »Newton versus Ørsted: The Delayed Introduction of Newtonian Physics into Denmark«, in: G. V. Coyne et al., *Newton and the New Direction in Science – Proceedings of the Cracow Conference 25 to 28 May 1987*, Vatikanstadt 1988, 135-53.

Lehrbuch der Physik trotz der häufigen Neuauflagen und Überarbeitungen stets nur als erster Teil bzw. Fragment vorgestellt wurde, dessen nachfolgende Teile immer bloß Ankündigung blieben. Dieser erste Teil, z. B. *Der mechanische Theil der Naturwissenschaften* (1851), reicht thematisch nirgendwo über das Niveau des Physikunterrichts von heutigen Realschulen hinaus.

Da Ørsted seine Doktorarbeit über Kants *Metaphysische Anfangsgründe* schrieb, können wir nachlesen, wie er Kants Beweise interpretierte. Der Text wurde 1799 in Dänisch und in Latein und 1802 auf Deutsch gedruckt,[18] jeweils in unterschiedlichen Fassungen. Die deutsche Fassung ist die interessanteste, weil hier seine vorher nur angedeutete Kritik und Erweiterung der Kant'schen Gedanken am weitesten entwickelt ist. Allerdings ist diese Ausgabe mit einem Problem behaftet: Kristine Meyer – die, wie wir oben schon gesehen haben, das Bedürfnis hatte, Ørsteds Wissenschaft vor seiner Philosophie, mit der sie nichts anzufangen wußte, in Schutz zu nehmen – hält die Änderungen für das unautorisierte Werk des deutschen Herausgebers M. H. Mendel.[19] Ich finde dafür keinen Hinweis. Insbesondere geht es bei diesen Änderungen ja um eine eigenständige Abweichung von Kant durch Ørsted, d.h. um neue philosophische Ideen. Wäre Mendel der Autor, warum sollte er sie unter dem Namen eines damals unbekannten jungen Dänen veröffentlichen, und warum hat dieser danach keinen Protest eingelegt?

Der Anlaß für Ørsteds Kritik an Kant ist die schon oben bemerkte Unklarheit bezüglich der Rolle der Erfahrung bei der Formulierung von Naturgesetzen: Wenn Kant glaubt, daß sich in der *eigentlichen* Wissenschaft die Notwendigkeit der Gesetze zeigen ließe, wofür braucht man dann noch die empirische Forschung? Ørsted schreibt:

Kant will die Gesetze der äußern Anschauung nicht durchaus *a priori* deduciren, sondern behauptet, daß man in jedem Theile der Naturmetaphysik ein anderes, durch die Erfahrung gegebenes, Merkmal hinzusetzen müsse. Diese Behauptung aber scheint dem von *Kant* selbst aufgestellten und bewiesenen Satze, *daß die Gesetze der Natur allgemein und nothwendig seyn*

18 *Dissertatio de forma metaphysices elementaris naturae externae*, Hauniae [= *lat.* Kopenhagen] 1799; *Grundtraekkene af Naturmetaphysiken tildeels efter en nye Plan*, Kopenhagen 1799; *Ideen zu einer neuen Architektonik der Naturmetaphysik, nebst Bemerkungen über einzelne Theile derselben*, hg. v. Dr. M. H. Mendel, Berlin 1802.

19 Ørsted (1920a) 1/XVII.

müssen, und daher nicht aus der Erfahrung deducirt werden können, zu widersprechen. Es ist auch wol jedem einleuchtend, daß die Allgemeinheit und Nothwendigkeit der Gesetze in der Natur unmöglich bei einer Deduktion aus der Erfahrung bestehen kann.[20]

Ørsted betrachtet es als einen technischen Mangel von Kant, sein eigenes transzendentales Begründungsprogramm nicht weit genug getrieben zu haben, so daß die Grundbegriffe der *Metaphysischen Anfangsgründe* viele Bereiche von Naturwissenschaft *noch nicht* umfassen. Wie gesagt hielt Kant die Chemie für eine bloße Erfahrungswissenschaft. Ørsteds *Ideen zu einer neuen Architektonik der Naturmetaphysik* war der Versuch, die *Metaphysischen Anfangsgründe* so abzuändern, daß sie nicht bloß das äußere Bewegungsverhalten – Newtons Mechanik, Gravitationsgesetz und Boyle-Mariotte – umfaßten, sondern auch physikalische und chemische Eigenschaften von Stoffen, beispielsweise Härte, Elastizität, Aggregatzustand und letztlich auch das chemische Reaktionsverhalten. Ørsteds Überlegungen bleiben trotz dieser weitreichenden Absicht vorsichtig. Carl August Eschenmeyer (*Sätze aus der Natur-Metaphysik, auf chemische und medicinische Gegenstände angewandt*, Tübingen 1797) und Lazarus Bendavid (*Vorlesungen über die metaphysischen Anfangsgründe der Naturwissenschaft*, Wien 1798) hatten schon vorher versucht, Chemie metaphysisch zu begründen, und Ørsted findet bei diesen Autoren die Fehler. Er selbst kommt zu keinem Ergebnis: »Die philosophische Strenge erlaubt uns nicht, über dieses Phänomen hinauszugehen, und die neuern Entdeckungen über das Wasser zeigen uns, wie notwendig diese Behutsamkeit wäre.«[21]

Bezüglich Kants Behauptung von der ausschließlichen Existenz von Zentralkräften wird es bei Ørsted interessant: Er meint, Kant habe bei der Durchführung seines Begründungsprogramms hier einen Fehler bei der Einordnung gemacht, und verschafft sich somit den theoretischen Rahmen, mehr als die beiden Grundkräfte der geradlinigen Anziehung und Abstoßung anzunehmen:

Man findet daher in dieser [Kants] Architektonik sehr vieles am unrechten Orte. [...] Auch hat *Kant*, in Hinsicht auf das Prädikament der Wechselwirkung, nicht die Wirkung der *Kräfte*, sondern nur die Wirkung *der bewegten Körper* abgehandelt. In einem Zusatze zwar versucht *Kant* zu beweisen, daß

20 Ørsted (1802) 10.
21 Ørsted (1802) 49.

die *dynamische* Gegenwirkung der Wirkung gleich ist, deducirt aber dieses Gleichgewicht der Wirkung und Gegenwirkung nicht aus dem Wesen der *Kräfte*, sondern aus dem Wesen der *Bewegung*. Es paßt daher nur auf die Bewegung, als Wirkung der primitiven Kräfte, nicht aber auf die Wirkung der Grundkräfte in ruhenden Körpern.[22]

Erst in einem separaten Anhang des Textes nimmt sich Ørsted die Freiheit, darüber zu spekulieren, wie diese inneren Kräfte, die keine Anziehung oder Abstoßung bewirken, aussehen könnten:

Aus den Anfangsgründen der Naturwissenschaft ergiebt es sich, daß Bewegung durchaus nothwendig in der Natur ist. Ohne Bewegung wäre sie eine unwirksame Masse. Wenn also Bewegung etwas Nothwendiges in der Natur ist, so muß sie auf solche Art geschehen, *daß sie nicht wieder von selbst aufhöre*, und *daß sie einen bestimmten Raum einnehme*. Eine solche Bewegung wäre es, wenn ein Körper *eine krumme, in sich selbst zurückkehrende, Linie immerfort* durchliefe. – Jede krummlinige Richtung der Bewegung muß zusammengesetzt (von mehreren Kräften hervorgebracht) seyn. Denn es ist immer eine Kraft nöthig, wenn ein Körper von derjenigen Richtung, in welcher er sich zu bewegen angefangen hat, d. i. von der geraden Linie abweichen soll. Die Kräfte, welche eine solche Bewegung hervorbringen sollen, müssen zweierlei Art seyn. Die eine strebt, die Bewegung in gerader Linie hervorzubringen und fortzusetzen; die andere strebt, sie davon abzubringen.[23]

Dies ist ein rein metaphysisches Argument, das über empirische Gründe oder Konsequenzen keine Aussagen macht. Das Nachvollziehen fällt dementsprechend schwer. Es sollten hier nur einige Elemente des Arguments, die in der Tradition der Metaphysik vor Ørsted eine Rolle gespielt haben, genannt werden:

Das Argument verarbeitet den in der Metaphysik (z. B. bei Leibniz) zentralen Gedanken, daß ein Gegenstand nicht »für sich« existieren kann, sondern nur in Relation mit anderen. Wohl aus dieser Idee heraus meint Ørsted, daß es keinen Körper gibt, der in Ruhe zu einem anderen Körper steht. Da es allerdings offensichtlich makroskopisch der Fall sein kann, daß z. B. ein Buch bewegungslos auf einem Tisch liegt, schließt Ørsted, daß jeder Körper eine innere Bewegung ausführen muß. Diese innere Bewegung eines Körpers muß, wenn sie nicht zu einer makroskopischen Bewegung führt, in sich geschlossen sein, also nach unbemerkbar kurzen Zeit- und

22 Ørsted (1802) 12 u. 14.
23 Ørsted (1802) 51.

Streckenabschnitten wieder zum Ausgangspunkt zurückführen. Eine solche geschlossene Bewegungsbahn ist durchaus mit bloßen Zentralkräften zu erreichen; bestes Beispiel ist Newtons Gravitationskraft, die geschlossene elliptische Planetenbahnen ermöglicht. Dies scheint Ørsted jedoch nicht anzunehmen. Er meint, zwei verschiedene Grundkräfte seien notwendig, um der metaphysischen Forderung nach inneren Bewegungen in Körpern gerecht werden zu können: eine Zentralkraft und eine auf den bewegten Körper wirkende Ablenkungskraft. Die Idee von einer Ablenkungskraft ist schon in den ältesten metaphysischen Systemen des Atomismus zu finden. In Lukrez' Lehrgedicht über die atomistische Naturphilosophie Epikurs, *De rerum natura* (ca. 56 v. Chr.), heißt es beispielsweise,

daß die Atome, wenn sie dank ihres Eigengewichtes geradlinig abwärts durch den leeren Raum fallen, zu ganz unbestimmter Zeit und an unbestimmten Orten ganz wenig von ihrem Kurs abweichen, nur soviel, daß man gerade von einer Richtungsänderung sprechen kann. Wenn nämlich die Atome nicht abzuweichen pflegten, würden sie alle wie Regentropfen durch die Tiefe des leeren Raumes abwärts fallen, und es käme zu keinem Zusammenstoßen oder Abprallen der Urteilchen; und so hätte die Natur nie etwas erschaffen können.[24]

Ørsted war allerdings kein Atomist; mit philosophischem Fachnamen nennt sich seine metaphysische Auffassung vom Aufbau der Welt (in erster Näherung) »Dynamismus«. Die ontologische Basis hierbei sind nicht ausgedehnte, mit Form versehene, unteilbare Materieteilchen, sondern raumerfüllende Bewegungskräfte.

In dem Versuch, die eben postulierte Ablenkungskraft zu beschreiben, verfällt Ørsted in einen unhaltbaren Spagat zwischen widerstrebenden Ideen:

Die Kraft aber, von welcher hier die Rede ist, muß die Attraktivkraft unter einem *Winkel* schneiden, d. i. sie ist eine *Tangentenkraft*. Wir dürfen also dieselbe nicht als eine Grundkraft betrachten, sondern wir müssen sie von andern Kräften herleiten. Es ist nicht zu leugnen, daß dies auf mehreren Wegen geschehen kann. Der leichteste und kürzeste aber scheint folgender zu seyn.

Eine Materie, welche aus dem Centralkörper ausströhmt, treffe so gegen den bewegten Körper, daß der Stoß in zwei Wirkungen aufgelöset wird, die Richtung

24 Buch II, 217 ff., Übersetzung von Alfred Stückelberger.

der Einen durch das Centrum jenes Körpers geht und zugleich die Tangente der krummen Linie wird.[25]

Ørsteds Abweichungen von Kant bilden keinen konsistenten Gegenentwurf: Zuerst meinte Ørsted, durch eine Kritik an Kants Architektonik die Möglichkeit von Grundkräften im ruhenden Körper annehmen zu dürfen, die nicht der Gleichheit von Wirkung und Gegenwirkung unterliegen. Diese Annahme ist nicht notwendig, um Ørsteds zweite Annahme möglich zu machen, daß in jedem Körper eine permanente, in sich geschlossene Bewegung stattfindet. Trotzdem meint Ørsted aus dieser zweiten Annahme schließen zu müssen, daß neben einer Zentralkraft auch eine Tangentenkraft existiert. Diese Tangentenkraft als eine Grundkraft im ruhenden Körper postulieren zu dürfen scheint nun gerade das Ergebnis der ersten Annahme zu sein. Dies meint Ørsted aber zuletzt nicht mehr, sondern möchte diese Tangentenkraft wiederum aus Zentralkräften konstruieren. Mit allen Umwegen hat sich Ørsted also zuletzt doch nicht von Kants Behauptung von der ausschließlichen Existenz von Zentralkräften emanzipiert.

Wenn Ørsted sich mit »ausströmender Materie« behilft, wird seine Argumentation so unverständlich, daß man durchaus Pedersens Eindruck gewinnen kann, Ørsted habe Newton nicht verstanden, und Meyers Motiv sieht, den Text lieber einem Herrn Mendel als dem geschätzten Ørsted zuzuschreiben.[26] Anschließend an das letzte Zitat kommt Ørsted auf die Idee, sich das Universum mit einer reibungsfreien Flüssigkeit ausgefüllt zu denken, also zur traditionellen Äthervorstellung. Er erklärt aber nicht, warum dies aus dem Vorangehenden folgt oder wie sich hiermit eine konsistente Dynamik für die gewünschte »innere« Bewegung ableiten läßt.

Die Suche nach der geeigneten Modellvorstellung für die Naturkräfte beschäftigt Ørsted sein ganzes Leben. Die Überlegungen in seiner Doktorarbeit zeigen, daß Ørsted über das Problem und die Möglichkeit von Nicht-Zentralkräften nachgedacht hat, also philosophisch gewissermaßen vorbereitet war für die Entdeckung der

25 Ørsted (1802) 53f.

26 Der Versuchung, eine Ähnlichkeit zwischen Ørsteds Idee von der aus dem Kraftzentrum ausströmenden, die Kraft übertragenden Materie und dem Fachbegriff der »virtuellen Wechselwirkungsteilchen« in den Quantenfeldtheorien zu bemerken, muß man sowieso widerstehen. Hier geht es um oberflächliches Ähneln von Metaphern völlig unterschiedlicher Denktraditionen.

Nicht-Zentralkräfte des elektrischen Stroms. Das kann allerdings nicht so weit gehen, das 1820 Gefundene mit dem 1802 Vermuteten zu identifizieren.

In einem *Briefwechsel über Atomismus und Dynamik* diskutiert Ørsted um das Jahr 1829/30 mit dem Mineralogen und Naturphilosophen Christian Samuel Weiss (1780-1856) auch über das philosophische Problem mit Kants Behauptung zu den Zentralkräften. Hier lernen wir Ørsteds Meinung zum Thema seiner Doktorarbeit kennen, *nachdem* er den Elektromagnetismus entdeckt hat:

Du [Ch. S. Weiss] scheinest die Möglichkeit von Grundkräften anzunehmen, welche Drehung hervorbringen. Auch hier stimme ich noch der gemeinen Meinung bei, dass eine jede durch eine einfache Kraft hervorgebrachte Bewegung nur gradlinigt seyn kann. Diese Meinung scheint mir nicht blos unwiderlegt, sondern auch unwiderlegbar. Dieses würde uns übrigens nicht hindern in unseren Betrachtungen bei Kraftäusserungen stehen zu bleiben, die Drehung hervorbringen, wenn wir nur anerkennen, dass wir dabei stehen bleiben, blos als Grenze unserer Einsicht, nicht der Natur.[27]

Ørsted ist also trotz des scheinbar offensichtlich Kant widerlegenden Resultats seiner eigenen Entdeckung noch immer von Kants Vernunftwahrheit überzeugt! Und diese Überzeugung ist sogar frei von jeder Einschränkung oder Abweichung, worüber er noch in seiner Doktorarbeit nachgedacht hatte. Wie ist das möglich? Einige Absätze später gibt Ørsted dieses nüchterne Resümee über Sinn und Nutzen von Metaphysik.

Wäre nie eine Metaphysik da gewesen, allso auch kein atomistisches System erdacht, und keine Widerlegung davon nöthig geworden, wüssten wir durchaus weder mehr noch weniger von der Natur der Körper als jetzt. Mit andern Worten: die Metaphysik hat uns bis jetzt nichts von der Natur der Körper gelehrt. Hiermit wird natürlicher weise nicht geleugnet, dass die Naturmetaphysik ein wesentlicher Bestandtheil der menschlichen Forschung sey über das, was jenseits aller Erfarung liegt; nur wollen wir ihre Ansprüche als Richterin in der Naturwissenschaft nicht gelten lassen. Der philosophische Naturforscher darf darum doch nicht die metaphysischen

27 Der *Briefwechsel über Atomismus und Dynamik* blieb entgegen der ursprünglichen Absicht seinerzeit unveröffentlicht und findet sich in der posthumen Ausgabe von Ørsteds Korrespondenz, (1920b) 1/280-340. Die Zitate sind aus dem letzten Brief Ørsteds (324-40), mit dem dieser Briefwechsel ohne inhaltlichen Abschluß abgebrochen wurde.

Untersuchungen vernachlässigen; denn immer ist der menschliche Geist geneigt Metaphysik in seinen Forschungen unvermerkt einzumischen; gegen diese wird man sich schwerlich ohne Übung in metaphysischen Forschungen verwahren können, wie die Geschichte der Wissenschaften hinreichend zeigt.

Dies ist eine freundliche Wendung der Meinung, die wir auch schon von Steven Weinberg hörten, daß »die Arbeit einiger Philosophen uns hilft, den Irrtümern anderer Philosophen aus dem Wege zu gehen.« Beide Textstellen zusammen ergeben eine Vorstellung, wie Ørsted die Unverträglichkeit zwischen dem Elektromagnetismus und Kants Behauptung über die Zentralkräfte für sich verarbeitet hat: Aus dem empirischen Scheitern von Metaphysik oder der Einsicht in eine »Grenze unserer Einsicht« dürfe man nicht auf die Sinnlosigkeit der »metaphysischen Forschungen« schließen. Eine Metaphysik, die ihre Grenzen kennt, ist immer noch besser, als mit dem Anspruch von Metaphysik-Freiheit doch unvermerkt Metaphysik in die Forschungen einzumischen.

Jedenfalls hindern diese Skepsis gegenüber der Metaphysik und das Wissen um die »Grenze unserer Einsicht« Ørsted nicht, am Ende des Briefes an Weiss auch wieder über den Aufbau der Welt durch die innere Bewegung der Materie zu spekulieren. Auch hier gibt es Formulierungen, bei denen die Einbettung in die Newtonsche Physik (bei der es im reibungsfreien Fall keine Abnutzung einer Bewegung gibt) alles andere als klar ist. Dies zeigt sich beispielsweise in dem Satz: »Nur solche Bewegungssysteme konnten Bestand haben, deren Grösse und Geschwindigkeit so beschaffen war, dass die Wärmeoscillationen unaufhörlich einen passenden Antrieb zu ihrer unveränderten Fortsetzung geben könnte.« Ørsted möchte mit seiner Spekulation eine mögliche Antwort auf die Frage finden, wie es zu den Unterschieden in Dichte und chemischem Verhalten von verschiedenen Stoffen kommt. Seine Antwort: Durch innere Oszillation der Materie mit jeweils eigenen, diskreten Frequenzen und Rotationsachsen »oder Analogon davon« für jede Stoffart. »Hier steht dann ein weites Feld mathematischer Untersuchung offen.«

Wenn es um die Rationalität wissenschaftlichen Fortschritts geht, muß man – auch wegen des Unterhaltungswerts, aber doch hauptsächlich, um einen Eindruck von der *Romantischen Naturphilosophie* dieser Zeit zu gewinnen – eine der skurrilsten Episoden der Wissenschaftsgeschichte, die sich hier ereignet hat, erwähnen. Ørsteds Freund Johann Wilhelm Ritter hatte schon 1803 vorhergesagt, daß die nächste wichtige Entdeckung zur Elektrizität um das Jahr 1820 stattfinden werde. Dies begründet Ritter in einem Brief an Ørsted:[28]

Ich muß dir doch den Grund angeben. Wie alles auf Erden, so wird auch der Mensch vom Magnetism. u. mit diesem auch die Lage der Ecliptic regirt. Es liegt in der Natur der Sache, dass in das Maximum der Schiefe der Ekliptik der allgem. Organismus herschend ist. Mit ihm also auch alle grosse Entdekkungen, denn der Mensch macht s. nur, aus seinem besondern Organismus mehr in den allgemeinen gesetzt. Dies schlägt durch alle Wissenschaft durch. So hast du denn auch in der Elektricität:

Jahre des Max. der Schiefe der Ekliptik

$1745\,^{1}/_{3}$	Erfindung der *Kleist*schen Flasche 1745 (verschiedene).
1764	Electrophor 1764 *(Wilcke).*
$1782\,^{2}/_{3}$	Condensator 1783 *(Volta).*
$1801\,^{1}/_{3}$	Volt-Säule 1800 *(Volta).*

Hieraus schließt Ritter: »Du wirst also nicht eher auf eine neue Epoche oder deren Anfang als im Jahre $1819\,^{2}/_{3}$ oder 1820 zu rechnen haben. Die erleben wir also wohl noch.« Die erstaunliche Prognosefähigkeit von Ritters astrologischem Entdeckungsgesetz der Elektrizitätslehre war allerdings mit Ørsteds Entdeckung schon erschöpft; als nächste größere Entdeckung wird man gewiß auch die elektromagnetische Induktion durch Michael Faraday, 1831, ansehen. Johann Wilhelm Ritter (1776-1810) hat beide Entdeckungen nicht erlebt.

In Ritter kann man den Prototypen des romantischen Naturforschers sehen; seine Biographie und die erhaltenen Texte lassen einen Menschen vermuten, der vielleicht als Auslöser einer nur unwesentlichen literarischen Dramatisierung in Goethes *Faust* oder Mary Shelleys *Frankenstein* gewirkt hat. Zu den bleibenden wissenschaftlichen Verdiensten Ritters zählen die Erfindung des Akkumulators (der wiederaufladbaren Batterie), der Nachweis von ultravioletten Strahlen und die schon genannte elektrochemische Aufspaltung von Wasser. Dies und unendlich mehr an wildem Experimentieren ist jedoch eingebettet in überbordende Spekulationen. Ørsted hatte einige Zeit während seiner Deutschlandreise 1801/02 bei Ritter in Weimar und Jena verbracht; sie wurden romantische Seelen- und Brieffreunde. Auf der Weiterreise in Paris bemüht sich Ørsted, für

28 Brief vom 22. Mai 1803, Ørsted (1920b) 2/35f.

Ritter einen von Napoleon gestifteten Wissenschaftspreis für die Entdeckung des Akkumulators zu gewinnen, was jedoch scheitert, nachdem Ørsted auch die weiterführenden Behauptungen Ritters, dass die Erde neben den beiden magnetischen noch zwei elektrische Pole haben müsse, im Experiment zu demonstrieren versucht. Ritter starb 1810 als Professor in München, ökonomisch, gesundheitlich und gesellschaftlich ruiniert von einem exzessiven Lebensstil. Für Ritter hing alles mit allem zusammen; Elektrizität, Chemie, Magnetismus, das Leben, die Seele, Strahlen, Materie und Energie. Die Kollaboration mit einem berüchtigten Scharlatan (Francesco Campetti) bei der Erforschung der Kräfte von Wünschelruten und seine elektro-biochemischen Selbstversuche mögen ihm den Rest gegeben haben.

Es scheint, als ob Ritters erbärmlicher und vorzeitiger Tod mit dafür verantwortlich war, daß Ørsteds vorher ungebrochene Begeisterung für Naturphilosophie einer nüchterneren Betrachtung wich. Im Jahr nach Ritters Tod schreibt Ørsted den Aufsatz *Første Indledning til den Almindelige Naturlære* (1811) mit der Methode des Gedankenexperiments, die das Rittersche Spekulieren auf einer solideren Grundlage ersetzen sollte.

Welchen Einfluß hatten Ørsteds Überlegungen zur Metaphysik im direkten Zusammenhang mit der Entdeckung von 1820? Im Jahr nach der Entdeckung schreibt Ørsted den Aufsatz *Betrachtungen ueber den Electromagnetismus* (1821), der mit einem Rückblick *Zur Geschichte ueber meine frueheren Arbeiten ueber diesen Gegenstand* beginnt. Hier, wie in den übrigen Texten zu diesem Thema, verweist er natürlich auf seine vielen früheren Arbeiten mit Vermutungen über eine Beziehung zwischen Elektrizität und Magnetismus und verwahrt sich so gegen die Behauptung, er habe den Elektromagnetismus durch bloßes Glück gefunden. Das Experiment, bei dem er die Auslenkung der Magnetnadel bemerkt, datiert er auf Frühjahr 1820. Seine Absicht bei diesem Experiment sei gewesen, den »elektrischen Konflikt« in so »sehr gebundener« (konzentrierter) Form zu erzeugen, daß sie zur Abstrahlung von Licht führt, und zu sehen, ob so eine Wirkung auf eine Magnetnadel ausgelöst wird. Der Gedanke während seiner Reise war also offenbar: Wenn Elektrizität in hoher Konzentration nicht-elektrische Wirkungen wie Wärme und Licht abstrahlen kann, dann also vielleicht bei noch höheren Konzentrationen auch eine magnetische Wirkung. Er bringt einen sehr feinen Platindraht oberhalb einer Magnetnadel mit einer Batterie zum Glühen und bemerkt den Ausschlag der Magnetnadel: »Die Wirkung war zwar unverkennbar, erschien mir aber so verworren, dasz ich die weitere Untersuchung auf eine Zeit verschob wo ich mehr Musze zu haben hoffte.«[29] Die Experimente, die Ørsted dann im Sommer macht, zeigen ihm, daß die Emission von Licht (durch Glühen oder durch Blitze) für den magnetischen Effekt irrelevant ist.

Wie deutet Ørsted seine Entdeckung? Im gleichen Aufsatz von 1821 formuliert er dieses »erste Gesetz der elektromagnetischen Wirkung«:

In dem mit Widerstand verknüpften Zusammentreffen der entgegengesetzten elektrischen Kräfte nehmen diese eine andere Wirkungsart an, der zufolge die positive elektrische Kraft das Südende der Magnetnadel abstöszt, das Nordende anzieht, die negative Kraft hingegen das Nordende der Nagel abstöszt, das Südende anzieht, aber die Bahn der Kräfte in diesem ist nicht die gerade Linie, sondern eine links gewundene Spirale oder Schraubenlinie.[30]

Die zunehmend genaueren Experimente von Ørsted und seinen zahlreichen Kollegen zeigen *keine* Abweichung von der exakten Senkrechten bei der Auslenkung der Magnetnadel – trotzdem ist Ørsted gewillt, eine *unbemerkt kleine* Abweichung zu postulieren, um sich die Wirkung der magnetischen Kraft statt in Kreisen in einer Schraubenlinie um den Draht gewunden vorzustellen. Er beschreibt den Lesern, wie man sich das mit Hilfe eines gewickelten Papierstreifens veranschaulichen kann. Um überhaupt Ørsteds Modelle verstehen zu können, muß man wissen, daß Ørsted den elektrischen Strom nicht als eine kontinuierliche Wirkung durch den Draht zwischen den Polen einer Batterie angesehen hat, sondern als »elektrischen Konflikt« – als einen beständigen und unbemerkt schnellen Wechsel zwischen dem Entstehen einer elektrostatischen Anziehung mit anschließender Kompensation. Die magnetische Wirkung denkt sich Ørsted als eine gewissermaßen über den Rand des Drahtes hinausspritzende Wirkung der sich schon innerhalb des Drahts spiralförmig und oszillierend bewegenden elektrischen Kraft.

Die Modelle Ørsteds (die einer beständigen Anpassung unter-

29 Ørsted (1821); in: (1920a) 2/225.
30 Ørsted (1920a) 225f.

worfen waren) sind voll von Bestimmungsstücken, die zwar prinzipiell empirische Aussagen machen, aber außerhalb der jeweiligen Nachweisschwelle der Meßgenauigkeit lagen oder für die gar kein Meßverfahren gefunden werden konnte. Wenn im Draht ein »elektrischer Konflikt« stattfindet, muß dieser eine mit Zahlenwert bestimmbare Frequenz haben; wenn die magnetische Wirkung spiralförmig verläuft, hat die Spirale eine bestimmte Anzahl von Windungen pro Einheitslänge des Drahtes.

Ørsteds zentrales Interesse galt der Suche nach dem richtigen Modell für die beobachteten Naturkräfte. Dieses Modell soll die Wirklichkeit *abbilden*, also wahr sein, und außerdem *anschaulich*, d.h. verständlich sein. Ørsted nennt das in unzähligen seiner Texte die »Übereinstimmung zwischen Natur- und Vernunftgesetz«. Dieses Postulat – daß es für alle Phänomene der Natur ein anschauliches Modell gibt, das es vernunftmäßig zu finden gilt – ist der Kern des Kantschen Erbes bei Ørsted. Es zu finden ist Ørsted aber faktisch nicht gelungen. Die Natur hat sich gegenüber ihrem größten Liebhaber besonders widerspenstig gezeigt. Ørsteds Modelle wurden immer unverständlicher und trotzdem ständig durch neue Beobachtungen widerlegt. In Konsequenz hat Ørsted seine kantianischen Überzeugungen zwar nicht aufgegeben, aber schon frühzeitig von allen Erweiterungen und Hoffnungen der *Deutschen Naturphilosophie* befreit: Die »Übereinstimmung zwischen Natur- und Vernunftgesetz« wurde zu einer bloßen Utopie, einer Zielvorgabe, Arbeitshypothese oder regulativen Idee – nichts, was sich aus der Vernunft oder den Phänomenen sofort ableiten ließe oder gar die empirische Forschung ersetzen könnte.

Hiermit erklärt sich auch zwanglos das Motiv für Ørsteds Kompressionsexperimente. Die Sekundärliteratur nimmt es als völlige Selbstverständlichkeit hin, daß Ørsted ab 1817 einen großen Teil seiner Laborarbeit – mehr als der Erforschung des Elektromagnetismus – diesem einen Problem gewidmet hat: Apparate zu bauen, die es ermöglichen, Flüssigkeiten und Gase einem damals unbekannt hohen Druck auszusetzen und mit damals neuer Genauigkeit Druck, Volumen- und Temperaturänderung der Probe zu messen. Was soll ein empirischer Naturforscher auch anderes machen, als irgendwelche Naturphänomene möglichst exakt quantitativ auszumessen? Bei Ørsted muß dies jedoch verwundern. Ørsted ging es hauptsächlich um naturphilosophische Fragen; bei seiner experimentellen Arbeit war er normalerweise mit einem groben, qualitativen Ergebnis völlig zufrieden. Seine Entdeckung des Aluminiums beispielsweise beschränkt sich auf eine winzige Probe, die er ausschließlich daraufhin untersuchte, ob sie metallen glänzt. (Alle übrigen Experimente über das Aluminium überläßt er dem jungen Friedrich Wöhler, 1800-1882.)

Mit Kants *Metaphysischen Anfangsgründen* und Ørsteds Spekulationen über die inneren Bewegungskräfte der Materie vor Augen ist sein Motiv verständlich: Gleich, welche von Ørsteds Modellskizzen über die *Urkräfte* der Materie wir betrachten, nach Ørsteds Vorstellung müßte sich die darin entwickelte Metaphysik empirisch bemerkbar machen, nämlich als systematische Abweichung vom Boyle-Mariotteschen Gesetz bei hohen Drücken. Ørsteds Motiv ist das gleiche wie bei heutigen Streuexperimenten in Teilchenbeschleunigern; wenn bei höheren Energien der Teilchenstrahlen eine Abweichung von den bekannten Gesetzen gemessen wird, läßt sich hieraus sofort auf eine innere Struktur von vorher als amorph angesehenen Bausteinen der Materie schließen. – Aber auch bei seinen Kompressionsexperimenten zeigte die Natur die größtmögliche Bosheit gegen Ørsteds Metaphysik: Im größten Teil gelang es ihm nur, die exakte Gültigkeit des Boyle-Mariotteschen Gesetzes auch bei hohen Drücken zu bestätigen – und frühere Messungen anderer Forscher, die Abweichungen bemerkt hatten, zu korrigieren. Die gelegentlichen Abweichungen von diesem Gesetz – etwa wenn ein Gas unter Druck kondensiert oder Wasser bei 4° C eine Anomalie zeigt – folgen keinem einfachen Zusammenhang, aus dem Ørsted auf ein anschauliches Modell über die Struktur der inneren Kräfte hätte schließen können. Durch Anwendung von Gewalt zu entdekken, was die Welt im Innersten zusammenhält, ist erst mit dem Energieaufwand der großen Teilchenbeschleuniger im 20. Jahrhundert möglich geworden.

Die Hauptströmung der Wissenschaftsphilosophie ist einen anderen Weg als Ørsted gegangen. Als einen bemerkenswerten Vorgriff auf die weitere Entwicklung der Philosophie kann man diese Fußnotenanmerkung des Herausgebers des *Journals für Chemie und Physik*, Johann Schweigger (1779-1857), zu einem Beitrag von Ørsted ansehen:

Jede Theorie ist freilich nur ein Bild; und für die ersten von Oersted entdeckten Hauptthatsachen war gewisz das Bild von Wirbeln vortrefflich gewählt; jedoch blos ein anderes Bild konnte zur Construction von Schweiggers Multiplicatoren führen. Noch ganz andere und neue Bilder und Gleichnisse (Ansichten und Theorien) werden sich bei anderer Verfolgung dieser wichtigen Entdeckung Oersted's darbieten.[31]

In dem Beitrag hatte Ørsted weiter an seiner Modellvorstellung von der Spiralwirkung des elektrischen Konflikts gefeilt. Der Herausgeber des *Journals* war ein Wissenschaftler in eigenem Recht; Schweigger hatte kurz zuvor, inspiriert durch Ørsteds Entdeckung, den »Multiplicator« erfunden, der heute »Galvanometer« genannt wird: Wenn man einen Draht um einen Kompaß wickelt, ist dies ein feines Nachweisgerät für elektrischen Strom. Die Größe der Ablenkung der Magnetnadel zeigt bei einer solchen Spule keinen Unterschied, wenn man die Stromrichtung vertauscht. Wenn die magnetische Wirkung spiralförmig um den Draht laufen würde, müßte es allerdings einen Unterschied machen, in welcher Richtung diese Spirale zur Spiralrichtung der Drahtspule steht.

Das Bemerkenswerte an dieser Äußerung Schweiggers ist die Nonchalance, mit der er die »Bilder und Gleichnisse« von der Wirkung der Naturkräfte behandelt. Es sind eben alles bloß Bilder – modern gesagt: *Instrumente*, deren wesentliches Merkmal es ist, *nützlich* zu sein oder nicht. Schweigger hat keinen verborgenen Krieg seiner Bilder und Gleichnisse mit der Metaphysik geführt; solange sie als heuristische Richtschnur die empirische Forschung fördern, sind sie gut, wenn nicht, sucht man sich einfach neue.

Schweiggers Auffassung geht in eine Richtung, die zu dem berühmten Zitat aus dem frühen Klassiker der modernen Wissenschaftsphilosophie, den *Prinzipien der Mechanik* von Heinrich Hertz (1894), führt:

Wir machen uns innere Scheinbilder oder Symbole der äußeren Gegenstände, und zwar machen wir sie von solcher Art, daß die denknotwendigen Folgen der Bilder stets wieder die Bilder seien von den naturnotwendigen Folgen der abgebildeten Gegenstände.[32]

31 Fußnote der Redaktion des *Journal fuer Chemie und Physik* zum »Schreiben des Herrn Professor Oersted an die Redaction vom 9. Sept. 1821«, Bd. 33, 123-131; in: Ørsted (1920a) 2/247.

32 Hertz (1894) 1.

Hertz kommt es auf die *Zweckmäßigkeit* der Bilder an, die sich insbesondere daran messe, »mehr wesentliche Beziehungen des Gegenstands widerzuspiegeln« und eine »geringere Zahl überflüssiger oder leerer Beziehungen zu enthalten«. Anschaulichkeit ist für Hertz kein Qualitätskriterium. Der Anlaß für Hertz' Suche nach ontologisch sparsamen Bildern der Natur ist die Fortsetzung des Problems, mit dem Ørsted gekämpft hatte. Die neuen Entdeckungen nach Ørsted hatten zu einem Wildwuchs an Hypothesen und Modellen über den Elektromagnetismus geführt: Wilhelm Webers Annahme von geschwindigkeitsabhängigen Fernkräften der Elektrizität, Lord Kelvins Theorie der Wirbelatome, Maxwells Modell von einem Zellsystem mit rotierendem Inhalt etc. Das Verdienst von Hertz bestand (neben seinem experimentellen Nachweis der elektromagnetischen Wellen) in der Erkenntnis, daß in Maxwells Gleichungen schon alles über den Elektromagnetismus gesagt ist, wozu Maxwells eigene Modellvorstellung bestenfalls überflüssiges Beiwerk ist, aber wohl eher dazu führt, seine Theorie zu vernebeln. In den *Prinzipien der Mechanik* möchte Hertz die Mechanik in »logischer Reinheit« rein deduktiv mit den Grundbegriffen Raum, Zeit und Masse entwikkeln; ungeklärte Bilder wie »Kraft« und »Energie«, die zu dunklen Wesensfragen Anlaß gaben, werden auf ihren empirischen Gehalt bereinigt.

Ørsted wußte um die Vermittlungsprobleme seiner Liebe zur Naturmetaphysik. Im hohen Alter schreibt er an Alexander von Humboldt über die gerade auf Dänisch veröffentlichte Sammlung seiner naturphilosophischen, religiösen und ästhetischen Schriften, deren deutsche Ausgabe er unter dem Titel *Der Geist in der Natur* (1850) vorbereitete:

> Sie werden sehen, dass ich mich über die gewöhnliche Gränzen der Erfahrungswissenschaft hinausgewagt habe; doch so dass ich gar nicht versuche Lehrsätze aus metaphysischen Principien zu deducieren, sondern nur suche, den Zusammenhang der Naturgesetze in einem grösseren Umfange darzustellen als bisher geschah.[33]

Diesen Sammelband wünscht sich Ørsted auch in England verlegt. Wegen des Wissens um die traditionelle Metaphysik-Skepsis der Angelsachsen bittet er seinen Freund John Herschel um Unterstüt-

33 Ørsted an Alexander v. Humboldt [ca. 1848], in: Ørsted (1920b) 2/414.

zung und erklärt bei diesem Anlaß in einer philosophischen Kurzbiographie seine Beziehung zur Naturphilosophie:

I know very well, that many opinions, which find approbation in the germanic part of Europe, are not palatable to English readers. Your countrymen may in many respects be in the right, but I am in my mind assured myself that they go to far. I am far from aprouving the german metaphysics; but as I have studied those things now through more than 50 years, I have since long time been led to form a philosophy of my own, resulting from my studies both of experimental natural philosophy and metaphysics. I have treated several subjects after the view I have thus conceived. I will only mention some few. *In the year 1811 I published, in the Danish language*, an introduction to the experimental natural philosophy. It met with great approbation not only among my countrymen but also among such german literators who could read it. [...] You will easily guess, that the metaphysicians *ex professo* could not approve an essay, which would evitate their abstruse methods. This essay is translated in the chemical journal of *Schweigger*, last volume for 1822, p. 458-488. [...] I do not deduce any thing from metaphysical propositions, but I have tried to show many higher truth as revealed by nature. I would that my readers should take a view through the corporal world to the mental world.[34]

Der *Geist in der Natur* wurde posthum 1852 auf Englisch veröffentlicht,[35] allerdings in einer Übersetzung, die alle Vorurteile über schwärmende, romantische Naturphilosophen bestätigt. Beispielsweise ist das »Gedankenexperiment« *(»Tankeexperiment«)* aus dem genannten Aufsatz von 1811 dort eine »experimental idea«. Eine brauchbare Übersetzung der wichtigsten Werke Ørsteds gibt es erst seit kurzem auf Englisch.[36]

Ørsted präsentiert den Aufsatz von 1811 als sein Glaubensbekenntnis zur Wissenschaftsmethode, von dem er zeitlebens nicht abgerückt ist. Den Unterschied zur Metaphysik sieht er darin, keine empirischen Fakten aus metaphysischen Sätzen ableiten zu wollen, sondern nur umgekehrt aus empirischen Fakten den »Zusammenhang der Naturgesetze in einem grösseren Umfange«, bzw. in »höhere Wahrheiten« darzustellen. Das zentrale Problem bleibt allerdings auch hierbei offensichtlich erhalten: Gleichgültig, auf welchem

34 Ørsted an John Herschel, 12. Oktober 1849, in: Ørsted (1920b) 2/405.

35 *The Soul in Nature*, Übersetzung aus dem Deutschen von Leonora u. Joanna B. Horner, London 1852; Nachdruck London 1966.

36 Ørsted (1997).

Wege man höhere Wahrheiten gewinnt; wenn sie als Aussagen über die Natur gedacht sind, können sie von der Natur widerlegt werden.

1.2.2 Der Geist der Naturlehre und die Methode des Gedankenexperiments

Machen wir einen Streifzug durch die wichtigsten Stationen des Aufsatzes von 1811, der im Sammelband *Der Geist in der Natur*[37] den Titel *Über Geist und Studium der allgemeinen Naturlehre* trägt. Wir benutzen hier primär die erste deutsche Fassung aus *Schweiggers Journal für Chemie und Physik* von 1822, die Ørsted auch Herschel empfohlen hat.[38]

Der erste von (dort, 1822) vier Teilen mit zusammen 20 Paragraphen trägt den Titel »Geist, Bedeutung und Zweck der Naturwissenschaft«. Ziel und Zweck der Naturwissenschaft charakterisiert Ørsted so: »[D]iese unendliche Kette des Daseyns, welche wir Welt nennen, welche ohnedem schon uns als nicht zu umfassen erschien, soll nicht blos geschauet werden, wie sie *ist*; sondern erkannt werden, wie sie *war*, und berechnet, wie sie *seyn wird*. Erst wenn alles dieses erreicht ist, kann man sagen, die Naturwissenschaft sei erschöpft.« Dieses umfassende Erkenntnisziel hält Ørsted für erreichbar. Seinen Optimismus begründet er mit dem Glauben an die Ordnung im Universum, die es ermöglicht, »*daß eine jede wohl geleitete Untersuchung eines beschränkten Gegenstandes uns einen Theil der ewigen Gesetze des unendlichen Ganzen entdeckt.*« Ørsteds Vorstellung von der Welt ist holistisch in dem Sinne, daß alle Erscheinungen zusammenhängen und einzeln betrachtet kein vollständiges Wissen des Gegenstands erlauben – aber dieser Holismus gründet sich auf einem radikalen Reduktionismus, daß alle unterschiedlichen Bestimmungen eines Gegenstandes sich in der Verstandeseinheit – sozusagen der Weltformel – auflösen.

Mit viel Pathos entwickelt Ørsted die Idee von der Einheit der Natur- und Vernunftgesetze: »*[S]o ist die ganze Welt der Ausdruck*

37 Von den deutschen Auflagen dieses Werks ist die vom Autor autorisierte die Münchner (1850). Der Text findet sich auch in *Gesammelte Schriften*, hg. v. K. L. Kannegießer, 6 Bd., Leipzig 1850-51 (teilw. ^{3}1868); und *Hans Christian Oersted's gesammelte naturwissenschaftliche Schriften*, hg. v. G. F. Jenssen-Tusch, 4 Bd., Kassel 1854.

38 Alle nicht mit Fußnoten versehenen Zitate dieses Abschnitts: Ørsted (1822) 458-88.

einer unendlichen Alles umfassenden Idee, welches eins ist mit einer unendlichen in Allem lebenden und wirkenden Vernunft.« Die für Ørsted auch eins ist mit der »*Offenbarung der vereinigten Schöpfungskraft und Vernunft der Gottheit.«* Ørsteds aufklärerisches Pathos für die Wissenschaft geht so weit, zuletzt sogar der Kriegstechnologie ihr Gutes abzugewinnen: »Die Naturwissenschaft hat ausserordentlich dazu beigetragen, den Krieg in eine wissenschaftliche Kunst zu verwandeln, welche kaum bei irgend einem Volke zu einer merklichen Vollkommenheit gebracht werden kann, wenn es in anderer Hinsicht nicht auch auf einer ziemlich bedeutenden Entwicklungsstufe steht. Und so mogte diese allzeit gefährliche Kraftäußerung, wenigstens auf einer Seite etwas von ihrer Gräßlichkeit verloren haben.«

Der zweite Teil ist überschrieben mit »Eintheilung der Naturwissenschaft«, der dritte Teil mit »Eintheilung der allgemeinen Naturlehre«. Ørsted entwickelt hier eine Systematik der naturwissenschaftlichen Unterdisziplinen; in späteren Auflagen fehlen beide Teile. Offensichtlich haben schon in der Zeit zwischen 1811 und 1851 zu große Änderungen in der Ausbildung neuer Universitätsfakultäten stattgefunden.

Der letzte und längste Teil (§§ 13-20), »Vorschrift für die Art der Bearbeitung der Naturwissenschaft, besonders der allgemeinen Naturlehre«, enthält Ørsteds Methodenlehre. Im ersten Abschnitt (§ 13) versammelt Ørsted in kompakter Form alle Sätze aus dem Erbe der Metaphysik, die er in der wissenschaftlichen Methodenlehre für anwendbar hält. Er ist fast durchgehend kursiv gedruckt. Die wichtigsten Proben dieser »Grundwahrheiten«:

Seine [des Naturforschers] *Hauptaufgabe ist: die Vernunft in der Natur zu suchen.* [...]
Unter den Gesetzen der Natur ist kein Widerspruch möglich, [...]
Wenn wir unsere Aufmerksamkeit auf die Ursache der Veränderung richten, so sehen wir, daß alles vollkommen folgerichtig vor sich geht. [...]
Die Weisheit der Zwecke ist so sehr über unsere Fähigkeit erhaben, daß unsre Gedanken darüber uns wohl eine Anleitung zum Untersuchen, aber keinen Grund darauf zu bauen geben können. [...]
Die Naturgesetze sind unveränderlich, [...]
Die Grundkräfte der Natur sind unzerstörbar.
[...] *stets mißtrauisch gegen unser eigenes Wissen seyn, und nur in dem Gerade Zutrauen zu unserer Vorstellung von Naturgedanken fassen, in welchem sie klar,*

bestimmt, und in Uebereinstimmung mit allem demjenigen ist, welches nach unserer vollkommenen Ueberzeugung eine unbestrittene Wahrheit ist.
Man strebe die Aussage der Erfahrung in eine Aussage der Vernunft zu verwandeln.

Dieser Paragraph 13 ist in der Ausgabe von 1822 neu hinzugekommen – von Ørsted sozusagen extra für den deutschen Markt geschrieben – fehlt aber in späteren Auflagen. Wir müssen uns Ørsted als einen Menschen vorstellen, der redlich und innig die Metaphysik liebte, aber eigentlich nichts mit ihr anzufangen wußte. Jederzeit hatte Ørsted Großes mit der Metaphysik vor, erkannte dann aber selbst, daß das so Gewonnene ziemlich uninformativ war.

Unser eigentliches Interesse gilt dem Rest dieses Teils, der alle Neuauflagen des Textes inhaltlich weitgehend (wenngleich mit vielen Neuformulierungen) überlebt hat. Mit der Feststellung »Die Grundlage der allgemeinen Naturlehre [...] ist die Erfahrung« beginnt Ørsted seine Darstellung der Arbeitsweise in den empirischen Wissenschaften, die sich auf die vier Erkenntnisquellen gründet: »*Alltagserfahrungen*«, »*Beobachten*«, »*Versuche anstellen, experimentieren*« und schließlich die »*schaffende Verfahrensart (genetische Methode)*« oder mit kürzerem Namen das »*Gedankenexperiment*«. Alle vier Arten bilden für Ørsted eine aufstrebende Reihe und sind nur graduell voneinander verschieden, allerdings mit einem größeren Sprung zwischen den ersten dreien und der letzten – der aber vielleicht nur so erscheint, weil Ørsted bei den ersten dreien ohne Anspruch auf Originalität referiert, bei der letzten Art aber eine eigene, neue Betrachtung »von einem höhern Standpunkte aus« anstellt.

Die vier Arten der Forschung sind nach der Reihe zunehmender Aktivität des Forschers geordnet. Die Alltagserfahrung zwängt die Natur einem passiven Beobachter auf. Beim Beobachten müssen wir »vorsätzlich unsere Aufmerksamkeit darauf hinwenden«. Beim Experiment setzt der Forscher die »Wirkungsart der Natur [...] willkührlich in Wirksamkeit. [...] Den Versuch schaffen wir selbst, er ist ein Werk unserer vollkommensten Freiheit.« Den Übergang vom bloß passiven Beobachter zum aktiven Experimentator hält Ørsted für einen harmonischen, eine Frage der Übung und des Gebrauchs von Freiheit und »geistigen und körperlichen Naturgaben« auf seiten des Forschers. In §§ 14 und 15 beschreibt Ørsted die Besonderheiten der (realen) Experimentalmethode als einer natürlichen Weiterentwicklung von bloßer Alltagserfahrung und Beobachtung. Die Methode des Gedankenexperiments folgt ohne vorherige Ankündigung ab § 17.

Ørsteds Beschreibung der empirischen Methoden in den Paragraphen 14 und 15 enthält die bekannten Charakteristika, die größtenteils schon Francis Bacon gekannt hatte, beispielsweise die künstliche Herstellung von vereinfachten Naturabläufen durch das Experiment: »Wo die Natur mit mannigfaltig vereinten Kräften wirkt, da sucht er [der Naturforscher] einige zurück zu halten, um die anderen desto freier wirken zu lassen, ja selbst alle andre zurück zu halten um eine einzige sich mit Freiheit äußern zu lassen.« Oder solche Aspekte wie die Variation von Nebenumständen oder die Forderung nach Wiederholbarkeit des Experiments.

Den kurzen § 16 kann man als eine dramaturgische Überleitung ansehen: Das bisher über die experimentale Naturlehre Gesagte sei nicht vollständig. Es gibt ein weiteres Bestreben des Geistes. Das Besondere an Ørsteds Darstellung ist, dieses zusätzliche Bedürfnis der Naturforscher nicht als ein zusätzliches Element wissenschaftlicher Arbeit zu charakterisieren, sondern als eine Ausdehnung der Experimentalmethode. Ørsted möchte keine separate »Methode der Spekulation« in einem metaphysischen Überbau zur Naturwissenschaft haben, sondern die »Methode des Gedankenexperiments« als integralen Bestandteil der experimentellen Naturforschung.

Seine Überlegungen beginnen mit der Feststellung, die wir oben schon als einen Bestandteil der Bedeutung von Kants »Experiment der Vernunft« entdeckt haben. In Ørsteds Worten: »Es liegt im Geiste der Naturlehre jede Erfahrung, jede Beobachtung in einen Versuch zu verwandeln, ja selbst die durch Nachdenken erworbene Einsicht strebt sie so auszudrücken.« Der Punkt läßt sich als notwendige Bedingung für die Zuschreibung von »Wissen« interpretieren: Etwas zu wissen heißt, ein (reales) Experiment verbal beschreiben zu können, dessen Ausgang durch das besagte Wissen vorhergesagt ist. Gegen die Behauptung, die Erfahrungswissenschaft zeichne sich durch die hohe Kunst der Vorhersage aus, läßt sich allerdings einwenden, daß dieses Ideal (insbesondere damals) weit hinter der tatsächlichen Leistung zurückbleibt. Ørsted schreibt:

So weit indessen unsere Kunst unter diesem Ideale bleiben muß, so ist es doch ihr Ideal, wonach sie streben muß, wenn sie nicht blos eine Sammlung von Kunstgriffen, sondern eine in sich begründete Kunst seyn will. Durch diese so umfassende experimentale Darstellung gewinnt die Naturlehre zugleich einen hohen Grad von Festigkeit; denn die bloßen Vernunftschlüsse, so gründlich sie auch in sich selbst seyn mögen, setzen doch voraus, daß die Vorstellung, welche wir uns von dem Gegenstande der Untersuchung gebildet haben, wirklich damit übereinstimme. Doch in dieser Rücksicht betrügt man sich leicht selbst.

Was Ørsted soweit über die intellektuelle Komponente des Experiments gesagt hat, hat nur Sinn, wenn nach dem Denken das reale Experiment auch ausgeführt wird und man es nicht beim Denken beläßt. Bis hier ist Ørsted (trotz der gelegentlich blumigen Ausdrucksweise) verständlich und was er sagt verträglich mit einem wohlverstandenen Empirismus. Der Aufsatz könnte hier enden, wenn Ørsted nicht noch ein besonderes Anliegen hätte. Die abschließenden vier Paragraphen sind nicht mehr leicht verständlich; Ørsted hat für sein Anliegen noch keine passende Sprache und Argumentationslinie gefunden. Da hier jedoch die Methode des Gedankenexperiments das Licht der Welt erblickt, wollen wir diesen Paragraphen 17 in voller Länge anschauen:

Doch wir können die experimentale Kunst noch von einen höhern Standpunkte aus betrachten. Nicht bloß um die äussere Welt zu beschauen, oder um ihr Wesen zu entdecken, hat sie sich zu einer eignen Nachschaffungskunst gebildet, sondern sie will zugleich unsern Geist in eine schaffende Wirksamkeit versetzen, um dadurch eine mit der beständigen Entwicklung der Natur mehr harmonische, lebendige und kräftige Kenntniß hervorzubringen. Das Eigenthümliche derselben ist die *schaffende Verfahrungsart* (genetische Methode), und sie findet nicht bloß Statt, wo wir mit körperlichen Gegenständen umgehen, sondern ist auch vollkommen zu Hause in allem demjenigen, welches blos dem innern Sinne sich darstellt. Wenn wir in unsrer Vorstellung einen Punkt sich bewegen lassen, um eine Linie zu beschreiben, oder eine Linie sich um ihren eignen Endpunkt bewegen lassen, um mit dem andern einen Kreis zu beschreiben, was ist das anders als ein Gedankenexperiment? Die Differential- und Integral-Rechnung besteht durchaus nur in solchen Gedankenversuchen und Betrachtungen darüber. Wo diese Art des Verfahrens Statt finden kann, und das kann sie weit häufiger als man glauben sollte, ist sie vorzüglich geeignet, das Streben eines lebendigen und kräftigen Geistes nach Einsicht zu befriedigen, denn durch andre Arten der Darstellung erfährt man im Allgemeinen mehr, *warum man überzeugt* seyn muß, daß dieses oder jenes so ist, als *warum es wirklich so ist.* Hier sehen wir jede Wahrheit in ihrer Entstehung. Der Grund ihres Daseyns und unserer Gewißheit fallen daher zusammen; so, daß wenn er auf diese

Weise dargestellt ist, er zugleich schon bewiesen ist. Gehört es nun zum Wesen der Naturlehre, so die Entwicklung der Gedanken der des Dinges folgen zu lassen, so ist klar, daß man darin oft seine Zuflucht zu jenen Gedankenversuchen nehmen muß, welche man bis jetzt noch zu sehr übersehen hat. Die schönsten Beyspiele dieser Darstellungsart hat uns *Kant*, doch ohne diese hier ausgeführte Betrachtung anzustellen, in seinen methaphysischen Anfangsgründen der Naturwissenschaft, gegeben.[39]

Einige mehr die Äußerlichkeiten betreffende Aspekte sind klar: Ørsted möchte eine Methode (Verfahrensart) beschreiben, die in der Praxis von Wissenschaft, Mathematik und Philosophie schon bekannt und geläufig sei; Originalität nimmt Ørsted nur für die neue Beschreibung dieser Methode in Anspruch. Ørsted hat die Methode des Gedankenexperiments entdeckt und ihr einen Namen gegeben, behauptet aber nicht, sie erfunden zu haben.

Außerdem gibt es einen offensichtlichen Bezug dieser Methode auf das, was Kant als Methode der »Konstruktion in der Anschauung« entwickelt hat. Auch Kant hat als paradigmatischen Anwendungsfall seiner Methode die Mathematik genannt. Für Kant sind mathematische Sätze nicht analytisch wahr, also als logische Ableitungen aus willkürlich gesetzten Axiomen, sondern synthetisch: sie bilden eine Struktur wieder, die a priori bei jedem Menschen in einer Entität namens »Anschauung« vorhanden sei. Ein Sachverhalt läßt sich hiernach durch eine Konstruktion aus »Formen« dieser Anschauung beweisen. Auf physikalische Sachverhalte angewandt möchte Kant mit diesem Verfahren den »reinen« Teil der Naturlehre begründen, und mit dieser Aufgabenstellung hat er die *Metaphysischen Anfangsgründe der Naturwissenschaft* geschrieben. Wenn nun Ørsted im letzten Satz meint, Kants *Metaphysische Anfangsgründe* enthalte die »schönsten Beispiele« von Gedankenexperimenten, nur habe Kant es versäumt, Ørsteds »hier ausgeführte Betrachtung anzustellen«, dann heißt dies offenbar: Ørsted beabsichtigt mit seinen Ausführungen über die Methode des Gedankenexperiments eine Weiterentwicklung von Kants transzendentalem Begründungsprogramm.

Zusammen mit dem, was wir schon über Ørsted gehört haben und noch hören werden, kann man hier auch eine offensichtliche *Rhetorik* feststellen: Indem eine Methode »Gedankenexperiment«

39 Ørsted (1822) 482f.

genannt wird, profitiert man ungemein von dem hohen Ansehen, das alles, was nach »Experiment« klingt, in Wissenschaft und Gesellschaft besitzt. Etwas, was im Zusammenhang mit einem Experiment behauptet wird, wirkt vertrauenswürdig und seriös. Hingegen läßt es einen Naturwissenschaftler üblicherweise und ungefähr seit der Zeit, da Ørsted diesen Aufsatz schrieb, erschaudern, sobald er etwas über solche Dinge hört wie »synthetisches Apriori«, »transzendentale Deduktion«, »reine Verstandesbegriffe« oder eben »Konstruktion in der Anschauung«. Diese psychologische Disposition erklärt sich zu einem guten Teil aus der Enttäuschung nach dem Schüren übertriebener Hoffnungen von seiten der Naturphilosophie. Ob Ørsted mit dem Begriff des Gedankenexperiments nur eine neue Verpackung als Ersatz für einen unter Naturwissenschaftlern in Mißkredit geratenen Kantschen Jargon gefunden hat oder auch einen neuen Inhalt, in dem sich lediglich einige bewahrenswerten Teile der Naturphilosophie wiederfinden, ist damit nicht gesagt.

Der zitierte § 17 ist unklar, wenn es darum geht, die Methode des Gedankenexperiments inhaltlich zu beschreiben. Da findet sich beispielsweise diese seltsame Unterscheidung zwischen der Begründung, warum man von einer Wahrheit »überzeugt sein muß«, und der Begründung, warum diese Wahrheit »wirklich so ist«. Was ist eine »Wahrheit in ihrer Entstehung«? Die Beispiele sind wenig erhellend. Um von einer »Methode« sprechen zu können, benötigen wir Information, was die Problemstellung ist, worauf sie angewandt werden kann und was das Ergebnis der Anwendung dieser Methode ist. Die Beschreibung »In unserer Vorstellung eine Linie sich um ihren einen Endpunkt bewegen lassen, um mit dem andern einen Kreis zu beschreiben«, ist elliptisch. Wenn das ein Beispiel für die Methode des Gedankenexperiments sein soll, muß man sich offenbar noch mindestens einen Frage- und einen Antwortsatz hinzu denken.

Man kann folgendes vermuten: Ørsted versteht die Methode des Gedankenexperiments als eine, mit der Aussagen gewonnen werden, die mit einem modalen oder epistemischen Operator versehen sind. Mit anderen Methoden läßt sich eine Aussage *p* beweisen. Mit der Methode des Gedankenexperiments kommt man zu Aussagen der Art *Op*, wobei das »*O*« für eine Formulierung steht wie »Ich weiß, warum es wirklich so ist, daß …«. In diesen Begriffen meint Ørsted nun, daß aus *p* nicht *Op* folgt, aber umgekehrt von *Op* auf *p* geschlossen werden kann. Eine Ableitung von *Op* ersetzt also jeden anderen Beweis von *p*; hingegen läßt das bloße Wissen, daß *p*, das für Ørsted wichtige Beweisziel, daß *Op*, weiterhin offen. Die Sachen mit der »Wahrheit in ihrer Entstehung« und »Der Grund ihres Daseyns und unserer Gewißheit fallen daher zusammen.« verstehen wir als eine altertümliche Ausdrucksweise dieses Gedankens.

Die Umschreibung »Ich weiß, warum es wirklich so ist, daß ...« ist allerdings so unverständlich, daß wir hiermit ohne eine geeignete Ersetzung nicht viel anfangen können. Aus der Darstellung sieht man sofort, daß mit »*O*« nicht das einfache »Ich weiß, daß ...« oder »Ich bin überzeugt, daß ...« gemeint sein kann. Ebenso ist offensichtlich mehr gemeint als ein »Es ist bewiesen, daß ...«. Eine plausible Interpretation, was Ørsted mit dem »Wissen, warum es wirklich so ist« gemeint haben könnte, ist das bekannte »Es ist notwendig, daß ...«. Seine Ausführungen sind mit den Regeln für den Gebrauch des Notwendigkeitsoperators (□) in den vorliegenden Systemen der Modallogik verträglich. Aus □*p* folgt *p*, aber aus *p* läßt sich normalerweise nicht auf □*p* schließen.

Soweit haben wir nur versucht offenzulegen, was Ørsted als das Ergebnis eines Gedankenexperiments vorgeschwebt haben könnte. Wir haben noch nichts darüber gesagt, wie ein Gedankenexperiment dieses Ergebnis erreicht. Ørsted spricht hier von einer »schaffenden«, »genetischen« Methode, was eine »Darstellung vor dem inneren Sinn« oder gar den »Umgang mit körperlichen Gegenständen« erfordere. Es ist offensichtlich, daß Ørsted nicht den Gebrauch logischer Schlußregeln gemeint hat. Er präsentiert es geradezu als Pointe seiner Methode des Gedankenexperiments, daß diese eine *Alternative* zu einem formalen Beweis sei. Es geht um einen *konstruktiven* Beweis durch eine (geistige oder körperliche) *Handlung*, nicht durch Sprache. Hier muß zwangsläufig der Versuch einer logischen Rekonstruktion versagen.

Die nachfolgenden Ausführungen Ørsteds zeigen, daß er den hier vorgestellten Plan zur Beschreibung der neuentdeckten Methode des Gedankenexperiments nicht realisiert. Er macht gravierende Abstriche und fängt strenggenommen in § 19 mit der Beschreibung einer *anderen* Methode des Gedankenexperiments neu an. In den Beispielen von Gedankenexperimenten, die Ørsted in der Summe seiner Veröffentlichungen präsentiert, geht es wesentlich bescheidener zu (siehe unten, *1.2.3*). Statt von Notwendigkeit, Wahrheit und

Gewißheit handeln sie zumeist nur von einer Denkmöglichkeit oder dem Versuch, etwas plausibel zu machen.

Ørsteds weitere Behandlung der Methode des Gedankenexperiments besteht aus zwei Hauptteilen. *(a)* Der erste Teil ist der – letztendlich aufgegebene – Versuch, die Methode des Gedankenexperiments aus einer neuen Überlegung zur Mathematik zu entwickeln. Im vorliegenden Text (1822) handelt hiervon § 18. In der letzten Überarbeitung, dem Einführungskapitel der deutschen Ausgabe seines Physiklehrbuchs, *Der mechanische Theil der Naturlehre* (1851), ist seine Überlegung zur Mathematik nicht mehr mit der Methode »Gedankenexperiment« verbunden. 1851 erscheint der Begriff Gedankenexperiment erst im Zusammenhang mit den Ideen, die 1822 in §§ 19 und 20 behandelt werden. *(b)* In dem neuen Anfang über die Methode des Gedankenexperiments geht es um die beiden Hauptbegriffe »Erklärung« und »Hypothese«. Er beschreibt einen Prozeß der *Annäherung an die Wahrheit.* Aber hier ist dann wieder die Übereinstimmung mit der (realen) Erfahrung die zentrale und durch nichts zu ersetzende Prüfinstanz. Alle im obigen Zitat geschürten Hoffnungen, eine Wahrheit könne durch das Gedankenexperiment dargestellt »zugleich schon bewiesen« sein, werden hier enttäuscht.

(a) Das Gedankenexperiment in der »genetischen« Mathematik

Paragraph 18 endet mit einer Anmerkung des Verfassers, die sich durch alle Ausgaben von (1809) bis (1850) zieht und erst in jener von (1851) weggelassen wurde. Sie enthält die Ankündigung, daß zu dem davor nur skizzierten Gedanken eine ausführliche Ausarbeitung folgen werde. Diese Ankündigung verliert im Laufe der 40 Jahre etwas an Schwung. Schon 1811 behauptet Ørsted, sich jahrelang mit dem Problem beschäftigt zu haben; elf Jahre später (1822) ist sie in fast wörtlicher Übersetzung wiederholt:

> Der Verfasser hat schon vor einigen Jahren eine Darstellung der Geometrie, wie sie oben beschrieben wurde (nemlich nach der genetischen Methode) versucht. Wenn er Gelegenheit haben wird, sie noch mehr auszuführen, so wird er sie der Beurtheilung der Sachkundigen öffentlich vorlegen.[40]

40 Ørsted (1822) 485; die Parenthese ist neu gegenüber (1811).

Im Alter von 73 Jahren formuliert Ørsted diese Anmerkung so:

Ich hatte, schon ehe dieses Programm herauskam, eine Darstellung der Geometrie, wie sie oben beschrieben worden (nämlich nach der genetischen Methode) versucht. Ich darf jetzt nicht mehr hoffen, diese Arbeit auszuführen. Ein vormaliger Schüler von mir, der Herr Rektor Siemesen in Helsingör, hat die Idee aufgenommen; aber doch auf eigene Weise selbstständig behandelt. Auch hat man weit ältere Versuche dieser Art. Mit dem Allem wäre hier noch mehr zu thun.[41]

Vermutlich ist mit der »eigenständigen Bearbeitung« von Ørsteds neuer Idee zur Methode der Mathematik durch den Rektor der Realschule Helsingør R. J. Simesen ein unveröffentlichtes, aber in der Dänischen Nationalbibliographie verzeichnetes Skript von 1848 gemeint, *Grundtræk af Geometrien, genetisk fremstillede til Skolebrug* (*Grundzüge der Geometrie, genetisch dargestellt für den Schulgebrauch*). Dieses Skript war nicht zu beschaffen; wenn hier jedoch eine neue Methode der Mathematik entwickelt wurde, hatte diese Sensation keine Auswirkung auf Simesens späteres achtbändiges Werk *Grundtræk af Naturlæren* (*Grundzüge der Naturlehre*, 1873-1878). Die Ambition von Simesen beschränkt sich hierin schon vom Titel her offensichtlich auf eine verbesserte *Didaktik* der Geometrie. Ein Urteil über den systematischen Wert von Simesens Beiträgen fällt aber schon deshalb schwer, weil dieses achtbändige Werk thematisch nur die äußersten Anfänge von Mathematik und Naturwissenschaft behandelt. Für Ørsteds Absichten sind wir vollständig auf die fragmentarischen Gedanken im vorliegenden Aufsatz angewiesen; offensichtlich geht es Ørsted im Unterschied zu Simesen nicht bloß um die Verbesserung des Schulunterrichts, sondern um die Verbesserung der Wissenschaft selbst. Hier verwundert es aber, dass Ørsted, wenn es sich hierbei um ein jahrzehntelang ungelöstes und ihn bedrängendes Grundlagenproblem der Mathematik gehandelt hat, nicht Gauß um Hilfe bat. Ørsted stand mit dem gleichaltrigen Carl Friedrich Gauß im besten freundschaftlichen Kontakt. Um die Möglichkeit, bei einem mathematischen Problem einen Gauß um Rat fragen zu können, werden viele Wissenschaftsphilosophen Ørsted beneiden, aber Ørsted hat, aus den vorhandenen Briefen und Dokumenten zu schließen, von diesem Privileg keinen Gebrauch gemacht.

41 Ørsted (1850) 468.

Was ist Ørsteds Idee für eine auf Gedankenexperimente gegründete Mathematik? Seine Absicht ist nicht, die bisherige Mathematik zu ersetzen, sondern neben der bestehenden Mathematik eine neue Disziplin zu gründen.

Die Geometrie in ihrer jetzigen Form, wird ewig eins der herrlichsten Denkmähler des menschlichen Geistes seyn; und durch ihre innere Vollkommenheit beständig dem Verstande zur Uebung und Schärfung dienen; aber sollte neben derselben nicht ein andrer Vortrag bestehen können, worin alle geometrischen Sätze durch eine Reihe von Gedankenversuchen dargestellt würde.[42]

Die Vermutung oder Hoffnung, daß zwischen den bestehenden Disziplinen Mathematik und Naturlehre Platz für eine (in harmonischer Weise mittels der Gedankenexperimente[43]) vereinigte Disziplin bestehe, hat Ørsted 1851 schließlich aufgegeben. Seine eigenen Überlegungen in diese Richtung erwähnt er in diesem Text nicht mehr, sondern stellt bloß fest:

Man hat oft versucht, diejenigen Abschnitte der Naturlehre, welche Gegenstände für die Mathematik darbieten, zu einer angewandten Mathematik umzuschaffen. Man hat aber darin das Wesen der Naturlehre verkannt. Wie die Mathematik die Naturgegenstände in eigener Weise behandeln muß, so muß es auch die Physik.[44]

Nachdem Ørsted im hohen Alter den Plan einer Vereinigung von Mathematik und Physik durch das Gedankenexperiment für gescheitert sieht, verfällt er in eine bemerkenswert reaktionäre Auffassung von einer an sich mathematikfreien Naturlehre, die erst in einem späten Stadium ihrer Entwicklung aus dem zusätzlichen Gebrauch von Mathematik Nutzen zieht. In dem Vorwort von 1851 sagt er (auf derselben Seite) von der Naturlehre: »Ihr Ideal ist es, den Gegenstand vor die Anschauung zu stellen, [...] Sie will die Ueberzeugungen durch Hülfe der Anschauungen in ihrem Vernunftzusammenhange bestätigen, nicht aber dadurch, daß sie, wie die Mathematik, die bloßen Anschauungsformen durch den Gedanken als Herrscher bearbeiten läßt.« Das rhetorische Resümee: »Man sieht jetzt leicht ein, was man zu dem uns so oft begegnenden wissenschaftlichen Vorurtheil sagen soll, daß der Vortrag der Naturlehre

42 Ørsted (1822) 484.

43 Ørsted verwendet »Gedankenexperiment« und »Gedankenversuch« synonym.

44 Ørsted (1851) 6f.

um so vollkommener sei, je mehr er sich der Mathematik nähere.« Ørsted sieht 1851 im Gebrauch der Mathematik nur mehr eine Verunreinigung der Naturlehre, die aus einem pragmatischen Grund unvermeidlich ist: daß die quantitative Übereinstimmung zwischen einem gedachten Naturgesetz und der Erfahrung ein höheres Maß an Gewißheit erzeugt als eine bloß qualitative Übereinstimmung.

Wir bekommen hier schon einen Eindruck, was Ørsteds Problem mit der bestehenden Mathematik ist. Er hält sie für eine bloße Spielerei des Geistes, die ein Überangebot an Formen und Formeln produziert, von denen nur ein ganz kleiner Teil innerhalb der Erfahrungswelt anwendbar ist, also Naturphänomene abbildet. Welche ihrer Ergebnisse diese Qualität haben, erscheint Ørsted aus der Methode der Mathematik heraus betrachtet völlig zufällig. Mit dem mathematischen Beweis eines Satzes läßt sich nichts darüber aussagen, ob dieser Satz in der Erfahrung irgendeine Bedeutung hat oder eben bloß mathematisch wahr, aber physikalisch sinnlos ist. Ørsteds vorherige Absicht (vor 1851) mit der neuen Mathematik auf Grundlage der Methode des Gedankenexperiments wird hieraus verständlich: Er wollte eine neue Mathematik entwerfen, die ausschließlich solche mathematischen Sätze beweist, die eine physikalische Bedeutung haben. Mit dem Beweis eines mathematischen Satzes durch das Gedankenexperiment sollte nicht nur die Menge der Naturphänomene, die sich mit ihm beschreiben lassen, individuiert sein, sondern auch die notwendige Übereinstimmung zwischen dem mathematischen Satz und der empirischen Wirklichkeit erwiesen sein. Die bisherige Mathematik beweist Sätze, von deren Wahrheit *»man überzeugt seyn muß«*, die genetische Mathematik beweist Sätze, von denen man zusätzlich weiß, *»warum es wirklich so ist«*. Im ersten Fall ist mit »Beweis« die Ableitung aus Axiomen gemeint, im letzteren der Nachweis der Übereinstimmung mit der Erfahrung.

Die Ausführungen des § 18 von 1822 bleiben bloße Absichtserklärung. Wir bekommen kein Beispiel, wie ein Gedankenexperiment das Gewünschte erreicht, und keine Begründung, daß der Wunsch überhaupt realisierbar ist. Ein Streifzug in Zitaten:

Der Mathematiker sucht aus der mindest kleinen Anzahl einzelner Grundwahrheiten alle seine Sätze abzuleiten, alle andre Betrachtung werden der kunstreichen Strenge im Beweise geopfert. [...] Der Naturforscher hingegen strebt vorzüglich dahin, die unmittelbarste Verbindung zwischen den Wirkungen der verschiedenen Naturkräfte zu finden. Ihm sind die Erfahrungen, welche der Mathematiker nur leihen muß, ein Eigenthum. Er fürchtet sich also nicht, sie zu seinem Beweise in reichlichem Maaße zu gebrauchen, wenn er sie nur mit dem deutlichen Gepräge ihres innern Zusammenhanges darstellen kann; daher leitet er oft unmittelbar aus der Natur einer Wirkung Sätze ab, welche der Mathematiker nur durch einen Umweg aus irgend einer Grundwahrheit findet, worauf er lieber zu bauen wagen will. Die angewandte Mathematik und die Naturlehre behandeln also den nämlichen Gegenstand, und haben gleichfals das Gemeinschaftliche, daß sie uns den Vernunftzusammenhang desselben Dinges zeigen wollen; [...] Ueberall müssen Mathematik und Naturlehre sich einer innern Vereinigung nähern. [...] Man hat hinreichend, vielleicht schon zuviel die Naturlehre der Mathematik genähert; vielleicht wäre es Zeit, daß die Mathematik sich der Naturlehre zu nähern suchte. [...] Für die Mathematik würde man dadurch [durch die Darstellung in Gedankenexperimenten] eine weit hellere und mehr unmittelbare Einsicht in die eigentliche Quelle jeder Wahrheit eröffnen, und für die Naturlehre würde dadurch eine viel innigere Verschmelzung mit der Mathematik gewonnen werden, als jemals früher Statt fand. Das Fortschreiten der Naturlehre wird von ihrer Seite diese Verschmelzung befördern, denn je weiter sie gelangt, desto mehr wird es ihr glücken, alle Wirkungen auf einzelne Kräfte zurück zu führen, deren Stärke und Verhalten in Zeit und Raum ihren wesentlichen Gegenstand ausmachen würde. Dadurch müßte unsre Wissenschaft sich in eine Mathematik der Natur verwandeln, welche gewiß sowohl in Form als Inhalt die bisherige weit übertreffen wird.

Anschließend folgt in Paragraph 18 nur noch die oben schon genannte Anmerkung. Ørsted hat die Vorstellung einer nicht-formalen Beweismethode in der Naturlehre, die dem formalen Beweis der Mathematik an Gewißheit des Ergebnisses ebenbürtig sei, aber den Vorteil hätte, sich auf die Erfahrung zu beziehen. Statt mit Symbolen operiert man bei dieser Beweismethode mit klaren Vorstellungen oder Bildern, d. h.: mit einer nicht-sprachlichen Entität. In Ørsteds Worten: »[...] das Ding in seinem natürlichsten; oder wenn man lieber will, in seinen unmittelbarsten Vernunftzusammenhange sehen, [...]«

Obwohl wir mit der rudimentären Skizze Ørsteds ganz auf uns gestellt sind, ist es nützlich, mit unserem heutigen Wissen zu fragen, was Ørsted denn gemeint haben könnte. Viele Philosophen haben sich über das Verhältnis von Mathematik und Naturwissenschaft den Kopf zerbrochen. Aus der Menge von Standpunkten und Theorien sollen vier kurz erwähnt werden, weil sie vielleicht etwas von

dem enthalten, was Ørsted für die Realisation seines Plans gehalten haben könnte. Völlig überzeugend, d. h. mit der Summe von Ørsteds Ausführungen übereinstimmend, ist allerdings keiner davon.
(1) Man könnte vermuten, daß Ørsted etwas gemeint haben könnte, was uns später als Beitrag von Imre Lakatos über die Methode des Gedankenexperiments begegnen wird *(II.4.5)*. Viele Autoren haben in der einen oder anderen Weise die Mathematik als wesentlichen Anwendungsfall für Gedankenexperimente genannt. Lakatos hat im Gedankenexperiment die hauptsächliche Methode der Mathematik gesehen. Die Deduktion neuer oder vermuteter Theoreme aus bekannten Axiomen – also das, was man üblicherweise für die Hauptbeschäftigung eines Mathematikers ansieht – hält Lakatos nur für die eine, die uninteressante Hälfte der Mathematik. Wichtiger sei die Suche nach geeigneten Axiomen und Definitionen. Was ein geeignetes Axiom oder eine geeignete Definition sei, zeigen die Gedankenexperimente. Was in diesem Zusammenhang mit »geeignet« gemeint ist, werden wir später untersuchen. Vermutlich ist das eine Art pragmatisches Kriterium: interessant, brauchbar, vortheoretische Intuitionen am besten abbildend etc. – Ørsted will allerdings offenbar mit den Gedankenexperimenten im Unterschied zu Lakatos die bisherigen Beweise der Mathematik ersetzen, nicht bloß den Rahmen erschaffen, in dem diese Beweise wie bisher durchgeführt werden.
(2) James Robert Brown *(II.4.6)* mit dem Vorläufer Ernst Mach *(II.2)* bringt die Gedankenexperimente ins Spiel bei der Beschreibung der erstaunlichen Fähigkeit des Menschen, unübersichtliche und langwierige axiomatisch-deduktive Beweise der Mathematik in manchen Fällen drastisch abkürzen zu können. Dies gelingt beispielsweise durch Einführung einer eleganten Hilfsdefinition (die am Ende des Beweises wieder eliminiert wird) oder eines geschickt gewählten Schaubilds. Hiermit ist etwas über die Psychologie des Menschen gesagt (auch wenn Brown dieser Interpretation nicht zustimmen würde) – der elegant abgekürzte Beweis (im »Gedankenexperiment«) läßt sich gleichermaßen streng formal durchführen wie der umständliche. Hier ersetzt, wie Ørsted dies haben möchte, ein Beweis einen anderen, aber der Unterschied zwischen beiden Beweisarten ist eben bloß ein psychologischer. Es läßt sich nicht erkennen, inwiefern elegante und intuitiv leicht verständliche Beweise eine neue mathematische Disziplin konstituieren. Eine Bezie-

hung zur *Didaktik* der Mathematik (und dem Realschuldirektor Simesen) ist allerdings offensichtlich.

(3) Auch aufgrund der gemeinsamen Ahnenschaft in Kants »Konstruktion in der Anschauung« läßt sich eine Ähnlichkeit von Ørsteds Idee von einer »genetischen« Mathematik mit dem bemerken, was von seiten des *Operationalismus* und *Konstruktivismus* (insbesondere aus der »Erlanger Schule«) als Begründungsprogramm für die Mathematik ausgedacht wurde. Insbesondere Hugo Dingler (1881-1951) und später Paul Lorenzen (1915-1994) muß man hier erwähnen. Versucht wird von diesen Philosophen, Mathematik zu *rekonstruieren.* Als Grundlage nimmt man keine Axiome, sondern elementare, normierte *Handlungen* des Bearbeitens und Ausmessens und Erzeugens von (materiellen) Gegenständen. Die Bedeutung von Fachbegriffen (wie z. B. Gerade, Ebene, Winkel etc.) und Theoremen der Mathematik soll so jederzeit als (in der Praxis erfolgreiche) Handlungsanweisung vorliegen. Es geht also darum, einen Teil der vorhandenen Mathematik mit dem Bedürfnis nach einer philosophisch verbesserten Begründung in einem neuen, nicht-symbolischen Rahmen nochmals zu beweisen. Dieses Programm funktioniert bei der euklidischen Geometrie und wohl auch bei einer elementaren Differential- und Integralrechnung[45] – weite Teile der vorliegenden Mathematik fallen allerdings (noch oder beabsichtigt) aus diesem Begründungsrahmen heraus. Falls es Ørsteds Absicht gewesen war, die Erlanger Schule gut hundert Jahre früher als eine Kopenhagener Schule zu gründen, wäre seine Hoffnung, hierdurch eine Mathematik der Natur zu erhalten, »welche gewiß sowohl in Form als Inhalt die bisherige weit übertreffen wird«, verfehlt gewesen. Mehr als einige rudimentäre Anfänge des weiten Feldes der Mathematik lassen sich nicht auf einen Gehalt an Handlungskompetenz im praktischen Umgang mit der Welt zurückführen.

(4) Am interessantesten, allerdings auch ziemlich spekulativ ist folgende Lesart, wozu wir zuerst noch eine Stelle aus § 18 anschauen sollten, die oben bei der Hauptlinie des Arguments weggelassen wurde:

45 Paul Lorenzen, *Einführung in die operative Logik und Mathematik*, Berlin 1955; ders., *Differential und Integral. Eine konstruktive Einführung in die klassische Analysis*, 1965.

Die Bewegungslehre hat sich fast ganz in Mathematik verwandelt. Die Kraftlehre erwartet den erfindrischen Geist, welcher sie zum nämlichen Punkte führen kann; denn die inneren Kräfte zeigen sich uns in Zeit und Raum, und ihre Gesetze können dann erst als vollkommen bekannt angesehen werden, wenn wir alle dabey vorkommenden Verhältnisse in ihrer wahren Größe darstellen können. Viele der vorzüglichsten Bearbeiter der Naturlehre haben zu sehr gesucht, ihr die Form der Mathematik, oder vielmehr der Euklidischen Geometrie aufzudrücken, wodurch sie als eine angewandte Mathematik betrachtet wurde. Dadurch raubt man der Wissenschaft ihre natürliche Form.

Mit diesem Zitat sieht es aus, als gehe es Ørsted bei der neuen Mathematik, »worin alle geometrischen Sätze durch eine Reihe von Gedankenversuchen dargestellt würden«, nicht darum, die vorhandene euklidische Geometrie auf neue Weise zu begründen, sondern eine *neue* Geometrie zu erschaffen, die »sowohl in Form als Inhalt die bisherige weit übertreffen wird.« Daß es mehr als eine, die euklidische Geometrie gibt, hatte sich zu Ørsteds Lebzeiten herausgestellt – im Umfeld von Carl Friedrich Gauß durch Nikolai Lobatchewskij (1793-1856) und Johann Bolyai[46] (1802-1860). Die vorhandenen Dokumente lassen allerdings vermuten, daß Ørsted von dieser Neuerung der Geometrie nichts erfahren hatte.

Ørsted sagt in dem Zitat, die Bewegungslehre habe sich »fast ganz in Mathematik verwandelt.« Hiermit meint Ørsted sicherlich die Beweisführung aus dem ersten Hauptstück von Kants *Metaphysischen Anfangsgründen*, der »Phoronomie«. Die physikalischen Gesetze von Trägheit und Superposition von Bewegungen werden hier gewissermaßen gleichzeitig mit geometrischen Sachverhalten über Punkte, Linien, Flächen, Kongruenz etc. (durch »Konstruktion in der Anschauung«) entwickelt. Die Bewegungslehre (Phoronomie) behandelt die Formen möglicher Bewegung; bei Fehlen einer Ursache (Kraft) sei dies die gerade, gleichförmige Bewegung im Sinne der

46 Johann Bolyai war der Sohn von Gauß' Studien- und Brieffreund Wolfgang Bolyai; seine Abhandlung über nicht-euklidische »Absolute Geometrie« ist im Anhang eines Geometrielehrbuchs seines Vaters (*Tentamen*) 1832 erschienen. Nach der Lektüre meinte Gauß in einem Brief an Wolfgang Bolyai, die Resultate »kommen fast durchgehends mit meinen eigenen, zum Theile schon seit 30-35 Jahren angestellten Meditationen überein.« Er habe aber beabsichtigt, hiervon zu seinen »Lebzeiten gar nichts bekannt werden zu lassen.« (*Briefwechsel zwischen Carl Friedrich Gauss und Wolfgang Bolyai*, hg. v. Franz Schmidt u. Paul Stäckel, Leipzig 1899, 109).

euklidischen Geraden. Ørsted meint im nächsten Satz, die Kraftlehre sei noch nicht in dieser Weise in Mathematik verwandelt worden, und hält den Versuch, der Kraftlehre die euklidische Geometrie aufzudrücken, für ein ungeeignetes Verfahren. Dies kann man so deuten, daß Ørsted die Bewegung von Körpern unter Krafteinwirkung auch auf einen geometrischen Sachverhalt reduzieren wollte (so wie die Trägheitsbewegung im kräftefreien Fall auf die euklidische Gerade). Also auch unter Krafteinwirkung bewegt sich ein Körper auf einer einfachen Linie, die sich allerdings nur in einer verbesserten, nicht-euklidischen Geometrie als einfache Linie darstellen läßt; im Rahmen der euklidischen Geometrie ist diese Bewegungslinie »unnatürlich« kompliziert.

Hier kommt man natürlich auf den Gedanken, daß Ørsteds Idee mit der »genetischen« Mathematik das Programm der *Reduktion von Naturgesetzen auf Geometrie* bedeutet. Ørsted hätte demnach vorgehabt, das zu erreichen, was Einstein mit der allgemeinen Relativitätstheorie bezüglich der Gravitationskraft gelungen ist – nur daß Ørsted hier zuerst die chemischen Kräfte, also den Bereich, der heute durch die Quantentheorie beschrieben wird, in Geometrie verwandeln wollte. Einstein hat den Grundgedanken zur Darstellung der Gravitation als Trägheitsbewegung in einer erweiterten Geometrie mit einem Gedankenexperiment vermittelt, dem »Aufzug-Gedankenexperiment«. Etwas Vergleichbares ist in der Quantentheorie noch nicht gefunden. Falls dies die Absicht Ørsteds war, macht sie jedenfalls verständlich, daß Ørsted auch nach 40 Jahren intensiven Nachdenkens nicht einen Schritt weitergekommen ist.

Ørsted hat den Plan der »genetischen« Mathematik schließlich aufgegeben. Die letzten beiden Paragraphen sind spekulationsfreie und vergleichsweise modern anmutende Wissenschaftsphilosophie. Von Mathematik handeln sie nur noch im Zusammenhang mit einem schon genannten Gedanken Ørsteds: daß der Grad an Bestätigung einer Hypothese bei einer quantitativen, auf den Zahlenwert genauen Übereinstimmung zwischen Vorhersage und Meßergebnis weit größer ist als bei einer bloß qualitativen Vorhersage. Was Ørsted hier als Gedankenexperiment vorstellt, entspricht dem, was man wissenschaftliches *Modell* nennt. Die Entwicklung von anschaulichen, erklärungsfähigen Modellen hat Ørsted als Hauptaufgabe der Naturwissenschaft angesehen, wie wir schon im Zusammenhang mit seiner Entdeckung des Elektromagnetismus gesehen haben.

(b) Das Gedankenexperiment bei Hypothesetest und Erklärung

In den ersten Sätzen von § 19 gibt Ørsted eine ganze Reihe von neuen Themen vor, die nur dadurch mit den vorherigen Paragraphen verbunden scheinen, daß auch hier von »Gedankenversuch« die Rede ist:

Wenn wir finden, unter welchem allgemeinen Naturgesetze irgend eine Erscheinung steht, oder wenn wir ein mehr beschränktes Naturgesetz auf ein allgemeineres zurückführen, so sagen wir, es sey *erklärt*. Es kann auch betrachtet werden, als befaßten wir eine minder verbreitete Wirkung unter eine mehr verbreitete, und auf diese Weise wird die Erklärung der Wirkung als die Angabe ihrer Ursache betrachtet. Wenn man nicht deutlich sieht, unter welchem Naturgesetz eine Wirkung oder eine Vereinigung von Wirkungen steht, so sucht man diesen Mangel durch eine Voraussetzung abzuhelfen. Diesen Voraussetzungen hat man den Namen der Hypothesen gegeben. Man muß sie eigentlich als einen Gedankenversuch betrachten, wodurch man entdecken will, ob etwas nach einer gewissen Voraussetzung mit den übrigen Naturgesetzen zusammengenommen sich erklären läßt.

Die größte Überraschung nach dem Vorherigen ist ein Detail, das Ørsted nicht explizit thematisiert: Diese Betrachtung ist mit dem üblichen Verständnis einer logisch-deduktiven Naturwissenschaft verträglich; wir brauchen hier im Unterschied zu den letzten Paragraphen nicht über nicht-sprachliche Bilder, Vorstellungen und Vernunftzusammenhänge zu spekulieren, um eine plausible Interpretation von Ørsteds Aussage zu gewinnen. Theorien über die Struktur der Erklärung sind ein jederzeit aktuelles Thema auch der modernen Wissenschaftsphilosophie. In den ersten beiden Sätzen von Ørsted finden wir einen deutlichen Anklang an die einflußreichste dieser Theorien, das »deduktiv-nomologische Erklärungsmodell« von Hempel und Oppenheim: Die wissenschaftliche Erklärung ist hierbei gleichbedeutend mit der logischen Ableitung aus einem übergeordneten Naturgesetz und kontingenten Randbedingungen.

Die wesentliche Änderung in der Bedeutung von »Gedankenversuch« zum vorherigen Paragraphen besteht darin, daß hiermit vorher offenbar ein wahrer (oder sogar notwendig wahrer) Satz zu gewinnen war, jetzt nur noch ein hypothetisch wahrer. Die Abschwächung ist gravierend. Die restlichen zweieinhalb Seiten von (1822) behandeln diese Methode »Gedankenversuch« völlig analog zur traditionellen *hypothetisch-deduktiven* Forschungsmethode. Empirische Falsifikation entscheidet, ob eine Hypothese, bzw. ein Gedankenversuch, verworfen wird. Zwischen der Widerlegung einer Hypothese und der vollständigen Übereinstimmung mit der Erfahrung sieht Ørsted einen kontinuierlichen Übergang, der durch eine informell beschriebene Wahrscheinlichkeit der Hypothese bestimmt ist. Die Menge, Reichweite und die Genauigkeit der Übereinstimmung mit der Erfahrung bestimmt die Wahrscheinlichkeit. Die Wahrscheinlichkeit kann sich bis zur Gewißheit steigern. – Dies mutet modern an, aber Ørsted beschränkt sich nicht auf das Kriterium der empirischen Bestätigung, wie man an einer solchen Textstelle sieht:

> Unter diesem Zusammentreffen der Gedanken mit der Erfahrung, ist besonders die Übereinstimmung der berechneten Größen mit den wirklichen von außerordentlich großem Gewicht, und fast einzig zur Bestätigung hinreichend, weil hier von unendlich vielen möglichen Fällen gerade der gegebene mit der Berechnung übereinstimmt. Man könnte auf diese Weise selbst eine vorausgesetzte Ursache, oder ein muthmaaßliches Naturgesetz, welches nie in der Erfahrung vorgekommen ist, bestätigen. Aber in einem solchen Falle, müßte auch das vollkommenste und vielseitigste Zusammentreffen zwischen Schlüssen und Erfahrungen Statt finden, und vielleicht würde man hierin nie die gerechten Forderungen der Wissenschaft befriedigen.

Der zweite Satz klingt nach einem Selbstwiderspruch: Ein Naturgesetz, das zwar in seinen Vorhersagen völlig mit der Erfahrung übereinstimmt, aber »nie in der Erfahrung vorgekommen ist«? Ørsted unterstellt in allen seinen Texten einen Begriff von Wahrheit, der neben der empirischen Übereinstimmung ein zusätzliches Element enthält. Dieses zusätzliche Element macht es möglich, daß völlige Übereinstimmung mit der Erfahrung nicht automatisch Wahrheit bedeutet. Und ebenso erweckt es bei Ørsted die Hoffnung, allein hieraus, ohne zusätzliche Erfahrung, schon vieles über Wahrheit zu erfahren. Oben hatte Ørsted das »Vernunftgesetz« genannt. Es hat die Qualität eines nicht-sprachlichen Bildes, weshalb alle Versuche scheitern, hier etwas über die Regeln zu sagen, wie man mit diesem Element argumentiert und aus dem Vernunftgesetz diskursive Schlüsse zieht.

In der deutlich überarbeiteten letzten Fassung, der Einleitung zum *Mechanischen Theil der Naturlehre* (1851), wird der Begriff »Gedankenexperiment« in dieser Kurzform eingeführt:

Die Naturlehre benutzt auch da, wo das materielle Experimentiren nicht möglich ist, im Denken die experimentale Form, sie stellt Gedankenexperimente an, das heißt, sie nimmt in Gedanken Handlungen vor, um zu sehen, was dadurch hervorgebracht wird, oder daraus folgt. Im Laufe dieses Buchs wird man manche dergleichen Beispiele finden; von denen nur vorläufig §§. 24, 30, 38 genannt werden.[47]

Hier wird auf Beispiele von Gedankenexperimenten verwiesen. § 24 ist der erste Paragraph des Abschnitts »Bewegungslehre« und enthält allgemeine Grundsätze sowie die Definitionen von relativer und absoluter Bewegung und von Geschwindigkeit. § 30 behandelt das Kräfteparallelogramm, § 38 das Hebelgesetz. Es ist nicht ersichtlich, warum man hierzu (mit Ausnahme der Definitionen) keine materiellen Experimente machen kann. Vielleicht enthält diese Schlußbemerkung zur Behandlung des Kräfteparallelogramms das, worauf sich die Bezeichnung »Gedankenexperiment« bezieht:

Ich habe das, was in diesen Verbindungen zweier Kräfte das Wesen ausmacht, sehr ausführlich abgehandelt, damit es recht klar werden sollte, daß die Gewißheit der aufgestellten Gesetze in der Anschauung selbst gefunden werden muß. Mir kommt es vor, als ob alle Beweise für ihre Richtigkeit auf eine oder andere Weise die Grundanschauung voraussetzen, welche, einmal klar gefaßt, alle Beweise überflüssig macht.[48]

Dies ist eine Aussage, die lediglich von einer psychologischen Disposition handelt und nicht von einer neuen Beweismethode: Bei intensiver Beschäftigung mit der Natur sei es möglich, ein so klares *Gefühl* für Naturabläufe zu bekommen, daß ein zusätzliches Bedürfnis nach einem formalen Beweis psychologisch nicht mehr vorliegt. Alle wesentlichen Fragen aus diesem Teil der Physik lassen sich auch mit einem sicheren Gefühl entscheiden.

Ørsted hat den zentralen und insbesondere den ihn selbst am meisten interessierenden Teil der Wissenschaftsmethodik »Gedankenexperiment« genannt. Wenn Ørsteds Philosophie bisher Beachtung gefunden hat, dann nur im Kontext der Auseinandersetzung mit der

47 Ørsted (1851) 7.
48 Ørsted (1851) 20f.

Romantischen Naturphilosophie und insbesondere mit Schelling. Es gibt hier einige Beiträge, die genannt werden sollten: L. Pearce Williams *Kant, Naturphilosophie and Scientific Method*[49] und sein Buch über *The Origins of Field Theory*,[50] Barry Gower *Speculation in Physics: The History and Practice of Naturphilosophie*,[51] Robert C. Stauffer *Speculation and Experiment in the Background of Oersted's Discovery of Electromagnetism*[52] und eine Anzahl weiterer Aufsätze von ihm über Ørsted, die von Andrew Cunningham und Nicholas Jardine herausgegebene Aufsatzsammlung *Romanticism and the Sciences*[53] und auch das Buch von Kamran Amir Arjomand *Entdekkung und Rechtfertigung in der Wissenschaftsphilosophie des 19. Jahrhunderts*,[54] worin ein längeres Kapitel Ørsted behandelt. Die Überlegungen über Gedankenexperimente sind, wie gerade gesehen, bei Ørsted gerade in dem Bereich angesiedelt, wo er die Tradition der Naturphilosophie in eine eigene Richtung entwickeln wollte – als ein nicht konsistent durchgeführter Versuch, rationalistische und empirische Wissenschaftsvorstellungen miteinander zu versöhnen.

1.2.3 Ørsteds Beispiele für Gedankenexperimente

Bei den Gedankenexperimenten handelt es sich um einen zentralen Aspekt von Ørsteds Verständnis von Wissenschaft, was man insbesondere daran sieht, daß in seine Veröffentlichungen über alle möglichen Themen durchgehend von 1811 bis zu seinem Tod (1851) Gedankenexperimente eingestreut sind. Hauptsächlich von ihm selbst erfundene Gedankenexperimente. Man muß allerdings unterscheiden: Fälle, in denen Ørsted eine Argumentation ausdrücklich »Gedankenexperiment« oder »Gedankenversuch« nennt, sind nur ein halbes Dutzend zu finden. Aber diese Bezeichnung geschieht in Ørsteds Text so beiläufig und selbstverständlich (obwohl er zu dieser Zeit der einzige Autor war, der den Begriff verwandte), daß man sicher sein kann, daß Ørsted die große Menge völlig analoger Argu-

49 In: Ronald Giere / Richard Westfall, *Foundations of Scientific Method: The Nineteenth Century*, Bloomington 1973, 3-22.

50 *University Press of America* 1981.

51 *Studies in History and Philosophy of Science* 1973, 3/301-56.

52 *ISIS* 1957, 48/33-50.

53 Cambridge 1990.

54 Frankfurt/M. 1987; insbes. 39-76.

mentationen in seinen Werken gleichfalls als »Gedankenexperimente« angesehen hat.

Wir wollen hier einige Beispiele anschauen. Wir beschränken uns auf solche Fälle, die Ørsted explizit »Gedankenexperiment« genannt hat, und behandeln sie nur soweit, als hieraus ein neuer Aspekt zu Ørsteds Verständnis von Gedankenexperimenten gewonnen werden kann.

(a) Ist Wasserstoff ein Metall?

Dieses Gedankenexperiment darf schon deshalb nicht fehlen, weil es – ein Jahr nach dem dänischen Aufsatz *Første Indledning til den Almindelige Naturlære* (1811) auf Deutsch geschrieben – die erste Fundstelle des Worts »Gedankenexperiment« ist, das erste als »Gedankenexperiment« bezeichnete Gedankenexperiment.

Das Gedankenexperiment untersucht die Frage, ob Wasserstoff zu den Metallen gerechnet werden sollte, und kommt zu dem Ergebnis, daß dies eine plausible Zuordnung sei. In diesem Gedankenexperiment werden zwar einige Vermutungen über empirische Fakten genannt, die damals aus technischen Gründen noch nicht durch Beobachtung gewonnen werden konnten, interessanter ist allerdings die Feststellung, daß diese Vermutungen über noch nicht beobachtete empirische Sachverhalte nicht das Ergebnis des Gedankenexperiments sind, sondern die Funktion von Prämissen für das Argument haben. Das erklärte Beweisziel ist keine Aussage über die Welt, sondern über unseren Begriffsapparat zur Beschreibung der Welt.

Die Aufgabenstellung des Gedankenexperiments ist: Welche empirisch vorgefundenen Individuen (chemische Stoffe) sollen unter dem Gattungsnamen »Metall« zusammengefaßt werden? Es geht um die Extension von Begriffen, nicht um die Wahrheit von empirischen Aussagen. Das Problem ist im Bereich der Sprachphilosophie angesiedelt: Woran erkennt man die *natürliche Art* »Metall«? Einige Absätze vor dem eigentlichen Gedankenexperiment diskutiert Ørsted die Kriterien, die darüber entscheiden, ob ein Stoff zu den Metallen zu zählen sei oder nicht:

Fragen wir also ernstlich: woran erkennt man denn, dasz ein Körper zu den Metallen gehöre? so ist die ganz aufrichtige Antwort: durch seine Aehnlichkeit mit den Metallen. Wenigstens ist man bisher so verfahren; denn wäre man von einem festen Begriffe ausgegangen, so hätte dieser ja bleiben müssen wie er war, ohne alle Erweiterungen, welche man sich nach und nach damit erlaubt hat. Es ist überhaupt das wahre Verfahren der Naturwissenschaft, das Aehnliche nach und nach an einander zu reihen, ohne sich um die nach Begriffen gesetzten Grenzen zu bekümmern, oder, wenn sie auch dann und wann sich auf ihrem Wege dadurch aufhalten läszt, dieselben doch endlich zu durchbrechen. Die Begriffe sind nur Hülfsmittel zur Verständigung, keine Naturgrenzen. Wollte man etwas andres annehmen, so müszte man erstlich behaupten, dasz die Natur gewisse Begriffe darstelle, und zweitens, dasz man diese mit Sicherheit erkannt habe. Kann man aber dieses nicht, nun so fahren wir in unsern Vergleichungen und Zusammenreihungen immer fort. Die gestrige Grenze sey nicht die heutige, wenn die weiter geführte Untersuchung es anders fordert. Wir gehen also nicht von Begriffen, sondern von Individuen aus, stellen an das erste ein zweites, was damit die gröszte Aehnlichkeit hat, neben dieses ein drittes, dem zweiten am meisten ähnlich, dem ersten aber schon etwas fremder, u. s. w., so lange man noch Gründe der Fortsetzung entdeckt. Wir werden auf diesem Wege zwar am Ende der Reihe Stoffe aufstellen müssen, welche dem ersten höchst unähnlich, ja entgegengesetzt sind; wir dürfen aber dieses nicht scheuen, da wir ja einen Zusammenhang, nicht aber einen Begriff darstellen wollen.[55]

Das Kriterium ist also »Ähnlichkeit mit anderen Metallen«. Ob zwei Stoffe ähnlich sind oder nicht, versteht Ørsted als eine *empirische Tatsache*, die unabhängig von den verwendeten Begriffen festzustellen ist. Ähnlichkeit ist bei Ørsted eine transitive Relation; er ist also bereit, auch zwei völlig unähnliche Stoffe derselben Ähnlichkeitsklasse (Metalle) unterzuordnen, solange sich ein kontinuierlicher Übergang konstruieren läßt, der zwei unähnliche Stoffe über Zwischenstufen aus untereinander ähnlichen Stoffen zu Extremen einer Reihe macht. Angesichts dieser liberalen Einstellung kann man sich fragen: Warum ist es für Ørsted überhaupt wichtig, ob ein Stoff zu den Metallen zählt oder nicht? Einige Seiten hinter dem Gedankenexperiment faßt Ørsted das Ergebnis seiner Untersuchung über die Metalle zusammen, und hier wird klar, daß Ørsteds Absicht – wie schon im obenstehenden Zitat angeklungen ist – ausschließlich auf die Destruktion einer alten Vorstellung von »Metall« gerichtet ist. Er möchte keine neue, informative Definition von »Metall« gewinnen, sondern einen vermeintlichen intellektuellen Hemmschuh in der Chemie beseitigen.

Ørsted kommt zu dem Ergebnis, daß die Einteilung in Metalle

55 Ørsted (1812) 46.

und Nichtmetalle bloße sprachliche Willkür oder Konvention ist, die keinen systematischen Nutzen für ein verbessertes Verständnis der chemischen Naturgesetze bringt. Modern gesagt: »Metall« ist für Ørsted keine natürliche Art, also kein Gattungsbegriff, der mit einer empirisch vorgefundenen »Naturgrenze« begründet werden kann. »Kein bisher aufgestellter Begriff der Metalle giebt eine wahre Naturgrenze derselben von andern Körpern, sondern in der aufgestellten Reihe von den ausgezeichnetsten Metallen zu denen, die kaum mehr ein äuszeres Gepräge davon haben, findet ein Uebergang durch unmerkliche Abstufung Statt.«[56] Ørsted betrachtet alle Reinstoffe, die keine chemischen Verbindungen sind, als Metalle – konsequenterweise letztlich sogar den Sauerstoff. – Historisch betrachtet ist dieser Aufsatz von Ørsted eine der vielen Vorarbeiten, die schließlich um 1870 durch insbesondere Dimitri Mendelejew (1834-1907) zu einer natürlichen Klassifikation der chemischen Elemente – dem Periodensystem – vereinigt wurden.

Im vorliegenden Gedankenexperiment ist das zentrale Ähnlichkeitskriterium für die Entscheidung, einen Stoff zu den Metallen zu zählen, daß der Stoff sich mit Sauerstoff zu einer Substanz verbindet, der zu der Klasse der »Erden« gezählt werden kann. Das Gedankenexperiment im Wortlaut:

Hier möchte es beim ersten Anblick den Anschein haben, als ob das Hydrogen keine so grosze Aehnlichkeit mit den Metallen hätte; wir wollen aber die Sache etwas näher ins Auge fassen. Seit dem es durch hinreichende Versuche erwiesen worden, dasz der Kalk, der Baryt, die Kieselerde u. s. w. wahre Metalloxyde sind, wird kein Chemiker mehr anstehen, auch die übrigen Erden für solche zu nehmen. Mit einigen von diesen aber, mit dem Kiesel, der Glucine, besonders aber mit der Thonerde, behaupten wir, dasz das Hydrogenoxyd, das Wasser, grosze chemische Aehnlichkeit habe. Um dieses auf einmal recht klar zu sehen, denken wir uns unsere Erde versetzt in eine 200 Maasz geringere Wärme, als die gegenwärtige. Das Wasser würde dann nicht blosz immer fest, sondern auch beinahe unschmelzbar erscheinen, in groszen Stücken als feste Krystalle, gepülvert wie eine weisze Erde. Man würde diese gleich unauflöslich in Säuren und Alkalien finden, ungefähr wie wir den Thon; auch würde jenes Oxyd, wie dieses, keine grosze Abstumpfung, weder der Säuren noch der Alkalien, hervorbringen. Man würde (vorausgesetzt, dasz in einer so viel tiefern Temperatur nichts als die Schmelzbarkeit verändert wäre) beide durch Zusatz von Alkalien und Säuren zum Schmelzen bringen, und dann durch die Gleichheit ihres Verhaltens einan-

56 Ørsted (1812) 56f.

der sehr nahe stellen. Wäre man nun aber ferner im Stande beide Oxyde durch Glühen mit Eisen oder dergleichen zu reduciren, so würde gewisz niemanden ein Zweifel darüber einfallen, ob nicht der brennbare Grundstoff im Eise eben sowohl wie der im Thone ein Metall sey. Es würde dieses um so viel weniger geschehen, da hier gewisz beide als fest vorkommen würden. Kehren wir nun aber in unsere Temperatur zurück, so ist das Eis flüssig, der Thon fest und für sich unschmelzbar, das Eismetall wird Luft seyn, das Thonmetall aber noch seine Festigkeit behalten, und nun würden wir die Verwandtheit dieser Stoffe nicht mehr anerkennen! – Was nun auch in diesem Gedankenexperiment unvollständig seyn mag, so wird doch so viel aus demselben hervorleuchten, dasz der Unterschied des Hydrogens und seines Oxyds von den anderen Metallen und Oxyden nur ein sehr relativer seyn kann.[57]

Das zentrale Argument läßt sich so zusammenfassen: Alle erdähnlichen Stoffe sind Metalloxyde (d.h. chemische Verbindungen von einem Metall mit Sauerstoff). Hydrogenoxyd (d.h. Wasser – also die chemische Verbindung von Wasserstoff mit Sauerstoff) hat im tiefgefrorenen Zustand Ähnlichkeit mit dem erdähnlichen Stoff Tonerde bei normaler Temperatur. Also ist Hydrogenoxyd auch ein erdähnlicher Stoff, also ein Metalloxyd, also ist Hydrogen (Wasserstoff) ein Metall.

Bemerkenswert ist hierbei allerdings, daß die meisten der in das Argument hineingehenden Behauptungen zum damaligen Zeitpunkt keine erwiesenen Tatsachen, sondern bloße Vermutungen waren. Daß Tonerde (Al_2O_3) ein Metalloxyd ist, wurde erst 1825 bewiesen – nämlich gerade durch Ørsted selbst. Ihm gelang es erstmals, das Metall aus Tonerde chemisch zu trennen: Aluminium. Ebenso sind Ørsteds Behauptungen über die chemischen und physikalischen Eigenschaften von Wassereis bei »200 Masz geringerer Wärme« bloße Vermutung. Unabhängig davon, welche Temperatureinheit wir hier unterstellen, behauptet Ørsted gar nicht, reale Beobachtungsergebnisse wiederzugeben. Ørsted hat sein empirisches Wissen einfach über den Bereich des empirisch Bekannten hinaus extrapoliert.

Bemerkenswert ist außerdem eine Änderung im Tonfall beim Gebrauch des Wortes »Gedankenexperiment«. In Ørsteds theoretischer Abhandlung (1811) war »Gedankenexperiment« bei allen sonstigen Unklarheiten als eine hoch seriöse, wichtige Wissenschafts-

57 Ørsted (1812) 48f.

methode vorgestellt worden. Die Formulierung »Was auch an diesem Gedankenexperiment unvollständig seyn mag, so wird doch aus dem selben hervorleuchten« klingt nun allerdings so, als ob es hier mit dem »Gedankenexperiment« nur um eine bloße *Plausibilitätsbetrachtung* ginge – eine Voruntersuchung, die später mit besseren und anspruchsvolleren Methoden vertieft werden muß.

Bei einem Gedankenexperiment stellt sich natürlich immer die Frage, ob sein Ergebnis auch stimmt, oder besser: wie man dieselbe Frage aus Sicht der heutigen Wissenschaft beantworten würde. Was zeigen die realen Experimente mit Wasserstoff? Das ist ein Thema intensiver chemischer Untersuchung, das gerade kürzlich mit interessanten Neuigkeiten aufwarten konnte. Erst 1898 war es James Dewar (1842-1923) gelungen, Wasserstoffgas bei -253 Grad Celsius zu verflüssigen, und ein Jahr später bei -259 Grad Celsius (14 Grad Kelvin) festen Wasserstoff zu gewinnen. Beide, flüssiger und fester Wasserstoff, haben sich hierbei als elektrische Isolatoren erwiesen. »Metallisch« zu sein ist in der heutigen Chemie eine Qualität, die nicht jedem Element zukommt und auch nicht in jedem Zustand. Als notwendiges Kriterium der Zuschreibung von »metallisch« erachtet man die elektrische Leitfähigkeit. Das »normale« gefrorene Wasserstoffgas ist also kein Metall. Theoretische Überlegungen haben aber zu der Prognose geführt, daß bei sehr hohem Druck die chemischen Bindungen des festen Wasserstoffs eine Strukturänderung erfahren würden, so daß der Festkörper elektrisch leitfähig wird. Dies ließ sich 1996 in einem sehr aufwendigen Experiment bestätigen.[58]

(b) Ist das »entostrophadische« Weltsystem denkmöglich?

Oben *(II.1.2.1)* wurde schon ein Teil der intensiven, lebenslangen Bemühungen Ørsteds beschrieben, ein angemessenes anschauliches Modell vom inneren Aufbau der Materie und der Urkräfte zu finden. Der Optionen und Unterarten, die von den Anfängen der Philosophie bis zur Entstehung der Quantenmechanik (die weitere Spekulationen überflüssig macht) entworfen wurden, sind Legion. In dem schon genannten *Briefwechsel über Atomistik und Dynamik* mit

58 Nellis / Mitchell / Weir, »Metallization of Fluid Molecular Hydrogen at 140 GPa (1,4 Mbar)«, *Physical Review Letters*, 1996 76/1860. Siehe auch: William J. Nellis, »Metallischer Wasserstoff«, *Spektrum der Wissenschaft*, Juli 2000, 46-52.

Christian Samuel Weiss hat Ørsted dem von ihm favorisierten Modell den Namen »entostrophadisches System« gegeben – eine Namensneuschöpfung, die keine Verbreitung unter späteren Naturphilosophen gefunden hat. Mit der Namengebung soll eine Mittelposition zwischen dem Atomismus und der Kontinuumslehre bezeichnet werden. »Entostrophadisch« heißt »innerlich zergliedert«. Die Materie ist hiernach zwar prinzipiell unendlich teilbar, bildet aber in jedem Größenmaßstab diskrete Einheiten, die durch Bewegungskräfte zusammengehalten werden und die mit anderen Einheiten derselben Art die Einheiten des darüberliegenden Größenmaßstabs bilden. Kleinste Einheiten der Materie hält Ørsted in dem Sinne für möglich, daß diese mit praktisch realisierbaren Kräften nicht mehr zerteilt werden könnten, obwohl sie mathematisch oder ontologisch betrachtet aus kleineren Teilen zusammengesetzt sind. In der Auseinandersetzung mit Weiss versucht Ørsted zu zeigen, daß gegen sein Modell die Einwände, die gegen andere Modelle (insbesondere den Atomismus) vorgebracht wurden, nicht ziehen. Ørsteds erster Brief an Weiss endet mit dem nachfolgenden Gedankenexperiment. Hiermit sollen offensichtlich nicht bloß Einwände gegen das entostrophadische System entkräftet, sondern ein positiver Grund geliefert werden, dieses System anzunehmen:

Es bewegen sich also in jedem Körper eine Welt von Grundtheilen, die durch äussere Kräfte mehr oder weniger beschränkt wird: die sich durch Sonderungen und Vereinigungen der Systeme umbilden können. Durch Wärmestrahlung können diese Theile in weitere Kreisläufe gebracht werden, durch Zusammendrückung oder Entstrahlung in engere.

In wie weit diese bewegten Systeme mit den Systemen im Weltall verglichen werden können, wie schon *de la Place* gedacht, ist wohl noch nicht zu entscheiden. Eine gar zu eng anschliessende Vergleichung würde kaum mit der Natur stimmen; als ein Gedankenexperiment aber, für die Bildung der Körper aus bewegten Systemen mag folgendes hier stehen.

Stelle Dir einen der Sternnebel vor, worin wir nichts als einen hellen Flekken sehen, unerachtet er aus unzähligen Sonnen und andern Weltkörpern besteht; denke Dir diesen in aller Rücksicht so verkleinert, dass er in Deiner Hand noch dieselbe scheinbare Grösse habe, wie er in jener ungeheuern Entfernung hatte; er wird Dir jetzt alle Erscheinungen eines Körpers geben, so dass seine vorher unübersehbaren Entfernungen nun Poren sind, seine innern Bewegungsverrichtungen als physische und chemische Eigenschaften erscheinen. Seine Zusammendrückung würde nicht ohne Widerstand seyn, und die Annäherung der Theile, unzählige Licht und Wärmestrahlen nöthigen, schneller ihren Lauf hin- und herwärts zwischen den Theilchen zu vollenden, also auch häufiger durch die Oberfläche zu entweichen, also Wärme- und Lichtentbindung geben.[59]

Dieses Gedankenexperiment tritt wiederum als eine bloße Plausibilitätsbetrachtung auf – nicht mit dem Anspruch eines Beweises. Es geht um Plausibilität und Denkmöglichkeit, nicht um Notwendigkeit oder Realität. Und wie vorher ist das Gedankenexperiment eigentlich eine Analogie- oder Ähnlichkeitsbetrachtung. Bei der Frage, ob Wasserstoff ein Metall ist, wurde diese Ähnlichkeit durch eine gedankliche Variation der Temperaturskala erreicht: bei wesentlich tieferen Temperaturen würden Wasser und Tonerde physikalisch und chemisch ähnlich erscheinen, obwohl sie bei unserer normalen Umgebungstemperatur höchst unterschiedliche Stoffe sind. Im vorliegenden Gedankenexperiment wird in Gedanken die Größenskala variiert: ein Sternnebel, um viele Größenordnungen verkleinert, würde phänomenal nicht von einem normalen Stück glühender Materie unterscheidbar sein. Also ist es möglich (vorstellbar), daß die uns bekannte Materie einen inneren Aufbau hat, der ähnlich einem mikroskopischen Sternsystem ist, und daß die chemischen und physikalischen Eigenschaften der makroskopischen Stoffe auf Bewegungsgesetze ihrer vermuteten Teile reduziert werden können.

Auch bei diesem Gedankenexperiment läßt sich eine Beobachtung machen, die eigentlich verwundern sollte: Normalerweise bringt eine Analogiebetrachtung ein unverstandenes Phänomen in einen Zusammenhang mit einem bekannten Phänomen, das keine offenen Fragen aufwirft und so das unverstandene mit dem verstandenen erklärt. Die Physik der Sternnebel war aber damals völlig ungeklärt; man hatte keine Vorstellung davon, wie Sterne Licht und Wärme produzieren, in welchem Zusammenhang Bewegung mit Wärme steht, wie sich die Phänomene eines komplexen Sternnebels aus den bekannten elementaren Naturgesetzen (Newtons Gravitationsgesetz) ableiten ließen, etc. Die Behauptung beispielsweise, daß ein Zusammendrücken eines (verkleinerten) Sternnebels Widerstand hervorrufen und zur Aussendung von Licht und Wärme führen würde, ist bei Ørsted bloße Vermutung.

59 *Briefwechsel über Atomistik und Dynamik*, Erster Brief von Ørsted an Weiss, 30. Januar 1829; in: Ørsted (1920b), 1/289.

(c) *Wie denken die Bewohner des Jupiter?*

Der fiktive Charakter eines Gedankenexperiments – wenn man Ørsteds *Beispiele* zugrunde legt – wird insbesondere an dem Aufsatz »Das ganze Daseyn ein Vernunftreich« deutlich.[60] Im wesentlichen ist der gesamte 100seitige Aufsatz, der aus einem Vortrag Ørsteds bei der Versammlung der Naturforscher zu Kiel 1846 hervorgegangen ist, ein einziges, überaus weitschweifig beschriebenes Gedankenexperiment. Es geht hierbei um den Grundgedanken von Ørsteds Philosophie: die Universalität der Naturgesetze und ihre Identität mit dem »Vernunftgesetz«. Diesen Standpunkt haben wir oben interpretiert als radikalen Reduktionismus, verbunden mit dem Glauben an einen eindeutigen epistemischen Zugang zum vollständigen Wissen. Die Naturgesetze sind überall die gleichen und lassen keinen Interpretationsspielraum für unterschiedliche Arten der Welterschließung. Ørsted war das radikale Gegenteil von beispielsweise einem Kulturrelativisten. Der Kulturrelativist ist der unsichtbare Gegner von Ørsteds vorliegendem Aufsatz. Ørsted möchte zeigen, daß jedes Wesen, das an der »Vernunft« teilnimmt, zu identischen Auffassungen gelangt – nicht bloß bezüglich der Naturgesetze, sondern auch ästhetischer und moralischer Werte.

In diesem Zusammenhang präsentiert Ørsted das »Gedankenexperiment«, auf das im Aufsatz ständig Bezug genommen wird: den Vergleich unserer Erkenntnisse mit den Erkenntnissen, die man auf dem Planeten Jupiter gewinnen müßte.

> Um nicht im Streben nach dem Allgemeinen die Klarheit der Anschauung zu verlieren, wollen wir unsere Aufmerksamkeit zunächst auf einen bestimmten fremden Weltkörper hinwenden und es wird sich bald zeigen, daß sich die hier wahrnehmbaren einzelnen Züge mit Leichtigkeit unter ein allgemein Erkanntes zusammenfassen lassen. Wir wollen das Gedankenexperiment machen, uns auf den Planeten Jupiter hin zu versetzen.[61]

Hier erstaunt das Wort »wahrnehmbar«, womit offensichtlich keine empirische Beobachtung gemeint sein kann. Tatsächlich ist die Betrachtung der Verhältnisse auf dem Planeten Jupiter mit seinen fiktiven Bewohnern nicht mehr als ein *illustratives Beispiel*, um eine abstrakte Behauptung mit konkreten Details auszumalen. Wenn

60 In: *Der Geist in der Natur*; Ørsted (1850) 1/215-314.
61 Ørsted (1850) 1/226.

Natur- und Vernunftgesetze überall gleich sind, dann sind sie auch zwischen Erde und Jupiter gleich, und demnach herrschen auf dem Jupiter die gleichen Naturgesetze wie auf der Erde, und vernunftbegabte Wesen auf dem Jupiter werden zu den gleichen Vorstellungen der Naturgesetze (und daraus abgeleiteten Gesetze über das Schöne und Gute) gelangen. Dies ist das – in allen Ausschmückungen ausgemalte – Argument. Ørsted ist durchaus bereit, den Wesen auf dem Jupiter verschiedene Körpergestalt und Sinnesorgane zuzubilligen, und sieht hierdurch die konkreten Auffassungen z. B. von Schönheit in der Jupiter-Kultur beeinflußt – allgemeine Aussagen ließen sich allerdings trotzdem machen:

Mögen ihre [der vernunftbegabten Jupiterbewohner] Sinnenwerkzeuge, ja ihr ganzer Körperbau von dem unsrigen noch so verschieden seyn, wenn wir sie nur nach denselben Vernunftgesetzen erschaffen annehmen, welche wir durch die ganze Natur gültig gefunden haben, so weit unsere Einsichten reichen, so muß ihre Lichtfreude und ihr Sinn für die Schönheit der sichtbaren Dinge denselben Gesetzen folgen wie bei uns.[62]

Keine der Behauptungen, die Ørsted über die Bewohner des Jupiter aufstellt, bezieht sich auf eine vorhandene oder erhoffte zukünftige Beobachtung. Ørsted äußert nicht die Erwartung, eines zukünftigen Tages mit Bewohnern anderer Planeten in Kontakt treten zu können. Trotzdem erwartet er, die zukünftige Wissenschaft werde seine Behauptungen in gesichertes Wissen überführen. Durch Erforschung der Verhältnisse auf unserer Erde sollen nicht nur Gesetze gefunden werden, wie man von verbesserten astronomischen Beobachtungen auf die chemische Zusammensetzung fremder Planeten schließen kann, sondern auch die Bildungsgesetze, wie sich aus den dort vorhandenen Stoffen »organische Wesen auf fremden Weltkörpern« formen. Wegen der Universalität der Gesetze ließe sich alles über außerirdische Lebewesen herausfinden, ohne sie je zu Gesicht zu bekommen.

Das Gedankenexperiment extrapoliert von vermuteten Naturgesetzen auf die Verhältnisse auf anderen Planeten sozusagen in einem »Trockenversuch«. Auch ohne schon konkretes empirisches Wissen zu haben, wird die Begründungsstruktur einer für die Zukunft erhofften, empirischen Theorie ausprobiert. Wenn die Begründungsstruktur befriedigt, läßt sich hieraus wohl der *Plan zu*

62 Ørsted (1850) 1/267f.

einem empirischen Forschungsprogramm gewinnen: Im letzten Beispiel *(b)* wird man die Gesetze, nach denen Sternnebel ihre Form erhalten und Licht und Wärme abstrahlen, erforschen wollen, um etwas über die chemischen und physikalischen Eigenschaften von Stoffen zu erfahren. Im vorliegenden Beispiel ergibt sich ein Motiv, die Existenz von chemischen Bildungsgesetzen für organisches Leben anzunehmen, die man empirisch suchen muß.

In keinem der drei Beispiele haben die Gedankenexperimente eine eindeutige oder durchgehend beibehaltene Begründungsrichtung. Es bleibt unklar, ob von einer vorgefundenen Ähnlichkeit auf den metallischen Charakter von Wasserstoff geschlossen oder aus der Annahme einer fehlenden Naturgrenze zwischen Metallen und Nichtmetallen ein gedachter Fall von Ähnlichkeit konstruiert wird. Ebenso, ob aus der Annahme des entostrophadischen Weltsystems die Ähnlichkeit zwischen Sternnebeln und glühenden Stoffen folgt oder aus dieser Ähnlichkeit das entostrophadische Weltsystem begründet wird. Die gleiche Unklarheit gibt es auch bei den Jupiter-Bewohnern. Einerseits präsentiert Ørsted das Gedankenexperiment als bloße Illustration in Form einer großen Anzahl von trivialen Anwendungen von syllogistischen Schlüssen: Wenn an allen Orten die gleichen Vernunftgesetze gelten und Jupiter ein Ort ist, dann gelten auf Jupiter die gleichen Vernunftgesetze. Andererseits meint Ørsted mit dem Vorbringen des Gedankenexperiments eine informative Mitteilung zu machen. Er verwendet ständig Formulierungen der Art, daß sich mit dem vorhandenen Wissen etwas noch nicht genau sagen lasse. Auch ist der Jupiter als Beispiel gewählt, weil über ihn damals schon einige empirische Fakten (etwa über Größe und Abstand zur Sonne) bekannt waren – also nicht bloß als Beispiel für irgendeinen ferngelegenen Ort im Universum. Die Prämisse des Gedankenexperiments (die Universalität der Gesetze) wird also einerseits vorausgesetzt, andererseits aber auch erschlossen. Das scheint ein wesentliches Merkmal von Ørsteds Beispielen zu sein.

(d) Anmerkung zu den »klassischen« Gedankenexperimenten

Es wurde eingangs *(Teil I)* gesagt, daß die heutige Literatur über Gedankenexperimente einen festen Kanon an Beispielen herausgebildet hat, auf den man sich bei jeder sonstigen Unklarheit darüber, ob mit »Gedankenexperiment« dasselbe gemeint sei, zurückziehen kann. Insbesondere zählen hierzu Stevins »Kugelkranzbeweis« vom Gesetz der schiefen Ebene und Galileis Gedankenexperiment zum Fallgesetz. Beide Beispiele sind im Kernbereich der Disziplin Mechanik angesiedelt. In Ørsteds Lehrbuch der Mechanik (1851) werden beide Gesetze, schiefe Ebene und freier Fall, behandelt. Das Vorwort haben wir oben *(II.1.2.2)* schon angeschaut, und dort war von den vielen Beispielen für Gedankenexperimente in diesem Buch die Rede. Da fragt man nach Ørsteds Interpretation dieser beiden heute paradigmatischen Gedankenexperimente – doch leider vergebens.

Bei der Vorstellung von beiden Gesetzen erwähnt Ørsted weder die Autoren Stevin und Galilei noch den Begriff »Gedankenexperiment«. Das Gesetz der schiefen Ebene wird bei Ørsted auf eine von Stevin verschiedene Art bewiesen: aus dem vorher behandelten Gesetz der mechanischen Rolle, nicht aus einem »Kugelkranzbeweis«. Der ganze Abschnitt, der sich mit dem Fallgesetz auseinandersetzt, konzentriert sich bei Ørsted auf die Methoden, das Fallverhalten mit realen Experimenten zu ergründen, und lediglich am Anfang findet sich auch das, was man heute Gedankenexperiment nennt – allerdings nicht in der Fassung von Galilei (1638), sondern ähnlich der Fassung, die Benedetti (1585) schon vor Galilei veröffentlicht hat:

> Man sieht leicht, daß die Masse eines Körpers die Geschwindigkeit seines Falles nicht vergrößern kann, denn es ist einleuchtend, daß zwei Körper, welche neben einander herabfallen, nicht schneller fallen werden, als wenn jeder für sich fiele, ebenso wenig als ihre Geschwindigkeit sich vermehren würde, wenn man sie zusammenknotet, woraus man also auch erkennt, daß kein Grund zu größerer Geschwindigkeit gegeben ist, selbst wenn sie zu einem Körper vereinigt würden. [...] Dieses wird vollkommen durch die Erfahrung bestätigt, [...][63]

Ørsted versteht dieses Argument nicht als zwingend, sondern als »einleuchtend« – also wie oben könnte man dies eine Plausibilitätsbetrachtung nennen. Die Bestätigung durch die Erfahrung wird hierdurch nicht ersetzt, sondern macht gerade den größten Teil der Darstellung dieses Abschnitts in Ørsteds Lehrbuch aus. – Diese Auffassung über das »Gedankenexperiment« teilt Ørsted mit Galilei.

63 Ørsted (1851) 159.

1.3 Fazit

Wir verlassen nun einerseits an dieser Stelle der historischen Untersuchung zur Wissenschaftsphilosophie des Gedankenexperiments den Einflußbereich von Kant und der Naturphilosophie. Die nachfolgenden Beiträge über die Methode des Gedankenexperiments berufen sich nicht auf Kant oder Ørsted – die meisten sind sogar aus einer deutlichen Haltung *gegen* Kant und die Naturphilosophie entwickelt. Der direkte Vergleich scheitert allerdings an der Unkenntnis über Ørsteds Überlegungen zum Gedankenexperiment bei allen späteren Autoren. Andererseits wird uns das meiste, was nachfolgend über das Gedankenexperiment gesagt wird, vertraut vorkommen. Gerade weil Ørsteds Überlegungen in wechselnde Richtungen gegangen sind und kein geschlossenes System bilden, haben wir ein ganzes Spektrum an möglichen Interpretationen von Gedankenexperimenten kennengelernt.

(1) Der Ausgangspunkt war der Versuch oder die Hoffnung, Kants Ideen in der Wissenschaftspraxis nutzbar zu machen. Es gibt eine »eigentliche« Wissenschaft, deren Inhalte sowohl empirische Sachverhalte beschreiben als auch mit *Notwendigkeit* erkannt werden können. Die Existenz dieser eigentlichen Wissenschaft wird mit einer Behauptung über die Identität zwischen Naturgesetzen und Vernunftgesetzen begründet. Die äußere Welt würde danach (zumindest teilweise) den gleichen Gesetzen wie das vernünftige Denken folgen, demnach sei ein in der Vernunft begründetes »Gefühl«, daß ein empirischer Zusammenhang notwendig bestehe, ein Wahrheitsindikator. Das Gedankenexperiment ist hier die Methode, ein Naturgesetz aus der introspektiven Untersuchung der »Vernunftgesetze« abzuleiten. Anstatt des Verhaltens von Gegenständen der äußeren Erfahrung (wie beim realen Experiment) untersucht man hierbei die innere Struktur der menschlichen Vernunft. Die Entitäten, mit denen man hierbei experimentiert, liegen ebenso wie die Gegenstände der äußeren Erfahrung nicht als Aussagesätze vor. Der Untersuchungsgegenstand des Gedankenexperiments sind Bilder, Modelle, Anschauungen. Diese würden sich in Gedanken manipulieren lassen, und bestimmte, nicht mit diskursiven Regeln vorhersagbare Strukturen würden (gewissermaßen als Meßergebnis) die Überzeugung, sie seien notwendig und empirisch wahr, hervorrufen. Mathematische und empirische Wahrheiten unterscheiden sich

hierbei nur graduell, sofern man sich bei der Mathematik »künstlich« einschränkt, nur einen kleinen Teil der Vernunft zu benutzen. Nach dieser Interpretation macht ein Gedankenexperiment eine zusätzliche Überprüfung im realen Experiment genauso überflüssig, wie es in der Mathematik überflüssig ist, beispielsweise das Ergebnis einer Addition durch Abzählen von realen Gegenständen zu überprüfen.

Diese Interpretation des Gedankenexperiments hat zwei gravierende Mängel:
(a) Die Methode läßt sich nicht diskursiv beschreiben. Die Erkenntnis, daß ein Modell der Wirklichkeit dank der Vernunftgesetze zu der Überzeugung führt, es sei notwendig wahr, während ein anderes Modell als bloße Fiktion erscheint, ist genauso unvorhersagbar und unbestimmt wie das reale Meßergebnis zu einem Naturphänomen, von dem man noch keine Theorie besitzt. Ørsteds Hoffnung, die Inhalte einer Disziplin systematisch aus einer Reihe von Gedankenexperimenten zu entwickeln, erscheint unbegründet. In dieser Vorstellung vom Gedankenexperiment läßt es sich nur im Verfahren von *trial and error* praktizieren. Es werden wahllos Modelle der Wirklichkeit in der Anschauung entworfen, und man läßt sich von der Erkenntnis überraschen, welche als gute Abbilder der Wirklichkeit erscheinen.
(b) Das zweite Problem ist das empirische Faktum des Irrtums. Mit »empirisch« ist sowohl die uns und Ørsted bekannte Wissenschaftsgeschichte als auch die empirische Psychologie gemeint: Was zu einer Zeit den Naturphilosophen notwendig und wahr erschien, hielten spätere Naturphilosophen oft für falsch; was einem Menschen als völlig befriedigendes Modell der Wirklichkeit einleuchtet, mag dem anderen absurd erscheinen, und reale Experimente widerlegen nicht selten alle vorhandenen Vorstellungen darüber, wie die Natur notwendigerweise sein müsse. Das prominenteste Beispiel der Wissenschaftsgeschichte für einen solchen Irrtum ist die Widerlegung von Kants vermeintlicher Vernunftwahrheit über die Zentralkräfte durch Ørsteds Entdeckung des Elektromagnetismus.

Aus beiden Problemen ergeben sich Richtungen für abgeschwächte Interpretationen des Gedankenexperiments:
(2) Man kann die Behauptung der Existenz einer nichtsprachlichen Erkenntnisquelle in der Vernunft beibehalten, aber die Irrtumsanfälligkeit der menschlichen Vorstellungen von Notwendigkeit zum

Anlaß nehmen, das Ziel oder die Aufgabe eines Gedankenexperiments bescheidener zu formulieren. Gedankenexperimente befriedigen hiernach ein anderes Erkenntnisbedürfnis als das nach der Wahrheit empirischer Aussagen; sie stehen nicht mehr in Konkurrenz zu Beobachtungsergebnissen, sondern ergänzen diese mit anderen Inhalten. Hier gibt es viele Optionen für Fragen, die über das bloße Beobachtungsergebnis hinausreichen. Bei Ørsted findet man insbesondere, aber ohne scharfe Trennung:

(a) Das Bedürfnis nach *Erklärung* der empirischen Tatsachen.

(b) Die Suche nach dem geeigneten *Begriffsrahmen* oder einer angemessenen *Klassifikation* von Phänomenen.

(c) Die Nachbildung der Natur in einem *anschaulichen* mechanischen *Modell.*

(d) Die Herstellung einer *Ähnlichkeitsbeziehung* zwischen unterschiedlichen Phänomenen durch die Konstruktion von fiktiven Zwischenstufen mit dem Ziel eines *kohärenten* Naturbilds.

(e) Die *Heuristik,* d. h. die Suche nach interessanten und erkenntnisfördernden Fragen für zukünftige reale Experimente.

Das Ausführen eines Gedankenexperiments geschieht hierbei genauso wie oben: Man probiert etwas in Gedanken aus, und eine nichtsprachliche Entität »im Kopf« entscheidet, ob man mit dem, was man erreichen wollte, Erfolg hatte oder nicht. Die gute Erklärung, der geeignete Begriffsrahmen und das anschauliche Modell etc. lassen sich nicht durch das Befolgen eines Kochrezepts finden, sondern erst im nachhinein als solche erkennen. Das Problem, daß hierbei verschiedene Menschen zu verschiedenen Zeiten zu unterschiedlichen Ergebnissen kommen könnten, bleibt bestehen.

(3) Man kann versuchen, das Gedankenexperiment von allen unkontrollierbaren und unsicheren Erkenntnisquellen der »Vernunft« unabhängig zu machen, also als eine diskursive Methode zu entwickeln, die nicht auf das Vorhandensein von Bildern und Anschauungen »im Kopf« angewiesen ist. Die Methode des Gedankenexperiments reduziert sich hierdurch auf den theoretischen Teil der empirischen Wissenschaft. Das Ausrechnen der empirischen Konsequenzen aus einer vermuteten Theorie oder einem Modell ist eine reine Denktätigkeit, die vollständig in diskursiven Regeln beschrieben ist, also weder Intuition noch die identische Ausgestaltung der »Vernunft« bei allen Menschen und zu allen Zeiten verlangt. Hier ist allerdings nicht zu erkennen, was durch den Begriff »Gedankenex-

periment« an neuer Einsicht mitgeteilt werden soll gegenüber dem klassischen Verständnis der *hypothetisch-deduktiven* Experimentalmethode.

2. Psychologie und Logik: Das Gedankenexperiment bei Mach und seinen Kritikern (1883-1916)

Alles, was wir bisher über die Wissenschaftsmethode Gedankenexperiment gehört haben, ist, obwohl wir uns in der Hauptlinie chronologisch durch dieses Thema arbeiten, neu in dem Sinne, daß es nicht rezipiert wurde. Es war gewissermaßen die Vorgeschichte des Gedankenexperiments. Für alle nachfolgenden Wissenschaftsphilosophen fängt die Begriffsgeschichte des Gedankenexperiments (falls man sich dazu geäußert hat) mit Ernst Mach (1838-1916) an. Die Tradition, in der der Begriff »Gedankenexperiment« durch die Ahnenschaft von Mach steht, ist aber auf den ersten Blick eine völlig andere als die soweit beschriebene. – Ein tieferer Bruch als zwischen den erklärten philosophischen Grundüberzeugungen von Ørsted und Mach ist kaum vorstellbar.

2.1 Ernst Mach

Machs Motiv, sich als erfolgreicher Experimentalphysiker wissenschaftsphilosophischen Fragen zuzuwenden, war die Feindschaft gegen alle Metaphysik und insbesondere gegen die Philosophie Kants. Auch als er schon weithin als Gründer einer neuen Philosophierichtung gehandelt wurde (und Inhaber eines eigens für ihn geschaffenen Lehrstuhls in Wien für »Philosophie, insbesondere Geschichte und Theorie der induktiven Wissenschaften« war), schrieb Mach über sich selbst:

Das Land des Transcendenten ist mir verschlossen. Und wenn ich noch das offene Bekenntnis hinzufüge, daß dessen Bewohner meine Wißbegierde gar nicht zu reizen vermögen, so kann man die weite Kluft ermessen, welche zwischen vielen Philosophen und mir besteht. Ich habe schon deshalb ausdrücklich erklärt, daß ich *gar kein Philosoph, sondern Naturforscher bin.*[64]

Seine Absicht war, »nicht etwa eine *neue* Philosophie in die Naturwissenschaften einzuführen, sondern eine *alte abgestandene* aus derselben zu entfernen«[65] – und diese trägt für Mach den Namen Kant: »Hochverdienten Männern wie *J. F. Fries* und *E. F. Apelt* [...] ist es nicht gelungen, sich von vorgefaßten philosophischen Ansichten ganz zu befreien. Diese Philosophen, wie selbst der Naturforscher *Whewell*, sind durch ihre Anhänglichkeit an *Kant*sche Gedanken zu recht wunderlichen Auffassungen sehr einfacher naturwissenschaftlicher Fragen gedrängt worden.«[66] Deshalb sah sich Mach genötigt, zu wissenschaftsphilosophischen Fragen Stellung zu beziehen. – »Daß meine Ansichten mit den *Kant*schen Ergebnissen nicht stimmen können, mußte, bei der Verschiedenheit der Ansätze, die sogar einen gemeinsamen Boden für die Diskussion ausschließen, für jeden Kantianer *und auch für mich* von vornherein feststehen.«[67]

Hier verblüfft es natürlich, Mach mit seiner Wahl des Begriffs »Gedankenexperiment« mitten in einem Feld zu finden, das zuvor nur vom Kantianismus besetzt war. So offensichtlich aus diesen Zitaten ist, daß Mach sich bei der Einführung des Begriffs »Gedankenexperiment« nicht absichtlich auf die Tradition Kants berufen hat: Selbst wenn dieser Begriff völlig unabhängig zweimal neu erfunden sein sollte, wirft diese Koinzidenz die Frage auf, wie es kommen kann, daß aus so unterschiedlichen Hintergründen jeweils eine Lücke in der Beschreibung des methodischen Instrumentariums der Wissenschaft wahrgenommen wurde, die Anlaß zur Einführung desselben Begriffs gegeben hat. Aber hat Mach Ørsteds Arbeiten zum Gedankenexperiment wirklich nicht gekannt? Wie ist Mach auf diesen Begriff gekommen?

Mit den veröffentlichten Schriften Machs läßt sich die These, Mach habe Ørsteds Arbeiten zum Gedankenexperiment gekannt, weder bestätigen noch widerlegen. Mach behandelt darin gelegentlich Ørsteds wissenschaftliche Arbeit, nicht jedoch seine Beiträge

64 Mach (1905) *vii* (1905 war Mach schon emeritiert).

65 Mach (1905) *viii.*

66 Mach (1905) *vi.*

67 Mach (1905) *vii* (Fußnote).

zur Philosophie und Geschichte der Naturwissenschaften. Die Vermutung, daß Mach von Ørsteds Überlegungen zum »Gedankenexperiment« wußte, läßt sich trotzdem aufrechterhalten. Zum einen gibt es einige Ähnlichkeit in einzelnen Formulierungen von Ørsted und Mach über das Gedankenexperiment, zum anderen ist es schwer zu glauben, dem vielbelesenen Mach könnten die seinerzeit überaus populären Beiträge von Ørsted zur Naturphilosophie entgangen sein. Zur Zeit, als Mach seine *Mechanik* (1883) schrieb, war wohl in jedem an Naturphilosophie interessierten Haushalt im deutschsprachigen Raum ein Exemplar von Ørsteds Textsammlung *Der Geist in der Natur* zu finden. Mach behandelt in seinen wissenschaftshistorischen Schriften selbst die weniger verbreiteten Arbeiten von Ørsted über die Kompressibilität von Wasser – vor diesem Hintergrund sticht Machs Unterlassung, Ørsteds Ausführungen über das »Gedankenexperiment« auch bloß zu erwähnen, ins Auge.[68]

2.1.1 Machs Entdeckung der Wissenschaftsmethode »Gedankenexperiment«: Motiv und Hintergrund

Wie kommt Mach dazu, wissenschaftliche Forschung mit dem Begriff »Gedankenexperiment« zu beschreiben? Machs erste Monographie »Über Gedankenexperimente« ist ein Aufsatz für eine pädagogische Zeitschrift (1897), den er erweitert als Kapitel in sein wissenschaftsmethodologisches Hauptwerk *Erkenntnis und Irrtum* (1905) übernimmt. Wichtig für uns ist aber insbesondere auch sein erstes größeres Buch zur Wissenschaftsgeschichte,[69] *Die Mechanik in ihrer Entwicklung – Historisch-kritisch dargestellt* (1883), die allerdings durch ihren großen Erfolg und die dadurch erfolgten Neuauflagen von Mach einem ständigen Prozeß des Überarbeitens und Umschreibens unterworfen wurde, so daß die ausführlichste (für uns ergiebigste) letzte Auflage kein getreues Abbild der Begrifflich-

68 In der zweiten Ausgabe der *Principien der Wärmelehre* (Leipzig 1900) findet sich im Namenregister (S. 478) ein Verweis von »Oersted« auf Seite 389, wo Mach in diesem Buch auf die Methode des Gedankenexperiments zu sprechen kommt. Der Verweis führt ins Leere.

69 Schon vorher schrieb Mach längere Aufsätze über »Die Geschichte und die Wurzel des Satzes von der Erhaltung der Arbeit« (1872) und »Zur Geschichte des Arbeitsbegriffs« (1873).

keit von Machs Philosophie zum Zeitpunkt 1883 liefern. Trotzdem wollen wir uns hiermit zuerst beschäftigen.[70]

Die *Mechanik* ist eine mit vielen Beispielen und Zwischenschritten ausgearbeitete Geschichte dieser Disziplin von den Anfängen der Entdeckung des Hebelgesetzes bis zu den damals neusten Entwicklungen von Lagrange, Hamilton oder Riemann. Die Absicht mit diesem Buch legt Mach in den ersten zwei Sätzen des Vorworts zur ersten Auflage offen:

> Vorliegende Schrift ist kein Lehrbuch zur Einübung der Sätze der Mechanik. Ihre Tendenz ist vielmehr eine aufklärende oder, um es noch deutlicher zu sagen, eine antimetaphysische.[71]

Nach 24 Seiten über das Hebelprinzip beschäftigt sich Mach im zweiten Abschnitt mit dem Prinzip der schiefen Ebene, insbesondere dem Beitrag von Simon Stevin (1586) hierzu, und in der zusammenfassenden Beurteilung von Stevins Beweisführung erfindet Mach den Begriff »Gedankenexperiment« :

> Denn es kommt nicht darauf an, ob das Experiment wirklich ausgeführt wird, wenn der Erfolg nicht zweifelhaft ist. Stevin *experimentiert* eben *in Gedanken*.[72]

Die Details von Stevins Experiment sollen uns hier nicht interessieren, sondern nur Machs Motiv, in diesem Zusammenhang den Begriff »Gedankenexperiment« zu erfinden. Das Wörtchen »eben« in diesem Zitat ist der Schlüssel. Mit diesem trotzigen »eben« sagt Mach, daß er Stevins Beweisführung *einerseits* für überaus gelungen und wichtig hält:

> Die Stevinsche Ableitung ist eine der wertvollsten Leitmuscheln in der Urgeschichte der Mechanik und wirft ein wunderbares Licht auf den Bildungsprozeß der Wissenschaft, [...] Stevins Vorgang ist kein Fehler. Läge darin auch ein Fehler, so würden wir ihn alle teilen.[73]

Andererseits maskiert Mach mit diesen enthusiastischen Bemerkungen nur unzureichend, daß es ihm nicht verborgen geblieben ist: Stevins Vorgang *ist* strenggenommen überaus fehlerhaft. Durch die

70 Die *Mechanik* (^{1}1883) hat Mach in folgenden Auflagen überarbeitet: ^{2}1888, ^{3}1897, ^{4}1901, ^{5}1904, ^{6}1908, ^{7}1912.

71 Mach (1883) xix.

72 Mach (1883) 29.

73 Mach (1883) 26f.

beständige Wiederholung der Behauptung, wie richtig und notwendig die Art von Stevins Beweisführung war, bewirkt Mach geradezu das Gegenteil. Bei so viel Eifer des Verkäufers muß an Stevin etwas faul sein. Was Mach zuletzt mit der Aussage »Stevin experimentiert eben in Gedanken« präsentiert, ist ein fadenscheiniger *Marketing*-trick: Man erfindet einen neuen Produktnamen und erklärt hiermit alle Mängel zu gewollten *Features*: Ihr mögt das fehlerhafte Beweisführung nennen, für mich (Mach) ist das *eben* ein »Gedankenexperiment« und als ein solches eine legitime und notwendige Methode der seriösen Wissenschaft.

Welche Fehler in Stevins Beweisführung bemerkt (und verzeiht) Mach? Der zentrale Fehler dieser Beweisführung, den Mach erkennt, aber billigt, ist: Sie sieht nur aus wie ein logisches Argument, ist aber in Wirklichkeit gar kein Beweis. Mach meint, das Ergebnis von Stevins »Vorgang« sei eine bloße »instinktive Erkenntnis« – keine Konklusion eines Arguments. In Machs euphemistischer Ausdrucksweise: »Ja es ist sogar gewiß, daß nur die Verbindung des stärksten Instinkts mit der größten begrifflichen Kraft den großen Naturforscher ausmacht.«[74] Die Beweiskraft würde hierdurch keinen wesentlichen Schaden nehmen: »Das Instinktive ist ebenso fehlbar wie das klar Bewußte.«

Stevins »Vorgang« hat allerdings eine argumentative Struktur. Diese Argumentation hätte sich Stevin eigentlich ersparen können, wenn es beim Gedankenexperiment nur darum ginge – wie Mach sagt –, eine »instinktive Erkenntnis« auszuformulieren. Stevin hat es sich nicht erspart, Argumentationstext niederzuschreiben. Dieser kann demnach, wenn Mach recht hat, nur eine *petitio principii* darstellen. – Generationen von Logikstudenten wurde eingebleut, beim Argumentieren den elementaren Fehler der *petitio principii* zu vermeiden, und Mach meint, dem von ihm hochverehrten Stevin sei er unterlaufen: Das, was das Argument beweisen soll, wird einfach aus dem Nichts genommen oder unbemerkt als Prämisse der Argumentation eingesetzt. Mach erkennt nicht bloß die *petitio principii* in Stevins Argumentation *und verzeiht sie*, er erklärt sie sogar sogleich zur normalen und üblichen Argumentationsmethode der Wissenschaft: »Gewöhnlich finden wir dann, daß *dasselbe* Prinzip, zu dessen Begründung wir die instinktive Erkenntnis herangezogen

74 Dieses und nachfolgende Zitate: Mach (1883) 27-9.

haben, wieder die *Grundbedingung* für das Entstehen dieser Erkenntnis bildet. Das ist auch ganz unverfänglich.«

Freimütig gibt Mach zu, daß Stevins Argumentation auf eine Täuschung des Lesers hinausläuft: »Die Betrachtung von Stevin erscheint uns so geistreich, weil das Resultat, zu welchem er gelangt, mehr zu enthalten scheint als die Voraussetzung, von welcher er ausgeht.« Aber dies – erkennt Mach – ist bloß scheinbar so: »Hätte Stevin die ganze Tatsache nach allen Seiten klargelegt, [...] so würde uns seine Überlegung nicht mehr geistreich erscheinen, wir würden aber einen viel mehr befriedigenden und klaren Einblick erhalten.«

Mach erklärt, was er mit dem »klaren Einblick« meint, und diese Erklärung liefert ein weiteres, normalerweise für desaströs gehaltenes Urteil über eine Beweisführung: Das Ergebnis, die »instinktive Erkenntnis«, ist nach Machs Verständnis noch nicht einmal neu. Es sei dieselbe, die Stevin kurz vor dem Gedankenexperiment zur schiefen Ebene schon bei der Behandlung von mechanischen Rollen dargelegt habe. Mach entschuldigt auch diesen Malus in Stevins Beweisführung, die überflüssige Wiederholung einer längst bekannten Erkenntnis: »er war aber offenbar zu mißtrauisch gegen sich, das Gesetz auch ohne weitere Stütze als für die schiefe Ebene gültig hinzustellen.« Daß mit Stevins Gedankenexperiment also bloß eine instinktive Erkenntnis ausformuliert wird, die mit einem logisch unzulässigen Zirkelbeweis versehen wurde, der bloß den Eindruck macht, als wäre er geistreich, und bei näherer Betrachtung noch nicht einmal etwas Neues mitteilt, sind für Mach läßliche Sünden in den exakten Wissenschaften. Daß Stevin die beiden instinktiven Erkenntnisse über die mechanische Rolle und über die schiefe Ebene nicht als ein und denselben mechanischen Zusammenhang behandelt hat, kommentiert Mach mit einem beiläufigen: es »braucht uns nicht weiter zu stören.«

Schließlich: Auch als weder neue noch zirkelfrei begründete Aussage ist die bei Stevin relevante »instinktive Erkenntnis« ein empirischer Satz, der sich nur durch die Empirie (nicht: durch Deduktion) beweisen läßt. Mach erkennt, daß der entsprechende empirische Nachweis ganz mühelos hätte durchgeführt werden können und doch von Stevin unterschlagen wurde: »Aus den entsprechenden physischen Experimenten mit möglichst ausgeschlossener Reibung hätte sich das Stevinsche Ergebnis wirklich ableiten lassen.« Hier steht »wirklich« – Stevin hatte nach Machs Interpretation mit seinem scheinbaren Argument nicht »wirklich« das Ergebnis abgeleitet. Aber Mach meint, »es kommt nicht darauf an« – »Stevin experimentiert eben in Gedanken.«

Welchen Sinn und Zweck kann ein »Gedankenexperiment« haben, das in so gravierenden Punkten von einer (im zuvor bekannten Sinne) seriösen Beweisführung abweicht? Sein Motiv für diese erstaunliche Toleranz gegenüber den genannten Fehlern erläutert Mach unmittelbar anschließend:

> Man kann sagen, daß die bedeutendsten und wichtigsten Erweiterungen der Wissenschaft auf diese Weise zustande kommen. Das von den großen Forschern geübte Verfahren des Zusammenstimmens der Einzelvorstellungen mit dem Allgemeinbild eines Erscheinungsgebietes, die stete Rücksicht auf das Ganze bei der Betrachtung des Einzelnen, kann als ein wahrhaft philosophisches Verfahren bezeichnet werden. Eine wirklich philosophische Behandlung einer Spezialwissenschaft wird immer darin bestehen, daß man deren Ergebnisse mit dem feststehenden Gesamtwissen in Zusammenhang und Einklang bringt. Traumhafte Ausschreitungen der Philosophie, sowie unglückliche monströse Spezialtheorien entfallen hierdurch.[75]

Nach Machs Auffassung hatte im Beispiel Stevin nicht jemand trotz einigem Dilettantismus in der Anwendung von Logik und Experiment zufällig Erfolg gehabt, sondern die *zentrale* Argumentationsfigur für erfolgreiche wissenschaftliche Arbeit angewandt. In diesem Zitat sieht man die gleiche Verortung für die neu benannte Wissenschaftsmethode »Gedankenexperiment« wie bei Ørsted: Gedankenexperimente sollen für den gewissermaßen *goldenen Mittelweg* zwischen den beiden traditionellen, aber als mangelhaft erkannten Forschungsmethoden stehen: *(a)* die bloße Faktenanhäufung rein empirischer Forschung, die zu »unglücklichen, monströsen Spezialtheorien« führt, und *(b)* die spekulativen Methoden der Vereinheitlichung in der Naturphilosophie, deren »traumhafte Ausschreitungen« vom Metaphysikfeind Mach natürlich abgelehnt werden.

Was läßt sich also aus diesem Abschnitt der *Mechanik*, in dem Mach scheinbar beiläufig mit einem »eben« den Begriff »Gedankenexperiment« einführt und sogleich zum Kern des wissenschaftlichen Arbeitens erklärt, über seine Absicht mit dem Begriff »Gedankenexperiment« sagen? Mach hat offenbar eine eigene Vorstellung davon,

75 Mach (1883) 29f.

wie Wissenschaft funktioniert. Um diese gegen traditionelle Vorstellungen abzugrenzen und zu verteidigen, führt er den neuen Begriff »Gedankenexperiment« ein. Die traditionellen Auffassungen von wissenschaftlicher Arbeit und Erkenntnisfortschritt, vor deren Hintergrund Mach seine eigene Interpretation entwickelt, sind gerade diejenigen, nach denen Stevins »Vorgang« als Ansammlung gravierender Methodenfehler angesehen würde. Indem Mach erklärt, daß Stevin mit dieser anscheinend fehlerhaften Methode gearbeitet und damit sogar eine wissenschaftshistorisch bedeutende Leistung vollbracht habe, präsentiert er einen guten Grund dafür, die traditionellen Auffassungen von Wissenschaft für ungeeignet zu halten.

Soweit nur der behandelte Ausschnitt der *Mechanik* betrachtet wird, könnte man vieles vermuten, wie Mach die traditionelle Vorstellung von Wissenschaft und seinen Beitrag zu ihrer Verbesserung sieht. Meint Mach, in der Wissenschaft komme es weniger auf reale Beobachtungsdaten und fehlerfreie Logik als vielmehr auf Instinkt an? Ist Wissenschaft bloße Rhetorik – ohnehin schon Bekanntes durch beständige Wiederholung in eingängige sprachliche Formen zu bringen?

Wir haben oben die zentrale Triebfeder von Machs wissenschaftsphilosophischen Beiträgen genannt, seine Abneigung gegen Metaphysik. Metaphysik, wie sie Mach vorschwebt, läßt sich mit diesen beiden Glaubenssätzen charakterisieren: *(a)* Negativ formuliert: Die alleinige Anwendung von Induktion und Abstraktion auf empirisches Faktenwissen führt nicht zur Erkenntnis von wesentlichen Inhalten der Wissenschaft – selbst wenn das Faktenwissen durch unzählige reale Experimente beliebig vermehrt wird. *(b)* Positiv gewendet: Wissenschaft gründet sich wesentlich auf Erkenntnisse, die durch die Erfahrung bloß nicht widerlegt sind, aber nicht aus ihr abgeleitet werden können – nämlich auf Einsichten der reinen Vernunft.

Mit Machs Darstellung von Stevins Beweisführung ist klar, daß Mach gegen die Behauptung *(a)* tatsächlich nichts einzuwenden hat. Ein wesentlicher Teil seiner Analyse von Stevin dient der Bestätigung dieser Behauptung. Stevin habe nicht mit Induktion und Abstraktion gearbeitet. Stevin habe weder reale Experimente ausgeführt noch empirisches Wissen verallgemeinert, um zu seinem Gesetz der schiefen Ebene zu gelangen. Einen Angriff gegen Metaphysiker bilden diese Feststellungen offensichtlich nicht. Machs

Kritik an der Metaphysik beschränkt sich auf die Ablehnung der Behauptung, die »reine Vernunft« sei die Quelle der nicht durch Induktion und Abstraktion gewonnenen Grundsätze der Wissenschaft. Am »metaphysischen« Glaubensbekenntnis tauscht Mach lediglich die »reine Vernunft« gegen den »Instinkt« aus. Im Unterschied zu dem, was Mach den Metaphysikern mit ihrem Begriff der »reinen Vernunft« unterstellt, möchte Mach den »Instinkt« durch frühere Erfahrung begründet wissen, nur eben nicht mittels der Methoden von Induktion oder Abstraktion, sondern irgendwie anders – mittels des Gedankenexperiments.

Für Machs Beweisabsicht, daß scheinbare Grundsätze der reinen Vernunft immer auf einen empirisch begründeten Instinkt zurückgeführt werden können, ist Stevins Kugelkranzbeweis allerdings eine harte Nuß. Er benötigt für dieses Beweisziel den Nachweis der Fehlbarkeit: Unter »reiner Vernunft« versteht man üblicherweise etwas, das, wenn es richtig angewandt und verstanden ist, zu keinen falschen Behauptungen führen kann; Instinkt hingegen ist einem permanenten Anpassungsprozeß unterworfen und kann durch neue Erfahrungen revidiert werden. Der Nachweis der Revisionsfähigkeit des Instinkts fehlt allerdings in Machs Präsentation des historischen Beispiels von Stevins Gedankenexperiment. Für Machs antimetaphysischen Standpunkt ist der Nachweis jedoch unverzichtbar, daß auch Stevins »Überzeugung mit *logischer Gewalt*« tatsächlich bloß eine empirisch revisionsfähige, instinktive Überzeugung darstellt. So kommt Mach dazu, mitten in der Darstellung von Stevins Gedankenexperiment auf ein anderes historisches Beispiel auszuweichen, womit sich die empirische Revisionsfähigkeit von Überzeugungen mit scheinbar logischer Gewalt besser zeigen läßt – nämlich die schon oben behandelte Entdeckung des Elektromagnetismus durch Ørsted.

Dies [Stevins erfolgreiche Anwendung des Instinkts] nötigt uns aber keineswegs, aus dem Instinktiven in der Wissenschaft eine neue Mystik zu machen und dasselbe etwa für unfehlbar zu halten. Daß letzteres nicht zutrifft, erfährt man sehr leicht. Selbst instinktive Erkenntnisse von so großer logischer Kraft wie das von Archimedes verwendete Symmetrieprinzip können irreführen. Mancher Leser wird sich vielleicht erinnern, welche geistige Erschütterung es ihm verursachte, als er zum erstenmal hörte, daß eine im magnetischen Meridian liegende Magnetnadel durch einen über derselben parallel hingeführten Stromleiter in einem bestimmten Sinne aus dem Meridian abgelenkt wird. Das Instinktive ist also ebenso fehlbar wie das klar Bewußte.[76]

Das Beispiel der Entdeckung des Elektromagnetismus liefert, wie wir bei Ørsted schon gesehen haben, einen guten Grund dafür, allen »metaphysischen« Welterklärungen und Wahrheitsansprüchen mit Skepsis zu begegnen. Und sicherlich kann Machs antimetaphysische Wissenschaftsphilosophie nicht bloß dieses Extrembeispiel des Scheiterns scheinbar offensichtlicher und zwingender Überzeugungen angemessen beschreiben, sondern sehr vieles aus der Wissenschaftsgeschichte. Aber diejenigen Episoden der Wissenschaftsgeschichte, die Mach »Gedankenexperimente« genannt hat, sind für Machs Wissenschaftsverständnis offenbar die besonders problematischen. Wenn sich die metaphysisch gestimmten Philosophen im Umfeld der Entdeckung des Elektromagnetismus blamiert haben, bleibt es trotzdem möglich, daß Stevin seine bedeutende Entdekkung gerade einer erfolgreichen Anwendung von Metaphysik zu verdanken hat. Hiergegen hat Mach bisher kein Argument geliefert, sondern lediglich das Problem mit einem neuen Namen versehen: Gedankenexperiment.

Warum ist wissenschaftliches Arbeiten ohne empirische Kontrolle (manchmal) so erfolgreich wie reale experimentelle Arbeit? Machs Antwort: weil man *eben* auch in Gedanken experimentieren kann. Mit diesem neuen Namen lautet das Problem nun: Wie funktionieren Gedankenexperimente? Und warum sollte eine durch Gedankenexperimente gewonnene Erkenntnis (zumindest manchmal) wissenschaftlich erfolgreich sein?

Das, was Mach »Gedankenexperiment« nennt, ist also kein natürlicher Bestandteil der Machschen Philosophie. Mit diesem Namen bezeichnet Mach Episoden der Wissenschaftsgeschichte, die von seinen Gegnern, den »Metaphysikern«, als Widerlegung seiner Wissenschaftsinterpretation vorgebracht werden könnten. Für den Antimetaphysiker Mach ist es ein ernstes Problem, wenn in der Wissenschaftsgeschichte Beispiele für die erfolgreiche Anwendung reiner Vernunftargumente existieren. Machs Absicht ist offensichtlich: Indem er für diese Episoden den neuen Namen »Gedankenexperiment« erfindet, möchte er von vorhinein verhindern, daß sie unter solchen Titeln wie »transzendentale Deduktion«, »synthetisches

76 Mach (1883) 27.

Apriori« oder »reine Vernunft« abgehandelt werden. Für Mach findet in diesen Episoden die Anwendung der in den empirischen Wissenschaften legitimen Methode des Experiments statt, nur »eben in Gedanken«.

Soviel zu Motiv und Hintergrund von Machs Einführung des Begriffs »Gedankenexperiment«. Bevor wir die Inhalte untersuchen, die Mach mit diesem Begriff verbunden hat, und zusammen mit den Kritikern Machs die Frage stellen, ob hierdurch ein Problem der Wissenschaftsinterpretation gelöst oder bloß mit Worten gespielt wird, ist es nötig, Machs Philosophie mit mehr Inhalten darzustellen, als durch die von ihm selbst gewählte Schublade des »Antimetaphysikers« klargeworden ist.

2.1.2 Allgemeines zu Machs Philosophie

Dieser Abschnitt soll dazu dienen, den naheliegenden Fehler zu vermeiden, der bei jeder Behandlung eines Spezialthemas droht, nämlich den, die Welt aus dem Blickwinkel eines Details zu betrachten und dann Behauptungen aufzustellen, die aus einem anderen Blickwinkel befremdlich erscheinen. In der aktuellen Literatur über »Gedankenexperimente« wird Mach als Ahnherr gehandelt, dem die Ehre zukommt, die Teildisziplin »Wissenschaftsmethodologie des Gedankenexperiments« überhaupt erst erschaffen zu haben. Andererseits wird in der Literatur, die sich dem allgemeinen Thema »Ernst Machs Beiträge zu Philosophie und Wissenschaft« widmet, zumeist noch nicht einmal das Wort »Gedankenexperiment« erwähnt. Hier liegt also ein Spannungsverhältnis, das wir nachher auflösen werden mit der Feststellung, daß es zumindest plausibel ist anzunehmen, Mach habe in seinen späten Jahren seine eigenen früheren Beiträge über die »Gedankenexperimente« skeptisch gesehen. Bis einschließlich 1905 war Mach davon überzeugt, mit dem Begriff des »Gedankenexperiments« ein nützliches Vehikel gefunden zu haben, die Verständlichkeit und Akzeptanz seiner allgemeinen Gedanken zur Wissenschaftsphilosophie zu fördern. Schon ein Jahr später ist das nicht mehr zu erkennen. Zu keiner Zeit ist Mach allerdings von seinen philosophischen Grundüberzeugungen abgerückt. Diese hat er mit und ohne das »Gedankenexperiment«, aber jederzeit mit Eifer vertreten, und diese sollen hier kurz, weil sie in vielen Büchern ausführlich behandelt werden, beschrieben werden. Die

Grundüberzeugungen der Philosophie Machs sind das Beständige, das wir anschauen müssen, um das Vehikel »Gedankenexperiment« zum Zweck ihrer Vermittlung und Verteidigung bei Mach verstehen zu können.

Aus dem Vorangegangenen ahnen wir schon, daß die Philosophie Machs eine Mission hatte, die sich nicht darauf beschränkte, die Entwicklung der Wissenschaften historisch richtig darzustellen und einige landläufige Vorurteile über sie zu korrigieren. Augenfällig ist dies insbesondere an einigen unbequemen und heutige Leser irritierenden Standpunkten, die mit dem Namen Mach verbunden sind. Beispielsweise hatte Mach zeitlebens den Atomismus abgelehnt, obwohl er natürlich von den überzeugenden empirischen Indizien und der weitreichenden Fruchtbarkeit des Atomismus in Chemie und Physik wußte. Daß Materie aus kleinen Teilen zusammengesetzt sei und ihre physikalischen und chemischen Eigenschaften hierdurch abgeleitet sind, hielt Mach für eine bloße heuristische Hypothese, keine ausgemachte Tatsache.

Machs philosophische Beiträge haben Naturwissenschaftler, Philosophen und sogar Revolutionäre provoziert. Der Kommunist und spätere Gründer der Sowjetunion Lenin (Wladimir I. Uljanow) widmete sein einziges wissenschaftsphilosophisches Buch, *Materialismus und Empiriokritizismus* (1908), der Widerlegung der Machschen Philosophie.[77] Der Gründer der Quantenmechanik Max Planck sah sich in einem berüchtigten akademischen Streit mit Mach, 1908-1910,[78] genötigt, den »gesunden« Realismus der Naturforscher gegen die vermeintlichen Übergriffe von seiten der Machschen Philosophie in Schutz zu nehmen und ihren Urheber aufs schärfste zu verurteilen. Diese Reaktionen kamen von Leuten, die bei oberflächlicher Betrachtung eigentlich Machs Parteigänger hätten sein können: Mach war zeitlebens ein Sympathisant der politischen

77 Nachfolgende Autoren aus der leninistischen Tradition sahen die Opposition zu Mach offenbar nicht mehr so streng. Siehe z. B. Hager (1979), wo auf W. S. Meskow verwiesen wird. (»Myslenny experiment i logika«, in: *Logika i metodologika nautschnogo posnanija*, Moskau 1974.)

78 Hauptquellentexte: Max Planck, *Die Einheit des physikalischen Weltbildes*, Leipzig 1909 (Vortrag vom 9. 12. 1908; auch in: Planck (1949) 28-51); Ernst Mach, »Die Leitgedanken meiner naturwissenschaftlichen Erkenntnislehre und ihre Aufnahme durch die Zeitgenossen«, *Physikalische Zeitschrift*, Bd. 11, 599-606. Max Planck, »Zur Machschen Theorie der physikalischen Erkenntnis. Eine Erwiderung«, *Physikalische Zeitschrift*, Bd. 11, 1186-90.

Ideen des Sozialismus, und sein akademisches Werk hatte eigentlich das Ziel, die Denkweise der Naturforscher (wie Planck) gegen die Übergriffe der Philosophie zu verteidigen, keinen neuen philosophischen Angriff auf die Denkweise der Naturwissenschaftler zu starten. Was verursacht solch heftige Reaktionen? (Ein ähnlich verwirrendes Bild wie bei Machs Gegnern zeigt sich bei seinen Bündnisgenossen: Weiter unten werden wir Pierre Duhem kennenlernen, einen Wissenschaftshistoriker mit ausgeprägtem katholischen Hintergrund, der es sogar wagte, gegen Machs Ausführungen über die Gedankenexperimente zu polemisieren, dem aber der Atheist Mach nur Zustimmung und Sympathie entgegenbrachte.)

Üblicherweise wird der Kern der Machschen Wissenschaftsphilosophie im Postulat des »Prinzips der *Denkökonomie*« gesehen. Unbestreitbar liegt hierin das Machsche Erbe, das später im »Wiener Kreis« und in der Analytischen Philosophie überaus fruchtbar war. In einer Formulierung Machs (von vielen) lautet das Prinzip der Denkökonomie:

> Alle Wissenschaft hat Erfahrung zu ersetzen oder zu *ersparen* durch Nachbildung und Vorbildung von Tatsachen in Gedanken, welche Nachbildungen leichter zur Hand sind als die Erfahrung selbst und diese in mancher Beziehung vertreten können.[79]

Im modernen Verständnis handelt es sich beim Ökonomieprinzip um eine Spielart von Instrumentalismus, Antirealismus und Pragmatismus. »Ökonomie« wird hier als »Ockhamsches Messer« verstanden, das dazu dient, alle überflüssigen Annahmen aus einem wissenschaftlichen Überzeugungssystem wegzuschneiden und nur das zu glauben, was sich als nützlich (im Sinne eines Instruments) für den Umgang mit der Welt erweist. Die »antimetaphysische« Qualität dieser Auffassung ist hiernach der Agnostizismus. Metaphysische Überzeugungen sind für den pragmatischen Nutzen, den man aus der Kenntnis einer wissenschaftlichen Theorie ziehen kann, ein überflüssiges Beiwerk, das man mit dem Ökonomieprinzip nicht deshalb ablehnt, weil man es für falsch hält, sondern weil es nichts bringt. Man findet sich nicht besser in der Welt zurecht, wenn man zusätzlich zur Kenntnis der Prognosen aus einer Theorie auch tiefgründige Behauptungen über Wahrheit und Wirklichkeit des Universums aufstellt. Anders gesagt: Nach dieser Interpretation ist

79 Mach (1883) 457.

das Ökonomieprinzip ein Aufruf zur Bescheidenheit, all die »großen Worte« der Metaphysik (Wahrheit, Wirklichkeit, Existenz, Kausalität etc.) zu vermeiden, weil sie im besten Fall überflüssig sind, im schlechtesten Fall sich als »traumhafte Ausschreitungen« erweisen, die zu kostspieligen Überraschungen mit der Empirie führen. Es genüge für alle relevanten Belange, statt von »Wahrheit« von »Nützlichkeit« zu reden, statt von »realer Existenz« von »begründeter Annahme« etc.

Diese Beschreibung trifft Machs philosophische Grundüberzeugungen nicht völlig, sie ist wesentlich unvollständig. Mach hat der »Metaphysik« nicht die unökonomische Verschwendung von intellektuellen Ressourcen vorgeworfen und dem Prinzip der Denkökonomie nicht bloß eine heuristische Nützlichkeit zugebilligt. Dies sieht man beispielsweise in dieser Ergänzung:

> Wenn man die Denkökonomie auch als bloßes teleologisches, also provisorisches Leitmotiv auffaßt, so ist hiermit die Zurückführung desselben auf tiefere Grundlagen nicht nur nicht ausgeschlossen worden, sondern sogar gefordert. Die Denkökonomie ist aber auch, abgesehen hiervon, ein sehr klares logisches Ideal, welches selbst nach vollendeter logischer Analyse noch seinen Wert behält.[80]

Die Präliminarien zu der hier geforderten Rückführung des Prinzips der Denkökonomie auf »tiefere Grundlagen« finden sich insbesondere in Machs *Die Analyse der Empfindung und das Verhältniss des Physischen zum Psychischen* ([1]1886, ff.), aber auch in *Erkenntnis und Irrtum* (1905). Die Themen, die Mach bei diesem Versuch behandelt, zeugen nicht von einer ökonomischen Enthaltsamkeit metaphysischer Fragen: Was ist die ontologische Grundlage der Welt? Was ist das »Ich«? In welcher Beziehung stehen Geist und Körper? – Wenn sich Mach als Feind der Metaphysik stilisiert, meint er nicht, daß sich Metaphysik mit unsinnigen Fragen beschäftigt, sondern daß die traditionelle Metaphysik sie auf ungeeignete Weise beantwortet. In Machs Verständnis gehören alle diese Fragen, die zuvor unter »Metaphysik« abgehandelt wurden, zum Bereich der fortgeschrittenen empirischen Wissenschaft. Mach ist im modernen Begriff ein »radikaler Naturalist«. Alle Bereiche der Welt und des Denkens müssen mit naturwissenschaftlichen Methoden erforscht werden und sollen nach weiteren Fortschritten der Naturwissen-

80 Mach (1883) 471.

schaft ohne Rest Bestandteil der Beschreibung durch eine einheitliche naturwissenschaftliche Theorie werden.

Nun sind auch Planck und Lenin in diesem Sinne Naturalisten. (In ihren politischen Überzeugungen waren beide sehr verschieden!) Machs eigene Philosophie läßt sich vielleicht am besten im Kontrast zu den üblichen Inhalten einer naturalistischen Weltsicht beschreiben.

Wenn jemand die Erwartung hegt, die Naturwissenschaft werde eines Tages alle Erfahrungsbereiche umfassen und hierbei auch nicht vor den Domänen der traditionellen Metaphysik (Bewußtsein, Kosmos) halt machen, geht diese Meinung meist noch etwas über den bloßen Naturalismus hinaus in einer Reihe Physikalismus – Materialismus – Mechanismus. Mit jedem dieser Schritte sind ontologische Behauptungen verbunden, die sich zumindest in einigen Abschnitten der Wissenschaftsgeschichte bewährt haben, aber nicht zwangsläufig aus dem allgemeinen Vertrauen in die Naturwissenschaft folgen.

Die voraussetzungsärmste Überzeugung ist wie gesagt der *Naturalismus*, dem Genüge getan ist, wenn sich alles Wissen in einer mathematischen Form, die sich in geklärter, logisch strenger Weise auf die Erfahrung bezieht, abbilden ließe. Oftmals ist dies verbunden mit einem Einheitsgedanken, daß den mathematischen Gesetzen jede Willkür bzw. Kontingenz durch Ableitungsbeziehungen in einer Hierarchie der Gesetze genommen ist. Hiermit ist jedoch nicht gesagt, welche Art von Mathematik sich für die Beschreibung eines Bereichs der Erfahrung am besten eignen wird oder welche Rückschlüsse sich aus den gefundenen Formeln über allgemeine Fragen zum Wesen des Bewußtseins oder dem innersten Aufbau des Universums ergeben werden. Dies zu entscheiden bleibt eine Frage der Erfahrung und kann erst angegangen werden, nachdem man hinreichend weit mit der Theoriebildung gekommen ist. Im bloßen Bekenntnis zum Naturalismus bleiben noch alle ontologischen Fragen unbeantwortet.

Die weitergehenden Standpunkte postulieren zusätzlich, daß bestimmte ontologische Annahmen von historisch erfolgreichen Theorien in der Erweiterung auf traditionelle metaphysische Anwendungsgebiete Bestand haben werden. In der klassischen Mechanik wird die Welt durch Materie beschrieben, die abgesehen von ihrer Masse, Form und Bewegung eigenschaftslos ist. Das Projekt des *Mechanismus* sah vor, alle Phänomene der Welt als abgeleitete (»sekundäre«) Eigenschaften aus diesem Grundbestand zu entwikkeln, also beispielsweise die Farben der Gegenstände auf die Form ihrer Oberflächen oder das menschliche Bewußtsein auf die Anordnung und Bewegung der materiellen Teile im Gehirn zurückzuführen (beispielsweise La Mettrie, 1709-1751). Als einzige Ursache für Änderungen von Form und Bewegung der Materie wurde der unmittelbare Austausch durch Druck und Stoß zweier Materieteile angesehen. Mit der Entdeckung der Gravitationskraft durch Newton (die sich nicht durch Druck oder Stoß von Materieteilen darstellen ließ) erwies sich diese Beschränkung als nicht verallgemeinerungsfähig.

Der *Materialismus* beschränkt sich deshalb in den ontologischen Annahmen darauf, alle Phänomene wie eben auf die Dynamik der Materie zurückzuführen, wobei man die mathematische Form der hierbei für zulässig erachteten Kräfte aber nicht weiter bestimmt, also als eine nur empirisch beantwortbare Frage beläßt. Insbesondere in der Spielart des Atomismus schien vielen Wissenschaftlern im 19. Jh. der Materialismus als endgültige Grundlage einer zukünftigen Erklärung aller Phänomene. In der weiteren Entwicklung der Physik mußte man allerdings erkennen, daß auch dieser Materialismus zu voraussetzungsreich war, um die dann bekannten und erfolgreich in Theorien abgebildeten Phänomene zu beschreiben: Mit der Relativitätstheorie ist der »ontologisch privilegierte« Status der Materie verlorengegangen (aufgrund der Äquivalenz von Masse und Energie); mit den Quantenfeldtheorien scheitern auch die intuitiven Vorstellungen von »Form« oder bloß »Anzahl« von Materieteilen.

Das in dieser Linie stehende naturalistische Programm beschränkt sich in der Folge auf einen bloßen *Physikalismus*. Hiermit wird die Vermutung ausgedrückt, daß die konsequente Fortentwicklung der physikalischen Theorien (insbesondere von Quanten und Relativität) keinen Phänomenbereich, der gegenwärtig von anderen Disziplinen als der Physik behandelt wird, in ihrer Erklärungsleistung auslassen werden, insbesondere nicht die traditionellen metaphysischen Fragen nach der Kosmologie und dem menschlichen Bewußtsein. Dies ist ein sehr wenig festgelegter Standpunkt, der allerdings üblicherweise mit Aussagen über die Objektivität der Außenwelt und ihrer Ordnung in Teil-Ganzes-Beziehungen (»Reduktionismus«) konkretisiert wird. Was die Physik hiernach gegenüber anderen Disziplinen auszeichnet (und Bestand hätte), wäre die Beschäftigung mit der elementarsten Ebene der intersubjektiv beschreibbaren Phänomene. »Elementar« ist hier nicht mehr unbedingt mit »räumlich am wenigsten ausgedehnt« gleichzusetzen, sondern sagt lediglich, daß man sich die von anderen Disziplinen behandelten Phänomene durch eine mit physikalischen Gesetzen mathematisch formulierte Superposition aus diesen Elementen erschließen ließen.

Mach hat im »metaphysischen« Teil seiner Philosophie einen anderen Ausgangspunkt gewählt. In den Voraussetzungen der vorliegenden naturwissenschaftlichen Theorien sieht er nicht das ontologische Inventar der Welt, sondern intellektuelle Produkte der »Anpassung der Gedanken an die Tatsachen und aneinander«. Die ontologische Grundlage der Wissenschaft setzt Mach »eine Stufe tiefer« an: bei den *dynamischen Gesetzen der Verarbeitung von Empfindungen als Gedanken des Subjekts*. Wenn also beispielsweise eine Theorie bestimmte Phänomene mit der Voraussetzung erklärt, daß dort eine bestimmte Anordnung von Atomen nach gegebenen Naturgesetzen wechselwirkt, so setzt Mach eine noch grundlegendere Theorie voraus, welche erklären muß, wie unter der Einwirkung von Empfindungen der Gedanke an eine solche Theorie über den inneren Aufbau der phänomenalen Welt entsteht.

Dies klingt soweit nach dem transzendentalen Idealismus des von Mach so sehr kritisierten Kant, muß aber auch hiervon abgegrenzt werden. Gegen die genannten naturalistischen Standpunkte (Mechanismus etc.) hatte Kant eingewendet, daß wir über äußere »Dinge an sich« nichts wissen können. In den Aussagen über die Welt sieht Kant eine intellektuelle Verarbeitung sinnlicher Eindrücke. Der Ausgangspunkt für die Entstehung von Erkenntnissen ist bei Kant das »Ich«, das mit einem reichhaltig strukturierten Erkenntnisapparat ausgerüstet sei, insbesondere mit einer Entität namens »Vernunft«. Hiergegen wendet Mach ein, daß Kants Behauptungen über »Ich« und »Vernunft« den Rang von Dogmen hätten, also unbewiesenen Postulaten, während Mach Aussagen über »Vernunft« und »Ich« für beweisbedürftig und *beweisfähig* hält, also das subjektive »Ich« für einen (normalen) Gegenstand der wissenschaftlichen Forschung, nicht bloß ihr Subjekt.

Mach meint also, Kant habe den von ihm kritisierten Dogmatismus des naiven Realismus oder Materialismus (»... die Welt inklusive der Menschen besteht aus realen, materiellen Gegenständen, die von objektiven Naturkräften bestimmt werden ...«) durch einen Dogmatismus über das transzendentale Ich ersetzt und sieht es als seine Aufgabe an, einen Weg aufzuzeigen, wie sich sowohl die scheinbare Objektivität der Außenwelt wie das subjektive Ich-Empfinden gänzlich ohne Dogmatismus mit Wissenschaft erklären ließe.

Dieser Weg besteht darin, die Entwicklungsgesetze der Evolutionsbiologie den Versuchen ihrer physikalistischen Mikrofundierung vorzuziehen. In Darwins ursprünglicher Evolutionstheorie von 1859 wurde die Entstehung und Ausprägung von biologischen Arten aus einem Zusammenspiel von spontaner, ungerichteter Mutation und anschließender Selektion beschrieben. In einem physikalistischen Weltbild stellt sich die Aufgabe, diese Gesetze von Mutation und Selektion auf Naturgesetze zurückzuführen, die ausschließlich auf eine physikalische Beschreibung der Organismen Bezug nehmen, beispielsweise die Mutation auf quantenmechanisch beschriebene Vorgänge in den Molekülen der Zellkerne. Im Physikalismus bestimmen Naturgesetze die Entwicklungsgeschichte: vom Urknall über die Zwischenstufen der Materiebildung, Sternformung, chemischen, biologischen und sozialen Evolution bis zur heutigen Ausprägung unserer Umwelt. Mach kehrt diese Begründungsrichtung um. Die Entwicklungsgesetze dienen ihm zur Erklärung der bekannten Naturgesetze und haben selbst den Rang eines nicht weiter begründungsbedürftigen, sondern lediglich empirisch bewährten Prinzips, eben des Ökonomieprinzips. Die konkrete Entwicklung von Gedanken und wissenschaftlichen Theorien über die Natur beabsichtigte Mach in analoger Weise aus dem Ökonomieprinzip abzuleiten, wie sich in der Mechanik die Dynamik eines gegebenen Systems aus materiellen Teilen mittels des Prinzips der kleinsten Wirkung (»Hamiltonsches Prinzip«, William R. Hamilton, 1805-1865) errechnen läßt. Nur, daß Mach im Unterschied zu Hamilton nicht in der Lage war, sein Prinzip, wie es eigentlich nötig wäre, in Mathematik zu fassen, so daß es in der vorliegenden Form bloße metaphorische Bedeutung besitzt.

Der philosophische Fachname für Machs »antimetaphysische« Metaphysik ist der *neutrale Monismus.* »Monismus« bedeutet, daß beispielsweise im Unterschied zum »Dualismus« die beiden Entitäten »Ich« und »Außenwelt«, bzw. »Geist« und »Körper«, als nicht wesentlich verschiedene Ausprägungen ein und derselben Entität angesehen werden; »neutral« bedeutet, daß man sich bei der Wahl dieser einheitlichen Grundlage weder für das eine noch für das andere entscheidet, also weder, wie im Materialismus, das Geistige für vollständig aus der Materie (des Gehirns) bestimmt anzusehen, noch, wie im Idealismus, die Vorstellungen von der Außenwelt als Funktionen des Geistes.

Wie sollen sich in einer zukünftigen mathematischen Wissenschaft des Ökonomieprinzips die metaphysischen Fragen über das Ich und das Universum beantworten lassen? Leicht überspitzt läßt sich Machs Idee als Schöpfungsgeschichte erzählen: Am Anfang waren die Empfindungen, die sich selbst als Gedanken abgebildet haben. Aber in Folge des Ökonomieprinzips blieb es nicht bei der identischen Abbildung. Die Gedanken werden zunehmend ökonomischer organisiert, so daß ein einzelner Gedanke eine Menge von Empfindungen antizipierend ersetzt. Mit der ersten Trennung zwischen den Entitäten »Empfindung« und »Gedanke«, also dem Beginn der kompensatorischen Gegenwirkung der letzteren auf die Einwirkung der ersteren, entsteht das, was als »Außenwelt« und als »Ich« erscheint. Die Grenze zwischen Ich und Außenwelt ist hierbei nicht scharf und festgelegt, sondern unterliegt einem Entwicklungsprozeß zunehmender Abgrenzung in dem Maße, wie Gedanken Empfindungen zu kompensieren vermögen.

Wir wollen uns hier nicht darüber auslassen, wie überzeugend durch die Systeme von Mach oder Kant oder einem der übrigen Autoren die Welt oder das menschliche Bewußtsein erklärt werden können. Dieser Hintergrund zum Machschen Weltbild wird uns vor naheliegenden Mißverständnissen und voreiliger Kritik an Machs Beitrag zum Gedankenexperiment bewahren.

Beim Thema und Begriff »Gedankenexperiment« stellt sich immer die Frage vom Anfang unserer Untersuchung: wie es möglich sein soll, durch bloßes Denken einen dem realen Experiment vergleichbaren Erkenntnisgewinn zu erzielen. Oder: inwiefern das Ergebnis einer bloßen Denkhandlung den Anspruch erheben kann, sich in zukünftigen Erfahrungen zu bewähren. In das skizzierte Weltbild fügt sich Machs Antwort nahtlos ein. Für Mach ist das Denken ein von den bewußten Gedanken und Wahrnehmungen des Wissenschaftlers autonomer Vorgang, der in naturgesetzlicher

Weise von einströmenden Empfindungen und Wechselwirkungen mit sich selbst gesteuert wird und nur zu einem Teil als Denken des erkennenden Subjekts einem Ich zugeordnet werden kann. Der Rest des Denkens geschieht »instinktiv« – als eine nach dem Ökonomieprinzip funktionierende Verarbeitung äußerer Reize (der »Empfindung«). In der oben behandelten Analyse von Stevins Gedankenexperiment schreibt Mach:

Stellen wir uns, statt Mystik zu treiben, lieber die Frage: Wie entstehen instinktive Erkenntnisse, und was liegt in ihnen? Was wir an der Natur beobachten, prägt sich auch unverstanden und unanalysiert in unsern Vorstellungen aus, welche dann in den allgemeinsten und stärksten Zügen die Naturvorgänge nachahmen. Wir besitzen nun in diesen Erfahrungen einen Schatz, der immer bei der Hand ist und von welchem nur der kleinste Teil in den klaren Gedankenreihen enthalten ist.[81]

In diesem Instinkt ist also ein Erfahrungsschatz gespeichert, der indirekt auf den Teil des Denkens einwirkt, den wir bewußt erleben. Der Erfahrungsschatz ermöglicht es, einen bewußten Gedanken instinktiv zu glauben, auch ohne ihn direkt der Erfahrung oder der bewußten logischen Verarbeitung von Erfahrung entnommen zu haben.

2.1.3 Die Methode des Gedankenexperiments bei Mach

Mach hat den Begriff des Gedankenexperiments recht frühzeitig für sich entdeckt und in seinen wissenschaftshistorischen Monographien in einer intuitiven Weise benutzt. Den Begriff »Gedankenexperiment« hielt Mach für treffend und nützlich bei der Beschreibung von historischen Episoden wissenschaftlicher Forschung. In diesen historischen Analysen finden sich auch einige verstreute Reflexionen darüber, was er unter »Gedankenexperiment« versteht. 1897 veröffentlicht Mach einen Aufsatz, der sich ausschließlich der Methode »Gedankenexperiment« widmet, und zwar in einer pädagogischen Zeitschrift.[82] An seiner Wahl des Publikationsorgans und am Inhalt sieht man sein politisches Interesse: Mach wollte nicht bloß verstehen, sondern auch verändern. Sein Verständnis, wie

81 Mach (1883) 27.

82 Mach (1897) [»Über Gedankenexperimente«, *Zeitschrift für den Physikalischen und Chemischen Unterricht*, Bd. 10/1, 1-5.].

erfolgreiche Wissenschaft in der Geschichte funktioniert hat, sollte helfen, gegenwärtige Probleme zu lösen. Mit den Gedankenexperimenten wollte Mach die Lehrer dazu motivieren, naturwissenschaftliche Fächer nicht mehr trocken und autoritär zu unterrichten, sondern im Geiste großer Naturforscher der Vergangenheit den Stoff lebendig darzustellen und an das Verständnis der Schüler zu appellieren. In einigen Stellen seiner Werke hat sich Mach mit bissigen Seitenhieben über den dogmatischen Unterrichtsstil seiner eigenen Schulzeit beklagt (und die wenigen Ausnahmen unter seinen Lehrern mit Namensnennung geehrt).

Der Aspekt »didaktischer Wert von Gedankenexperimenten« gehört zu Themen, die wir in der vorliegenden Arbeit in der Beschränkung auf Hauptlinien nicht weiter verfolgen können. Bei der Behandlung von Mach (ebenso wie nachfolgend von Duhem) entgeht uns hierdurch jedoch nichts Wesentliches, denn seine Ausführungen über den didaktischen Wert von Gedankenexperimenten sind bei ihm mit Identität an den systematischen und historischen Wert von Gedankenexperimenten gekoppelt. Machs (und Duhems) pädagogische Mission gründet sich auf der Überzeugung, daß die Vermittlung naturwissenschaftlicher Inhalte im Schulunterricht idealerweise genau so zu erfolgen habe, wie die Menschheit bzw. die Wissenschaftler selbst zu der Erkenntnis dieser Inhalte gelangt sind. Mach propagiert den Einsatz von Gedankenexperimenten im Schulunterricht also genau deshalb, weil er überzeugt ist, daß Gedankenexperimente sowohl historisch bei der Entdeckung einiger wichtiger naturwissenschaftlicher Inhalte von Stevin, Galilei und anderen Wissenschaftlern ausschlaggebend waren als auch systematisch geeignet sind, Lernende vom wissenschaftlichen Wert dieser Inhalte zu überzeugen. Duhem hatte die gleiche Auffassung vom Verhältnis von didaktischem zu historischem und systematischem Wert, aber bei ihm ist diese Aussage ins Negative gekehrt: Gedankenexperimente sollten genau deshalb aus dem Schulunterricht verbannt werden, weil sie nach seinem Verständnis diesen historischen und systematischen Wert nicht haben. – Es genügt also, wenn wir uns nur mit dem historischen und systematischen Wert auseinandersetzen.[83]

Diesen Aufsatz von 1897 hat Mach praktisch unverändert in sein

83 Diese didaktische »Identitätsnorm«, die Vermittlung wissenschaftlicher Inhalte solle sich möglichst genau an die tatsächlichen, historisch ausschlaggebenden

wissenschaftsmethodologisches Hauptwerk *Erkenntnis und Irrtum* (1905) übernommen; zusammen mit weiteren Ausführungen bildet er dort das elfte Kapitel »Über Gedankenexperimente« (S. 183-200). Dieses Kapitel ist unser Ausgangspunkt für die Frage nach den Inhalten, die Mach mit dem Begriff »Gedankenexperiment« verbunden hat.

Wir erinnern uns, wie Ørsted den Begriff »Gedankenexperiment« eingeführt hat. Ørsted hatte zunächst eine aufsteigende Reihe von empirischen Erkenntnismethoden, Alltagserfahrung – Beobachtung – Experiment, dargelegt, die sich im Grad der Aktivität des Subjekts unterscheiden, um danach das »Gedankenexperiment« als rein intellektuelles Extrem der empirischen Forschungsmethoden einzuführen:

Doch wir können die experimentale Kunst noch von einem höhern Standpunkte aus betrachten. Nicht bloß um die äussere Welt zu beschauen, oder um ihr Wesen zu entdecken, hat sie sich zu einer eigenen Nachschaffungskunst gebildet, sondern sie will zugleich unsern Geist in eine schaffende Wirksamkeit versetzen, um dadurch eine mit der beständigen Entwicklung der Natur mehr harmonische, lebendige und kräftige Kenntniß hervorzubringen. Das Eigenthümliche derselben ist die schaffende Verfahrungsart (genetische Methode), und sie findet nicht bloß Statt, wo wir mit körperlichen Gegenständen umgehen, sondern sie ist auch vollkommen zu Hause in allem demjenigen, welches blos dem innern Sinne sich darstellt. [...] was ist das anderes als ein Gedankenexperiment?[84]

Der Aufbau der Argumentation verläuft in Machs Kapitel völlig analog. Das Kapitel beginnt mit einer Betrachtung der empirischen Erkenntnismethoden und des kontinuierlichen Übergangs zwischen ihnen:

Der Mensch sammelt Erfahrung durch Beobachtung der Veränderung in seiner Umgebung. Die für ihn interessantesten und lehrreichsten Verände-

Argumente und Tatsachen halten, die für die Akzeptanz dieser Inhalte verantwortlich sind, wird heute nicht allgemein geteilt. Ein weiter Teil der Universitätsdisziplin »Pädagogik« gründet sich vielmehr auf die Behauptung, daß die Vermittlung eines Inhalts eigenständiger »pädagogischer« Methoden bedürfe, die nicht einfach der jeweiligen Fachdisziplin entnommen werden könnten. Im Schulunterricht müsse also beispielsweise bei der Behandlung von Newtons Gravitationsgesetz den Schülern etwas anderes gesagt und gezeigt werden als das, was Newton dazu veranlaßt hat, dieses Gesetz aufzustellen, oder einen heutigen Physiker, vom Wert dieses Gesetzes überzeugt zu sein.

84 Ørsted (1822) 482.

rungen sind jedoch jene, welche er durch sein Eingreifen, durch seine willkürlichen Bewegungen beeinflussen kann. Diesen gegenüber hat er nicht nötig, sich rein passiv zu verhalten, er kann sie aktiv seinen Bedürfnissen anpassen; dieselben haben für ihn auch die größte ökonomische, praktische und intellektuelle Wichtigkeit. Darin ist der Wert des *Experimentes* begründet.[85]

Und nach drei Seiten allgemeiner Betrachtung über die graduellen Übergänge der Erkenntnismethoden kommt Mach auf das Thema der Kapitelüberschrift zu sprechen:

Außer dem physischen Experiment gibt es noch ein anderes, welches auf höherer intellektueller Stufe in ausgedehntem Maße geübt wird – das *Gedankenexperiment*. Der Projektenmacher, der Erbauer von Luftschlössern, der Romanschreiber,[86] der Dichter sozialer oder technischer Utopien experimentieren in Gedanken. Aber auch der solide Kaufmann, der ernste Erfinder oder Forscher tut dasselbe. Alle stellen sich Umstände vor und knüpfen an diese Vorstellung die Erwartung, Vermutung gewisser Folgen; sie machen eine Gedankenerfahrung.[87]

Diese Reihung der »intellektuellen Stufen« der Erkenntnismethode ist hier die gleiche wie bei Ørsted. In Ørsteds Philosophie war es natürlich, von »höheren« und »niederen« Erkenntnissen und Erkenntnismethoden zu sprechen; die Naturphilosophie hat als wesentliches Element die Vorstellung einer Hierarchie des Wissens mit den tiefsinnigsten metaphysischen Einsichten oben an der Spitze und dem rohen Material der Empirie als Basis. Bei Ørsted gab es innerhalb dieser Hierarchie ein Erkenntnisniveau, oberhalb dem man anfängt, nicht bloß zu wissen, daß etwas der Fall ist, sondern auch warum. Erklärung und Notwendigkeit zeichnen das »höhere« Wissen aus, bloße Faktizität das »niedere«. Die Methode des Gedankenexperiments war bei Ørsted für den Erkenntnisgewinn in diesen höheren Bereichen der Hierarchie zuständig; das reale Experiment hingegen operiert in den tieferen Stockwerken.

Mit dem, was gerade über Machs Philosophie gesagt wurde, muß bei ihm diese Rangeinteilung verwundern. Sie läßt sich eigentlich nur so erklären, daß Mach beim Schreiben dieses Textes Ørsteds Vorlage im Gedächtnis hatte, um sie in freier Form und mit eigenen

85 Mach (1905) 183.

86 Hier hat Mach einen Fußnotenverweis auf *Le Roman expérimental* des Schriftstellers Emile Zola (Paris 1898) eingefügt.

87 Mach (1905) 186.

Gedanken angereichert für seine Zwecke zu verwenden. Bei dieser Anpassung der Ørstedschen Verwendung von »Gedankenexperiment« auf das, was Mach mit diesem Begriff im Rahmen seiner eigenen Wissenschaftsphilosophie ausdrücken wollte, sind Mach einige Residuen des genuin Ørstedschen Gedankenguts entgangen. In anderen Textstellen hat Mach diese Reihung der Erkenntnismethoden anders – und passender zu seiner Hintergrundphilosophie – vorgenommen. Im ersten Absatz des nachfolgenden Kapitels über »Das physische Experiment und dessen Leitmotive« kehrt Mach die Reihenfolge einfach um:

> Das physische Experiment haben wir schon als die natürliche Fortsetzung des Gedankenexperiments kennen gelernt, welche überall da eintritt, wo eine Entscheidung durch ersteres zu schwierig, oder zu unvollständig, oder unmöglich ist.[88]

Und wiederum etwas später, im Kapitel »Die Ähnlichkeit und die Analogie als Leitmotive der Forschung«, wird das »Gedankenexperiment« nur mehr als *Leitmotiv* genannt, das zusammen mit einer größeren Menge anderer, gleichermaßen nützlicher Leitmotive das methodische Inventar der Wissenschaft bilde.

> So lernen wir bei *Kopernikus, Stevin, Galilei, Gilbert, Kepler* die *Leitmotive* der Forschung ohne allen Pomp an Beispielen der größten Forschungserfolge kennen. Die Methoden des physischen und des Gedankenexperiments, der Analogie, das Prinzip der Simplizität und Kontinuität u. s. w. werden uns in der einfachsten Weise vertraut.[89]

In den einzelnen Abschnitten seiner Untersuchung über die Wissenschaftsmethoden neigt Mach zu Formulierungen, die die jeweils behandelte Methode in ihrer Bedeutung übertrieben darstellen. Das letzte Zitat macht aber deutlich, wie Mach die verschiedenen Forschungsmethoden eigentlich verstanden wissen wollte. Für Mach gibt es keine festgelegte Reihenfolge, keinen Rang und keine irgendwie privilegierten Wege zur Erkenntnis. Sie stellen alle nur unterschiedliche Strategien (»Leitmotive«) dar bei der Bearbeitung des grundlegenden Problems der »ökonomischen Anpassung der Gedanken an die Tatsachen und aneinander«. In manchen Situationen ist eher die eine, in anderen mehr die andere Methode angesagt,

88 Mach (1905) 201.
89 Mach (1905) 224.

und eine scharfe, festgelegte Grenze zwischen den unterschiedlichen Methoden behauptet Mach natürlich auch nicht. So finden wir nirgendwo eine Definition der Methode »Gedankenexperiment«, aber dafür um so mehr Bemerkungen, die darauf deuten, daß Mach auch mal einen Analogieschluß oder die Anwendung des »Prinzips der Simplizität« oder der Kontinuität für eine Art »Gedankenexperiment« hält. Mach war ein Mensch, der den Streit über Worte für die müßige Beschäftigung der ungeliebten Philosophen hielt.

Wie wenig Mach eine strenge Wissenschaftsmethode vor Augen hat, wenn er von Gedankenexperiment redet, ist auch im Zitat oben schon deutlich geworden: »Der Projektenmacher, der Erbauer von Luftschlössern, der Romanschreiber, der Dichter sozialer oder technischer Utopien experimentieren in Gedanken. Aber auch der solide Kaufmann, der ernste Erfinder oder Forscher tut dasselbe.« – Das Gedankenexperiment ist für Mach eine natürliche Form des Denkens von jedermann, die *dann auch* in den Wissenschaften Verwendung findet, und nicht zuerst eine Wissenschaftsmethode, die später wegen ihres hohen Renommees auch in anderen Bereichen und Disziplinen Anhänger findet. Die schon in der Einleitung beklagte Inflationierung des Begriffs »Gedankenexperiment« hat hier ihren Ursprung. Wenn das Gedankenexperiment die Domäne der »Erbauer von Luftschlössern« ist, darf es nicht verwundern, wenn heute sogar in Disziplinen wie der Moralphilosophie, wo bisher nie mit realen Experimenten gearbeitet wurde, behauptet wird, mit »Gedankenexperimenten« zu forschen. Mach hat den Freibrief ausgestellt, jedem Phantasieprodukt den vornehmen Namen »Gedankenexperiment« zu verleihen.

Im Rahmen der oben skizzierten Hintergrundphilosophie von Mach ist der proliferative Gebrauch von Wissenschaftsmethoden verständlich. Nicht nur, daß »Erbauer von Luftschlössern« die Methode des Gedankenexperiments verwenden; Machs Bücher sind voll von Anekdoten und Bemerkungen, mit denen auch Tieren die Anwendung von Grundformen von Wissenschaftsmethoden unterstellt wird.

Das Experiment ist nicht ausschließliches Eigentum des Menschen. Man kann auch Experimente der Tiere beobachten und zwar in verschiedenen Stufen der Entwicklung. Die ungestümen Bewegungen eines Hamsters, die den Deckel einer Büchse, in welcher er Futter wittert, bei aller Planlosigkeit endlich zum Fallen bringen, stellen wohl die roheste Stufe vor.[90]

Die »Anpassung der Gedanken an die Tatsachen und aneinander« ist für Mach ein Naturprozeß, der zumindest die gesamte biologische Evolution umfaßt; alle Lebewesen partizipieren daran. Die Methodik der fortgeschrittenen menschlichen Wissenschaft unterscheidet sich nicht prinzipiell, sondern bloß graduell von den Lernprozessen eines Hamsters. Und so ist dann auch das Gedankenexperiment keine ausschließliche Domäne der Naturwissenschaft, sondern zugleich aller Luftschloßerbauer und Utopisten.

Für das Verständnis des eigentümlichen Erfolgs von Wissenschaft wäre diese Ausführung von Mach über das Gedankenexperiment unergiebig, hätte Mach nicht noch zusätzlich über den speziellen Gebrauch von Gedankenexperimenten in den Wissenschaften geschrieben. Zwar machen auch Kleinkinder und unseriöse Phantasten Gedankenexperimente, aber wenn seriöse Wissenschaftler die Methode des Gedankenexperiments anwenden, so befolgen sie hierbei einschränkende Regeln, die der wissenschaftlich unfruchtbaren Phantasie einen Riegel vorschieben sollen. Letztendlich können zwar auch diese Regeln für Mach den Erfolg eines Gedankenexperiments nicht sicher garantieren, aber doch wesentlich wahrscheinlicher machen. An den Tatsachen als letzter Prüfinstanz jedes Gedankens oder Gedankenexperiments möchte Mach nicht rütteln.

Wodurch unterscheidet Mach das wissenschaftliche Gedankenexperiment von den Luftschlössern der Romanschriftsteller? Gleich anschließend an die oben zitierte Einführung des Begriffs »Gedankenexperiment« fährt Mach fort:

Während aber die ersteren [Projektenmacher, Luftschloßerbauer etc.] in der Phantasie Umstände kombinieren, die in Wirklichkeit nicht zusammentreffen, oder diese Umstände von Folgen begleitet denken, welche nicht an dieselben gebunden sind, werden letztere, deren Vorstellungen gute Abbilder der Tatsachen sind, in ihrem Denken der Wirklichkeit sehr nahe bleiben. Auf der mehr oder weniger genauen unwillkürlichen Abbildung der Tatsachen in unseren Vorstellungen beruht ja die Möglichkeit der Gedankenexperimente. Wir können ja in der *Erinnerung* noch Einzelheiten finden, die wir bei unmittelbarer Beobachtung der Tatsache keiner Aufmerksamkeit gewürdigt haben.[91]

90 Mach (1905) 185.
91 Mach (1905) 186f.

Und etwas später bekräftigt er diese Aussage:

Wenn sich nun der Physiker fragt, was unter mannigfaltig kombinierten Umständen im möglichst *genauen Anschluß an die physische Erfahrung* zu erwarten ist, so kann dies natürlich nicht wesentlich neu und verschieden sein, von dem was die physische Einzelerfahrung bieten könnte. Indem der Physiker immer auf die Wirklichkeit reflektiert, unterscheidet sich ja seine Tätigkeit von der freien Dichtung.[92]

Das Qualitätskriterium wissenschaftlicher Gedankenexperimente ist hier also: Das wissenschaftliche Gedankenexperiment darf nur solche Annahmen verwenden, die aufgrund der Erinnerung an konkrete Erfahrungen als physikalisch mögliche Tatsachen gelten. Dies ist ein streng empiristisches Kriterium. Dieses Kriterium – nennen wir es: *Realitätskriterium* – führt Mach auch ins Feld, um an anderer Stelle ein mit wissenschaftlichem Anspruch vorgebrachtes Gedankenexperiment eines Kollegen zurückzuweisen. Die Umstände dieser Zurückweisung sollten kurz beschrieben werden, nicht nur weil sie in der Machrezeption große Beachtung finden, sondern auch geeignet sind, die Bedeutung dieses Kriteriums und die Probleme mit ihm zu verdeutlichen:

Exkurs: Mach und Newtons »Eimer-Gedankenexperiment«

Ein wesentlicher Teil des Nachruhms von Mach geht auf seinen Beitrag als Wegbereiter von Einsteins Relativitätstheorie zurück, den man in seiner Kritik an Newtons »absoluter« Vorstellung von Raum und Zeit in der *Mechanik* (1883) findet. Da die hierbei ausgetauschten Argumente in der Literatur regelmäßig als »Gedankenexperimente« genannt werden, sollen sie zitiert werden. Diese Argumente oder »Gedankenexperimente« beschäftigen sich mit der Frage, ob die Dynamik der Körper allein durch die relative räumliche Anordnung und Bewegung der Körper bestimmt oder ob sie durch den »absoluten Raum« beeinflußt ist (also durch eine Größe, die kausal wirksam sei, aber durch die Bewegung der Körper in ihm selbst unverändert bleibe).

Newton hatte behauptet, die relative Bewegung der Körper reiche nicht als Ursache des beobachtbaren Verhaltens der Körper aus, und

92 Mach (1905) 188.

liefert folgende Begründung, die später unter dem Namen »Newtons Eimer-Gedankenexperiment« berühmt geworden ist:

Man hänge z. B. ein Gefäss an einem sehr langen Faden auf, drehe dasselbe beständig im Kreise herum, bis der Faden durch die Drehung sehr steif wird; hierauf fülle man es mit Wasser und halte es zugleich mit dem letzteren in Ruhe. Wird es nun durch eine plötzlich wirkende Kraft in entgegengesetzte Kreisbewegung versetzt und hält diese, während der Faden sich ablöst, längere Zeit an, so wird die Oberfläche des Wassers anfangs eben sein, wie vor der Bewegung des Gefässes, hierauf, wenn die Kraft allmählig auf das Wasser einwirkt, bewirkt das Gefäss, dass dieses (das Wasser) merklich sich umzudrehen anfängt. Es entfernt sich nach und nach von der Mitte und steigt an den Wänden des Gefässes in die Höhe, indem es eine hohle Form annimmt. (Diesen Versuch habe ich selbst gemacht). Durch eine immer stärkere Bewegung steigt es mehr und mehr an, bis es in gleichen Zeiträumen mit dem Gefässe sich umdreht und relativ in demselben ruhet. Dieses Ansteigen deutet auf ein Bestreben, sich von der Axe der Bewegung zu entfernen, und durch einen solchen Versuch wird die wahre und absolute kreisförmige Bewegung des Wassers, welche der *relativen* hier ganz entgegengesetzt ist, erkannt und gemessen. Im Anfange, als die *relative* Bewegung des Wassers im Gefässe am grössten war, verursachte dieselbe kein Bestreben, sich von der Axe zu entfernen. Das Wasser suchte nicht, sich dem Umfange zu nähern, indem es an den Wänden emporstieg, sondern blieb eben, und die *wahre* kreisförmige Bewegung hatte daher noch nicht begonnen. Nachher aber, als die relative Bewegung des Wassers abnahm, deutete sein Aufsteigen an den Wänden des Gefässes das Bestreben an, von der Axe zurückzuweichen, und dieses Bestreben zeigte die stets wachsende *wahre* Kreisbewegung des Wassers an, bis diese endlich am grössten wurde, wenn das Wasser selbst *relativ* im Gefässe ruhte. Jenes Streben hängt nicht von der Uebertragung des Wassers in Bezug auf die umgebenden Körper ab, und deshalb kann die wahre Kreisbewegung nicht durch eine solche Uebertragung erklärt werden.[93]

Das beobachtbare Phänomen der Oberflächenform von Wasser in einem Eimer ließe sich also nicht durch die bloße relative Bewegung des Wassers gegenüber dem Gefäßrand erklären. Die Oberflächenform wird durch die Bewegung des Wassers gegenüber dem »absoluten Raum« bestimmt, also ist auch der leere Raum eine kausal wirksame, physikalische Größe. Mach weist dieses Argument von Newton zurück:

Wenn noch immer moderne Autoren durch die Newtonschen, vom Wassergefäß hergenommenen Argumente sich verleiten lassen, zwischen relativer

93 Newton (1687) 29f.

und absoluter Bewegung zu unterscheiden, so bedenken sie nicht, daß das Weltsystem uns nur *einmal* gegeben, die ptolemäische oder kopernikanische Auffassung aber *unsere* Interpretationen, aber beide gleich wirklich sind. Man versuche das Newtonsche Wassergefäß festzuhalten, den Fixsternhimmel dagegen zu rotieren und das Fehlen der Fliehkräfte nun nachzuweisen.[94]

Zwar wird die Oberflächenform des Wassers im Gefäß nicht durch die Relativbewegung des Wassers gegenüber dem Gefäßrand bestimmt, aber dies, meint Mach, bedeute nicht, daß nun überhaupt keine Relativbewegung für die Oberflächenform verantwortlich sei. Auch die Bewegung des Wassers relativ zum Fixsternhimmel ist eine Relativbewegung, und die Möglichkeit, daß sich die Oberflächenform des Wassers ändert, abhängig von einer Änderung der Relativbewegung zu den Fixsternen, sei durch Newtons Beobachtung nicht ausgeschlossen. In der allgemeinen Relativitätstheorie hat Einstein diese Überlegung mathematisch ausgearbeitet.

Bemerkenswert ist hier allerdings nicht bloß, daß Mach (im Unterschied zu späteren Rezipienten) weder Newtons noch sein eigenes Argument »Gedankenexperiment« genannt hat, sondern daß Newton eine reale Beobachtung eines von ihm real (und nicht bloß in Gedanken) durchgeführten Experiments berichtet, hingegen Mach seinen Einwand mit einer rein hypothetischen Beobachtung begründet, die mit keinem realisierbaren Experiment überprüft werden kann. Die Bewegung der Fixsterne läßt sich mit menschlichen Mitteln nicht manipulieren, um in einem Experiment den Einfluß einer Variation dieser Bewegungsgröße auf die Oberflächenform des Wassers in einem Eimer zu untersuchen. Die Annahme dieses Arguments ist keine erinnerte oder physikalisch für möglich zu haltende Tatsache. Das empiristische Kriterium für wissenschaftliche, legitime Gedankenexperimente scheint hier also von Mach selbst nicht befolgt zu werden. Aber Mach hat dieses Argument auch nicht als Gedankenexperiment bezeichnet.

Im Zusammenhang mit seiner Kritik an Newtons Vorstellung vom absoluten Raum kommt Mach nun allerdings trotzdem auf ein (von Mach) so genanntes »Gedankenexperiment« zu sprechen, das von Carl Neumann 1870 vorgestellt wurde. Neumann hatte hierbei die Existenz eines absoluten Raums in Abwandlung von Newtons realem Eimer-Experiment damit begründet, daß die Zentrifugal-

94 Mach (1883) 222.

kraft an einem rotierenden Körper auch in einem ansonsten völlig leer gedachten Universum beobachtbare Wirkungen zeigen würde: Stellen wir uns vor, im Universum würde nur ein einziger Planet existieren; dieser Planet hätte wegen der Zentrifugalkraft beobachtbar abgeplattete Pole, falls er rotiert, und eine unveränderte Kugelgestalt, falls er nicht rotiert. Also hätte Newton, meint Neumann, mit seinen Ausführungen über den absoluten Raum recht.[95] – Dieses Argument nennt Mach ein »Gedankenexperiment« und weist es mit diesen Worten als nicht schlüssig zurück:

> Dagegen habe ich zweierlei einzuwenden. Es scheint mir kein Gewinn, wenn zur Vermeidung eines Widerspruchs eine an sich sinnlose Annahme gemacht wird. Ferner scheint mir der berühmte Mathematiker [Carl Neumann] von der gewiß sehr fruchtbaren Methode des Gedankenexperiments hier einen gar zu freien Gebrauch zu machen. Man darf im Gedankenexperiment unwesentliche Umstände modifizieren, um an einem Fall neue Seiten hervortreten zu lassen. Daß aber die Welt einflußlos ist, darf nicht von vornherein angenommen werden.[96]

Hier bemerken wir bei Mach, was uns auch schon bei Ørsted auffiel: Ein Autor, der eigentlich die Methode »Gedankenexperiment« an anderen Stellen als seriöse, legitime Wissenschaftsmethode beschreibt, verwendet diesen Begriff im Konkreten (also wenn nicht von abstrakter Wissenschaftsmethodologie die Rede ist) tendenziell pejorativ: »Das ist *bloß* ein Gedankenexperiment!« Als uneingeschränkt seriöse Wissenschaftsmethode haben offenbar weder Ørsted noch Mach das Gedankenexperiment angesehen. Inhaltlich stellt sich aus Machs Zurückweisung von Carl Neumanns »Gedankenexperiment« die Frage: Die kontrafaktische Annahme, die Bewegung der Fixsterne in einem gedachten Experiment zu verändern, ist für Mach legitim, die kontrafaktische Annahme, das Universum mit Ausnahme eines Körpers (und des Beobachters) völlig leer zu räumen, hingegen nicht. Besteht zwischen beiden Annahmen ein so wesentlicher Unterschied, daß Mach die eine Annahme für legitim (in einem schlüssigen Gedankenexperiment) halten darf, die andere hingegen nicht?

Karl Popper wird später *(II.4.2)* den für die Schlüssigkeit eines Gedankenexperiments entscheidenden Unterschied nicht im Inhalt

95 Carl Neumann, *Die Prinzipien der Galilei-Newtonschen Theorie*, Leipzig 1870.
96 Mach (1883) 270.

bzw. der Kontrafaktizität der Annahmen, sondern in der Kommunikationssituation lokalisieren: Neumann möchte mit seiner Annahme des Gedankenexperiments eine Behauptung verteidigen, was Popper »apologetischen« Gebrauch nennt. Bei einer solchen Verteidigung sei es unverzichtbar, daß alle Leser die Annahmen akzeptieren, und sobald ein einziger Leser – wie beispielsweise Mach – Einwände erhebt, wäre das Gedankenexperiment gescheitert. Mach hingegen möchte mit den Annahmen seines Arguments eine Behauptung angreifen (nämlich Newtons Vorstellung vom absoluten Raum), was Popper »kritischen« Gebrauch nennt und hierfür weit weniger kritische Einschränkungen vorschreibt. Theorien einem Maximum an Angriffen und Widerlegungsversuchen auszusetzen, hält Popper für die wesentliche Methodologie, um zu immer besseren Theorien zu kommen.

Mach hingegen entwarf mit seiner Forderung, daß die Vorstellungen in einem Gedankenexperiment gute Abbilder der Tatsachen sein müssen, ein inhaltliches Kriterium. Es stellt sich die Frage, ob er das Kriterium selbst konsequent anwendet, wenn er zwar die kontrafaktische Annahme von Carl Neumanns Gedankenexperiment zurückweist, aber sein eigenes (nicht so genanntes) Gedankenexperiment zum Eimerversuch von Newton für zulässig erachtet.

Offensichtlich hat Mach mit seinen oben zitierten Formulierungen für das »Realitätskriterium« von zulässigen naturwissenschaftlichen Gedankenexperimenten nicht genau das gesagt, was er eigentlich meint. Mach meint mit »guten Abbildern der Tatsachen«, im »Denken der Wirklichkeit sehr nahe bleiben« oder dem »möglichst *genauen Anschluß an die physische Erfahrung*« nicht die bloß passive Rezeption von empirischen Daten als zulässige Annahmen eines Gedankenexperiments, sondern Aussagen über eine physikalische Möglichkeit, die nur durch Interpretation der physischen Erfahrung gewonnen werden könne. In einem Gedankenexperiment braucht man sich nach Mach nicht darauf zu beschränken, nur solche Behauptungen aufzustellen, die man anhand realer Erinnerungen als empirisch zulässig erkennt. Die »Abbilder der Tatsachen« sieht Mach nicht einfach der Erfahrung entnommen, sondern als Resultate eines intellektuellen *Läuterungsprozesses* der Erfahrung.[97]

Die Umschau in der Erinnerung an die Erfahrung und die Fiktion neuer

97 Mach (1905) 188.

Kombinationen von Umständen wird also darüber belehren können, wie genau die Erfahrungen durch die Gedanken dargestellt werden, und wie weit diese Gedanken untereinander *übereinstimmen.* Es handelt sich hier um einen logisch-ökonomischen Läuterungsprozeß, um Klärung des gedanklich geformten Inhalts der Erfahrung.

Letztendlich läuft es darauf hinaus, daß Mach nur eine von der bisherigen Erfahrung nicht widerlegte Möglichkeit behauptet, wenn er die Bewegung der Fixsterne als Ursache der Oberflächenform im Wassereimer ins Spiel bringt. Diese hypothetische Ursache sei logisch möglich und ökonomisch besser, als den »absoluten Raum« dafür verantwortlich zu machen.

Der Ausfall eines Gedankenexperiments, die Vermutung, die wir an die in Gedanken variierten Umstände knüpfen, kann so bestimmt und entschieden sein, daß dem Autor – mit Recht oder Unrecht – jede weitere Prüfung durch das physische Experiment unnötig scheint.[98] Je schwankender, unbestimmter aber dieser Ausfall ist, desto mehr drängt das Gedankenexperiment zu dem physischen Experiment als seiner natürlichen Fortsetzung, welche nun ergänzend, bestimmend einzugreifen hat.[99]

Es geht beim Gedankenexperiment also nicht um die unmittelbare Übereinstimmung der Annahmen mit den bekannten Erfahrungen. Aber im Beispiel seines »Gedankenexperiments« zur Widerlegung von Newtons Rückschlüssen aus seinem physischen Experiment bleibt ungeklärt, wie eine Fortsetzung im physischen Experiment durchgeführt werden könnte.

Daß es Mach beim Gedankenexperiment nicht um eine möglichst große Nähe zur bekannten Erfahrung geht, zeigt sich auch an seiner Präsentation von Galileis Schlußfolgerung zum freien Fall als einem »Gedankenexperiment« – womit Mach den »Klassiker« aller Gedankenexperimente einführt:

Das bloße Gedankenexperiment genügt oft, um eine nach dem Augenschein vermeintlich erschaute Regel ad absurdum zu führen. Wenn der Körper von größerem Gewicht wirklich die Eigenschaft hätte rascher zu fallen, so müßte nach Galilei die Verbindung eines schwereren mit einem leichte-

98 Hier hat Mach in der zweiten Auflage die Fußnote eingefügt: »Mit Recht warnt Duhem (Théorie physique, S. 331) davor, Gedankenexperimente so darzustellen, als ob es physische Experimente wären, also *Postulate* für *Tatsachen* auszugeben.«
99 Mach (1905) 188f.

ren Körper, wodurch ein noch schwererer Körper entsteht, wieder langsamer fallen, weil der schwerere Körper durch den leichteren verzögert würde. Die vermeintliche Regel ist also nicht haltbar, indem sie sich selbst widerspricht. Derartige Überlegungen spielen in der Wissenschaft eine große historische Rolle.[100]

Das »Gedankenexperiment« dient hier also nach Mach dazu, eine »vermeintlich erschaute Regel« ad absurdum zu führen. Das Gedankenexperiment widerlegt also gerade die unmittelbare, ungeläuterte Intuition, also das, was man in unmittelbarem Anschluß an die Erfahrung vermuten würde.

Mach nennt in der Menge seiner Werke im allgemeinen und in dem Kapitel »Über Gedankenexperimente« aus *Erkenntnis und Irrtum* im besonderen eine Anzahl von Aspekten der Methode »Gedankenexperiment«, die sich strenggenommen kaum zu einem harmonischen Gesamtbild fügen. Oben hatten wir gesehen, daß Mach einerseits das Gedankenexperiment »auf höherer intellektueller Stufe« den »niederen« empirischen Methoden nachgeordnet sah, andererseits dann aber das reale Experiment zur Fortsetzung einer instinktiven Form des Denkens im Gedankenexperiment erklärte. Einerseits kann für Mach das naturwissenschaftliche Gedankenexperiment nur dann wissenschaftlich erfolgreich sein (im Unterschied zu den Phantasien der Luftschloßerbauer), wenn es im nahen Anschluß an die physische Erfahrung entwickelt ist, andererseits beschreibt und verwendet Mach naturwissenschaftliche (und überaus erfolgreiche) Gedankenexperimente, die fernab aller Realisierungsmöglichkeiten entworfen wurden oder ausdrücklich dazu dienen, die unmittelbare, empirisch begründete Intuition in Paradoxien zu verfangen (wie Galileis Gedankenexperiment gegen Aristoteles' Fallgesetz). – Mit diesen Bemerkungen wischt Mach die scheinbaren Widersprüche beiseite:

Unsere *Vorstellungen* haben wir *leichter* und bequemer zur Hand, als die *physikalischen* Tatsachen. Wir experimentieren mit Gedanken sozusagen mit geringeren Kosten. So dürfen wir uns also nicht wundern, daß das Gedankenexperiment vielfach dem physischen Experiment vorausgeht, und dasselbe vorbereitet. So sind ja die physikalischen Untersuchungen des Aristoteles großenteils Gedankenexperimente, in welchen die in der Erinnerung und namentlich in der Sprache, aufbewahrten Erfahrungsschätze verwertet werden. Das Gedankenexperiment ist aber auch eine notwendige *Vorbedin-*

100 Mach (1905) 191.

gung des physischen Experiments. Jeder Experimentator, jeder Erfinder muß die auszuführende Anordnung im Kopfe haben, bevor er dieselbe in die Tat übersetzt.[101]

Das Gedankenexperiment ist einfach beides: Der Erfahrung nachgeordnet, aber auch Vorbedingung für neue, verbesserte Erfahrungen in einem realen Experiment. Aristoteles hat mit Gedankenexperimenten sein Fallgesetz gefunden, und Galilei hat dasselbe mit Gedankenexperimenten kritisiert. Das Gedankenexperiment ist für Mach kein Instrument, um endgültige Entscheidungen in Erkenntnisfragen herzustellen, sondern ein Mittel in einem fortwährenden Prozeß der Anpassung von Gedanken an Erfahrungen und aneinander.

Wie führt man ein erfolgreiches wissenschaftliches Gedankenexperiment aus? Mach hält sich zurück, ein allgemeingültiges »Kochrezept« zu liefern. Er behauptet allerdings an vielen Stellen ein allgemeines Funktionsprinzip der Gedankenexperimente: die »*Variation* der Tatsachen in Gedanken«. Den Erfolg des obengenannten »logisch-ökonomischen Läuterungsprozesses« des Gedankenexperiments beschreibt er mit diesen Worten:

Welche Umstände bei einem Erfolg maßgebend sind, welche Umstände voneinander unabhängig sind, wird durch eine solche Umschau viel klarer, als es durch die Einzelerfahrung werden kann. Es wird uns hierbei deutlich, auf welche Weise wir unsere Bequemlichkeit mit der Notwendigkeit, den Erfahrungen gerecht zu werden vereinigen können, welche Gedanken die einfachsten sind, die zugleich mit sich selbst und mit der Erfahrung in umfassendster Weise in Übereinstimmung gebracht werden können. Dies erreichen wir durch *Variation der Tatsachen in Gedanken*.[102]

Und etwas später heißt es:

Wie man sieht, ist die Grundmethode des Gedankenexperiments, ebenso wie jene des physischen Experiments, die Methode der *Variation*. Durch wenn möglich kontinuierliche Variation der Umstände wird der Geltungsbereich einer an dieselben geknüpften Vorstellung (Erwartung) erweitert; durch Modifikation und Spezialisierung der ersteren wird die Vorstellung modifiziert, spezialisiert, bestimmter gestaltet; und diese beiden Prozesse wechseln.[103]

101 Mach (1905) 187.
102 Mach (1905) 188.
103 Mach (1905) 191.

Das Erfolgskriterium eines Gedankenexperiments ist also die relativ ökonomischere Anpassung der Gedanken an die Tatsachen – oder die »Bequemlichkeit« und »Einfachheit« des Ergebnisses. Der Weg zu ökonomischeren Anpassungen führt über die Variation – also das nicht weiter erklärte, vermutlich »blinde« Ausprobieren von Gedanken im *trial-and-error*-Verfahren. Wie oben schon erwähnt, ist es Mach nicht gelungen, den Begriff der »Ökonomie« (oder »Einfachheit«) in eine eindeutige, mathematisch quantitative Bedeutung zu fassen.

Von allgemeinen, zu allen Zeiten wissenschaftlicher Forschung nützlichen und vom Philosophen nur einmal zu findenden Regeln hat Mach nichts gehalten. Das methodologische Wissen, welchen Gedankenexperimenten zu vertrauen ist und welche bloße Phantasieprodukte erzeugen, unterliegt dem gleichen Lernprozeß wie die wissenschaftliche Theoriebildung. Mit seinen Ausführungen über das Ökonomieprinzip wollte Mach die tatsächliche (historisch und psychologisch nachweisbare) Methode des Denkens und Erkenntnisgewinns beschreiben, aber keine Norm über die Entscheidung der Wahrheit eines Gedankens aufstellen. Der Gebrauch der Methode des Gedankenexperiments ist für Mach ein Faktum, nicht jedoch zwangsläufig das Ergebnis eines jeden Gedankenexperiments.

> Halten wir uns als Ergebnis unserer Betrachtung gegenwärtig, daß es *dieselben psychischen Funktionen, nach denselben Regeln ablaufend, sind, welche einmal zur Erkenntnis, das andere Mal zum Irrtum führen*, und daß nur die wiederholte, sorgfältige, allseitige Prüfung uns vor letzterem schützen kann.[104]

Wichtig für das Verständnis von Machs Beitrag über die Methode »Gedankenexperiment« ist auch das, was Mach *nicht* über »Gedankenexperimente« behaupten wollte: Gedankenexperimente sind für Mach keine in der deduktiven Logik entwickelte Methode. Das später erfundene Paradox des Gedankenexperiments, wie man neues Wissen ohne Rückgriff auf die Erfahrung durch bloßes Denken deduzieren kann, existierte für Mach noch nicht. Dies wird insbesondere aus Machs Bemerkungen über die Rolle des Gedankenexperiments in der Mathematik im abschließenden Teil des Kapitels »Über Gedankenexperimente« deutlich. »Auch wird jeder, der einmal forschend Mathematik getrieben oder Aufgaben gelöst, die

104 Mach (1905) 125.

Integration einer Gleichung versucht hat, zugeben, daß Gedankenexperimente der definitiven Gedankenkonstruktion vorausgehen«,[105] schreibt Mach und verwendet das gleiche Beispiel, das Ørsted oben so rudimentär und unverständlich als erste Illustration dessen, was ein Gedankenexperiment sei, genannt hatte. Mach kann mit Ørsteds Beispiel etwas anfangen, indem er es in folgender Weise darstellt:

Wer einen Kreis beschreibt bemerkt, daß zu jedem von einer bestimmten Anfangslage nach links geschwenktem Radius ein gleich viel nach rechts geschwenkter Radius existiert, daß der Kreis in Bezug auf jene willkürliche Anfangslage, also allseitig symmetrisch ist. Jeder Durchmesser ist eine Symmetrale; alle von demselben halbierten Sehnen, auch jene von der Länge Null, die Tangente, stehen auf demselben senkrecht. Zwei gegen die Symmetrale gleich geschwenkte Durchmesser bezeichnen mit ihren Enden immer die Ecken eines symmetrisch einschreibbaren Rechteckes. Mit Überraschung mag der antike Forscher oder mancher moderne Anfänger so erfahren haben, daß der Winkel im Halbkreise immer ein rechter ist. [...] Die Veränderung, Bewegung der Figuren, kontinuierliche Deformation, Verschwindenlassen und unbegrenzte Vergrößerung einzelner Elemente sind auch hier die Mittel, welche die Forschung beleben, neue Eigenschaften kennen lehren und die Einsicht in deren Zusammenhang fördern.[106]

Auch mathematische Objekte besitzen viele unterschiedliche Eigenschaften und sind unterschiedlichen Gesetzen unterworfen. Epistemisch gibt es hierzu einen (sukzessiven) Entdeckungsprozeß mit (psychologischen) Überraschungen, den Mach unter dem Titel »Gedankenexperiment« behandelt, auch wenn diese Eigenschaften und Gesetze der mathematischen Objekte im historischen Endzustand der mathematischen Entwicklung analytisch aus den Definitionen folgen und es logisch betrachtet weder Überraschung noch Kontingenz der Eigenschaften und Gesetze von und über mathematische Objekte geben kann. Dies ist Machs explizite Lehre aus dem Kreis-Beispiel:

Man muß wohl annehmen, daß gerade auf diesem so einfachen fruchtbaren und leicht zugänglichen Gebiet [Geometrie] die *Methode* des *physischen* und des *Gedankenexperimentes* sich zuerst entwickelt und von da aus auf die Naturwissenschaften übertragen hat. Diese Ansicht wäre gewiß viel populärer, wenn der elementar-mathematische Unterricht, namentlich der geome-

105 Mach (1905) 198.
106 Mach (1905) 198f.

trische, sich nicht vorzugsweise in so starren dogmatischen Formen bewegen, wenn der Vortrag nicht in einzelnen abgerissenen Sätzen fortschreiten würde, wobei die *Kritik* in so monströser Weise hervorgekehrt und die *heuristischen* Methoden in so unverantwortlicher Art verdeckt werden. Die große scheinbare Kluft zwischen Experiment und Deduktion besteht in Wirklichkeit nicht. Immer handelt es sich um ein Zusammenstimmen der Gedanken mit den Tatsachen und der Gedanken untereinander. Zeigt ein Versuch nicht den erwarteten Ausfall, so mag das für den Erfinder oder für den konstruierenden Techniker sehr nachteilig sein, der Forscher wird darin nur den Beweis erblicken, daß seine Gedanken den Tatsachen nicht genau entsprechen. Gerade eine solche sich deutlich aussprechende Inkongruenz kann zu neuen Aufklärungen und Entdeckungen führen.[107]

Das Gedankenexperiment ist also einerseits bloß eine »heuristische« Methode, aber heuristische Methoden werden im Wissenschaftsverständnis von Mach zum Wesentlichen der Forschung geadelt: »Die große scheinbare Kluft zwischen Experiment und Deduktion besteht in Wirklichkeit nicht.« Dieser Gedanke ist für Mach zentral, so daß er ihn an vielen Stellen variiert wiederholt:

Auch wenn die Darstellung einer Wissenschaft rein deduktiv ist, darf man sich durch die Form nicht täuschen lassen. Wir haben es hier mit einer Gedankenkonstruktion zu tun, welche an die Stelle der vorausgegangenen Gedankenexperimente getreten ist, *nachdem* der Erfolg derselben dem Autor vollkommen bekannt und geläufig war. Jede Erklärung, jeder Beweis, jede Deduktion ist ein Ergebnis dieses Vorganges.[108]

Auch Anhänger der Machschen Wissenschaftsphilosophie haben das Element »Gedankenexperiment« darin nie als mehr denn eine Metapher verstanden. In einem vergleichsweise modernen Buch über *Machs Philosophie der Naturwissenschaft* (1971) schreibt J. Bradley:

Mach gibt uns ein wahres Bild der Wissenschaft als Inseln des Experimentes in einem Meer des Denkens. [...] Mach's Diskussion des Gedankenexperimentes ist unsauber und informal; er neigt dazu das Gedankenexperiment mit jeder Art von Theorie überhaupt gleichzusetzen. Auf diese Weise bringt Mach seine Leser sehr nahe an den aktuellen Prozeß wissenschaftlicher Forschung heran.[109]

107 Mach (1905) 199f.
108 Mach (1905) 198.
109 J. Bradley, *Mach's Philosophy of Science*, London 1971; Übersetzung von Winfried Petri, *Machs Philosophie der Naturwissenschaft*, Stuttgart 1974, »7.5. Vollkommene Objekte und Gedankenexperimente«, 187f.

Wir wollen uns nun aber die unmittelbare Reaktion der Wissenschaftsphilosophie auf die Einführung des Begriffs »Gedankenexperiment« durch Mach ansehen.

2.2 Reaktionen auf Machs Gedankenexperimente

Da die Gedankenexperimente eine so zentrale Stellung innerhalb der Philosophie von Mach einnehmen und Mach ein einflußreicher Philosoph war, waren die Gedankenexperimente jetzt der Diskussion zugänglich. Es gab den Begriff und eine Vorstellung davon, was er bedeute, und die Vermutung, daß Gedankenexperimente in der Praxis der Naturwissenschaft eine sinnvolle, wichtige Rolle spielen. Es gibt eine explizite Wirkungsgeschichte von Machs – im Unterschied zu Ørsteds – Beitrag zum Gedankenexperiment.

Die erstaunlichste Feststellung zur Wirkungsgeschichte ist allerdings negativer Art: das Ausbleiben einer Reaktion auf Machs Gedankenexperimente aus der philosophischen Schule, die Machs Philosophie besonders nahe stand. Wie schon in der Einleitung skizziert, kam es 1928 zur Gründung des »Vereins ›Ernst Mach‹«, der später als »Wiener Kreis« Philosophiegeschichte schrieb. Nach landläufiger Auffassung liegt hier der Beginn der neuen Philosophiedisziplin »Wissenschaftstheorie«, in deren Tradition sich zwangsläufig jede aktuelle Abhandlung über Wissenschaftsphilosophie – so auch die vorliegende – befindet. Hier wurde der »logische Empirismus« entwickelt, der in seiner Ausformung als »analytische Philosophie« einen bestimmenden Einfluß auf die aktuelle Philosophie hat.

Von dieser Seite gibt es aber für lange Zeit praktisch nichts zu berichten, weder Kritik noch Zustimmung oder gar Weiterentwicklung. Machs Gedankenexperimente wurden ignoriert. Sieht man von Karl Popper ab, dessen Anmerkung zu den Gedankenexperimenten später kurz zu erwähnen ist und der nach eigenem Bekunden in Nähe zum Wiener Kreis stand, war von seiten der analytischen Philosophie – aber auch insgesamt, mit Ausnahme der hier gleich behandelten Beiträge, die in unmittelbarer Reaktion auf Mach entstanden – wenig philosophisches Interesse an den Gedankenexperimenten vorhanden, bis schließlich Thomas Kuhn das Thema wieder aufgriff. Als reales Problem der analytischen Philosophie wurde es erst in den 1990er Jahren entdeckt, als dieses Problem mit dem eingängigen Namen eines *paradox of thought experiments* auf einen Punkt gebracht wurde.[110]

Einen wesentlichen Anteil an der vorzeitigen Beerdigung des Gedankenexperiments in der Wissenschaftsphilosophie (kaum daß seine Geburt richtig bekannt wurde) kann man der Kritik von Pierre Duhem (1861-1921) zuschreiben, die er in seinem unmittelbar auf Machs *Erkenntnis und Irrtum* (1905) folgenden wissenschaftsphilosophischen Hauptwerk *La théorie physique, son objet et sa structure* (1906, dt.: *Ziel und Struktur der physikalischen Theorie*, 1908) dargelegt hat. Mach hat für die deutsche Übersetzung das Vorwort geschrieben.

2.2.1 Pierre Duhem

Die Kritik von Duhem an Machs Gedankenexperimenten ist so pointiert, daß wir die Darstellung weitgehend durch Zitate ersetzen sollten. Sie hat in der Übersetzung durch Friedrich Adler keinen Schaden genommen. (Friedrich Adler wird uns später auch noch in anderer Hinsicht beschäftigen.) Aus dramaturgischen Gründen sollte allerdings zuvor schon die Reaktion von Mach auf diese vernichtende Kritik verraten werden: *Mach stimmt Duhem zu!*

Mach läßt in seinen Werken keinen Zweifel daran, daß Duhem zu den wenigen Kollegen gerechnet wird, denen er mit uneingeschränkter Hochachtung begegnet. Mach hält Duhem für seinen Kampfgefährten für die gleiche wissenschaftsphilosophische Sache.

110 An dieser Stelle sollte eine Seitenlinie der Geschichte des Gedankenexperiments erwähnt werden. In dem Aufsatz »Substanzbegriff und Funktionsbegriff« (1910) untersucht Ernst Cassirer die Funktion von »Gedankenexperimenten« und bezieht sich hierbei auf Mach, nicht auf die Kantsche Tradition des Begriffs. Trotz der naheliegenden Vermutung, daß die wechselseitige philosophische Hochschätzung zwischen dem Neukantianer Cassirer und dem Kant-Gegner Mach im allgemeinen eher gering war, finden Machs Beiträge zur Wissenschaftsmethode des »Gedankenexperiments« Cassirers Zustimmung. Cassirer konnte hierin etwas entdecken, das mit Machs »phänomenologischem Reduktionismus« nicht verträglich sei, sich aber in Cassirers eigene Erkenntnistheorie nahtlos einfüge. Für Mach mag die Zustimmung Cassirers noch mehr Anlaß zum Überdenken seiner Äußerungen über »Gedankenexperimente« gegeben haben als die Ablehnung dieses Aspekts seiner Philosophie durch seine näheren Kollegen wie Duhem und Meinong, die im nachfolgenden untersucht wird. [Zu Cassirers Rezeption von Machs »Gedankenexperimenten« siehe insbes. Ihmig (2001) Kap. I.4.]

Er zitiert Duhem ausgiebig, und wenn Mach die Neuauflagen eines seiner älteren Werke veranstalten durfte, ergänzte er regelmäßig seinen Text mit affirmativen Bezügen auf die neusten Schriften von Duhem. So schreibt Mach im Vorwort zur zweiten Auflage (April 1906) von *Erkenntnis und Irrtum*:

Sehr erfreut war ich durch *Duhems* Werk »La théorie physique, son objet et sa structure« (1906). So weit gehende Übereinstimmung hoffte ich bei Physikern noch nicht zu finden. Duhem weist jede metaphysische Auffassung physikalischer Fragen ab; er sieht in der begrifflich-ökonomischen Fixierung des Tatsächlichen das Ziel der Physik; er hält die historisch-genetische Darstellung der Theorien für die einzig richtige und didaktisch zweckmäßige. Das sind Ansichten, die ich in bezug auf Physik seit reichlich drei Decennien vertrete. [...] In dem Folgenden werde ich oft auf *Duhems* Äußerungen zu verweisen und nur selten, in untergeordneten Punkten, eine Meinungsdifferenz zu bemerken haben.[111]

Im Kapitel über Gedankenexperimente findet sich eine der hier angekündigten Fußnoten, die man allerdings schwerlich als Fall der »seltenen Meinungsdifferenz« deuten kann:

Mit Recht warnt *Duhem* (Théorie physique, S. 331) davor, Gedankenexperimente so darzustellen, als ob es physische Experimente wären, also *Postulate* für *Tatsachen* auszugeben.[112]

Mit dieser Fußnote ist klar, daß Mach die richtige Stelle in Duhems Werk gelesen hat und korrekt auf seinen Begriff vom »Gedankenexperiment« bezieht. Wenn wir nachher diese Stelle in Duhems Werk zitieren, wird sich die Frage aufdrängen: War Mach naiv, Duhems Frontalangriff auf seine Ideen über das Gedankenexperiment nicht zu verstehen oder sogar als Zustimmung zu deuten? Die Antwort hierauf ist »nein«. Mach hat Duhems Kritik richtig verstanden *und akzeptiert.* Er hat es lediglich vermieden, seine gedruckten Ausführungen über das Gedankenexperiment in einem offenen Bruch zurückzuziehen oder bei Neuauflagen seiner Werke die Stellen über das »Gedankenexperiment« zu ändern. Dies ist die naheliegende Interpretation aus Machs veröffentlichten Schriften. Es mag sein, daß sich Mach in privatem Kreis explizit von den Gedankenexperimenten distanziert hat, denn dies würde dann erklären, warum die

111 Mach (1905) ix f.
112 Mach (1905) 188.

Schüler und Nachfolger Machs diesen in seinem gedruckten Werk so zentralen Begriff nicht aufgegriffen haben.

In dem unvollständig erhaltenen Briefwechsel zwischen Mach und Friedrich Adler[113] gibt es eine Episode, die dies deutlich macht. Nachdem er mit der Übersetzung schon begonnen hatte, empfiehlt Friedrich Adler (ein ergebener Schüler und Familienfreund von Mach), den zweiten Teil von Duhems Buch in der deutschen Ausgabe einfach wegzulassen. Der zweite Teil ist derjenige, in dem sich auch Duhems Ausführungen über die Gedankenexperimente befinden. Adler schreibt Mach: »obwohl der zweite recht viele äusserst interessante Einzeluntersuchungen enthält, hatte ich eigentlich bei jedem Kapitel eine neue Enttäuschung«.[114] Mach lehnt dieses Ansinnen scharf ab.[115] Offenbar läßt Adler in Briefen, die nicht erhalten sind, nicht locker, auf die grundlegenden Unterschiede zwischen Mach und Duhem aufmerksam zu machen. Etwa gleichzeitig mit der Fertigstellung von Adlers (vollständiger) Übersetzung fühlt sich Mach schließlich genötigt, Adler die Gründe seiner unerschütterlichen Hochachtung für Duhem darzulegen:

Mit dem Grade der Übereinstimmung mit Duhem bin ich vorläufig ganz zufrieden. Bei der Macht und dem Einfluss, den die Scholastik und der Katholizismus noch immer in Frankreich hat, ist es immerhin möglich, dass Duhem irgend einen verborgenen Teufel im Hintergrund nährt; ist er doch ein Verehrer des Thomas von Aquino, woraus er gar keinen Hehl macht. Aber, was liegt daran, so lange er den Teufel nicht los lässt. Vielleicht will er die Physik nur von der Metaphysik befreien, um für letztere der Physik gegenüber Spielraum zu gewinnen. Mit der Metaphysik sollen Philosophen und Theologen treiben, was sie wollen. Wann dafür die Physiker, Physiologen und Psychologen sich gewöhnen ohne Metaphysik auszukommen, so ist alles gewonnen.[116]

Offensichtlich hatte Adler in seinen Briefen insbesondere den Unterschied zwischen Duhems und Machs religiösen Überzeugungen betont. Im Unterschied zu Adler ist Mach an den Motiven und Glaubensbekenntnissen anderer Leute nicht interessiert und fühlt sich von diesen auch nicht provoziert. Mach kommt es allein darauf

113 Haller, Rudolf / Friedrich Stadler (Hg.), *Ernst Mach – Werk und Wirkung*, Wien 1988, insbes. 258-305.
114 30.7.1907; ebd. 275.
115 2.8.1907; ebd. 276.
116 22.4.1908; ebd. 280.

an, daß Wissenschaft frei von »Metaphysik« betrieben werde. Dieses Ziel ist ihm so wichtig, daß er auch sehenden Auges geneigt ist, sich mit Leuten zu verbünden, die aus anderen Motiven hierin mit ihm übereinstimmen.

Was hat das mit Machs »Gedankenexperimenten« zu tun? Duhems Kritik an Machs Gedankenexperimenten ist zwar hart und im Tonfall polemisch, aber sie gründet sich auf die gemeinsame Grundlage, die Mach nach diesem Zitat mit Duhem verbindet. Duhem greift erklärtermaßen nur deshalb die Gedankenexperimente so hart an, weil er die Naturwissenschaftler dazu bringen möchte, endlich ohne Metaphysik auszukommen. Mach – daran gibt es keinen Zweifel – hat sich diesen Schuh angezogen. Für Gedankenexperimente bleibt nach dieser Kritik nur mehr Platz im Vorwissenschaftlichen – dort, wo sie für Mach zuvor immer *auch* schon waren.

Duhems Beitrag zum »Gedankenexperiment« findet sich im Kapitel »Die physikalische Theorie und das Experiment« im Abschnitt, der überschrieben ist mit »Konsequenzen in bezug auf den physikalischen Unterricht«. Hier erteilt er jedem Versuch, physikalische Theorien induktiv zu vermitteln, also als Resultate einer Schlußfolgerung aus einer Reihe von Experimenten, Beobachtungen oder Gedankenexperimenten darzustellen, eine Absage. Statt vom »Gedankenexperiment« spricht Duhem vom »fingierten Experiment« (*l'expérience fictive*), das in drei Ausformungen praktiziert werde: dem »nicht realisierten Experiment« (*l'expérience irréalisée*), dem »absolut unrealisierbaren Experiment« (*l'expérience absolument irréalisable*) und schließlich dem »absurden Experiment« (*l'expérience absurde*) – jedes schlimmer als das vorherige. Generell verbannt aus Physik und physikalischem Unterricht müßten alle drei werden. Es geht Duhem nicht bloß darum, wie Mach dies in obenstehender Fußnote darzustellen versucht, daß bei fingierten Experimenten allein der Etikettenschwindel, ihr Resultat als empirische Tatsachen auszugeben, verwerflich sei. Lassen wir Duhem selbst zu Wort kommen:[117]

Die vorangehenden Erörterungen haben mehr als genügend folgende Wahrheit festgestellt: Die induktive Methode, deren Gebrauch man dem Physiker empfiehlt, ist für ihn ebenso unanwendbar, wie für den Mathema-

117 Nachfolgende nicht mit Fußnoten versehene Zitate: Duhem (1906) 269-74.

tiker jene vollkommen deduktive Methode [...] Es ist daher wohl klar, daß diejenigen, die behaupten, nach dieser Methode die Reihe der physikalischen Prinzipien zu entwickeln, von derselben notwendigerweise eine Darstellung geben werden, die in irgend einem Punkte fehlerhaft ist.

Unter den Mängeln, die eine derartige Darstellung kennzeichnen, ist der häufigste und gleichzeitig wegen der falschen Ideen, die er in den Verstand der Schüler einpflanzt, auch der schwerste, das *fingierte Experiment*. Der Physiker, der genötigt ist, sich auf ein Prinzip zu berufen, das in Wirklichkeit keineswegs aus den Tatsachen abgeleitet wurde, das keineswegs durch Induktion entstand, und dem es dabei widerstrebt, dieses Prinzip für das auszugeben, was es ist, d.h. für ein Postulat, ersinnt ein Experiment, das, wenn es ausgeführt und gelungen wäre, zu dem Prinzip führen könnte, dessen Berechtigung dargetan werden soll.

Hiermit gibt Duhem jeder Form von genetischer Erklärung in der Wissenschaft eine Absage. Mach hingegen kam es gerade auf diesen Punkt an: Wissenschaftliche Erkenntnis entwickelt sich. Es gibt also für Mach einen Weg von der Erfahrung zu den Theorien. Übereinstimmung zwischen Mach und Duhem besteht nur darin, diesen Weg nicht als logisch begründete Induktion anzusehen, sondern in psychologischen, philogenetischen, historischen Begriffen zu beschreiben. Die Konsequenzen für die Didaktik des physikalischen Unterrichts sind nichtsdestoweniger gravierend. In der *Mechanik* findet sich ein Zitat, worin Mach exakt das Gegenteil von Duhems hier vorgebrachtem Standpunkt vertritt: Mach polemisiert gegen die hier von Duhem verlangte Unterrichtsmethode und empfiehlt die von Duhem kritisierte. Mach erinnert sich mit Schrecken, wie ihm während der Schulzeit das Trägheitsgesetz beigebracht wurde:

Der physikalische Unterricht, den ich genossen habe, war im ganzen wahrscheinlich ein ebenso schlechter und dogmatischer als jener, dessen sich die ältern meiner Herren Gegner und Kollegen zu erfreuen hatten. Die Trägheit wurde als in das System passendes *Dogma* gegeben. [... Hingegen:] Als ich, noch ein junger Mensch, diese Stelle Galileis gelesen hatte, da war mir ein ganz anderes Licht über die Notwendigkeit dieses Idealglieds in unserer Mechanik aufgegangen, als durch den dogmatischen Unterricht. Ich denke, jeder wird dieses Licht wahrnehmen, der die Stelle naiv aufnimmt.[118]

Duhem hatte eben verlangt, daß gerade dieses offen gesagt werden müsse: Die Trägheit ist ein in das System passendes Dogma (oder Prinzip). Es führt kein anderer Weg zu diesem Prinzip als die offen

118 Mach (1883) 266f.

deklarierte Setzung. Der Sinn dieser Setzung kann sich nach Duhems Verständnis erst hinterher erschließen, wenn sich dieses Prinzip in der Anwendung auf die Erfahrung bewährt, nicht jedoch schon vor der Setzung. Es sind gerade solche schon in ihrer Ausdrucksweise mystischen Behauptungen wie die von Mach, man könne »ein ganz anderes Licht über die Notwendigkeit« solcher Prinzipien wahrnehmen, die Duhem ablehnt.

Die Berufung auf ein derartiges fingiertes Experiment bedeutet, daß ein auszuführendes Experiment an Stelle eines ausgeführten gesetzt wird. Man rechtfertigt somit ein Prinzip nicht mit Hilfe der beobachteten Tatsachen, sondern mit Hilfe solcher, deren Realisierung man voraussagt. Und diese Voraussagung hat kein anderes Fundament, als den Glauben an das Prinzip, zu dessen Stütze man sich auf eben dieses Experiment beruft. Ein derartiges Beweisverfahren führt zu einem Circulus vitiosus, und derjenige, der es vorbringt, ohne hervorzuheben, daß das angegebene Experiment nicht ausgeführt wurde, begeht eine Unredlichkeit.

Dies ist der Absatz, auf den Machs Fußnote in *Erkenntnis und Irrtum* anspielt und den er dahingehend mißdeutet, als sei Duhems Kritik Genüge getan, wenn man beim Gedankenexperiment nicht verheimlicht, »daß das angegebene Experiment nicht ausgeführt wurde«. Dies ist eine grobe Untertreibung der Reichweite von Duhems Kritik.

Aber es kommt Schlimmeres vor. Recht häufig ist das fingierte Experiment, auf das man sich beruft, nicht nur unrealisiert, sondern unrealisierbar. Es setzt die Existenz eines Körpers voraus, den man in der Natur nicht antrifft, physikalische Eigenschaften, die niemals beobachtet wurden. So hat Gustave Robin, um von den Prinzipien der chemischen Mechanik die von ihm gewünschte rein induktive Darstellung geben zu können, unter dem Namen *Beweiskörper (corps temoins),* Körper erschaffen, die durch ihre bloße Gegenwart fähig sind, eine chemische Reaktion in Gang zu bringen oder aufzuhalten; niemals hat die Beobachtung den Chemikern die Existenz derartiger Körper offenbart.

Hier ahnt der moderne Leser schon die Tragikomik in Duhems Wissenschaftsverständnis. So berechtigt sein Drängen auf logisch einwandfreie und empirisch begründete Darstellung von Wissenschaft ist, tatsächliche Wissenschaft scheint doch irgendwie anders zu funktionieren. Die für die Begriffsgeschichte des Gedankenexperiments wichtige Pointe wurde schon in der Einleitung erwähnt und wird uns im nächsten Abschnitt *(II.3)* beschäftigen: daß just im Jahr vor Duhems Verdammung des Gebrauchs von Gedankenexperimenten Albert Einstein – von Duhem unbemerkt – seine spezielle Relativitätstheorie entwickelt hatte, was ihm nach allgemeinem Verständnis gerade wegen seines Gebrauchs von Gedankenexperimenten gelang. In der zitierten Textstelle kritisiert Duhem den Gebrauch von fingierten und unrealisierbaren Experimenten im Beitrag zur theoretischen Chemie des Chemikers und Wissenschaftsphilosophen Gustave Robin.[119] Ob Duhems Kritik für Gustave Robin im speziellen berechtigt sein könnte, wollen wir hier nicht untersuchen, allerdings ist Duhems allgemeine Behauptung, daß die hypothetische Annahme von Körpern, »die durch ihre bloße Gegenwart fähig sind, eine chemische Reaktion in Gang zu bringen oder aufzuhalten«, generell unzulässig sei, offensichtlich von der Entwicklung der Chemie überholt. Auch dieses schon, bevor Duhem dies schrieb. Unter dem Namen »Katalysator« hatte Wilhelm Ostwald (1853-1932) solche Körper schon 1894 eingeführt; die Theorie der Katalyse brachte ihrem Urheber nicht nur den Chemienobelpreis (1909), sondern bewährt sich aufs beste in der Erfahrung und hat einen der industriell wichtigsten Zweige der Chemie hervorgebracht.

Das nicht realisierte Experiment, das absolut unrealisierbare Experiment, erschöpfen noch nicht die verschiedenen Formen, die das fingierte Experiment in den Schriften der Physiker, die die induktive Methode zu befolgen behaupten, annehmen kann. Es bleibt noch die Aufzeigung einer noch unlogischeren Form als die aller anderen übrig, das *absurde Experiment. Dasselbe will einen Lehrsatz beweisen, der, wenn er als Ausdruck einer experimentellen Tatsache angesehen wird, einen Widerspruch aufweist.*

Auch den scharfsinnigsten Physikern gelang es nicht immer, sich gegen das Auftreten des absurden Experimentes in ihren Darlegungen zu schützen.

Über die nächste Seite hinweg beschreibt Duhem ein Beispiel für diese Behauptung aus einem physikalischen Lehrbuch.[120] Der Autor dieses Lehrbuchs (Joseph Bertrand) hatte – in traditioneller Weise – eine physikalische Aussage aus dem Lehrsatz abgeleitet, »Es gibt, wenn elektrisches Gleichgewicht besteht, keine Elektrizität im Innern des leitenden Körpers«, und außerdem behauptet, dieser Lehr-

119 Gustave Robin, *Œuvres scientifiques, Thermodynamique générale*, Paris 1901.
120 Joseph Bertrand: *Leçons sur la Théorie mathématique de l'Electricité*, Paris, 1890, 71.

satz sei experimentell bestätigt. Duhem kritisiert, daß es prinzipiell unmöglich sei, Elektrizität im Inneren eines Körpers zu messen. »Man kann nicht, ohne in einen logischen Widerspruch zu verfallen, unseren Lehrsatz als Beobachtungsresultat auffassen.« Der Grund hierfür liege darin, daß die reale Messung immer nur über die Elektrizität an der *Oberfläche eines Hohlraums* im leitenden Körper ausgeführt werden könne, was aber etwas anderes sei als die Elektrizität im Inneren des leitenden Körpers selbst. Duhem kommt zu dem Ergebnis:

Aus Furcht, die Elektrostatik auf ein Postulat zu stützen, stützt man sie auf ein Wortspiel [*calembour*].

Wir brauchten nur die Abhandlungen und Handbücher der Physik durchzublättern, um eine Menge fingierter Experimente aufzuzeigen. Wir würden in ihnen im Überfluß Beispiele der verschiedenen Formen, die ein derartiges Experiment annehmen kann, von dem einfach unrealisierten bis zu dem absurden, finden. Halten wir uns jedoch nicht mit dieser langweiligen Arbeit auf. Das, was wir gesagt haben, genügt zur Rechtfertigung folgender Schußfolgerung: Der physikalische Unterricht nach der rein induktiven Methode, wie sie Newton formuliert hat, ist eine Chimäre. Derjenige, der behauptet, diese Chimäre erreichen zu können, narrt sich selbst und seine Schüler. Er gibt ihnen für gesehene blos vorausgesehene Tatsachen, für genaue Beobachtungen grobe Feststellungen, für realisierbare Verfahren rein ideale Experimente, für experimentelle Gesetze Lehrsätze, die nicht ohne Widerspruch als Ausdruck von Realitäten angenommen werden können. Die Physik, die er darlegt, ist eine falsche und verfälschte.

Hier spielt Duhem auf das berühmte *hypotheses non fingo* (»Ich erfinde keine Hypothesen«) von Newton an. Dem Klischee nach, das Duhem hier gebraucht, wollte Newton damit sagen: Alle Hypothesen der Physik müssen beobachtbaren Tatsachen oder deren induktiven Verallgemeinerungen entsprechen. Mit dieser plakativen Darstellung will man sich gegen die »scholastische Wissenschaft« abgrenzen, deren Hypothesen aus alten Büchern, aber nicht »aus der Natur« gewonnen würden. In einer ausführlicheren Fassung hatte Newton allerdings tatsächlich folgendes gesagt (in den »Regeln zur Erforschung der Natur« aus der *Principia*):

4. Regel. In der Experimentalphysik muss man die, aus den Erscheinungen durch Induction geschlossenen, Sätze, wenn nicht entgegengesetzte Voraussetzung vorhanden sind, entweder genau oder sehr nahe für wahr halten, bis andere Erscheinungen eintreten, durch welche sie entweder grössere Genauigkeit erlangen, oder Ausnahmen unterworfen werden.

Dies muss geschehen, damit nicht das Argument der Induction durch Hypothesen aufgehoben werde.[121]

Newton hat also eine Vorstellung von *Approximation* an die Wahrheit. Er redet von Graden der Genauigkeit und von der Revision früherer Annahmen durch später entdeckte Ausnahmen. Newton hat also nicht behauptet, daß die dank der Induktionsmethode nicht willkürlich erfundenen Hypothesen notwendigerweise immer exakte Wahrheiten ausdrücken müssen oder werden. – Auf diese Aspekte von Newtons »Induktionsmethode« ist Duhem nicht eingegangen. Duhems Kritik und Standpunkt gründen auf dem logischen, zweiwertigen Begriff von Wahrheit. Eine Hypothese ist entweder wahr oder falsch, wobei »nicht ganz genau, aber sehr nahe der Wahrheit« identisch mit »falsch« ist. Wie Wissenschaft im Unterschied zu »Newtons Induktionsmethode« tatsächlich funktioniere und so auch in der Schule vermittelt werden müsse, erklärt Duhem kurz dahinter:

Der Unterricht muß dem Schüler folgende Grundwahrheiten deutlich machen: die experimentellen Bestätigungen sind nicht die Basis der Theorie, sondern deren Krönung; die Physik schreitet nicht wie die Geometrie vorwärts; diese wächst, indem sie fortwährend neue, ein für allemal bewiesene Theoreme beibringt, die sie den schon bewiesenen Theoremen hinzufügt, jene ist ein symbolisches Bild, dem fortwährend Verbesserungen mehr und mehr Ausdehnung und Einheit geben; die *Gesamtheit* der Theoreme gibt ein immer ähnlicheres Bild der *Gesamtheit* der experimentellen Tatsachen, während jedes Detail dieses Bildes abgeschnitten und isoliert vom Ganzen jede Bedeutung verliert und nichts mehr darstellt.

Duhems Kritik an den Gedankenexperimenten gründet auf einem Wissenschaftsverständnis, an dem zwei Aspekte wichtig sind: *(a)* Die gewissermaßen »erste Hälfte« der Abkehr vom *euklidischen Ideal der Wissensorganisation. (b)* Der *Fiktionalismus* bezüglich der theoretischen Aussagen der Naturwissenschaften.

(a) Dem euklidischen Ideal der Wissensorganisation begegnen wir regelmäßig in dieser Arbeit. Aus einer kleinen Menge von Prämissen (oder Prinzipien, Axiomen) wird logisch-deduktiv die Menge der für wahr gehaltenen Sätze (Gesetze, Theoreme, Vorher-

121 Newton (1687) 381.

sagen) der jeweiligen Disziplin abgeleitet. Im Fortschritt der Wissenschaft werden zunehmend mehr Ableitungen gewonnen; die Menge des Wissens steigt akkumulativ. Duhem ist bereit, dieses Bild in der Mathematik gelten zu lassen. Sowohl Ørsted als auch Mach – und später noch einige andere Autoren – haben schon auf die Mathematik bezogen Zweifel an diesem Bild von Wissensorganisation, Fortschritt und Methode geäußert. Duhem kritisiert dieses Bild nur in bezug auf die Naturwissenschaften. Der Grund für diese Kritik am euklidischen Ideal in den Naturwissenschaften liegt für Duhem in seinem »Fiktionalismus«.

(b) Im euklidischen Ideal der Wissensorganisation müssen alle Sätze (Axiome ebenso wie abgeleitete Sätze) wahr sein. Eine einzige falsche Aussage im System des Wissens würde – aufgrund des *ex falso quodlibet* – jede beliebige Aussage ableitbar machen. Das Axiomensystem »kollabiert«. Duhem hingegen hat in allen Äußerungen, die wir gehört haben, betont, daß die Hypothesen (oder Prinzipien) der Naturwissenschaft keine im traditionellen Sinne wahren Aussagen sind und sein können. Traditionell definiert man die »Wahrheit« eines Satzes als »Übereinstimmung« des Satzes mit der (empirisch vorliegenden) Welt. Die Hypothesen der Naturwissenschaft müssen jedoch für Duhem in diesem Sinne *falsche*, erfundene Aussagen sein, die nicht anhand des (empirisch zugänglichen) Zustands der Welt überprüft werden können. Vielleicht ist Duhem besser interpretiert, wenn man die naturwissenschaftlichen Hypothesen als »nicht wahrheitsfähige« Aussagen bezeichnet, also als Sätze, die für sich genommen weder wahr noch falsch sind. Es sind für Duhem willkürliche *Fiktionen.* Im Sinne einer Übereinstimmung mit der Erfahrung lassen sich für Duhem nicht einzelne Aussagen überprüfen, sondern nur ganze Systeme – die ausgearbeiteten wissenschaftlichen Theorien. Für ein System von Sätzen als Ganzes ist Duhem dann allerdings sogar bereit, gegebenenfalls auch einen lediglich auf Approximation gegründeten Begriff von Wahrheit zuzulassen.

Der logische Sachverhalt, auf den Duhem hinweist, läßt sich so zusammenfassen: Wenn aus A B folgt und B empirisch als wahr erkannt wurde, dann ist es logisch nicht zwingend, daß auch A wahr ist. Aus diesem logischen Sachverhalt ist aber natürlich Duhems weitergehende Behauptung, daß A falsch sei oder gar keinen Wahrheitswert habe, nicht zu erschließen. Trotzdem entwickelt Duhem seine Kritik an den Gedankenexperimenten ausschließlich auf

Grundlage der Logik. Gedankenexperimente enthalten ein logisches Begründungsdefizit, keinen logischen Widerspruch – aber dieses Begründungsdefizit genügt Duhem, sich in einen rhetorischen Höhenflug zu steigern, der in einem Anathema gegen den Gebrauch der Gedankenexperimente gipfelt:

Dem Schüler, der diese Wahrheit nicht erkannt hat, wird die Physik als ein monströser Wortschwall erscheinen, der nichts anderes als eine petitio principii auf die andere und einen circulus vitiosus auf den anderen häuft. Wenn sein Denken sehr streng ist, wird er mit Abscheu die fortwährenden Verstöße gegen die Logik zurückweisen. Wenn sein Verstand minder streng ist, wird er diese Worte mit ungenauem Sinn, diese Beschreibung unrealisierter und unrealisierbarer Experimente, diese Überlegungen, die nur Taschenspielerkünste sind, auswendig lernen, indem er bei dieser unvernünftigen Gedächtnisarbeit das wenige, was er an gesundem Sinn und kritischem Denken besaß, verliert.[122]

Mach ging es aber, wie wir gesehen haben, insbesondere darum: Das Gedankenexperiment liefert zwar (wie Duhem und Mach übereinstimmen) keinen logisch strengen Beweis, aber ein – in der Erfahrung begründetes, also letztendlich induktives – Argument, bestimmte Hypothesen der Wissenschaft anzunehmen und gegenüber anderen zu bevorzugen. Also nicht erst anhand der Übereinstimmung der deduktiven Konsequenzen einer Gesamttheorie, sondern schon durch den im Gedankenexperiment offengelegten Instinkt seien bestimmte Hypothesen diskreditiert und andere plausibel. Im Schulunterricht muß man nach Mach dann natürlich diesen Instinkt fördern und schärfen, denn er ermöglicht es schon vor dem *eigentlichen* logisch-empirischen Beweis, ein *Gefühl* für wahre und falsche naturwissenschaftliche Einsichten zu entwickeln.

Machs Behauptung in einem obigen Zitat, Duhem teile seine Ansichten, »die historisch-genetische Darstellung der Theorien für die einzig richtige und didaktisch zweckmäßige« zu halten, ist also ein offensichtliches Mißverständnis. Diese Behauptung hatte Mach auch in seinem Vorwort zu Adlers deutscher Übersetzung von Duhems *Ziel und Struktur der physikalischen Theorien* wiederholt. Dort schreibt Mach:

Verfasser [Duhem] kommt zu dem Schluß, daß der Unterricht weder rein deduktiv, noch rein induktiv vorgehen kann. Die beste Darlegung sei die

122 Duhem (1906) 274.

historische, welche sich dem Entwicklungsgange der Wissenschaft anschließt, deren Grundannahmen (Hypothesen) ja nicht willkürlich erfunden oder gewählt wurden, sondern, allmählich keimend, sich den Forschern aufgedrängt haben.[123]

Was Mach hier als Selbstverständlichkeit ansieht, hat – wie wir gesehen haben – Duhem völlig anders gesehen. Die Grundannahmen der Wissenschaft werden nach Duhems Verständnis in der Wissenschaftsentwicklung *willkürlich* erfunden. In dem Paragraphen, der sich seiner Kritik an den fiktiven Experimenten anschließt, betont Duhem dies in einer Deutlichkeit, die schon durch die typographischen Hervorhebungen ins Auge sticht:

> *Im* LAUF IHRER ENTWICKLUNG *steht es einer physikalischen Theorie frei, einen beliebigen Weg einzuschlagen, vorausgesetzt, daß er jeden logischen Widerspruch vermeidet; im speziellen steht es ihr frei, keinerlei Rechenschaft von den experimentellen Tatsachen zu geben.*
>
> *Dies ist nicht mehr der Fall,* WENN DIE THEORIE IHRE VOLLSTÄNDIGE AUSBILDUNG ERFAHREN HAT.[124]

Wenn die Grundannahmen der Wissenschaft willkürlich erfunden werden, macht nicht nur das Gedankenexperiment keinen Sinn, sondern jeder Versuch, bei der Theoriefindung methodisch vorzugehen. Wenn sich der Erfolg einer Theorie immer nur im nachhinein herausstellt und kein hiervon unabhängiges Kriterium existiert, die Qualität oder Wahrscheinlichkeit von Hypothesen schon vorher zu bewerten, dann ist es zunächst einmal völlig gleich, ob man auf die später zu überprüfenden Hypothesen durch induktive Verallgemeinerung aus realen Experimenten, durch Gedankenexperimente, das Lesen von Thomas von Aquin oder die Meditation über Tarotkarten gekommen ist. Duhem leugnet hier die psychologisch völlig unzweifelhafte Tatsache, daß es einen gravierenden Unterschied zwischen klugen und ungeeigneten Methoden der Forschung gibt, mit Hinweis auf den ebenso unzweifelhaften Tatbestand, daß dieser Unterschied nicht mit deduktiven logischen Begriffen bestimmt werden kann.

123 Mach in Duhem (1906) IV f.

124 Duhem (1906) 275; der *kursive* Text ist im Original gesperrt gedruckt.

2.2.2 Alexis Meinong, Bertrand Russell, Ludwig Wittgenstein (und ein Blick zurück auf Georg Christoph Lichtenberg)

Duhem ging es um diesen Punkt: Das Gedankenexperiment täuscht einen induktiven Begründungsrahmen für physikalische Theorien vor, der nach seiner Auffassung generell nicht möglich ist. Alexis Meinong (Ritter von Handschuchsheim, 1853-1920) hat den Nachweis versucht, daß Gedankenexperimente auch in der Philosophie des Antimetaphysikers Machs keinen Platz haben sollten. Bei seinem Versuch (mit negativem Ausgang), den Sinn in der Begriffsschöpfung »Gedankenexperiment« zu finden, beschäftigt sich Meinong namentlich mit Mach. Nachdem Meinong alle ihm in den Sinn kommenden Optionen überprüft hat, was Mach mit dem Begriff »Gedankenexperiment« gemeint haben könnte, gelangt er zu dem Ergebnis, daß »Gedankenexperiment« bestenfalls als Ausdruck für den banalen Befund geeignet sei, daß man beim wissenschaftlichen Forschen auch das »Denken« benutzen muß.

Im Abschnitt *Das »Gedankenexperiment«* aus dem Kapitel »Näheres über Apriorität« seines Buchs *Über die Stellung der Gegenstandstheorie im System der Wissenschaften* (1907) schreibt Meinong:

Wird auch in keinem dieser Fälle die sich im [realen] Experimente darbietende Erfahrung als beweisende Instanz verwendet, so ist doch das, in betreff dessen aus diesen Experimenten gelernt werden soll, immer noch die experimentell herbeigeführte Wirklichkeit. Was wird nun im »Gedankenexperiment« willkürlich herbeigeführt? Irgend ein Vorstellungs-, Annahme- oder Urteilserlebnis. Wann aber wollte man beim Betrieb der Geometrie über Vorstellungen, Annahmen oder Urteile etwas lernen? Die Linien, Winkel, Dreiecke aber, auf die man es bei den geometrischen »Gedankenexperimenten« doch wohl abgesehen haben müsste, werden ja durch diese der Wirklichkeit nicht um das Geringste näher gebracht. Darf man unter solchen Umständen da überhaupt von Experimenten reden?

Höchstens eben etwa noch von »Experimenten *in* Gedanken«. Aber das sind dann so wenig wirkliche Experimente, als, was einer sonst in Gedanken tut, wirklich getan ist, oder was bloss in meinen Gedanken existiert, wirklich existiert. Ein Experiment aber, das in Wahrheit gar nicht existiert, kann natürlich auch nichts beweisen und nichts lehren. [...] Dem steht nun freilich die hohe Schätzung, die Mach den »Gedankenexperimenten« zuteil werden lässt, diametral entgegen. Aber näher besehen betrifft der Gegensatz nicht so sehr die Sachen als deren Zusammenfassung unter dem Namen »Gedankenexperiment«. [...] Ich möchte durch das eben Dargelegte nicht gern den Schein erweckt haben, als hielte ich es einem Mach gegenüber für erforderlich, die Tatsachen gegen Übergriffe des Denkens in Schutz zu nehmen. [...]

In der Intention also, einer Überschätzung des Experiments und seines Anteiles am Wissen zu begegnen, fasse ich das Dargelegte zu der Behauptung zusammen, dass das an sich schon seiner Missverständlichkeit wegen bedenkliche Wort »Gedankenexperiment« in dem einzig klaren Sinne, der ihm gegeben werden kann, nämlich als »gedachtes Experiment«, richtiger »Gedanke an ein Experiment« doch höchstens dazu dienen kann, die Selbstverständlichkeit auszusprechen, dass man nichts erforschen, nichts in der Forschung verwerken kann, ohne daran zu denken, dass aber diesem »Denken« ohne weitere Bestimmung, das also sowohl Annehmen als Urteilen, und im Falle des Urteilens ebensowohl evidenzloses als evidentes Urteilen sein kann, noch keinerlei charakteristische Erkenntnisbedeutung, am wenigstens eine von der Art des wirklichen Experimentes zukommt.[125]

Auf das Thema »Gedankenexperimente« war Meinong bei der Frage gekommen, inwiefern mathematische Sätze apriori gültig sind oder von Erfahrungen abhängen. Machs Begriffsschöpfung »Gedankenexperiment« ist für Meinong zunächst nur wegen ihrer möglichen Anwendung in der Mathematik interessant. Machs Äußerungen von oben interpretiert Meinong dahin gehend, daß die Gedankenexperimente nach Machs Meinung in der Mathematik einen »Ersatz« für »Erfahrung und Experiment im gewöhnlichen Sinne« bieten könnten.

Diese Untersuchung ist eine Vorstudie zum eigentlichen Thema von Meinong: der Frage nach dem ontologischen Status von mentalen Objekten (Vorstellungen, Annahmen, Werten etc.). Seine Beiträge (und in der Folge der übrigen »Grazer Schule«) hatten einen prägenden Einfluß auf die angelsächsische analytische Philosophie der Psychologie und insbesondere Bertrand Russell (1872-1970). Bertrand Russell, der spätere Spiritus rector der analytischen Philosophie, hat Meinongs *Gegenstandstheorie* (1907) gleich nach der Veröffentlichung rezensiert und kommt zu diesem Urteil:

Much of this discussion is excellent, particularly an utterly destructive criticism of Mach's ›Gedankenexperiment‹.[126]

Hiermit war das Thema »Gedankenexperiment« für die analytische Philosophie gestorben, noch bevor sich die analytische Philosophie voll entwickelt hatte.

125 Meinong (1907) 67-77.
126 Russell (1907) 91.

Zum einen hatte Meinong in den obigen Zitaten gesagt, daß der Begriff »Gedankenexperiment« im Rahmen von Machs ansonsten hochgeschätzter Philosophie unglücklich gewählt sei. Dem berühmten »Antimetaphysiker« Mach sollte man eigentlich nicht erklären müssen, daß Denken nicht die Tatsachen ersetzen kann. Aber die »Gedankenexperimente« in Machs Werk klingen sehr danach, als ob hiermit ein »Übergriff des Denkens gegen die Tatsachen« beabsichtigt sei.

Zum anderen unternahm Meinong aber auch den Versuch, »Gedankenexperimente« neu zu interpretieren, so daß sie – abgesehen von der unglücklichen Begriffswahl – eine legitime Methode bezeichnen, die mit dem antimetaphysischen, analytischen Wissenschaftsverständnis verträglich ist. Bei Meinong hört sich diese neue – aus Freundlichkeit gegenüber Mach in den Begriff hineininterpretierte – Bedeutung des Begriffs »Gedankenexperiment« überaus banal an, weshalb Russell in diesem Versuch wohl Sarkasmus bemerkt und ihn eine »utterly destructive criticism« nennt.

Diese Neuinterpretation von »Gedankenexperiment« lautet bei Meinong: »Experiment in Gedanken«, »gedachtes Experiment« oder »Gedanke an ein Experiment«. Im Unterschied zu jeder übrigen Art von Experiment ist mit dem Ausgang eines solchen »gedachten Experiments« keinerlei Behauptung über Wirklichkeit, Wahrheit oder Existenz verbunden. Mit dieser Interpretation von »Gedankenexperiment« wird nichts Tiefgründigeres ausgedrückt, als daß Menschen Phantasie besitzen, um sich (ohne Wahrheitsanspruch) Dinge vorzustellen, und, soweit es die Wissenschaft betrifft, auch hierbei natürlich »denken« müssen.

Machs Begriff des »Gedankenexperiments« ist hiermit auf seinen Ausgangspunkt reduziert. Menschen besitzen eine wunderbare Fähigkeit der Phantasie, die viele Hoffnungen weckt, sie als Methode der Wissenschaft zu entwickeln, zu beschreiben und so systematisch nutzbar zu machen. Aber alle Versuche scheitern. Phantasieren und Nachdenken sind sehr häufig überaus nützliche und empfehlenswerte Tätigkeiten in den Wissenschaften, aber wir sind nicht in der Lage, allgemeine Regeln für den erfolgversprechenden Gebrauch von Nachdenken und Phantasie anzugeben.

Dieser scheinbar triviale Ausgangs- und vorläufige Endpunkt von »Gedankenexperiment« wurde allerdings später wiederbelebt und hat innerhalb der analytischen Sprachphilosophie Karriere gemacht.

Das »Experiment in Gedanken« wurde zur »grammatikalischen Untersuchung«. Ein großer Teil der philosophischen Arbeiten aus der analytischen Philosophie der Nachkriegszeit verwendet diese Methode in weitreichender Erkenntnisabsicht. Die Methode besteht darin, mit dem Material unserer Gedanken zu experimentieren. Das heißt, mit der Sprache und den vorgefundenen Regeln ihres Gebrauchs. Vom Ergebnis hiervon wird weiterhin nicht behauptet, Erfahrungstatsachen gleichwertig zu sein, sondern zur *Begriffsklärung* beizutragen.

Ein prominentes Beispiel für die Anwendung dieser Methode ist das Buch *The Concept of Mind* (1949) von Gilbert Ryle (1900-1976). Dieses Buch gilt als wesentlicher Beitrag zu der Frage »Was sind Geist und Bewußtsein?« und enthält trotzdem keine einzige im engeren Sinne naturwissenschaftliche Tatsache. Der Autor hat keine Experimente an bewußtseinsfähigen Lebewesen ausgeführt, keine physiologischen Beobachtungen an Gehirnen gemacht, das menschliche Verhalten nicht mit physikalischen Meßgeräten untersucht. Der alleinige Untersuchungsgegenstand von Ryle ist die normale Umgangssprache. Bei den Formulierungen der klassischen Rätsel des Bewußtseins und insbesondere des Kartesischen Dualismus, der den Geist zu einer eigenen Kategorie über die natürliche Welt erhebt, findet Ryle einen fehlerhaften Gebrauch der Bedeutung der verwendeten Begriffe. Es geht Ryle insbesondere um Kategorienfehler der Art, daß es zwar sinnvoll ist zu fragen, ob die Zahl 2 gerade oder ungerade ist, nicht aber, ob sie rot oder blau ist. In dem Buch wird nicht der Versuch unternommen, das »Rätsel des Bewußtseins« zu lösen, sondern durch den Nachweis, daß häufig die Fragen falsch gestellt sind, zu beseitigen.

Gilbert Ryle und die meisten übrigen Autoren der analytischen Sprachphilosophie bezeichnen diese Methode der Bedeutungsklärung durch Analyse der Umgangssprache nicht namentlich als »Gedankenexperiment«. Die Beziehung läßt sich allerdings herstellen durch Ludwig Wittgenstein (1889-1951). Wittgensteins posthume *Philosophische Untersuchungen* (1953) werden einerseits als Meilenstein der Philosophie des 20. Jahrhunderts angesehen, präsentieren sich andererseits dem Leser als Ansammlung rhapsodischer Gedanken in Form der von ihrem Autor so genannten »grammatischen Betrachtungen«. Das Buch drückt auch in der Argumentationsform eine radikale Abkehr von einem logischen Ordnungsideal aus, das Wittgenstein in seinem Frühwerk *Tractatus Logico-Philosophicus* (1922) verwirklichen wollte. In seinem Spätwerk wird das gerade nicht in explizite Regeln faßbare Denken zum Mittelpunkt seiner Reflexionen. In der Folge der *Philosophischen Untersuchungen* wurden unzählige weitere Texte aus Wittgensteins Nachlaß veröffentlicht, vom fast fertigen Buchprojekt bis zu ungeordneten Notizzetteln. In einem Buchfragment *Philosophische Bemerkungen*, das um 1930 geschrieben wurde, findet sich die folgende Bemerkung:

> Was Mach ein Gedankenexperiment nennt, ist natürlich gar kein Experiment. Im Grunde ist es eine grammatische Betrachtung.[127]

Diese Bemerkung aus dem ersten von 238 Abschnitten (und einigen Anhängen) in diesem Buch wird vom Autor nicht weiter erläutert. Mit dem ersten Satz schließt sich Wittgenstein der uns schon bekannten Kritik von z. B. Meinong an Mach an. Mit dem zweiten Satz wendet Wittgenstein Meinongs »banales« Verständnis von Machs Methode des Gedankenexperiments in etwas überaus Bedeutendes. Wittgenstein hat wesentliche Teile seines Spätwerk als »grammatische Betrachtungen« angesehen.

Auf einem der nachgelassenen Zettel greift Wittgenstein Machs Begriff vom »Gedankenexperiment« auf und vermittelt uns hierauf auch gleich einen Eindruck von der Natur einer grammatischen Betrachtung:

> Aber wie ist es: haben wir hier ein ›Gedankenexperiment‹ gemacht? – Wie wissen wir denn, daß es sich so verhält, bloß dadurch, daß wir es uns so vorstellen? Was ist das für eine seltsame Weise, festzustellen, wie sich eine Sache verhält? – Oder geht es, weil diese Vorgänge *in* mir stattfinden und ich also nur in mich hineinzusehen habe? – Von ›innen‹ und ›außen‹ wollen wir später reden, – aber jedenfalls, sollte man meinen, die Sache müßte eben jetzt in mir vorgehen, wenn ich sie jetzt in mir sehen soll. Auch habe ich mich nicht an den Fall erinnert, denn er ist mir nie geschehen.
>
> Nun kann man ja wirklich ein Experiment machen, dadurch, daß man sich etwas vorstellt. Nicht ein Experiment *in* der Vorstellung, d.i., das bloße Vorstellungsbild eines Experiments. (Ein Laboratorium kann man nicht dadurch überflüssig machen, daß man sich Apparate und Versuche einfach vorstellt.) Wenn mich z. B. jemand fragt, »Wie begrüßt Du den N., wie gehst Du auf ihn zu?«, so kann ich, um antworten zu können, mir vorstellen N

127 Wittgenstein (1930) 52 [Erstveröffentlichung 1964].

trete herein und ich mache etwa dabei die Bewegung des Begrüßens. Und dies ist ein Versuch. Er mag mich täuschen, und was wirklich in so einem Fall geschieht mag etwas anderes sein; aber die Erfahrung lehrt vielleicht daß wirklich meist das geschieht, was so ein Versuch zeigt. Hätte also die Frage gelautet, »Lächelt ein Mensch in so einem Fall?«, so hätte ich allerdings den Versuch durch ein Vorstellen machen können. – Weiß ich aber nun, daß *man* lächelt, oder nur, daß *ich* lächle? Und wenn das erstere, ist dann das Vorstellen nicht ein *Erinnern*? Jedenfalls nicht notwendigerweise ›das Erinnern an bestimmte Fälle‹.[128]

Hier sind wir mitten in dem eingangs genannten, sehr weiten Feld der oft erstaunlichen Kreativität und Produktivität des menschlichen Denkens unter Verwendung von Erinnerung, Assoziationsvermögen, freier Variation, Modalbegriffen, kontrafaktischen Annahmen und Konjunktiven. Aber wir haben das engere Gebiet des naturwissenschaftlichen Methodengebrauchs verlassen.

Wir sind wieder dort angelangt, wo über die Methoden des Denkens nachgedacht wurde, *bevor* Ørsted und Mach den Versuch unternommen hatten, hieraus eine naturwissenschaftliche Methode »Gedankenexperiment« zu entwickeln. Ein bemerkenswerter Beitrag aus dieser Vorgeschichte des Gedankenexperiments stammt von Georg Christoph Lichtenberg (1742-1799). In seinen nur für den privaten Gebrauch geschriebenen und erst posthum veröffentlichten *Sudelbüchern* hat sich Lichtenberg über alle möglichen Themen in einer Weise ausgelassen, die auch stilistisch an Wittgensteins Spätwerk erinnert. In einer Bemerkung reflektiert Lichtenberg dort über das »Experimentieren in Gedanken«. Aus anderen Einträgen in der näheren Umgebung ist ersichtlich, daß sich Lichtenberg beim Niederschreiben dieser Bemerkung im *Sudelbuch K* wohl auch gerade mit Kants *Metaphysischen Anfangsgründen der Naturwissenschaft* beschäftigt hatte – ebenso wie Ørsted, als er den Begriff »Gedankenexperiment« erfand. Von Lichtenberg erwarten wir natürlich Witz und Phantasie, für die er berühmt wurde, keine trokkene Auseinandersetzung mit großangelegten philosophischen Systemen.

Wie viel Ideen schweben nicht zerstreut in meinem Kopf, wovon manches Paar, wenn sie zusammen kämen, die größte Entdeckung bewirken könnte.

128 Ludwig Wittgenstein, *Nachlaß des Wittgenstein Archivs*, Universität Bergen, *Item 115* (zu den *Philosophischen Untersuchungen*) *Part 6/226*, veröffentlicht im Internet, Adresse: http://www.hd.uib.no/wab/.

[...] Wie lange haben nicht die Ingredienzen des Schießpulvers existiert vor dem Schießpulver! Ein natürliches aqua regis gibt es nicht. Wenn wir beim Nachdenken uns den natürlichen Fügungen der Verstandesformen und der Vernunft überlassen, so kleben die Begriffe oft zu sehr an andern, daß sie sich nicht mit denen vereinigen können, denen sie eigentlich zugehören. Wenn es doch etwas gäbe, wie in der Chemie Auflösung, wo die einzelnen Teile leicht suspendiert schwimmen und daher jedem Zuge folgen können. Da aber dies nicht angeht, so muß man die Dinge vorsätzlich zusammen bringen. Man muß mit Ideen *experimentieren.*

Ein bequemes Mittel mit Gedanken zu experimentieren ist, über einzelne Dinge Fragen aufzusetzen: z. B. Fragen über Trinkgläser, ihre Verbesserung, Nutzung zu andern Dingen etc., und so über die größten Kleinigkeiten.[129]

Lichtenberg hegt die Hoffnung, daß sich in das Denken eine Systematik bringen lassen müßte, um Produktivität und Nützlichkeit der Denkresultate zu steigern. Lichtenbergs methodischer Vorschlag besteht offenbar darin, vorhandene Gedanken in ihre Bestandteile, die einzelnen Begriffe, zu zerlegen und diese durch alle Permutationen neu zusammenzusetzen. Hierdurch wird zunächst einmal die Menge der Ideen sehr vergrößert. Anschließend ist durch eine introspektive Selbstbefragung herauszufinden, welche dieser Ideen irgendwie nützlich sein könnten.

2.3 Fazit

Der Ausgangspunkt von Machs Überlegungen über »Gedankenexperimente« liegt in empirischen Beobachtungen. Diese betreffen sowohl die dokumentierte Wissenschaftsgeschichte als auch Beobachtungen aus den Feldern von Verhaltensforschung, Philogenese, Pädagogik und Psychologie. Nach der einhelligen Kritik ist die Bedeutung des Begriffs »Gedankenexperiment« wieder zu genau diesem Ausgangspunkt zurückgekehrt. Zwischen dem gleichen Ausgangs- und Endpunkt gab es allerdings Entwicklungen und viele Hoffnungen.

Die Beobachtung am Anfang ist die oftmals erstaunliche Produktivität und Zielsicherheit des Denkens ohne zusätzliche Hilfe durch neue Erfahrungen. Diese äußert sich nicht bloß in den später als »Gedankenexperimente« berühmt gemachten Episoden der Wis-

129 Lichtenberg (1793-6) 453f. [*Sudelbuch* K, § 308].

senschaftsgeschichte, wo beispielsweise ein Stevin mit einer brillanten Gedankenführung auf das richtige Gesetz der schiefen Ebene schließt. Es geht um eine allgemeine Qualität des Denkens. Sie äußert sich auch beispielsweise darin, daß ein Schulunterricht mehr Erfolg hat, wenn er auf ein »klares Licht des Verstehens« ausgerichtet ist als auf die bloße dogmatische Vermittlung der Fakten – wobei der Erfolg auch weiterhin nur daran gemessen wird, daß die Schüler am Ende die Fakten richtig hinbekommen.

Diese Beobachtung läßt sich aus verschiedenen philosophischen Hintergründen heraus beschreiben und mit verschiedenen Erklärungen versehen.

(a) In einer wissenschaftsphilosophisch harmlosen Version faßt man diese Beobachtungen über die Kreativität des menschlichen Denkens in Form von *heuristischen Leitlinien* oder klugen Ratschlägen zusammen, die sich bei früheren Denkaufgaben als nützlich erwiesen haben. Eine Erfolgsgarantie oder gar ein Beweis, daß sich eine Denkleistung bei Befolgen dieser Leitlinien als brauchbar oder wahr herausstellen werde, ist damit nicht verbunden. Beispielsweise läßt sich Machs Ausführung über die gedankliche *Variation von Nebenumständen* in diesem Sinne als eine bewährte Heuristik interpretieren. Ebenso erscheint es bei vielen Fragen sinnvoll, zunächst nach Art der sprachphilosophischen Methode der »grammatischen Untersuchung« mit Hilfe des allgemeinen Sprachverständnisses zu klären, ob das Problem klar formuliert ist oder seine Existenz bloß einer begrifflichen Chimäre verdankt. Sogar die sehr grobe Methode der freien Assoziation von Begriffen, die Lichtenberg als »Experimentieren mit Gedanken« beschrieben hat (und vielleicht dem modernen *Brainstorming* entspricht), mag bei manchen Denkaufgaben zieldienlich sein.

Der Unterschied zwischen wissenschaftlicher Forschung und allgemeinen Alltagsfragen und -problemen ist hierbei graduell und besteht nur darin, daß uns aus der Wissenschaftsgeschichte einige besonders markante Beispiele von verblüffender Kreativität des Denkens überliefert sind. Heuristische Leitlinien, die uns beschreiben, wie die hierfür verantwortlichen Wissenschaftler ihre Kreativität entwickelt haben, sind natürlich von besonderem Interesse für alle, die selbst einen Beitrag zur Wissenschaft leisten wollen.

Das »Gedankenexperiment« wird hierbei als ein empirisches Phänomen (der Wissenschaftsgeschichte) betrachtet und mit den

Methoden der empirischen Psychologie beschrieben. Wir lernen aus den Ergebnissen dieser Beschreibung etwas über historisch erfolgreiche Problemlösungsstrategien. Das empirische Wissen über historisch erfolgreiche Problemlösungsstrategien ist aber für sich genommen unbefriedigend, wenn wir nicht auch noch eine Vorstellung davon haben, warum diese Problemlösungsstrategien erfolgreich waren und unter welchen Umständen man auch bei ihrer Anwendung auf gegenwärtige und zukünftige Probleme mit einem Erfolg rechnen kann. Wir sind mit zwei Optionen bekannt geworden, wie eine solche Erfolgsgarantie begründet werden könnte: Daß eine Problemlösungsstrategie erfolgreich ist, könnte sich *(b)* aus der Logik oder *(c)* aus einer wissenschaftlichen Theorie begründen.

(b) Duhem hatte die Methode des Gedankenexperiments so verstanden, daß hiermit eine Begründung behauptet würde, bestimmte theoretische Sätze der Wissenschaft für wahr zu halten. Da Duhem im Unterschied zu den Naturphilosophen des letzten Abschnitts die Möglichkeit von aus der »Vernunft« begründeten synthetischen Sätzen apriori gar nicht erst in Betracht zieht, kann die zugrundeliegende Argumentationsform eines Gedankenexperiments nur ein mehr oder weniger verschleierter *Induktionsschluß* sein. Ein Induktionsschluß kann aber generell nicht die Wahrheit der Konklusion begründen. Die logisch konsistente Begründung ihrer Behauptungen ist aber für Duhem eine unverzichtbare Forderung an die Wissenschaft, weshalb »Gedankenexperimente« als eine unzulässige Methode angesehen werden, mit psychologischen Tricks kontingente Behauptungen als notwendig wahre auszugeben.

Diese Einsicht in Größen und Grenzen der Logik hat Mach geteilt. Seine ursprungliche Absicht mit den Gedankenexperimenten war allerdings auch nicht, Gedankenexperimente als logische Schlußfiguren zu entwickeln. Mach hatte die Absicht, mit seinen historischen, psychologischen und verhaltensbiologischen Untersuchungen über das Gedankenexperiment (und andere Methoden der Forschung) die Grundlage zu schaffen, um zu einer wissenschaftlichen Theorie der Erkenntnisleistung zu gelangen.

(c) Wie sich aus einer umfassenden *Theorie der Kognition* die Methode des Gedankenexperiments darstellen würde und diese die Erfolgsaussichten eines Gedankenexperiments erklärt, können wir nur erahnen, weil Mach höchstens einen rudimentären Plan dieser Theorie entworfen hat. Machs Ausführungen über das »Ökonomie-

prinzip« und den »neutralen Monismus« deuten an, daß er die Erwartung hatte, die Evolution der wissenschaftlichen Theorien und die hierbei beteiligten Denkprozesse der Wissenschaftler ließen sich (eines Tages) in einer mathematischen, vorhersagefähigen Theorie beschreiben. Eine durch diese Theorie individuierte Klasse von Denkprozessen müßte sich dann mit der historisch vorgefundenen Methode des Gedankenexperiments identifizieren lassen. Diese Theorie würde (wenn sie vorliegt) natürlich nicht erklären, daß oder warum die Ergebnisse von Gedankenexperimenten *wahr* sind, sondern daß und warum die Wissenschaftler von den Ergebnissen ihrer Gedankenexperimente *überzeugt* sind. Aber diese Erkenntnis wäre auch alles, was sich in diesem Rahmen zu wissen erhoffen läßt, denn die Wahrheit einer Behauptung läßt sich niemals unabhängig von den eigenen kognitiven Dispositionen überprüfen.

Die Existenz einer solchen umfassenden Theorie der Kognition ist ohne Widerspruch vorstellbar, allerdings hat weder Mach noch sonst jemand nach ihm bisher auch nur einen akzeptablen Entwurf für die hierfür benötigten Grundbegriffe und mathematischen Strukturen geliefert. In der Rezeption von Machs Begriff des »Gedankenexperiments« hat bisher niemand diese Option in Erwägung gezogen. Durch die fehlende Ausarbeitung zu einer wissenschaftlichen Theorie der Kognition bleiben Machs Ausführungen im Bereich der *Phänomenologie der Psychologie*.

Nachdem Option *(b)* aus logischen Gründen und Option *(c)* aufgrund ihrer damaligen und gegenwärtigen Nichtexistenz wegfallen, bleibt für die weitere Diskussion über »Gedankenexperimente« allein die empirische Basis von Option *(a)*. Das Verdienst der hier behandelten Diskussionen liegt nicht darin, daß nun eine befriedigende Theorie des Gedankenexperiments vorläge, sondern daß auf ein interessantes, aber nur vage individuiertes Phänomen aufmerksam gemacht wurde.

Aber nicht nur ist die Erklärung dieses Phänomens gescheitert, sondern auch Duhems Versuch, dieses Phänomen aus den Wissenschaften zu verbannen, weil es nicht sinnvoll erklärt werden kann, und ebenso Meinongs Versuch, wenigstens den irreführenden Namen für dieses Phänomen abzuändern. Die Karriere der »Gedankenexperimente« nämlich hatte gerade erst begonnen.

3. Anschaulichkeit und Prinzipien: Das Gedankenexperiment bei den modernen Physikern (1905-1935)

»Ich meine ganz ehrlich, wenn Durchschnittsleute sich durch reines Denken Naturgesetze verschaffen wollen, so kommt nur Mist heraus. – Schrödinger kann es vielleicht.«

Max Born an Albert Einstein[130]

Die Kritik an Machs Gedankenexperimenten war in der Philosophie erfolgreich. Es setzte, wie vorhin gesagt, eine Latenzzeit ein, während der die Gedankenexperimente – trotz ihrer zentralen Stellung – aus der ansonsten überaus lebendigen Mach-Rezeption gestrichen, bzw. zur Marginalie wurden und außerhalb der Mach-Rezeption keine Rolle spielten. Letzteres ist dahin gehend verständlich, daß es sich hierbei im betreffenden Zeitraum um einen spezifisch Machschen Fachbegriff handelte. Wenn man die Verbindung des Begriffs zu Kant und Ørsted nicht kennt, gibt es für Jahrzehnte nur Mach, auf den man sich in der Wissenschaftsphilosophie hätte berufen können.

Es gilt hier aber von dem zu berichten, was mit den Gedankenexperimenten dort geschehen ist, wo sie angewandt werden – in der *Physik*. Es wirkt wie eine Verspottung der Wissenschaftsphilosophie durch die Physik, daß just gleichzeitig mit dem Bannfluch Duhems gegen das Gedankenexperiment – womit er, wie gesagt, die Philosophen und sogar Mach selbst überzeugt zu haben scheint – die große Neuerung der Physik im 20. Jahrhundert durch die Entstehung von Quantenmechanik und Relativitätstheorie stattfand, die nach landläufiger Meinung ihre Existenz wesentlich den Gedankenexperimenten verdanken. Die guten Argumente von Duhem (die er offensichtlich ohne Einsteins Forschungserfolge zu kennen verfaßte) scheinen in der Praxis der Physik keine Rolle zu spielen. Theoretisch mag es »absurd« und »unredlich« sein, mit Gedanken-

130 10.10.1944, in: *Albert Einstein – Hedwig und Max Born, Briefwechsel 1916-1955*, München 1969; Nachdruck Hamburg 1972, 160.

experimenten zu arbeiten, praktisch sind sie offenbar überaus fruchtbar.

Das heutige Interesse an den Gedankenexperimenten und die damit einhergehende Anerkennung, *daß* Gedankenexperimente, wie Mach dies gesagt hat, ein legitimes und wesentliches Instrument der (seriösen) wissenschaftlichen Forschung sind, läßt sich nicht durch einen neuen philosophischen Beitrag (der als erstes Duhems Standpunkt hätte angreifen müssen) erklären, sondern nur durch diese heute weitverbreitete Wahrnehmung über die neueste Wissenschaftsgeschichte. Diese Wahrnehmung ist eng mit dem Namen der Hauptfigur der grundlegenden Neuerung der Physik im 20. Jahrhundert verbunden. Durch Albert Einstein (1879-1955) wurde das »Gedankenexperiment« zu einem aktuellen Thema der Wissenschaft und anschließend auch wieder der Wissenschaftsphilosophie. Einsteins Gedankenexperimente wurden zur zweiten, von Mach unabhängigen Hauptquelle, auf die sich die aktuellen wissenschaftsphilosophischen Beiträge über Gedankenexperimente berufen.

Dies ist eine »populäre Wahrheit«, die insbesondere auch aus allen »allgemeinverständlichen« Einführungen in die moderne Physik (die eigentlich nicht unser Thema sind) dem Leser ins Auge springt. Exemplarisch soll hier nur ein Zitat vorgebracht werden aus einem sehr erfolgreichen Buch, das verspricht, die Relativitätstheorie ohne komplizierte Formeln verstehen zu lassen:

> Der Ausdruck ›Gedankenexperiment‹ stammt von Einstein und bedeutet einen Versuch, den man im Kopf statt im Labor anstellt. Wir sind zu einem solchen Experiment imstande, da wir zugleich alle Gesetze im Kopf haben, denen die Ereignisse unterliegen, die wir uns gedanklich vorstellen. Mit Hilfe solcher Gedankenexperimente wollte Einstein herausfinden, in welcher Weise seine bisherigen Vorstellungen von Raum und Zeit geändert werden mußten, um aus der relativen eine absolute Lichtgeschwindigkeit zu machen. Dabei *unterstellte* er einfach, daß die Lichtgeschwindigkeit absolut ist, und er *unterstellte*, daß der Satz von Galilei unter allen Umständen galt. Sodann stellte er seine Gedankenexperimente an, um zu sehen, welche Folgen sich aus diesen Annahmen für Raum und Zeit ergaben. Hier ist nun ein solches Gedankenexperiment und sein Ergebnis wird für uns eine große Überraschung sein.[131]

131 Lewis Carroll Epstein, *Relativity visualized,* San Francisco 1983; nach der zweiten deutschen Ausgabe, *Relativitätstheorie anschaulich dargestellt – Gedankenexperimente, Zeichnungen, Bilder*; Basel ²1988, 49.

Wissenschaftsphilosophisch betrachtet gibt es allerdings einige Interpretationsprobleme. Im Unterschied zu Mach hat Einstein keine Theorie des Gedankenexperiments vorgelegt. Wenn sich jemand auf »Einsteins Methode des Gedankenexperiments« beruft, ist dazu immer eine Interpretation Vorbedingung, die nicht vom Autor Einstein selbst stammt. Schlimmer noch: Einstein hat entgegen der landläufigen Meinung in seiner wissenschaftlichen Arbeit praktisch kein einziges »Gedankenexperiment« durchgeführt. All die unzähligen Gedankenexperimente von Einstein, die in der aktuellen Literatur so viel Beachtung finden, wurden von ihrem Autor mit allen möglichen Namen, nur nicht als »Gedankenexperimente« bezeichnet. Man gewinnt den Eindruck, als ob Einstein sogar eine besondere Abneigung dagegen gehabt hätte, ihm zu unterstellen, er habe mit »Gedankenexperimenten« geforscht, ja, daß Einstein manchmal lieber sprachliche Verrenkungen in Kauf nahm, als das Wort »Gedankenexperiment« in den Mund zu nehmen. Zweifelsohne hat Einstein allerdings den Begriff »Gedankenexperiment« gekannt und auch Machs Beiträge dazu wenigstens teilweise gelesen.

3.1 Albert Einstein

Exemplarisch für die Art von Einsteins Forschungsmethode und Gegenstand der in der wissenschaftsphilosophischen Interpretation üblichen Benennung als »Gedankenexperimente« ist diese Anmerkung zu seiner Entdeckung der speziellen Relativitätstheorie aus seiner autobiographischen Skizze:

Als Vorbild sah ich die Thermodynamik vor mir. Das allgemeine Prinzip war dort in dem Satze gegeben: die Naturgesetze sind so beschaffen, daß es unmöglich ist, ein perpetuum mobile (erster und zweiter Art) zu konstruieren. Wie aber ein solches allgemeines Prinzip finden? Ein solches Prinzip ergab sich nach zehn Jahren des Nachdenkens aus einem Paradoxon, auf das ich schon mit 16 Jahren gestoßen bin: Wenn ich einem Lichtstrahl nacheile mit der Geschwindigkeit c (Lichtgeschwindigkeit im Vakuum), so sollte ich einen solchen Lichtstrahl als ruhendes, räumlich oszillatorisches, elektromagnetisches Feld wahrnehmen. So etwas scheint es aber nicht zu geben, weder auf Grund der Erfahrung noch gemäß den Maxwellschen Gleichungen. Intuitiv klar schien es mir von vornherein, daß von einem solchen Beobachter aus beurteilt, alles sich nach denselben Gesetzen abspielen müsse wie für einen relativ zur Erde ruhenden Beobachter. Denn wie sollte der erste Beobachter wissen, bzw. konstatieren können, daß er sich im Zustand rascher, gleichförmiger Bewegung befindet?

Man sieht, daß in diesem Paradoxon der Keim zur speziellen Relativitätstheorie schon enthalten ist.[132]

Wohlgemerkt: Weder hier noch an kaum einer anderen Stelle bezeichnet Einstein die Argumentationsfiguren, auf die sich seine Theorien stützen, als »Gedankenexperiment«. Er selbst nennt die Argumentationsfiguren, derentwegen er anderswo zum Meister des Gedankenexperiments erklärt wurde, »Experiment« (ohne »Gedanken-«), »Paradoxon«, »Analogie«, »Argument«, »Überlegung«, »Beispiel« oder »überaus lustigen und einfachen Spezialfall«.[133]

Als Beispiel können wir die Interpretation der gerade zitierten Textstelle von Einsteins autobiographischer Skizze durch den modernen Wissenschaftsphilosophen und -historiker Gerald Holton nehmen (der sich besonders um das Verständnis der Entstehungsgeschichte von Einsteins Theorien einen Namen gemacht hat). Die darin genannte »Abhandlung von 1905« ist die Originalveröffentlichung von Einsteins spezieller Relativitätstheorie, *Zur Elektrodynamik bewegter Körper*, die ebenfalls anschauliche Symmetrieüberlegungen, »Beispiele« und die »Zuhilfenahme gewisser (gedachter) physikalischer Erfahrungen«[134] enthält, aber kein von Einstein so genanntes »Gedankenexperiment«, was aber Holton nicht weiter stört:

Dieser Passus hat seine genaue Parallele in der Abhandlung von 1905, nämlich in dem begrifflichen Sprung von einem einfachen Experiment (es handelt sich tatsächlich ebenfalls um ein Gedankenexperiment über die Relativbewegung von elektrischem Leiter und Magnet) hin zu dem allgemeinen Prinzip, aus dem sich dann der Gehalt der Relativitätstheorie herleitet. [...] Es scheint [...] nicht ausgeschlossen, daß Einstein dieses Gedankenexperiment seiner Jugendjahre im Sinn gehabt haben mag, als er im Jahre 1905 den sonst eher unklaren Ausdruck »Beispiele ähnlicher Art« gebraucht.[135]

In einem anderen Aufsatz von Holton heißt es:

132 Einstein (1955) 20 u. Holton (1981) 296f.
133 Letzteres: Einstein [GW] 3/257; die übrigen passim.
134 Einstein (1905) 894; [GW] 2/279.
135 Holton (1981) 297.

Einstein's ability to visualize may have helped him in the brilliant use he made of ›thought experiments‹ (*Gedankenexperiments*).[136]

Hier stellen sich einige Fragen. Auf der inhaltlichen Ebene: Was glaubte Einstein durch solche Argumentationen zu zeigen? Welche Stellung haben sie im Entstehungs- und Rechtfertigungsprozeß der Theorien? Begriffsgeschichtlich stellt sich aber vorher auch die Frage, warum Einstein diese Elemente seiner Werke nicht »Gedankenexperimente« genannt hat.

Die Antwort zur letzten Frage liegt in der Antwort auf die vorherigen: Einstein wollte die Relativitätstheorie und alle seine übrigen Beiträge zur Physik auf dem sicheren Fundament der Empirie begründet wissen. In der Betonung des empirischen Charakters der Naturwissenschaft und dem traditionellen Spott unter Naturwissenschaftlern gegen Kant und die Naturphilosophie steht Einstein mit Mach in einer Reihe.

Offensichtlich haben jedoch die »Gedankenexperimente« in Einsteins Veröffentlichungen den Eindruck erweckt, die Relativitätstheorie sei im wesentlichen rationalistisch begründet. Einsteins Reaktion auf diese Interpretation war regelmäßig harsch, wie in diesem Antwortbrief an seinen Studienfreund Michele Besso (dessen Brief leider nicht erhalten ist):

In Deinem letzten Brief finde ich beim nochmaligen Lesen etwas, das mich geradezu erbost: die Spekulation habe sich als der Empirie überlegen gezeigt. Du denkst dabei an die Entwicklung der Relativitätstheorie. Aber ich finde, dass diese Entwicklung etwas anderes lehrt, das fast das Gegenteil davon ist, nämlich, dass eine Theorie, um Vertrauen zu verdienen, auf verallgemeinerungsfähige *Thatsachen* aufgebaut sein muss.

Alte Beispiele

Hauptsätze der Thermodynamik auf Unmöglichkeit des perpetuum mobile, Mechanik auf empirisch ertastetem Trägheitsgesetz. Kin. Gastheorie auf Aequivalenz von Wärme und mech. Energie (auch historisch).

Spezielle Relativität auf Konstanz der Lichtgeschwindigkeit & Maxwells Gleichungen für das Vakuum, welche wieder ihrerseits auf empirische Grundlagen ruhen. Relativität bezüglich gleichf. Translation ist *Erfahrungsthatsache.*

Allgemeine Relativität: *Gleichheit der trägen und schweren Masse*

136 Holton (1979) 156.

Niemals ist eine wirklich brauchbare und tiefgehende Theorie wirklich rein spekulativ gefunden worden.[137]

Einstein ist *geradezu erbost* über eine Vermutung, die eigentlich nahezu zwingend erscheint, wenn man sieht, mit welcher Eleganz Einstein beispielsweise die Lorentztransformation aus bloßen Überlegungen über Lichtstrahlen in Eisenbahnzügen abgeleitet hat: daß das Resultat, die Relativitätstheorie, sich im wesentlichen durch ein bloßes Nachdenken (mit Hilfe der Gedankenexperimente) erschließen könnte.

An diesen Zitaten zeigt sich aber insbesondere: Das Thema »Einstein und das Gedankenexperiment« hat viele unterschiedliche Aspekte. Die Schwierigkeit, das Thema zu bestimmen, ist einfach eine Konsequenz daraus, daß Einstein sich nicht selbst zu Methode und Begriff des Gedankenexperiments geäußert hat. Das für die Interpretation von Gedankenexperimenten Wichtige läßt sich aber aufsammeln, wenn wir den Beitrag und die Wirkung von Einstein über die folgenden drei Stationen verfolgen:

(a) Zunächst *(3.1.1)* soll etwas über das intellektuelle Ambiente gesagt werden, in dem das Thema »Einstein und das Gedankenexperiment« angesiedelt ist. Es geht um das Motiv, warum Einstein entgegen dem genannten Klischee seiner Forschungsmethode eine berechtigte Skepsis gegen die Gedankenexperimente hatte – gegen den Begriff und gegen das, was er *in der Öffentlichkeit* bedeutete.

Wir beginnen mit der Feststellung, daß die Kritik an Machs Gedankenexperimenten – die fehlende formale Ausarbeitung und logische Strenge in einer eben bloß psychologisch eingängigen Darstellung der Wissenschaftsgeschichte – von den Physikern und wohl auch Einstein geteilt wurde. Dies dient zur Erklärung des tatsächlichen Gebrauchs des Worts »Gedankenexperiment« bei Einstein – er verwendet durchaus diesen Begriff, nur eben mit einer deutlich spürbaren pejorativen Note und nicht in Zusammenhang mit der wissenschaftsimmanenten Rechtfertigung seiner Theorien.

Es schließen sich einige Aspekte – oder nur Anekdoten – zu einem ziemlich problematischen Thema an, das man wohl *Soziologie des Gedankenexperiments* nennen muß. Bei dem Blick auf die soziale oder kulturelle Wirkung von Einsteins Gedankenexperimen-

137 Einstein an Michele Besso, 28. August 1918, [GW] 8/864.

ten soll es nicht speziell um den Namen »Gedankenexperiment« gehen, vielmehr um das allgemeine Problem, das entsteht, wenn man abstrakte physikalische Theorien – noch dazu solche, die auch die Struktur des Universums und sonstige vorher in Philosophie und Weltanschauung beheimatete Fragen behandeln – »mit Eisenbahnen und Aufzügen veranschaulicht« der Öffentlichkeit vorstellt. Es geht um die populäre Vermittlung von Einsteins Theorien, an der sich Einstein in gehörigem Maße selbst beteiligt hat. Die gewissermaßen aus Freundlichkeit versuchte »Anschaulichkeit« hat sich bitter an ihrem Urheber gerächt. Unter dem Namen des »gesunden Verstandes« wurden die Gedankenexperimente von Leuten, die allein durch »Gedankenexperimente« von der neuen Physik erfahren hatten, *gegen* die neue Physik in Anschlag gebracht.

Wenn man über die Bedeutung von »Gedankenexperimenten« berichtet, muß auch das übelste Kapitel erwähnt werden: ihr Mißbrauch innerhalb der nationalsozialistischen Ideologie des Intellektuellenhasses; beispielsweise in Philipp Lenards vierbändiger *Deutscher Physik* (1936/7), wo der Autor die Gedankenexperimente als Werkzeug entwirft, um mittels eines »gesunden Volksempfindens« die Relativitätstheorie und jede abstrakte physikalische Theoriebildung zu bekämpfen.

Dieser Abschnitt als Vorbereitung soll eine kritische Distanz zum naiven Gebrauch und Verständnis der Gedankenexperimente, wie man ihn insbesondere aber nicht nur in modernen populärwissenschaftlichen Physikbüchern findet, bewirken.

(b) Unser Interesse gilt allerdings der disziplinimmanenten Theorieentwicklung. Hier ist festzustellen, daß Einstein auch einen großen Teil seiner theoretischen (nicht für das Laienpublikum bestimmten) Arbeiten mit Argumentationsfiguren gefüllt hat, die völlig selbstverständlich von seinen Kollegen und bis heute als »Gedankenexperimente« bezeichnet werden. Und zwar in einer Weise, die auf jeden Fall, was Menge und Ideenreichtum betrifft, einzigartig in der Physikgeschichte ist. Die Funktion und Funktionsweise dieser Argumentationsfiguren sind unser eigentliches Thema, unabhängig davon, wie sie von ihrem Autor benannt werden.

Einstein hat sich, wie gesagt, nicht zum Thema »Methode des Gedankenexperiments« geäußert. Aber Einstein hat sich zum Thema »Methode seiner eigenen Forschung« geäußert, und es ist offensichtlich, daß hierin das zu suchen ist, was wir über die Rationalität der Methode des Gedankenexperiments bei Einstein erfahren wollen. Dies wird unter *3.1.2* behandelt. Die Begründung der Relativitätstheorie ist bei Einstein im Spannungsverhältnis zwischen einerseits der so sehr betonten empirischen Grundlage und andererseits den universalen Prinzipien angesiedelt – und dazwischen hat Einstein die Argumentationsfiguren entwickelt, die man »Einsteins Gedankenexperimente« nennt.

(c) Ein wesentlicher zusätzlicher Aspekt zum Thema »Das Gedankenexperiment in der modernen Physik« findet sich in Zusammenhang mit der Quantentheorie. Die beiden eben genannten Themen *(a)* und *(b)* sagen etwas über das Gedankenexperiment, wie es durch Einstein – absichtlich oder unabsichtlich – in die moderne Physik und in das öffentliche Verständnis eingeführt wurde und somit Gegenstand der wissenschaftsphilosophischen Untersuchung von *Theorieablösungsprozessen* ist. Für die besondere Bedeutung, die sich für »Gedankenexperimente« im Zusammenhang mit der Quantentheorie ergeben haben, ist nicht allein (aber auch in gehörigem Maße) Einstein verantwortlich, sondern insbesondere auch Heisenberg, Bohr und Schrödinger. Wir behandeln dieses Themenfeld im Abschnitt *3.2*.

Im Unterschied zur Relativitätstheorie, die für Physiker und Wissenschaftsphilosophen nach anfänglicher Überraschung und anschließender gründlicher Untersuchung keine wesentlichen, über die üblichen Fragen zu den mathematischen Theorien der Physik hinausgehenden Probleme aufwirft, ist die Quantentheorie bis heute mit grundsätzlichen *Interpretationsproblemen* belastet. Die Einsicht, daß in der Quantentheorie gravierende und grundsätzliche Probleme enthalten sind, setzte unmittelbar mit dem Erfolg ein, die Quantenphänomene erstmals in einer geschlossenen mathematischen Theorie zu beschreiben, was durch Arbeiten von Erwin Schrödinger, Werner Heisenberg, Pascual Jordan, Paul A. M. Dirac, Niels Bohr und anderen um 1925-27 erreicht wurde. Diese Probleme kenntlich zu machen und zu lösen zu suchen war und ist Gegenstand ausführlicher Diskussionen. Diese Diskussion zu Interpretationsfragen der Quantentheorie wurde wesentlich (und unter diesem Namen) mit »Gedankenexperimenten« geführt.

Das Neue aus der Quantenphysik für das Thema Gedankenexperimente ist eine Wandlung in der Bedeutung von »Anschaulichkeit«. War die Anschaulichkeit vorher ein zwiespältiger Aspekt der *Ver-*

mittlung wissenschaftlicher Theorien, der nach der Entdeckung des Elektromagnetismus nicht mehr in der Wissenschaft selbst für relevant gehalten wurde, sondern bloß bei Didaktik und Popularisierung von Physik, wird die »Anschaulichkeit« im Zusammenhang mit der Quantentheorie wieder zu einem disziplinimmanenten Fachbegriff. Vorher, bei der Relativitätstheorie zum Beispiel, konnte man (wie Einstein selbst gewissermaßen) effektiv leugnen, mit »Gedankenexperimenten« zu arbeiten, weil es sich in Wirklichkeit um das übliche und etablierte methodische Instrumentarium der Wissenschaft handelte, das hier angewandt wurde. Bei den Debatten zur Interpretation der Quantentheorie, die von der in einem technischen Sinne verstandenen »Anschaulichkeit« handeln, ist allen Beteiligten klar, daß mit den dort vorgebrachten »Gedankenexperimenten« eine Argumentationsmethode benutzt wird, die ausschließlich wegen des besonderen Charakters der Quantentheorie relevant ist. Waren vorher die »Gedankenexperimente« wegen der exzessiven Verwendung derselben durch wissenschaftliche Laien, die hiermit insbesondere die Relativitätstheorie widerlegen wollten, innerhalb der Physik schon ziemlich diskreditiert worden: mit den innertheoretischen Problemen der Interpretation der Quantentheorie wurden sie auch in der Physik wieder zu einem anscheinend unverzichtbaren Forschungsinstrument.

Mit diesen drei Hauptaspekten wird das Material aus der modernen Physik ausgebreitet, das für ein Verständnis der weiteren Entwicklung von Beiträgen zur Methode des Gedankenexperiments als Thema der Wissenschaftsphilosophie notwendig ist. Der weitere Gebrauch von Gedankenexperimenten – mit und ohne diesen Namen – in Physik und Wissenschaft insgesamt ist Legion. Man braucht nur alte Jahresbände von Zeitschriften wie *Die Naturwissenschaften* durchzublättern, um einen sicheren Eindruck zu erhalten, wie »Gedankenexperimente« in alle Bereiche der Wissenschaft eingesickert sind, zu einer völlig selbstverständlichen Forschungsmethode wurden und daß dies wohl auf die Popularität von Einstein zurückgeht.[138] Die Vermutung, daß wir nicht notwendigerweise noch mehr Beispiele aus den aktuellen Wissenschaften anschauen

138 Ein Beispiel: »*§ 15. Ein Gedankenexperiment über die Atomistik des Chlors*«, in: D. Konstantinowsky, »Submikroskopische Experimentalphysik. Bericht über die Ehrenhaftschen Arbeiten aus der Physik des Millionstel-Zentimeters«, *Die Naturwissenschaften* 1918, 449 f.

müssen, gründet sich auf den Eindruck, daß von den Wissenschaftlern, die seit Einstein mit »Gedankenexperimenten« arbeiten, Einstein als legitimatorisches Vorbild akzeptiert wird und dieses Vorbild mit den genannten Punkten hinreichend umrissen werden kann.

3.1.1 Einstein und das Gedankenexperiment

Weil es uns auch um die Begriffsgeschichte des Gedankenexperiments, aber insbesondere um nachvollziehbare wissenschaftsphilosophische Traditionslinien geht, stellt sich im Anschluß an den letzten Abschnitt als erstes die Frage, was aus *Machs* Begriff des Gedankenexperiments bei Einstein geworden ist.

Da Einstein sich hierzu nicht explizit äußert, läßt sich nur mit Plausibilität antworten. Zweifellos hatte Einstein eine weitestgehend gute, zustimmende Meinung von Mach. Über die Rolle des »Machschen Prinzips« (womit man das Ergebnis von Machs obengenannter Kritik am »Eimer-Gedankenexperiment« von Newton bezeichnet) für Einsteins Entwicklung der allgemeinen Relativitätstheorie ist viel geschrieben worden. Einstein hat von Machs Werken frühzeitig in seiner wissenschaftlichen Entwicklung profitiert und stand später auch in persönlichem Kontakt zu ihm. Eine Irritation Einsteins über Mach nach der posthumen Veröffentlichung seiner *Prinzipien der physikalischen Optik* (1921), worin im Vorwort ein Bekenntnis Machs *gegen* die Relativitätstheorie steht, konnte durch Gereon Wolters (1987) mit dem Nachweis einer Fälschung durch Ernst Machs untalentierten Sohn Ludwig erklärt werden. Das uns interessierende Verständnis Einsteins von Machs Gedankenexperimenten ist durch das Problem der Fälschungen in Machs posthum veröffentlichten Äußerungen nicht beeinträchtigt. Was hier gesagt werden soll, ist bloß die Konsequenz aus der bekannten Weiterentwicklung der Wissenschaftsphilosophie im Anschluß an Mach. Der »Wiener Kreis« ist zwar aus dem »Verein Ernst Mach« entstanden, aber bei aller Hochachtung für das Vorbild hat man sich doch von diesem emanzipiert.

Wie man in diesem Umfeld über Machs Wissenschaftsphilosophie dachte, nachdem die gröbsten Umwälzungen des physikalischen Weltbilds durch Relativitätstheorie und Quantenmechanik vollzogen waren, läßt sich an einem Zitat von Philipp Frank aus einem Aufsatz von 1929 exemplarisch zeigen. Philipp Frank ist nicht zufällig gewählt: Er ist ein prominenter Vertreter des logischen Empirismus, der Nachfolger auf Einsteins Professur in Prag und einer der sehr wenigen Philosophen und Interpreten der Relativitätstheorie, denen Einstein in vielen veröffentlichten Texten seine uneingeschränkte Anerkennung dafür ausgesprochen hat, ihn richtig zu verstehen. Wir können unterstellen, daß diese Einschätzung im wesentlichen von Einstein geteilt wurde.[139] Frank schreibt folgendes über Mach (sowie über Duhem und den im vorliegenden Buch nicht behandelten Ahnen der pragmatischen Wahrheitstheorie William James, 1842-1910):

Ähnliche Auffassungen wie *Mach* hat teilweise unabhängig von ihm in Frankreich der Physiker *Pierre Duhem* vertreten, dessen Ausführungen wohl *Mach*, was weiten Blick betrifft, nicht erreichen, an logischer Schärfe aber oft übertreffen. [...] Der Physiker vergleicht in Wirklichkeit immer nur Erlebnisse mit anderen Erlebnissen. Er prüft die Wahrheit einer Theorie durch das, was man gewohnt ist, »Übereinstimmungen« zu nennen. [...] Dieses vom Physiker bei seiner Arbeit immer geübte Verfahren ist von *Mach* und *James* zu einer allgemeinen Auffassung von den Kriterien der Wahrheit gemacht worden.

Bei alledem muß man aber zugeben, daß diese Auffassungen für den mathematischen Physiker etwas Unbestimmtes an sich haben, daß es immer den Eindruck hat, daß etwas an Präzision fehlt; [...] Das rührt zum Teil daher, daß *James* und bis zu einem gewissen Gerade auch *Mach* die Rolle der formalen Logik für den Aufbau des Systems der menschlichen Erkenntnis nicht sehr hoch eingeschätzt, ja aus einer gewissen Opposition gegen den Mißbrauch der Logik durch die Schulphilosophie geradezu das »Fließende« in der Erkenntnis gegenüber dem »starr Logischen« betont haben oder, wie man auch sagen kann, gegenüber der mathematisch-logischen Betrachtungsweise, die ihnen immer nach Schulphilosophie roch, eine evolutionistisch-biologische vertreten haben. Dadurch sind die Mathematiker und mathematisch denkenden Physiker oft in einen gewissen Gegensatz zu den Lehren von *Mach* und *James* gedrängt worden, und viele haben sich sogar, von dem logischen Gewande der Schulphilosophie verleitet, dieser gegenüber freundlicher verhalten als gegenüber den modernen Strömungen.[140]

Nun äußert sich Philipp Frank hier natürlich auch nicht unmittelbar zum Thema »Gedankenexperiment«, aber diese hier geäußerte

139 Vgl. z. B. Einstein [GW] 8/394.
140 Philipp Frank (1929), »Was bedeuten die gegenwärtigen physikalischen Theorien für die allgemeine Erkenntnislehre?«, *Die Naturwissenschaften* 17/971-7 u. 987-94; Zitat: 975 f. »Schulphilosophie« steht bei Frank und generell bei Autoren dieser Epoche für die akademische Philosophie in der Tradition Kants.

Auffassung läßt sich problemlos übertragen. Für die Gedankenexperimente folgt: Mach habe das, was er »Gedankenexperiment« nennt, noch nicht im Sinne einer sauberen logischen Methode geklärt, es ist *noch* im Evolutionistisch-Biologischen beheimatet. Wenn Mach von »Gedankenexperiment« spricht, ist das für Frank also vielleicht so, wie bei einem physikalischen Thema von »Wucht« statt von »kinetischer Energie« zu reden: nicht prinzipiell falsch, aber jedenfalls wissenschaftlich unsauber. Unterstellt man Einstein dieses Verständnis von Machs Begriff des Gedankenexperiments, so läßt sich plausibel erklären, warum Einstein in den meisten Fällen den Begriff »Gedankenexperiment« vermeidet. Und ebenso lassen sich problemlos die wenigen Fälle verstehen, in denen er doch von einem »Gedankenexperiment« redet. »Gedankenexperiment« ist für Einstein der Name einer *vorwissenschaftlichen* Methode ohne wissenschaftliche Beweiskraft.

Schaut man sich die Texte Einsteins an, gewinnt man diesen allgemeinen Eindruck: Explizit von »Gedankenexperiment« spricht Einstein zum einen *(a)*, wenn er damit (noch) keine Beweisabsicht verfolgt, d. h. wenn er noch in einem ersten Vorstadium ein physikalisches Problemfeld durchleuchtet, lange bevor er sich auf eine Theorie festlegt. Zum anderen *(b)* verwendet Einstein den Begriff »Gedankenexperiment« in der Kommunikation mit Leuten, die meinen, seine Theorien mit ebensolchen widerlegen zu können. Letzteres drastischer gesagt: Unter Verwendung des Begriffs »Gedankenexperiment« argumentiert Einstein mit Leuten, die nach seinem Urteil ihre *völlige Inkompetenz in physikalischen Fragen* schon bewiesen haben. Das anonyme Laienpublikum seiner populärwissenschaftlichen Schriften und Vorträge rechnet Einstein nicht zu den Leuten, denen er etwas mit »Gedankenexperimenten« erklären muß. Bis zum sicheren Beweis des Gegenteils hält sich Einstein gewissermaßen an die Unschuldsvermutung.

(a) Beispiel für ersteres ist ein seinerzeit unveröffentlichtes Manuskript von 1916, dessen Zielsetzung im ersten Absatz so beschrieben ist:[141]

Die nachfolgenden Betrachtungen sollen – ohne etwas materiell Neues zu bieten – das Verständnis der Tetrode-Sakkurschen Theorie erleichtern. Dies

141 Einstein [GW] 6/250-61.

suche ich dadurch zu erreichen, daß ich die Theorie von allem störenden Beiwerk loslöse, damit deren Grundgedanke rein hervortrete.

Hugo Tetrode und Otto Sackur hatten unabhängig voneinander eine Theorie zur quantentheoretischen Beschreibung des idealen Gases und insbesondere der Entropie entworfen. Viele Aspekte der von ihnen gefundenen Formeln waren ungeklärt und lediglich durch die willkürliche Anpassung an die empirischen Daten begründet. Einstein gelingt es in diesem Manuskript (das bei einem Vortrag verwendet wurde), einige – allerdings bei weitem nicht alle – Aspekte der »Tetrode-Sakkurschen Theorie« verständlich zu machen. Einsteins Vorgehen ist (in erster Näherung) hypothetisch-deduktiv: Er postuliert willkürliche »Modelle« und »typische Fälle« und untersucht, welche Aspekte der Tetrode-Sakkurschen Formel sich hierdurch reproduzieren lassen. Bei der Interpretation der Ergebnisse dieser Modellrechnungen nennt er diese explizit »Gedankenexperiment«:

Ich denke mir im ersten Modell eine bestimmte Verteilung der Koordinatensysteme. Vertausche ich nun zwei dieser Systeme (samt ihrer Atomen) miteinander, so erhalte ich insofern eine andere Atomverteilung, als wir ja die Atome numeriert denken müssen. [...] Es wird also bei unserem Gedankenexperiment jede Atomverteilung jedenfalls $N!$ mal realisiert, entsprechend den $N!$ Permutationen der Koordinatensysteme.

Damit braucht aber die Anzahl der Verwirklichungen jeder einzelnen Verteilung der (numerierten) Atome im Raum nicht erschöpft zu sein. Man erhält vielmehr dann eine häufigere Wiederholung der Verteilung, wenn das Molekül Symmetrien besitzt. [...] Es kommt also dieselbe Atomverteilung p^N mal häufiger bei unserem Gedankenexperiment vor, als wenn jene Symmetrie-Eigenschaft des Moleküls fehlte.

Unser Gedankenexperiment liefert also jede Konfiguration der Atome im Ganzen $N!p^N$ mal. Sovielmal zu gross würde also unser Resultat ausfallen, [...] Der richtige Multiplikator ist also [...]

... eine Formel, bei der $N!p^N$ im Nenner steht, wodurch sie einen Aspekt der Tetrode-Sakkurschen Theorie reproduziert.

Diese [eben von Einstein entworfene] Formel lässt eine exakte Auswertung zunächst nicht zu, weil wir über die Gesetze der Wechselwirkung der Atome eines Moleküls nur sehr rohe Anhaltspunkte haben.

Wir können uns hier nicht mit der »Tetrode-Sakkurschen Theorie« inhaltlich auseinandersetzen, aber auch so ist aus dem Gesagten klar:

Die physikalischen Probleme der »Tetrode-Sakkurschen Theorie« meinte Einstein durch seine in diesem Manuskript entworfenen Gedankenexperimente nicht vollständig gelöst zu haben. Die Gedankenexperimente dienten ihm als erste, grobe Vorstudie, um das Problemfeld besser kennenzulernen.

Aber wieso nennt Einstein diese Modellrechnungen hier »Gedankenexperiment«, während in den meisten übrigen seiner unzähligen überlieferten Modellrechnungen, Falluntersuchungen, Überlegungen mit hypothetischen Annahmen von »Gedankenexperiment« nicht die Rede ist? Es gibt hier einen feinen Unterschied, der in den eben zitierten Formulierungen ins Auge fällt. Der Unterschied besteht *nicht* darin, daß das Gedankenexperiment auf hypothetischen und sogar kontrafaktischen Annahmen (z. B. »numerierte Atome«) gegründet ist. Einstein hatte auch bei wilderen Spekulationen normalerweise nicht von »Gedankenexperimenten« gesprochen.

Der Unterschied wird in den Formulierungen wie »jedenfalls«, »damit braucht aber« oder »würde also« deutlich. Bei einer »normalen« hypothetisch-deduktiven Modellrechnung ist die Rechnung selbst ein festgelegter, bestimmter Vorgang, der keinen Interpretationsspielraum zuläßt. Lediglich die Auswahl der vorausgesetzten Hypothesen und Modellannahmen sowie die Interpretation des Ergebnisses und ihre Anwendung auf die Empirie unterliegen der wissenschaftlichen Kreativität. Die Modellannahmen, die Einstein hier als »Gedankenexperiment« bezeichnet, lassen aber keine gesicherten Schlußfolgerungen zu. Also nicht bloß bei der Auswahl der Modellannahmen ist Einstein auf seine Intuition angewiesen, sondern auch bei der Entscheidung, welche Folgerungen sich aus diesen Modellannahmen ergeben könnten. An *jeder* Stelle des Arguments urteilt Einstein nur mit Plausibilität. Ein »Gedankenexperiment« ist also hier für Einstein eine Modellrechnung, bei der man noch nicht einmal rechnen, sondern bloß mit Plausibilität Abschätzungen vornehmen und Vermutungen anschließen kann.

(b) Beispiel für letzteres ist eine kurze Veröffentlichung von 1911, »Zum Ehrenfestschen Paradoxon. Bemerkung zu V. Varičaks Aufsatz«. Paul Ehrenfest (1880-1933) ist ein wichtiger, seriöser Physiker. Von ihm stammt das sogenannte »Paradoxon«.[142] Vladimir Varičak

142 Paul Ehrenfest (1909), »Gleichförmige Rotation starrer Körper und Relativitätstheorie«, *Physikalische Zeitschrift* 10/918.

hingegen meinte aus diesem Paradoxon schließen zu müssen, die relativistische Längenkontraktion sei keine physikalische Tatsache, sondern höchstens eine wahrnehmungspsychologische oder konventionalistische.[143] Ihm antwortet Einstein im vollen Wortlaut:

Neulich hat in dieser Zeitschrift *V. Varičak* Bemerkungen publiziert, die nicht unerwidert bleiben dürfen, weil sie Verwirrung stiften können.

Der Verfasser hat mit Unrecht einen Unterschied der *Lorentz*schen Auffassung von der meinigen *mit Bezug auf die physikalischen Tatsachen* statuiert. Die Frage, ob die *Lorentz*-Verkürzung *wirklich* besteht oder nicht, ist irreführend. Sie besteht nämlich nicht »wirklich«, insofern sie für einen mitbewegten Beobachter nicht existiert; sie besteht aber »wirklich«, d. h. in solcher Weise, daß sie prinzipiell durch physikalische Mittel nachgewiesen werden könnte, für einen nicht mitbewegten Beobachter. Dies ist es ja, was *Ehrenfest* in sehr hübscher Weise deutlich gemacht hat.

Wir erhalten die Gestalt eines relativ zu einem System K bewegten Körpers in bezug auf K, indem wir die Punkte K ermitteln, mit welchen *zu einer bestimmten Zeit t* von K die materiellen Punkte des bewegten Körpers koinzidieren. Da der bei dieser Festsetzung gebrauchte Begriff der Gleichzeitigkeit in bezug auf K vollkommen, d. h. so definiert ist, daß auf Grund dieser Definition eine Konstatierung der Gleichzeitigkeit auf experimentellem Wege prinzipiell möglich ist, so ist auch die *Lorentz*-Kontraktion prinzipiell wahrnehmbar.

Dies würde Herr *Varičak* vielleicht zugeben, also in gewissem Sinne seine Aussage zurücknehmen, daß die *Lorentz*-Kontraktion eine »subjektive Erscheinung« sei. Aber er würde vielleicht an der Absicht festhalten, daß die *Lorentz*-Verkürzung lediglich in den willkürlichen Festsetzungen über die »Art unserer Uhrenregulierung und Längenmessung« ihre Wurzel habe. Inwiefern diese Ansicht nicht aufrecht erhalten werden kann, zeigt folgendes Gedankenexperiment.

Es seien zwei (ruhend verglichen) gleichlange Stäbe A' B' und A" B", welche längs der X-Achse eines beschleunigungsfreien Koordinatensystems in

143 Vladimir Varičak (1911), »Zum Ehrenfestschen Paradoxon«, *Physikalische Zeitschrift* 12/160-70. – Das Problem von Varičak mit der speziellen Rlelativitätstheorie hat inhaltlich wenig mit dem »Ehrenfestschen Paradoxon« zu tun. Ehrenfest hatte versucht, Rotation im Rahmen der speziellen Relativitätstheorie zu behandeln, also die spezielle Relativitätstheorie über den Anwendungsbereich hinaus auszudehnen, für den sie entwickelt wurde (die gleichförmige Translationsbewegung), und hierbei ein Problem offengelegt, das erst im Rahmen der später entwickelten allgemeinen Relativitätstheorie verschwindet. Das Problem von Varičak betrifft hingegen, wie Einsteins Antwort deutlich macht, das Verständnis der speziellen Relativitätstheorie in ihrem normalen Anwendungsbereich.

der X-Achse paralleler, gleichsinniger Orientierung gleiten können. A' B' und A" B" sollen aneinander vorbeigleiten, wobei A' B' im Sinne der positiven, A" B" im Sinne der negativen X-Achse mit beliebig großer konstanter Geschwindigkeit bewegt sei. Dabei begegnen sich die Endpunkte A' und A" in einem Punkte A*, die Endpunkte B' und B" in einem Punkte B* der X-Achse. Die Entfernung A* B* ist dann nach der Relativitätstheorie kleiner als die Länge eines jeden der Stäbe A' B' und A" B", was mit einem der Stäbe konstatiert werden kann, indem derselbe im Zustand der Ruhe an der Strecke A* B* angelegt wird.[144]

Inhaltlich weist Einstein hier lediglich darauf hin, daß die relativistische Längenverkürzung eine mathematisch zwangsläufige Konsequenz aus den Grundannahmen der Relativitätstheorie ist. Die wesentliche Grundannahme der Relativitätstheorie war aber gerade, daß Raum, Zeit und insbesondere Gleichzeitigkeit nicht mehr als »absolute« Größen verstanden werden, sondern als empirische, deren Bedeutung ausschließlich durch die Möglichkeit, sie mit physikalischen Meßgeräten »wirklich« zu messen, gegeben ist. Varičaks Behauptung, bei der Relativitätstheorie gehe es um irgend etwas anderes als um reale, meßbare, physikalische Phänomene, basiert also auf einem grundlegenden Mißverständnis.

Einsteins Zurückweisung von Varičaks Behauptung enthält aber außerdem eine schon nahezu boshafte Rhetorik, die auch seine äußerst geringe Wertschätzung von »Gedankenexperimenten« deutlich macht. Um die Ironie dieses kurzen Textes zu sehen, sollten wir die Behauptungen von Varičak, die Einstein hier widerlegt, genauer benennen.

Varičak hatte keinen bloß allgemeinen Zweifel an der empirischen Richtigkeit der speziellen Relativitätstheorie geäußert, sondern im Detail gemeint, *(a)* es gebe einen Unterschied zwischen der Lorentzschen Auffassung und der speziellen Relativitätstheorie mit Bezug auf die physikalischen Tatsachen (dahin gehend, daß nur Lorentz' Kontraktionstheorie reale Tatsachen beschreibe, nicht aber die spezielle Relativitätstheorie) und *(b)*, daß sich die von der speziellen Relativitätstheorie beschriebene Längenkontraktion, wenn überhaupt, dann ausschließlich mit den Methoden der Längenmessung durch Lichtstrahlen, Spiegel und Uhren beobachten ließe, die Einstein in seiner Darstellung der speziellen Relativitätstheorie häufiger präsentiert hatte, nicht jedoch bei einer Längenmessung mit

144 Einstein (1911), *Physikalische Zeitschrift* 12/509-510; [GW] 3/482f.

»normalem« Meßgerät, wie beispielsweise durch Anlegen eines Zollstocks.

Wie würde man diese Vermutungen zurückweisen, wenn man sich Einsteins zusätzliches rhetorisches Bedürfnis verkneift? Lorentz' Kontraktionstheorie ist aus dem Versuch entstanden, den damals entdeckten neuen empirischen Daten über Elektronenstrahlen und Elektromagnetismus im Rahmen der bekannten Theorien durch die Konstruktion einer verursachenden Kraft gerecht zu werden. Diese hierbei entwickelte »Kraft« bewirkt u.a. eine Längenverkürzung von gleichförmig bewegten Körpern, die sich mittels des von Lorentz gefundenen Gleichungssystems (»Lorentz-Transformation«) beschreiben läßt. Die so beschriebene »Kraft« offenbarte allerdings einige kuriose, unverständliche Eigenschaften, die Lorentz und seine Kollegen als gravierenden Nachteil dieser Theorie empfunden hatten. Einsteins Verdienst mit der speziellen Relativitätstheorie bestand darin, exakt die von Lorentz gefundenen (und von ihm wie gesagt empirisch begründeten) Formeln neu zu interpretieren. Einstein konnte zeigen, daß die mit diesen Formeln beschriebenen Phänomene sich auch ohne die Annahme einer neuen »Naturkraft mit kuriosen Eigenschaften« erklären lassen, mittels einer verbesserten Interpretation der grundlegenden physikalischen Begriffe von Raum und Zeit.

Aufgrund der Tatsache, daß sowohl Lorentz' Kontraktionstheorie als auch Einsteins spezielle Relativitätstheorie ihre empirische Aussage in den exakt gleichen mathematischen Formeln (der Lorentz-Transformation) ausdrücken, ist es offensichtlich, daß beide Theorien mit Bezug auf die physikalischen Tatsachen keinen Unterschied aufweisen können. Dies ist eine allgemeingültige Trivialität, die sich auch ohne Kenntnis von Relativitätstheorie oder Lorentz-Theorie im Speziellen nicht vermeiden läßt. Wenn man durch die Anwendung einer beliebigen Formel eine empirische Behauptung aufstellt, wird diese Behauptung entweder empirisch wahr oder falsch sein – aber sie wird nicht sowohl wahr als auch falsch sein, abhängig davon, ob man die Formel unter dem Gesichtspunkt betrachtet, daß sie aus der Interpretation kurioser empirischer Daten entstanden ist oder aus einigen prinzipiellen Überlegungen heraus. Die gegenteilige Behauptung *(a)* von Varičak stellt Einstein gleich im zweiten Satz richtig. Anschließend erklärt Einstein einige allgemeine Merkmale der speziellen Relativitätstheorie hinsichtlich der Tatsache, daß die

Relativitätstheorie eine *physikalische* Theorie ist, also von meßbaren physikalischen Größen handelt. Hiermit hat Einstein auf einen Interpretationsfehler von Varičak geantwortet. Ob diese Erklärung hinsichtlich ihres Stils und fehlender Ausführlichkeit bei jemandem, der ein Interpretationsproblem der genannten Art hat, hilfreich ist, sei dahingestellt.

Die Frage nach dem zusätzlichen Nutzen der letzten beiden Absätze von Einsteins Text für diese sachliche Richtigstellung führt zu der Vermutung, daß Einstein hier nicht nur sachlich argumentiert. Im letzten Absatz präsentiert Einstein das im Absatz zuvor angekündigte, von ihm so genannte »Gedankenexperiment«.

Der Beginn des »Gedankenexperiments« erweckt den Eindruck, als würde nun eine sehr anschauliche, bunt illustrierte Erklärung der Relativitätstheorie folgen. Allerdings hat Einstein die »Anschaulichkeit« hierbei weniger weit getrieben als bei anderen Anlässen, die Relativitätstheorie zu erklären. Einstein redet hier von »Stäben«, die mit den Buchstaben ihrer Endpunkte bezeichnet werden, nicht von vielleicht noch besser bildlich vorstellbaren »Eisenbahnzügen«. Aber dann folgt die Überraschung: Mit diesem »Gedankenexperiment« wird gar nicht der Versuch unternommen, zu erklären, *warum* in dem beschriebenen Szenario eine Länge kürzer als die andere ist. Ebenso wird nicht der Versuch unternommen, zu erklären, *warum* sich diese Längenverkürzung beim Anlegen eines Vergleichsmaßstabs zeigt. Varičaks Vermutung *(b)* war ja, die von der Relativitätstheorie beschriebene Längenverkürzung sei bestenfalls eine Art optischer Täuschung, jedenfalls keine, die man unabhängig von der Messung durch Lichtstrahlen konstatieren könne.

Die von Varičak unverstandenen Qualitäten der Relativitätstheorie werden in Einsteins »Gedankenexperiment« einfach apodiktisch eingeführt: Die fragliche Länge »ist dann nach der Relativitätstheorie kleiner«, schreibt Einstein. Und *daß* sie kleiner ist, läßt sich physikalisch messen. Da Varičaks Problem damit zu tun hatte, ob man die Längenverkürzung auch durch Anlegen einer Vergleichslänge messen kann, schreibt Einstein, *daß* die Längenverkürzung auch durch Anlegen der Vergleichslänge gemessen werden kann. So offensichtlich Einstein mit diesen Feststellungen recht hat, ist die Argumentation, in deren Verlauf diese Feststellungen getroffen werden, ein Witz. Sie ist ein völlig überflüssiges Beiwerk einer Tatsachenmitteilung. Der »Witz« besteht darin, anfangs den Eindruck zu erwecken, als würde eine tiefsinnige Betrachtung über schwer verständliche Aspekte der Relativitätstheorie folgen, aber als Ergebnis einfach einige Banalitäten zu konstatieren (wenngleich es sich um solche handelt, die dem Adressaten unbekannt waren). Das scheinbare Argument verpufft zu einer Feststellung der Art »Es ist halt einfach so«. Die »Konklusion« dieses »Arguments« ist keine Aussage, die irgend etwas über die Relativitätstheorie im besonderen sagt, sondern eine Aussage, die für die gesamte Physik bzw. generell gilt: »Die Größe einer ›Länge‹ ist dadurch bestimmt, daß man sie mißt – beispielsweise durch das Anlegen einer Vergleichslänge.« Diese Art von Argumentation nennt Einstein ein »Gedankenexperiment«.

Auch hier fragen wir nach Einsteins Motiv, gerade in diesem Zusammenhang diesen ansonsten so selten verwendeten Begriff anzubringen. Wenn wir uns psychologisch in diese Situation hineinversetzen, findet sich eine naheliegende Antwort. Fragen wir zuerst: Wie kann jemand überhaupt auf die Idee kommen, bei der speziellen Relativitätstheorie könnte es sich um die mathematische Beschreibung der Phänomene einer optischen Täuschung handeln? Dies war ja Varičaks Vermutung *(b)*, die allerdings dem von Einstein jederzeit eigentlich ziemlich deutlich mitgeteilten Grundgedanken der Relativitätstheorie widerspricht.

Die psychologische Erklärung hierfür findet sich in einem weitverbreiteten »Beweis« der Relativitätstheorie, den Einstein selbst in die Welt gesetzt hatte und sogar noch nach dieser Episode mit Varičak in seinem populärwissenschaftlichen Buch *Über die spezielle und die allgemeine Relativitätstheorie (Gemeinverständlich.)* (1917) verwendet. In diesem Buch steht er im ersten Anhang unter dem Titel »Einfache Ableitung der Lorentz-Transformation«. In unzähligen populärwissenschaftlichen Büchern von anderen Autoren wurde hieraus das »Zug-und-Bahndamm-Gedankenexperiment«, und in den meisten davon wird die spezielle Relativitätstheorie *allein* hiermit begründet. (Einstein selbst hatte, wie gesagt, in seinen populärwissenschaftlichen Schriften und der enthaltenen ausführlichen Beschreibung von Zügen und Bahndämmen nicht von »Gedankenexperimenten« gesprochen.)

Die Lorentz-Transformation wird in dieser »einfachen Ableitung« aus einer geometrischen Konstruktion der Lichtstrahlen zwischen einem Beobachter und einem bewegten Objekt abgeleitet. Wenn man diese »Ableitung« für die maßgebliche Begründung der speziellen Relativitätstheorie hält, ist es nicht bloß möglich, sondern psychologisch naheliegend, die spezielle Relativitätstheorie für eine Theorie zu halten, die sich zur Aufgabe macht, den Mechanismus einer optischen Täuschung mit einer mathematischen Formel zu beschreiben. Mit beispielsweise der Theorie der Lichtbrechung läßt sich erklären, warum ein halb in Wasser getauchter Stab so aussieht, als sei er abgeknickt, obwohl er es in Wirklichkeit nicht ist. Die »einfache Ableitung der Lorentz-Transformation« funktioniert in ähnlicher Weise und erweckt so den Eindruck, daß die Lorenz-Transformation erklärt, warum ein bewegter Körper verkürzt erscheint, obwohl er es – wie Varičak meint – »in Wirklichkeit nicht ist«.

Das Problem, mit dem Einstein durch Varičaks Mißverständnis konfrontiert wurde, hat im Kern nichts mit der Relativitätstheorie im speziellen zu tun. Das Problem ist ein Vermittlungsproblem der Grundlagen und Methoden von Wissenschaft.

Einstein hielt das »Beispiel« der Überlegungen über Lichtstrahlen und Uhren an Zug-und-Bahndamm für geeignet, die begrifflichen und theoretischen Änderungen der Begriffe von Raum und Zeit, die in seiner Relativitätstheorie vorgenommen wurden, anzuregen, zu vermitteln, anschaulich zu machen. Deshalb hat Einstein dieses Beispiel auch bei vielen Anlässen vor und nach Varičaks Mißverständnis verwandt. Damit diese Zug-und-Bahndamm-Überlegung zu einem Beweis der speziellen Relativitätstheorie ausgebaut werden kann, sind viele weitere Annahmen und Überlegungen notwendig. Einige dieser Annahmen sind empirischer Natur und erfordern theoretische Kenntnisse (etwa das Wissen um die empirische Gültigkeit von Maxwells Gleichungen), andere gehören zu den zumeist unausgesprochenen Grundlagen wissenschaftlicher Theoriebildung (etwa, daß die Kernbedeutung von »Länge« im Anlegen eines Vergleichsmaßstabs liegt). – Einstein mußte erkennen, daß in der Öffentlichkeit an Begründung für die Relativitätstheorien nur die sogenannten »Gedankenexperimente« angekommen waren und diese in der Öffentlichkeit ein Eigenleben führten.

Einsteins obige Verwendung des Begriffs »Gedankenexperiment« läßt sich als *Persiflage* verstehen: Wissenschaftliche Laien interessieren sich nur dann für Wissenschaft und hören nur dann zu, wenn man ihnen »Gedankenexperimente« präsentiert. Die Mitteilung, die nötig ist, um Varičaks Mißverständnis aufzulösen, ist zwar gänzlich ungeeignet, sie in ein anschauliches Beispiel zu verpacken, aber, so wird sich Einstein gedacht haben, nennen wir sie »Gedankenexperiment« und schmücken wir sie mit einer völlig irrelevanten Einleitung aus, damit Herr Varičak zuhört.

Soweit es die inhaltliche Aussage über Einsteins eigenes Verständnis von »Gedankenexperimenten« betrifft, ist soweit das Wichtigste gesagt. Auch das, was in den nächsten Abschnitten zu behandeln ist, wird unser Ergebnis nicht einschränken. In *3.1.2* geht es um Einsteins eigene Reflexion, wie erfolgreiche Wissenschaft funktioniert. Von sogenannten »Gedankenexperimenten« redet er dabei nicht. In *3.2* geht es um die Gedankenexperimente im Zusammenhang mit der Quantentheorie. Einsteins Kollegen haben übereinstimmend einen Großteil von Einsteins Beiträgen zur Interpretation und Kritik der Quantentheorie als »Gedankenexperimente« bezeichnet. Einstein selbst jedoch nicht. Mit dem soweit Gesagten ist die Vermutung naheliegend, daß manche von Einsteins Kollegen mit dieser Bezeichnung auch eine abschätzige *Bewertung* dieser Argumente beabsichtigten. Einsteins Kollegen waren nämlich überwiegend mit Einsteins Auffassung von der Quantentheorie *nicht* einverstanden.

Die Methode des »Gedankenexperiments«, kaum daß sie bei den Physikern unter diesem Namen wahrgenommen wurde, ist ihnen, soweit es den internen Gebrauch betrifft, sofort verleidet worden – wegen ihres zu großen Erfolgs in der breiten Öffentlichkeit. Gedankenexperimente wurden zum Synonym eines mit Einstein entstandenen, einzigartigen neuen *sozialen Phänomens* der öffentlichen Beschäftigung mit Physik. Alle Welt machte plötzlich Gedankenexperimente. Wenn es um Eisenbahnen und Aufzüge geht, kann jeder mit Einstein mitreden.

Offensichtlich handelt der größte Teil der aktuellen Literatur über Gedankenexperimente und der größte Teil der aktuellen Autoren, die in vermeintlicher Nachfolge Einsteins »Gedankenexperimente« zur Beantwortung aller möglichen wissenschaftlichen und nichtwissenschaftlichen Fragen erfinden, von diesem sozialen Phänomen »Gedankenexperiment in vermeintlicher Nachfolge Einsteins«, weshalb wir hier unsere Untersuchung weiter vertiefen sollten.

Angesichts des klaren Befunds, daß Einstein selbst den Begriff »Gedankenexperiment« nur für Argumentationen und Überlegungen verwendet, die im besten Falle vorwissenschaftlich und intuitiv sind, rohe Anhaltspunkte liefern, aber keine Beweisabsicht verfolgen, im ungünstigen Falle durch eine Erklärung mit Hilfe eines sogenannten »Gedankenexperiments« das wissenschaftliche Unverständnis des Adressaten verspotten wollte, stellt sich die Frage: Wie konnte die Öffentlichkeit zu der Überzeugung kommen, daß »Gedankenexperiment« der passende Begriff für eine legitime wissenschaftliche Methode im allgemeinen und für die *Beweise* von Einsteins spezieller und allgemeiner Relativitätstheorie im besonderen sei?

Hier läßt sich keine Einzelursache ausmachen. Offensichtlich war Machs Begriff »Gedankenexperiment« durch den großen Erfolg seiner Bücher in der Öffentlichkeit bekannt, und Mach hatte die Gedankenexperimente als legitime Wissenschaftsmethode eingeführt. Offenbar hatten viele Mach-Leser unabhängig voneinander bei ihrer ersten Begegnung mit Einsteins Texten (den wissenschaftlichen wie den populären) den selbstverständlichen Eindruck, daß Machs Begriff treffend beschreibt, was Einstein macht. Die Meinung, daß Einstein sogenannte »Gedankenexperimente« anwendet, ist hierbei unabhängig davon, ob der, der dies behauptet, die »Gedankenexperimente« und die Relativitätstheorie für fehlerhaft hält oder für richtig.

Nennen wir die Gedankenexperimente, um die es hier geht, »populäre Gedankenexperimente«. Damit sind einerseits die Elemente aus Einsteins Schriften und Vorträgen gemeint, die in der Öffentlichkeit völlig selbstverständlich »Gedankenexperimente« genannt werden: beispielsweise die Sache mit dem »Zug-und-Bahndamm«, dem »Aufzug«, der »Photon-Box« etc. Andererseits auch die Gedankenexperimente (zumeist unter dieser Bezeichnung), die das Publikum an den Wissenschaftler zurück reicht – manchmal als Verständnisnachfrage, häufiger mit der Absicht, Einstein und die Relativitätstheorie mit den vermeintlich eigenen Methoden zu widerlegen (wovon wir nachher in einem Exkurs Beispiele ansehen).

Als Tatsache muß man feststellen, daß sich Einstein ohne Zweifel aus freien Stücken und sehenden Auges auf dieses Spiel mit der Öffentlichkeit und den »populären Gedankenexperimenten« eingelassen hat. Einstein unternahm viele Aktivitäten zur »Popularisierung« der Physik. Aus seinen Äußerungen und den Umständen könnte man auf viele Motive hierfür schließen. Ein häufig offensichtliches Motiv war, durch seine hierdurch geförderte öffentliche

Berühmtheit als Physiker auch politischen Einfluß zu gewinnen, insbesondere zugunsten seiner sozialen und pazifistischen Überzeugungen.

Der nachhaltigste, bis heute unverminderte Einfluß Einsteins als öffentlicher Physiklehrer ging von seinen beiden größeren populärwissenschaftlichen Werken aus, der schon genannten Einführung *Über die spezielle und die allgemeine Relativitätstheorie (Gemeinverständlich.)* (1917) und dem Buch *The Evolution of Physics: The Growth of Ideas from Early Concepts to Relativity and Quanta* (1938), das ihn zusammen mit Leopold Infeld (1893-1968) als Autoren ausweist. Beides sind zeitlose Weltbestseller, die seit ihrem Erscheinen in fast jährlichen Neuauflagen und Nachdrucken in sehr vielen Sprachen der Erde verkauft werden. Beide Werke hat Einstein stiefmütterlich behandelt; es gibt viele Bemerkungen Einsteins, worin er jeder Kritik seiner Fachkollegen an seinen populärwissenschaftlichen Äußerungen ohne Widerrede recht gegeben hat und mit dem Zeitdruck bei der Herstellung entschuldigt. Aus den Umständen läßt sich vermuten, daß das erste Buch innerhalb sehr kurzer Zeit im Zusammenhang mit Befürchtungen Einsteins um seine ökonomische Situation in der sich verschlechternden Versorgungslage Berlins im Ersten Weltkrieg sowie mit absehbar bevorstehenden Unterhaltsverpflichtungen für Frau und Kinder in der Schweiz entstanden ist.

Beim zweiten Buch läßt sich bezweifeln, ob Einstein über einige Anmerkungen und Korrekturen hinaus überhaupt für den Text verantwortlich ist. Wahrscheinlich ist, daß Einsteins Co-Autorenschaft eine Maßnahme war, um dem eigentlichen Autor in einer schwierigen Lage zu einem Einkommen durch einen von Einsteins Namen praktisch garantierten Verkaufserfolg zu verhelfen.[145] Wir sollten aber nicht über private Motive spekulieren. Diese Anmerkungen wollen nur andeuten, daß eine Diskussion über die wissenschaftliche Rechtfertigung und Methode von Einsteins Beiträgen zur Physik auf der alleinigen Grundlage dieser beiden Bücher (wie dies im

145 Vgl. z. B. Einstein an Solovine, 10. 4. 1938, in: Einstein (1956) 84 [»Der Band kam dadurch zustande, dass ich Herrn Infeld, dem ein Stipendium abgeschlagen worden war, einen zeitweisen Lebens-Unterhalt verschaffen musste. Wir haben die Sache zusammen recht sorgfältig ausgearbeitet mit besonderer Berücksichtigung des erkenntnistheoretischen Gesichtspunktes.«].

Zusammenhang mit »Gedankenexperimenten« häufig geschieht[146]) die Gefahr von Mißverständnissen birgt.

Nach dieser kritischen Vorbemerkung werfen wir trotzdem einen Blick in *The Evolution of Physics* und stellen fest: Diese Vorbemerkung zu Einsteins eigener geringer Meinung vom wissenschaftlichen Wert seiner populärwissenschaftlichen Beiträge wäre im Zusammenhang mit populären Mißverständnissen über die Methode des Gedankenexperiments gar nicht nötig gewesen. In diesem Buch findet sich nichts, was man als Einladung zum intuitiven Gedankenexperimentieren verstehen könnte. Der Begriff »Gedankenexperiment« wird auch hierin nicht verwendet. Die Umschreibungen für »Gedankenexperiment« sind teilweise so umständlich, daß man vermuten kann, es wäre Infeld ausdrücklich verboten worden, dieses Wort zu gebrauchen. Beispielsweise im Zusammenhang mit dem berühmten, anderswo so genannten »Aufzug-Gedankenexperiment« heißt es dort:

> An diesem Beispiel wie an vielen weiteren sahen wir, welche große Bedeutung dem idealisierten, rein theoretischen Experiment zukommt. Auch hier wollen wir wieder mit idealisierten Experimenten arbeiten, und wenn diese uns auch seltsam vorkommen mögen, werden sie es uns doch gestatten, von der Relativitätstheorie wenigstens so viel zu verstehen, wie es bei unserem einfachen Verfahren überhaupt möglich ist.[147]

Es wird von »Beispielen« gesprochen für »idealisierte, rein theoretische Experimente«, die ein »einfaches Verfahren« darstellen, um soweit »überhaupt möglich« ein bißchen von der Relativitätstheorie zu verstehen. Es wird also offensichtlich *nicht* von »Gedankenexperimenten« gesprochen, mit denen sich die Relativitätstheorie *beweisen* ließe.

Im Vorwort des Buchs finden sich ausdrückliche Warnungen der Art: »Das Buch ist nichts als eine anspruchslose Plauderei«, »Wir halten es daher für besser, nur darauf hinzuweisen, was dieses Buch nicht sein soll: kein Lehrbuch der Physik nämlich und auch keine systematische Einführung in elementare physikalische Gesetzmäßigkeiten und Theorien.« Die ersten Seiten handeln von den allge-

146 Die Arbeiten von John Norton über Einsteins Gedankenexperimente (1991, 1993a) müssen hier ausgenommen werden.

147 Albert Einstein / Leopold Infeld, *Die Evolution der Physik*, »Berechtigte Übersetzung von Werner Preusser«, Augsburg 1992, 234.

meinsten Grundlagen und Aufgaben der Wissenschaft. Der Hauptpunkt, der in dieser Einführung in vielen Variationen betont wird, ist die *Ersetzung des »intuitiven Denkens« durch die Wissenschaft*:

In einem guten Kriminalroman führen die augenfälligsten Spuren oft zu falschen Verdachtsmomenten. So müssen wir auch bei unseren Bemühungen, die Naturgesetze zu verstehen, immer wieder feststellen, daß die am meisten in die Augen springende intuitive Erklärung oft gerade die falsche ist.

Das Weltbild des Menschen unterliegt einem unablässigen Wandel. Galileis Beitrag dazu bestand darin, daß er das intuitive Denken entthronte und an seine Stelle ein anderes setzte. Darin liegt die Bedeutung seiner Entdekkung.[148]

Deutlicher läßt sich die Überzeugung nicht ausdrücken, daß jeder Versuch, mit intuitiven Gedankenexperimenten die Relativitätstheorie oder jede andere wissenschaftliche Theorie zu beweisen oder zu widerlegen, auf einem grundlegenden Mißverständnis von Wissenschaft basiert.

Einstein war, was die öffentliche Wirkung seiner Versuche betrifft, moderne Physik verständlich darzustellen, eigentlich ein gebranntes Kind. Die oben so genannten »populären Gedankenexperimente« haben eine geistige Erschütterung bei den Lesern bewirkt, die weit über das hinausreicht, was man von Physik überhaupt vermuten kann. Dieses soziale oder psychologische Phänomen läßt sich wegen seiner Ausmaße eigentlich nicht als Teil des Themas »Verständnis von Wissenschaft, ihren Methoden und Theorien« einordnen. Die Leser haben Einsteins populäre Gedankenexperimente offenbar mit existentiellen und transzendenten Problemen vermischt, die schwer verständlich sind. Für den Versuch, unser Thema von diesen psychologischen Einflüssen freizuhalten, sollten wir, auch wenn sich dieses Phänomen nicht präzise beschreiben läßt, darauf zeigen und hierdurch hoffen, daß diese psychologischen Kräfte, die gegen alle ausdrücklichen Erklärungen Einsteins zu Mißverständnissen führen, indem man sie sieht, zugleich auch gebannt sind.

Betrachten wir zu diesem Zweck die Reaktion von Einsteins Freund Walther Rathenau. Walther Rathenau war ein hochgebildeter Industrieller, Sozialwissenschaftler und der damalige Leiter der Kriegsrohstoffabteilung – aber kein Physiker. Einstein hatte ihm

148 Ebd. 19.

gleich nach Fertigstellung ein Exemplar seiner »gemeinverständlichen« Einführung in die Relativitätstheorie (1917) geschenkt. Rathenau bedankt sich nach dem Lesen für dieses Geschenk mit einem Brief, der neben dem allgemeinen, freundlichen Dank eine freie Assoziation über Einsteins Zug-und-Bahndamm-Gedankenexperiment enthält, die durch ihre Gewalttätigkeit Einstein von jeder naiven Erwartung befreit haben sollte, daß man in der Öffentlichkeit dieses Buch und seine anschaulichen Beispiele als Beitrag zur Physik verstehen werde. Im Unterschied zu vielen späteren Lesern des Buchs besitzt Rathenau jedoch die Distanz, um zu bemerken und zusätzlich nüchtern beschreiben zu können, was Einsteins »Gedankenexperimente« in ihm auslösen. Mit dem ausdrücklichen Hinweis »Jetzt wird es immer blödsinniger und verworrener; ich glaube, Sie sollten nicht weiter lesen. Aber schliesslich: alle Gedanken entstehen aus Elementen des Irrsinns, es ist nur ein kritischer Cement, der sie leimt, und der fehlt hier« schreibt Rathenau:[149]

Hier hat mich nun Ihr Bild von den beiden Blitzschlägen und der Eisenbahn gepackt (übrigens mache ich mir zwei Dynamitexplosionen und einen Zarenzug daraus). Was den Zaren zweimal erschreckt, ist für den Attentäter nur *eine* Sache. Seine Ruhe (im doppelten Sinne) ist grösser. Nun gehe ich weiter. Der Attentäter steht ausserhalb des Zuges. Jetzt stelle ich ihn ausserhalb der Erddrehung. Dann ausserhalb der Erdbahn und ausserhalb der Translation. Dann ausserhalb – u.s.w. Wird es um den Mann nicht immer stiller?

Offensichtlich hat das nichts mit Physik zu tun. Aber Walther Rathenau, der 1922 deutscher Außenminister wurde und im gleichen Jahr einem nationalsozialistischen Mordanschlag zum Opfer fiel, hatte einen wachen Blick für die psychologische Wirkung von Einsteins vermeintlich »gemeinverständlicher« Darstellung von Physik.

An Stelle eines heiteren Dankes habe ich Ihnen eine pathologia mentalis gegeben, die Sie entsetzt haben muss. Dennoch schicke ich den Brief ab, denn eines muss er Ihnen in corpore vili beweisen: die Gewalt, mit der Ihre Gedanken auf ein schlecht geschütztes Gehirn einwirken. Es bedarf eines Stahlhelms, oder mindestens eines Tropenhutes um im Gleichgewicht zu bleiben.

Einstein war durch Rathenau vor allen späteren Irritationen der Öffentlichkeit gewarnt. Da Einstein solche Warnungen nicht zum

149 Walther Rathenau an Albert Einstein, 10./11. Mai 1917; Einstein [GW] 8/448-50.

Anlaß genommen hat, den Versuch der öffentlichen Vermittlung von Physik aufzugeben, kam er häufig in Verlegenheit, Mißverständnisse aufklären zu müssen. Die meisten dieser Mißverständnisse handelten ähnlich wie oben bei Varičak direkt oder indirekt von Einsteins vermeintlichen Gedankenexperimenten oder anders gesagt: von der Verwirrung, die Einstein bei den Lesern dadurch auslöst, einerseits aus wunderbar anschaulichen Beispielen in scheinbar freier Intuition überaus weitreichende Schlüsse zu ziehen, andererseits aber scheinbar genau immer dann, wenn es ihm nicht paßt, den Gebrauch der Intuition als unwissenschaftlich zurückzuweisen.

Eine instruktive Episode zu diesem Verständnisproblem soll im nachfolgenden Exkurs untersucht werden. Ein Teil davon wiederholt, was wir schon gehört haben: Einsteins geringe Meinung von sogenannten »Gedankenexperimenten« und seine deutliche Warnung gegen den trügerischen Nutzen der Intuition in den Wissenschaften. Zugleich dient diese Episode auch der fließenden Überleitung zum nächsten Abschnitt. Wir haben zwar schon hinreichend erfahren, daß Einstein nicht viel von »Gedankenexperimenten« in der Wissenschaft gehalten hat, aber diese Erkenntnis führt zu der Frage: Was meint Einstein im Positiven, wie wissenschaftliche Theoriebildung funktioniere? Und welche Rolle spielen hierbei Einsteins unzählige »Beispiele«, die einem Laien so völlig ununterscheidbar von einem »Gedankenexperiment« erscheinen?

Exkurs: Gedankenexperimente im Dialog über Einwände gegen die Relativitätstheorie

Das Problem mit den populären Gedankenexperimenten – so, wie Einstein dieses wahrgenommen hat – und ihrer Abgrenzung gegen wissenschaftliche Methoden läßt sich gut mit seinem Aufsatz »Dialog über Einwände gegen die Relativitätstheorie« (1918) untersuchen. Der Anlaß für diesen unterhaltsamen und im Stil von Galileis Dialogen geschriebenen Text war, wie auch im zweiten Absatz ironisch vermerkt wird, die intensive Bitte seines Freundes Arnold Berliner, des Herausgebers der Zeitschrift *Die Naturwissenschaften*, mehr Manuskripte einzureichen. Das Motiv für die Wahl des Themas war ein anderes, das von Einstein als ein ernstes Problem wahrgenommen wurde, wie wir aus der Korrespondenz Einsteins aus dieser Zeit erfahren: das völlige Unverständnis eines anderen Freundes, Friedrich Adler, über die Relativitätstheorie.[150]

Friedrich Adler (1879-1960), der Sohn des Gründers der Sozialdemokratischen Partei Österreichs, war 1909 Einsteins Konkurrent bei der Bewerbung um seine erste Physikprofessur in Zürich (d.h.: er war ein vollständig ausgebildeter Physiker), trat aber trotz aussichtsreicher Beziehungen freiwillig zurück, weil er Einstein für den besseren Physiker hielt. Einstein bekam die Stelle und wurde in Zürich Adlers Wohnungsnachbar. Adler orientierte sich beruflich zunehmend von der Physik zur Politik. Er wurde schließlich Parteisekretär der österreichischen Sozialdemokraten. Während des Ersten Weltkriegs, am 21. Oktober 1916, erschoß er in einem politischen Attentat den Österreichischen Ministerpräsidenten, Graf Karl von Stürgkh, der mit Notstandsgesetzen das Parlament außer Kraft gesetzt hatte. Während nun Einstein mit Hilfe seines weitreichenden Einflusses versucht, Adler vor der Vollstreckung des bald verhängten Todesurteils zu bewahren, benutzt Adler die Zeit seiner Inhaftierung, sich wieder intensiv mit Physik zu beschäftigen, und glaubt, nachdem er mit der aktuellen Literatur versorgt war, die Widerlegung der Relativitätstheorie entdeckt zu haben. Seine Korrespondenz aus der Haft mit Einstein handelt ausschließlich hiervon. Einsteins und seiner übrigen Freunde Bemühen hat schließlich Erfolg; Friedrich Adler wird zu 17 Jahren Kerkerhaft begnadigt. Nach der Kapitulation der k.u.k. Monarchie im Ersten Weltkrieg wird er freigelassen.

In einem Brief an einen gemeinsamen Studienfreund charakterisiert Einstein Friedrich Adler mit den Worten »eine richtige Märtyrer-Natur«, »ultra-selbstlos mit starkem Stich ins Selbstquälerische, ja selbstmörderische.« Über die physikalischen Gedanken zur Relativitätstheorie, die Adler während seiner Haftzeit an Einstein schickt, urteilt Einstein so:

Ich erhielt gerade ein in den letzten Tagen fertig gestelltes Manuskript über Relativität von ihm, in dem er mit der Überzeugung des Propheten recht wertlose Spitzfindigkeiten überaus breit darlegt, sodass ich in peinlicher Ver-

150 Albert Einstein, »Dialog über Einwände gegen die Relativitätstheorie«, *Die Naturwissenschaften* Bd. 6, Heft 48 (19. November 1918), 697-702. [Nicht in den bisher veröffentlichten Bänden von Einsteins *Collected Works* (Einstein [GW] Bd. 1-8) verfügbar.] Der Hintergrund erschließt sich aus der Korrespondenz Einsteins aus dieser Zeit in: Einstein [GW] Bd. 8.

legenheit darüber bin, was ich dazu sagen soll. Ich zerbreche mir unaufhörlich den Kopf darüber. Er reitet den Mach'schen Klepper bis zur Erschöpfung.[151]

Die biographischen Umstände machen verständlich, daß sich Einstein außerstande sah, Friedrich Adler mit einer kurzen polemischen Notiz abzufertigen, wie oben den Herrn Varičak oder in einigen anderen Texten unzählige andere Gegner der Relativitätstheorie. Das Ergebnis von Einsteins Kopfzerbrechen über die als peinlich empfundene Situation ist sein fiktiver »Dialog über Einwände gegen die Relativitätstheorie« zwischen dem *Kritikus* (Adler) und dem *Relativisten* (Einstein). Er ist sozusagen Einsteins freundliche Langfassung der Antwort auf unzählige feindliche Reaktionen auf die Relativitätstheorie.

Die erste Hälfte des Aufsatzes handelt von dem, was in der Literatur davor und danach als »Zwillings-Paradox« (oder »-Gedankenexperiment«) bekannt ist, dem vermeintlichen Widerspruch zwischen den empirischen Vorhersagen der speziellen Relativitätstheorie mit ihren eigenen Voraussetzungen. Ohne diesen Namen hatte Einstein dieses schon in seiner ersten Arbeit über die spezielle Relativitätstheorie (1905) behandelt und aufgelöst:

Gemäß der Lorentz-Transformation (bzw. der speziellen Relativitätstheorie) geht eine Uhr langsamer, die sich relativ zu einem Beobachter bewegt. Das »Paradox« liegt in der scheinbaren Symmetrieverletzung bei der Relativbewegung: Die Uhr, die sich von einem Beobachter fort und anschließend wieder zurück bewegt, geht nach dieser Rundreise nach im Vergleich zu einer baugleichen, vorher gleich gestellten Uhr, die dauerhaft beim Beobachter verblieben ist.

151 Einstein an Michele Besso, 29. April 1917, Einstein [GW] 8/441.
Einsteins Kritik führte dazu, daß Friedrich Adler sein Manuskript von allen Bezügen auf die Relativitätstheorie bereinigte und als monothematische Elegie auf Ernst Mach veröffentlichte (Friedrich Adler, *Ernst Machs Ueberwindung des mechanischen Materialismus*, Wien: Volksbuchhandlung Ignaz Brand 1918 – Als Entstehungsort ist im Vorwort angegeben: »Strafanstalt Stein a. d. Donau«). Zwei Jahre später gab Adler allerdings dann doch noch seine in größten Teilen damals geschriebene Kritik an der Relativitätstheorie zum Druck (Friedrich Adler, *Ortszeit, Systemzeit, Zonenzeit und das ausgezeichnete Bezugssystem der Elektrodynamik. Eine Untersuchung über die Lorentzsche und die Einsteinsche Kinematik*, Wien 1920). Spätere physikalische Publikationen von Adler sind nicht bekannt; Adler wandte sich wieder der Politik (insbes. dem Aufbau der *Sozialistischen Internationale*) zu.

Aber – so lautet der Widerspruch – ist nicht gerade gemäß der Relativitätstheorie jede Bewegung nur relativ und kann also die eben beschriebene Rundreise nicht auch so erzählt werden, daß die vorher bewegte Uhr nun ruht, die vorher ruhende relativ zu dieser die Rundreise gemacht hat? So herum würde das Vor- und Nachgehen der Uhren aber nach der Lorentz-Transformation gerade vertauscht sein. Der Kritikus schließt: »Es kann doch von den gläubigsten Anhängern der [Relativitäts-] Theorie nicht behauptet werden, daß von zwei [nach der Rundreise] nebeneinander ruhend angeordneten Uhren jede gegenüber der anderen nachgehe.«

Auch hier, in dem Text, den Einstein dem Kritikus in den Mund legt, steht einmal das Wort »Gedankenexperiment«. Der Gebrauch geschieht in ähnlich persiflierender Art wie oben im Beispiel von Varičak. Der Kritikus erklärt zunächst in drei Sätzen mit abstrakter Begrifflichkeit den Sachverhalt der relativistischen Verlangsamung der bewegten Uhr; er spricht von einem »Bezugskörper, relativ zu welchem isolierte materielle Punkte sich geradlinig und gleichförmig bewegen«, von »beliebiger Entfernung«, »Translationsbewegung« etc. Hierauf fährt der Kritikus fort:

Dies Ergebnis berührt an sich schon seltsam an. Schwere Bedenken bringt dasselbe mit sich, wenn man sich folgendes wohlbekannte Gedankenexperiment vergegenwärtigt.[152]

Anschließend wiederholt der Kritikus den *exakt gleichen* Sachverhalt. Nur diesmal benötigt er acht Sätze und führt hierin inhaltlich (also auch den später abgeleiteten »Widerspruch« betreffend) völlig überflüssige Bestimmungsstücke der zuvor schon abstrakt beschriebenen Uhrenverlangsamung ein: »Zur Fixierung der Vorstellung sei angenommen, daß A der Anfangspunkt von K, B ein Punkt auf der positiven x-Achse sei.« – Ein »Gedankenexperiment« unterscheidet sich für Einstein von einer normalen wissenschaftlichen Feststellung bloß hinsichtlich der Ausschmückung mit überflüssigem Beiwerk, das Leuten mit nicht so großem Abstraktionsvermögen das Nachdenken erleichtert.

In der anschließenden, von Rückfragen unterbrochenen Antwort des Relativisten löst Einstein das Paradox auf. Zur Auflösung genügt die Feststellung, daß die beiden Bezugssysteme, deren Uhren nach der Rundreise nicht mehr die gleiche Zeit anzeigen, physikalisch

152 Einstein (1918) 697.

verschieden sind, eine Symmetrie also nicht besteht. Der physikalische Unterschied besteht darin, daß qua Voraussetzung eine Uhr fortbewegt und zurückgebracht wurde, was einen physikalisch realen Antrieb (keinen bloßen Perspektivenwechsel) erfordert. Einstein (Relativist) erklärt aber nicht bloß dieses, sondern benutzt die Nachfragen, um das Szenario des Zwillings-Paradoxons gleich aus Sicht der formalen Gleichberechtigung *aller* Bezugssysteme und der Äquivalenz von Gravitation und Beschleunigung im Rahmen der damals ganz neuen allgemeinen Relativitätstheorie zu erklären. Da es uns nicht um die Inhalte konkreter wissenschaftlicher Theorien, sondern um Begründungs- und Methodenfragen geht, lassen wir dies aus.

In Einsteins *Dialog* ist der Kritikus schließlich überzeugt, daß die Relativitätstheorie doch nicht mit einer Paradoxie widerlegt werden kann. Die nachfolgende Diskussion ist für uns wieder interessant. Kritkus eröffnet sie mit diesem Einwand:

Ja, es scheint mir jetzt nicht unwahrscheinlich, daß der Theorie innere Widersprüche überhaupt nicht anhaften, aber daraus folgt noch nicht, daß man die Theorie ernsthaft in Erwägung ziehen müsse. *Ich sehe wirklich nicht ein, warum man um einer gedanklichen Vorliebe willen – nämlich der für die Relativitätsidee – so schauerliche Komplikationen und rechnerische Schwierigkeiten auf sich nehmen müßte.* [...] Wird es z. B. je jemand in den Sinn kommen, von der durch die Relativitätstheorie geborenen Möglichkeit Gebrauch zu machen, die Bewegungen der Himmelskörper des Sonnensystems auf ein geozentrisches Koordinatensystem zu beziehen, das obendrein an der Drehbewegung der Erde teilnimmt? [...] Verstößt solches Beginnen nicht gegen den gesunden Menschenverstand und gegen die Forderung der Ökonomie des Denkens? Ich kann es mir nicht versagen, hier einige drastische Worte zu wiederholen, die *Lenard* neulich über den Gegenstand geäußert hat. Nachdem er die spezielle Relativität besprochen hat, indem er das »bewegte« Koordinatensystem durch einen fahrenden Eisenbahnzug versinnlicht hat, sagte er: »Man lasse nun den gedachten Eisenbahnzug eine deutlich ungleichförmige Bewegung machen. Wenn hierbei durch Trägheitswirkung alles im Zuge in Trümmer geht, während draußen alles unbeschädigt bleibt, so wird, meine ich, *kein gesunder Verstand* einen andern Schluß ziehen wollen, als den, daß es eben der Zug war, der mit Ruck seine Bewegung geändert hat, nicht die Umgebung. [...] Für die naheliegende Frage, warum denn der Kirchturm neben dem Zuge nicht umgefallen sei, wenn *er* mit der Umgebung den Ruck gemacht habe – warum solche Folgen des Rucks *so einseitig* nur im Zuge sich zeigen, während *dennoch* kein einseitiger Schluß auf den

Sitz der Bewegungsänderung möglich sein solle – hat das Prinzip anscheinend keine den einfachen Verstand befriedigende Antwort.«[153]

Kritikus erachtet nun also die Relativitätstheorie (die spezielle wie die allgemeine) für logisch möglich und empirisch zutreffend. Er sieht nur nicht ihre Notwendigkeit. Es ist nun bloß ein *pragmatischer* Grund, den er in verschiedenen Formulierungen gegen die Relativitätstheorie vorbringt: *(1)* ihre »schauerliche Komplikationen und rechnerischen Schwierigkeiten«, *(2)* ihr Verstoß gegen den »gesunden Menschenverstand« und *(3)* die Ökonomie des Denkens, womit offensichtlich auf Adlers Vorbild Mach angespielt wird. Das von Kritikus nur als rhetorische Verschärfung vorgebrachte Zitat von Philipp Lenard scheint allerdings über den bloß pragmatischen Nachteil der Relativitätstheorie hinauszureichen: *(4)* Die Forderung nach einer »den einfachen Verstand befriedigenden Antwort« wird hier als Kriterium der Theoriewahl verwandt, mit dem auf ein *Erklärungsdefizit* hingewiesen werden soll. In diesem Zitat ist die Erklärungsfähigkeit ein Kriterium, das die Selektion zwischen empirisch äquivalenten Theorien vornehmen soll. (Lenard selbst hatte zu dieser Zeit zusätzlich gemeint, daß durch Argumente dieser Art auch auf *empirische Fehler* der Relativitätstheorie hingewiesen wird, was Einstein nicht erwähnt.)

In dieser Kritik von Kritikus haben wir alles, was üblicherweise und auch in den meisten aktuellen wissenschaftsphilosophischen Beiträgen mit einem guten Gedankenexperiment in Verbindung gebracht wird: Den gesunden Menschenverstand, ein anschauliches Szenario (bremsender Eisenbahnzug) und eine klare, überzeugende Einsicht (»der Kirchturm fällt nicht um, auch wenn alles im Zug in Trümmern geht«), die im Widerspruch zu einer bekannten, ansonsten akzeptierten Theorie (allgemeine Relativitätstheorie) zu stehen scheint. Wie antwortet der Relativist (Einstein)?

Überraschend an Einsteins Antwort ist, daß hierin die *empirischen* Gründe völlig in den Hintergrund treten. Empiristisch betrachtet scheint die Sache klar zu sein: Die allgemeine Relativitätstheorie läßt natürlich ebenso wie der gesunde Verstand einen Kirchturm neben einem bremsenden Zug unerschüttert (solange nicht

153 Ebd. 700. Einstein liefert keine Quellenangabe für das hier wiedergegebene Zitat von Philipp Lenard. [Philipp Lenard, *Über Relativitätsprinzip, Äther, Gravitation*, Leipzig 1918; in: Lenard (2003), 432f.]

Bremskräfte von kosmischen Größen auftreten, die nennenswerte Gravitationswellen verursachen). Die mathematischen Komplikationen der Relativitätstheorie muß man in Kauf nehmen, wird ein Empirist sagen, wenn dies empirisch erforderlich ist, also auf diese Weise Tatsachen abgeleitet werden können, die sonst nicht erklärt werden können. Zum damaligen Zeitpunkt kannte man eine solche Tatsache: eine beobachtete Bewegungsanomalie des Planeten Merkur. In seiner Antwort erwähnt der Relativist zwar auch diesen empirischen Vorteil der Relativitätstheorie, allerdings nur beiläufig und untergeordnet. Die Antwort beginnt mit dieser Erklärung:

Aus mehreren Gründen müssen wir die Komplikationen, in welche uns die Theorie führt, willig auf uns nehmen. Einmal bedeutet es für einen konsequent denkenden Menschen eine große Befriedigung, einzusehen, daß der Begriff der absoluten Bewegung, dem kinematisch kein Sinn zuerkannt werden kann, in der Physik nicht eingeführt zu werden braucht; es kann nicht geleugnet werden, daß das Fundament der Physik durch Vermeidung dieses Begriffs an Folgerichtigkeit gewinnt. Ferner verlangt die Tatsache der Gleichheit der Trägheit und Schwere der Körper gebieterisch nach Aufklärung. Abgesehen davon braucht die Physik eine Methode, um zu der Nahewirkungs-Theorie der Gravitation zu gelangen. Ohne ein wirksam einschränkendes Prinzip konnten sich die Theoretiker an dieses Problem kaum heranwagen, weil *gar viele Theorien* aufgestellt werden können, die den ziemlich beschränkten Erfahrungen auf diesem Gebiete gerecht werden. *Embarras de richesse* ist einer der bösartigsten Gegner, die dem Theoretiker das Leben sauer machen. Durch das Postulat der Relativität wurden die Möglichkeiten derart eingeschränkt, daß der Weg vorgezeichnet war, den die Theorie gehen *mußte.*

Erst hier anschließend folgt der Satz:

Endlich mußte die säkulare Perihel-Bewegung des Planeten Merkur erklärt werden, deren Existenz von den Astronomen sicher konstatiert war, und deren Erklärung auf dem Boden der Newtonschen Theorie nicht befriedigend gelingen wollte.

Einstein stellt sich im Hauptteil seiner Antwort dem Problem, welche Kriterien bei der Wahl zwischen *empirisch äquivalenten* Theorien angewandt werden sollen. Die Kriterien des Kritikus waren wie gesagt: Einfachheit der Mathematik, Verständlichkeit, Denkökonomie. Keines dieser Kriterien besitzt eine formale Ausarbeitung. Keines dieser Kriterien hält Einstein für ausschlaggebend. Einsteins Kriterien sind prinzipieller Natur. Sie fallen gleichermaßen, solange ihre Beziehung zu empirischen Vorteilen der Theorie nicht erklärt ist, in den Bereich von Metaphysik. Im einzelnen kann man in Einsteins oben angewendeten konkreten Kriterien folgende allgemeinen Prinzipien sehen, die zu erfüllen Einstein als *wesentlichen* Vorteil einer Theorie ansieht:

(1) Im mathematischen Formalismus einer Theorie sollten keine physikalischen Größen auftreten, die bei der empirischen Anwendung der Theorie keine Bedeutung haben – insbesondere keine Größen für eine »absolute Bewegung«.

(2) Gleiche Phänomene sollen in der gleichen mathematischen Struktur abgebildet werden – insbesondere die Phänomene von Trägheit und Schwere.

(3) Physikalische Wirkungen müssen in der Struktur einer (Nahewirkungs-, d.h.:) *Feld*-Theorie formuliert werden – insbesondere die Gravitation.

(4) Das »Prinzip der Relativität« muß erfüllt werden, das Einstein an dieser Stelle nicht nochmals erklärt, aber in diesem Zusammenhang als Forderung nach der Eigenschaft »Kovarianz« in der mathematischen Beschreibung von empirischen Sachverhalten interpretiert werden kann.

Einstein gibt bereitwillig zu, daß die Anwendung eines jeden dieser Prinzipien die mathematische Form der Theorie verkompliziert. Er rechtfertigt diese Prinzipien nicht mit mathematischer Simplizität, sondern mit philosophischen Vorteilen. Es geht ihm um »Folgerichtigkeit«, »Befriedigung«, »Aufklärung«. Alle diese Prinzipien betreffen überhaupt nur die mathematische Form von Naturgesetzen; der obenstehende Text dieser Prinzipien ist nur eine mehr oder weniger gelungene umgangssprachliche Übersetzung von Aussagen über Eigenschaften, die sich ausschließlich auf mathematische Formeln anwenden lassen.

Philipp Lenard hatte offensichtlich eine andere Vorstellung von den philosophischen Vorteilen einer Theorie. Für ihn liegt eine befriedigende Aufklärung in der Übereinstimmung mit dem »gesunden Verstand« – also nicht in der Erfüllung bestimmter Forderungen an die mathematische Form von Theorien. Ihm antwortet Einstein (Relativist) anschließend so:

Wie wenig es aber angezeigt ist, in solchen Dingen den sogenannten »gesunden Verstand« als Schiedsrichter anzurufen, zeigt folgendes Gegenbeispiel. *Lenard* selbst sagt, es hätten sich gegen die Gültigkeit des *speziellen Relativi-*

tätsprinzips (d. h. des Relativitätsprinzips bezüglich gleichförmiger Translationsbewegung der Koordinatensysteme) bisher keine zutreffenden Einwände erheben lassen. Der gleichmäßig fahrende Zug könne ebensogut als »ruhend«, das Geleise samt der ganzen Gegend als »gleichförmig bewegt« angesehen werden. Wird dies der »gesunde Verstand« des Lokomotiv-Führers zulassen? Er wird einwenden, daß er doch nicht *die Gegend* unausgesetzt heizen und schmieren müsse, sondern die Lokomotive, und daß es dementsprechend die letztere sein müsse, in deren Bewegung sich die Wirkung seiner Arbeit zeige.

Wie funktioniert dieses Gegenargument? Lenard hatte ein Beispiel (nach Art der populären Gedankenexperimente) vorgebracht, in dem der »gesunde Verstand« im Widerspruch zur allgemeinen Relativitätstheorie zu stehen schien. Auf dieses Beispiel geht Einstein nur in einer Fußnote ein, die hier nicht zitiert werden muß. (Die Antwort ist, daß die allgemeine Relativitätstheorie natürlich mit den dem gesunden, einfachen Verstande bekannten Tatsachen, z. B. über Kirchtürme und Eisenbahnen, verträglich ist.) In der eben zitierten Hauptantwort entwirft Einstein einfach ein anderes Beispiel (oder, wenn man so will: Gegen-Gedankenexperiment), das zeigt, daß der »gesunde Verstand« ebenfalls im Widerspruch zur speziellen Relativitätstheorie zu stehen scheint. Einstein möchte es gar nicht erst einreißen lassen, auf jeden vermeintlichen Widerspruch zwischen dem »gesunden Verstand« und physikalischen Theorien einzeln antworten zu müssen. Er möchte ein allgemeingültiges Prinzip vermitteln: Was der »gesunde Verstand« meint, ist bei der Auswahl von physikalischen Theorien generell völlig irrelevant. – Historisch hatte Einsteins Gegenbeispiel allerdings zur Folge, daß Lenard nachfolgend nicht mehr nur die allgemeine, sondern dann auch die spezielle Relativitätstheorie mittels des »gesunden Verstands« kritisierte.

Die Verwendung des Begriffs »Gedankenexperiment« im Zusammenhang mit dem Urteil des »gesunden Verstands« – in dem er auch heute bei vielen Autoren zu finden ist – geht auf Philipp Lenard zurück. Lenards Meinung über die Methode »Gedankenexperiment« findet sich in Texten, die nichts zu unserem Thema »Verständnis von Wissenschaft« beitragen und in diesem Zusammenhang auch nicht zitierfähig sind. Da Lenard nach 1933 erhebliche Macht über die physikalischen Universitätsinstitute in Deutschland erlangte und schon vorher massiv in der Öffentlichkeit aufgetreten war, haben Lenards Meinungen Reaktionen hervorgerufen. Für uns von Interesse ist eine Äußerung von Max Planck über die Methode des Gedankenexperiments, die aus der Kritik an Lenard motiviert ist. Hierfür muß doch etwas über den Hintergrund bei Lenard gesagt werden.[154]

In späteren Ausführungen als der eben von Einstein zitierten vertrat Lenard die Meinung, daß die biologische Abstammung ausschlaggebend dafür sei, was jemand als Physiker leiste. Hiervon ausgehend meinte er anhand einiger Beispiele belegen zu können, daß Physiker der »arischen Rasse« nicht zur Abstraktion und höheren mathematischen Theoriebildung befähigt seien. Dies hielt er (der sich selbst und alle nicht-jüdischen Deutschen hierzu zählte) für einen Vorteil, der dadurch gefördert werden müsse, eine neue Disziplin zu gründen, die sogenannte »Deutsche Physik«, worin die Vertreter dieser »Rasse« ohne Konkurrenz zu Wissenschaftlern mit theoretischen Qualifikationen ihrer konkreten Naturforschung nachgehen könnten. Da Lenard sowohl seine eigenen als auch Einsteins Beispiele (wie die oben aus dem Aufsatz von Einstein zitierten) »Gedankenexperimente« nannte, stellte sich ihm die Aufgabe, normative Abgrenzungskriterien zwischen den »Gedankenexperimenten« der »arischen« und »nicht-arischen« Physiker zu formulieren. Legitime »Gedankenexperimente« kämen hiernach ohne Abstraktion und ohne theoretische Prinzipien aus. Ihr Erfolgskriterium sei die Übereinstimmung mit der »Wirklichkeit« sowie (wie oben schon von Einstein zitiert) die »den einfachen Verstand befriedigende Antwort«. – Philipp Lenard (1862-1947) hatte seine Karriere mit seriöser Arbeit begonnen; er war Schüler von Heinrich Hertz und erfolgreicher Experimentalphysiker (Nobelpreis 1905), der insbesondere über Elektronenstrahlen und den photoelektrischen Effekt gearbeitet hatte. Sein Geisteswandel hatte sich, anfangs schleichend, ab etwa 1910 vollzogen.

1935, als die Vertreibung der theoretischen Physiker aus den deutschen Universitätsinstituten weit vorangeschritten war, äußert sich der damals schon emeritierte Max Planck in einem öffentlichen Vortrag in Berlin über »Die Physik im Kampf um die Weltanschauung«. Der Vortrag ist im Tonfall freundlich argumentierend und nennt keinen der Angegriffenen beim Namen, also auch Lenard nicht.

154 Gesamtdarstellung seiner Überzeugungen in: Philipp Lenard, *Die Deutsche Physik*, 4 Bd., München 1936-7.

Wenn man nun aber nur Brückenwaagen zur Verfügung hat und wenn jede Aussicht fehlt, sich feinere Waagen zu verschaffen? Ist es dann nicht ratsamer, auf den Versuch genauer Wägungen grundsätzlich zu verzichten und die Frage nach den einzelnen Milligrammen für sinnlos zu erklären, als einer Aufgabe nachzuspüren, die durch direkte Messungen gar nicht gelöst werden kann? Wer so spricht unterschätzt die Bedeutung der Theorie. Denn die Theorie führt uns in gewisser von vornherein gar nicht absehbarer Weise über die direkten Messungen hinaus, vermittelst der sogenannten Gedankenexperimente, die uns weitgehend unabhängig machen von den Mängeln der wirklichen Instrumente.

Nichts ist verkehrter als die Behauptung, ein Gedankenexperiment besitze nur insofern Bedeutung, als es jederzeit durch Messung verwirklicht werden kann. Wenn das richtig wäre, so würde es z. B. keinen exakten geometrischen Beweis geben. Denn jeder Strich, den man auf dem Papier ziehen kann, ist in Wirklichkeit keine Linie, sondern ein mehr oder weniger schmaler Streifen, und jeder gezeichnete Punkt ist in Wirklichkeit ein kleinerer oder größerer Fleck. Trotzdem zweifeln wir nicht an der strengen Beweiskraft geometrischer Konstruktionen.

Mit dem Gedankenexperiment erhebt sich der Geist des Forschers über die Welt der wirklichen Meßwerkzeuge hinaus, sie verhelfen ihm zur Bildung von Hypothesen und zur Formulierung von Fragen, deren Prüfung durch wirkliche Experimente ihm den Einblick in neue gesetzliche Zusammenhänge eröffnet, auch in Zusammenhänge, welche einer direkten Messung unzugänglich sind. Ein Gedankenexperiment ist an keine Genauigkeitsgrenze gebunden, denn Gedanken sind feiner als Atome und Elektronen, auch fällt dabei die Gefahr einer kausalen Beeinflussung des zu messenden Vorganges durch das Messungsinstrument fort. Die einzige Bedingung, von der die erfolgreiche Durchführung eines Gedankenexperimentes abhängt, ist die Voraussetzung der Gültigkeit widerspruchsfreier gesetzlicher Beziehungen zwischen den betrachteten Vorgängen. Denn was man als nicht vorhanden voraussetzt, darf man auch nicht zu finden hoffen.

Gewiß ist ein Gedankenexperiment eine Abstraktion. Aber diese Abstraktion ist dem Physiker, und zwar sowohl dem Experimentator wie dem Theoretiker, bei seiner Forschungsarbeit ebenso unentbehrlich wie diejenige, daß es eine reale Außenwelt gibt.[155]

Mit dem, was wir schon über Gedankenexperimente gehört haben,

155 In: Planck (1949) 285-300; Zitat: 294. [Vgl. auch das dem Kapitel I vorangestellte Zitat von Max Planck aus einem fünf Jahre früheren Vortrag, worin Planck mit der vorgestellten Tatsache, daß Wissenschaftler mit »Gedankenexperimenten« arbeiten, die Auffassung der »Positivisten« kritisiert. Planck hielt den abstraktionsfreien »Realismus« von Lenard und seine Vorstellung von »Positivismus« aus ähnlichen Gründen für falsch.]

könnte es verwundern, daß Planck hier überhaupt im Positiven von »Gedankenexperimenten« spricht. Planck war ein Gegner von Machs Wissenschaftsphilosophie, so daß er sicherlich hier nicht Machs Begriffserfindung rehabilitieren wollte. Einstein hatte den Begriff vermieden, und Lenards Verwendung des Begriffs soll hier gerade korrigiert werden. Kurzum: Planck hätte allen Grund gehabt, die Auffassung von Wissenschaft und Methode, die er in diesem Zitat geäußert hat, unter Verzicht des Wortes »Gedankenexperiment« darzulegen.

Planck hätte (ohne Änderung seiner Kernaussage) sagen können: »Gedankenexperimente« sind in den Wissenschaften irrelevant und insbesondere witzlos, wenn man sie wie Lenard vollständig auf die realisierbaren Gedankenexperimente einschränken möchte. Hingegen besitzt die Wissenschaft *andere*, längst bekannte Mittel und Wege, um auch mit nicht real und direkt meßbaren Entitäten umzugehen und ihnen einen definierten Sinn zuzusprechen, ihre Beziehung auf die Realität zu klären und so die Zuschreibung eines Wahrheitswerts zu ermöglichen. Zu diesen Mitteln und Wegen zählen insbesondere die Mathematik, die Abstraktion und die wissenschaftlichen Modelle.

Daß Planck diese theoretischen Aspekte der Physik unter dem Begriff »Gedankenexperiment« abhandelt, erklärt sich aus dem Stil seiner Argumentation. Ebenso wie die meisten seiner Kollegen erachtet Planck den Streit über bloße Worte für müßig. Lenard hatte unter dem Begriff »Gedankenexperiment« falsche Vorstellungen von Physik artikuliert. Planck geht es darum, die falschen Vorstellungen, nicht die Verwendung eines ungeklärten Wortes zu korrigieren. Also erklärt Planck unter Verwendung des Begriffs »Gedankenexperiment«, wie sich dieser in ein richtiges Verständnis von Physik einordnen läßt. – Die Rhetorik dieser Argumentationsweise bewirkt natürlich, daß nachfolgend ein Begriff »Gedankenexperiment« im Raum steht, der mit einer legitimen Bedeutung verknüpft ist.

3.1.2 Einsteins Wissenschaftsmethode

Planck hatte eben den Begriff »Gedankenexperiment« mit einigen etablierten theoretischen Aspekten der wissenschaftlichen Arbeit in Beziehung gesetzt und somit den Gebrauch theoretischer (nicht bloß »realisierbarer«) Gedankenexperimente in den Wissenschaften zur Selbstverständlichkeit erklärt. Wir sind auf der Suche nach einer Bedeutung von »Gedankenexperiment«, die nicht bloß legitim ist (so daß kein sofortiger Protest erforderlich ist, wenn jemand etwas mit »Gedankenexperimenten« beweisen möchte), sondern auch sinnvoll, d. h.: spezifisch.

Wenn heute von »Einsteins Gedankenexperimenten« die Rede ist, ist damit immer diese Vermutung verbunden: Daß Einstein deshalb als Physiker so sensationell erfolgreich war, weil es ein *Erfolgsgeheimnis* in seinem wissenschaftlichen Denken und Arbeiten gibt. Einstein habe nicht bloß das normale methodische Programm der Wissenschaft angewendet, sondern eine spezifische, eigene Denkweise gehabt. Die Anwendung dieser speziellen »Einstein-Wissenschaftsmethode« schlage sich insbesondere in den vielen Episoden nieder, die der Volksmund »Einsteins Gedankenexperimente« nennt – unabhängig davon, was Einstein selbst vom Wort »Gedankenexperiment« gehalten hat.

Oben wurde Einsteins Verständnis des Wortes »Gedankenexperiment« mit dem Vergleich beschrieben: So wie wenn man von »Wucht« anstatt von »kinetischer Energie« redet, versteht Einstein auch das Wort »Gedankenexperiment« nicht als Namen einer illegitimen Wissenschaftsmethode, sondern einer vorwissenschaftlichen. Diese Metapher impliziert die Hoffnung, daß es ebenso wie für »Wucht« ein wissenschaftliches Pendant für »Gedankenexperiment« gibt, in dem das vorwissenschaftliche Verständnis bereinigt und konkretisiert vorliegt. Diese *wissenschaftliche Ausformung* der Methode des Gedankenexperiments hat Einstein – nach den bisherigen Ausführungen offensichtlich – nicht »Gedankenexperiment« genannt. Wir müssen dieses wissenschaftliche Pendant durch Interpretation aufsuchen. Da Einstein auch keinen einfachen Alternativbegriff bereitstellt, nennen wir dieses zu suchende methodologische Objekt einfach Einsteins Methode des »wissenschaftlichen Gedankenexperiments«.

Wir wollen hier die mögliche Bedeutung von »wissenschaftlichen Gedankenexperimenten« primär anhand von Einsteins eigenen Äußerungen über wissenschaftliche Methode untersuchen. Diese Suche gestaltet sich jedoch schwierig. Hierfür gibt es einige Gründe. Es gibt viel zu viele und zu unterschiedliche Texte von Einstein, die wir für unsere Frage untersuchen könnten – insbesondere auch deshalb, weil sich Einstein nicht nur in wissenschaftlichen Abhandlungen geäußert hat, sondern auch von Journalisten auf der Straße um Kommentare zu allen möglichen Fragen gebeten wurde. Bei geeigneter Auswahl ließe sich so praktisch jede Auffassung von Wissenschaft für Einstein belegen, insbesondere auch ein Standpunkt, für den es offenbar ein breites öffentliches Bedürfnis gibt und der deshalb häufig in der Literatur anzutreffen ist. Hiernach hätte Einstein seine wissenschaftlichen Theorien mit einer Methode gefunden, die man vielleicht »tiefenpsychologische Meditation über den wahren Charakter Gottes« nennen könnte. Ursache dafür, daß sich dieser Eindruck gebildet hat, sind unzählige Bonmots, die Einstein auch in wissenschaftlichen Diskussionen mit dem Anspruch, hierdurch ein Argument für seinen Standpunkt zu liefern, regelmäßig eingeworfen hat, nach Art von: »Gott würfelt nicht!«

Die »gegenteilige« Selbstbeschreibung seiner Wissenschaftsmethode haben wir oben schon im Zitat eines Briefs von Einstein an seinen Studienfreund Michele Besso gesehen. Dort stellt sich Einstein als einen grundsoliden Empiristen dar; die Relativitätstheorie sei auf Grundlage der empirischen Tatsachen entwickelt worden, nicht durch Spekulation. Regelmäßig wird in der wissenschaftshistorischen Literatur Einsteins Selbstbeschreibung seiner (bzw. der seiner Meinung nach richtigen) Wissenschaftsmethode als Entwicklung dargestellt, demnach habe Einstein zu verschiedenen Zeiten verschiedene Auffassungen vertreten. Schon Platzgründe verhindern, uns mit solcher Differenzierung dem Thema zu nähern.

Unsere Frage ist, ob in der Menge der Selbstbeschreibungen von Einsteins Wissenschaftsmethode überhaupt ein beständiges (mehr als bloß in Form eines Bonmots beschriebenes) Element zu finden ist, das für die Interpretation von Einsteins »wissenschaftlichen Gedankenexperimenten« geeignet ist. Hierzu benötigen wir eine Vorstellung, welche Auffassung von Wissenschaftsmethode von Einstein mit Beständigkeit vertreten wurde. Insbesondere zwei Aspekte sind aus allen Lebensabschnitten von Einstein überliefert:

(a) Zum einen hat sich Einstein tatsächlich jederzeit und mit Nachdruck zum *Empirismus* bekannt. (Der gelegentlich gegenteilige Eindruck ist durch die Verwirrung, die durch den ebenfalls jederzeit betonten Punkt *(b)* ausgelöst wird, entstanden.) Dies impliziert beispielsweise auch Einsteins uneingeschränkte Teilnahme am »traditionellen Spott« der modernen Naturwissenschaftler gegen Kant und die Naturphilosophie. Exemplarisch kann man diese empiristi-

sche Auffassung an diesem Zitat festmachen, dessen Aussage in Variationen von Einstein regelmäßig wiederholt wurde.

Begriffe und Begriffssysteme erhalten die Berechtigung nur dadurch, daß sie zum Überschauen von Erlebniskomplexen dienen; eine andere Legitimation gibt es für sie nicht. Es ist deshalb nach meiner Überzeugung eine der verderblichsten Taten der Philosophen, daß sie gewisse begriffliche Grundlagen der Naturwissenschaft aus dem der Kontrolle zugänglichen Gebiet des Empirisch-Zweckmäßigen in die unangreifbare Höhe des Denknotwendigen (Apriorischen) versetzt haben. Denn wenn es auch ausgemacht ist, daß die Begriffe nicht aus den Erlebnissen durch Logik (oder sonstwie) abgeleitet werden können, sondern in gewissem Sinn freie Schöpfungen des menschlichen Geistes sind, so sind sie doch ebensowenig unabhängig von der Art der Erlebnisse, wie etwa die Kleider von der Gestalt der menschlichen Leiber. Dies gilt im besonderen auch von unseren Begriffen über Zeit und Raum, welche die Physiker – von Tatsachen gezwungen – aus dem Olymp des Apriori herunterholen mußten, um sie reparieren und wieder in einen brauchbaren Zustand setzen zu können.[156]

Einsteins Anti-Metaphysik und Anti-Kantianismus ähnelt hier jenem Machs. Einsteins Empirismus impliziert offensichtlich nicht die Behauptung, Begriffe und Kategorien der Wissenschaft logisch aus der Erfahrung ableiten zu können. Es ist eher ein gemäßigter Pragmatismus im Rahmen einer hypothetisch-deduktiven Wissenschaftsvorstellung. Bei einem späteren Anlaß klingt die Aussage des obigen Zitats deutlich versöhnlicher gegen Kant:

Die hier vertretene Auffassung unterscheidet sich von der Kants nur dadurch, daß wir die »Kategorien« nicht als unabänderlich (durch die Natur des Verstandes bedingt), sondern als (im logischen Sinne) freie Setzungen auffassen. »A priori« erscheinen sie nur insofern, als Denken ohne die Setzungen von Kategorien und überhaupt von Begriffen so unmöglich wäre wie Atmen in einem Vakuum.[157]

Begriffe und Kategorien sind logisch freie Setzungen, die jedoch nach der Setzung ihre Nützlichkeit in der Anwendung auf die Erfahrung erweisen müssen und bei fehlender Bewährung in der Erfahrung »repariert« werden. In Einsteins Metapher: Man hat zwar prinzipiell völlige Freiheit, Kleidungsstücke in jeder beliebigen Form zu nähen, allerdings für die Funktion als Kleidungsstücke taugt dann doch nicht jede Form gleich gut. Die Erfahrung (über die Körper-

156 Einstein (1922) 2.
157 Einstein (1949) 500.

form) ist entscheidend, allerdings nicht mittels eines einfachen logischen Kriteriums.

(b) Die andere von Einstein jederzeit erklärte Überzeugung besteht darin, alle wichtigen, großen naturwissenschaftlichen Theorien (insbesondere auch seine Relativitätstheorien) als von ihm so genannte »*Prinziptheorien*« anzusehen. Damit wollte Einstein ausdrücken, daß die betreffende Theorie aus fundamentalen, universellen Prinzipien abgeleitet werden könne: die spezielle Relativitätstheorie aus dem »Relativitätsprinzip« und dem »Prinzip von der Konstanz der Lichtgeschwindigkeit«, die allgemeine Relativitätstheorie aus dem »Relativitätsprinzip« und dem »Äquivalenzprinzip von schwerer und träger Masse«, die Thermodynamik aus dem »Prinzip der Unmöglichkeit eines Perpetuum mobile« etc.[158]

Diese Auffassung über »Prinziptheorien« war schon aus einigen der obenstehenden Zitate von Einstein ersichtlich. In seiner autobiographischen Skizze von 1955 hat Einstein die Entdeckung seiner speziellen Relativitätstheorie in Analogie zur Ableitung der Thermodynamik aus dem »allgemeinen Prinzip, daß es unmöglich ist, ein Perpetuum mobile zu konstruieren« gesetzt. Schon 44 Jahre vorher betonte Einstein denselben Punkt. In einer Diskussion im Anschluß an eine Vorlesung über die Relativitätstheorie vom 16. Januar 1911 wird Einstein gefragt, in welchem Verhältnis seine

158 »Prinziptheorien« hat Einstein von »konstruktiven Theorien« abgegrenzt. Die »konstruktiven Theorien« sind für Einstein das Ziel des weit überwiegenden Teils der wissenschaftlichen Forschung, gewissermaßen das Normale: Das Ergebnis der Suche nach geeigneten Modellannahmen, aus denen sich vorher unverstandene Phänomene ableiten lassen: »Die meisten [Theorien der Physik] sind konstruktive Theorien. Diese suchen aus einem relativ einfachen zugrunde gelegten Formalismus ein Bild der komplexeren Erscheinungen zu konstruieren. So sucht die kinetische Gastheorie die mechanischen, thermischen und Diffusionsvorgänge auf Bewegungen der Moleküle zurückzuführen, d.h. aus der Hypothese der Molekularbewegung zu konstruieren. […] Es gibt aber neben dieser wichtigsten Klasse von Theorien eine zweite. Ich will sie Prinziptheorien nennen. […] Vorzug der konstruktiven Theorien ist Vollständigkeit, Anpassungsfähigkeit und Anschaulichkeit. Vorzug der Prinziptheorie ist logische Vollkommenheit und Sicherheit der Grundlage. Die Relativitätstheorie gehört zu den Prinziptheorien.« (Einstein, 1919, 127f.) – Offensichtlich müssen wir bei Einsteins »Prinziptheorien« nach dem »Erfolgsgeheimnis« seiner wissenschaftlichen Arbeit und der Bedeutung seiner »wissenschaftlichen Gedankenexperimente« suchen und können bei dieser Aufgabe seine Ausführungen über »konstruktive Theorien« außer acht lassen.

(und Minkowskis) Darstellung der Relativitätstheorie zur Theorie von Lorentz stehe. Einstein antwortet:

Gestatten Sie, dass ich mit einem Vergleich antworte. Es handelt sich um den zweiten Hauptsatz der Wärmetheorie, um den Satz von der beschränkten Wandelbarkeit thermischer Energie. Macht man die Voraussetzung der Unmöglichkeit eines Perpetuum mobile zweiter Art zum Ausgangspunkt der Betrachtung, so erscheint unser Satz als eine fast unmittelbare Folgerung aus der Grundannahme der Theorie. Basiert man aber die Wärmetheorie auf die Bewegungsgleichungen der Moleküle, so erscheint unser Satz als das Resultat einer langen Reihe subtilster Überlegungen. Ebenso wie hier beide Wege ihre unbestreitbare Berechtigung haben, so scheinen mir auch die erwähnten Standpunkte von Minkowski einerseits und H. A. Lorentz andererseits vollkommen berechtigt.[159]

In dem oben zitierten Brief an seinen Studienfreund Michele Besso vom 28. August 1918 findet sich dieselbe Gleichsetzung der Begründung der Relativitätstheorie mit der Begründung der Thermodynamik. Aber dort ist nicht vom »Prinzip« der Unmöglichkeit des Perpetuum mobile die Rede, sondern von der »verallgemeinerungsfähigen Thatsache«, bzw. »Erfahrungsthatsache«.

Bei einem anderen Anlaß – dem Vorhaben eines anderen Studienfreunds, Maurice Solovine, ein Buch über die Relativitätstheorie zu schreiben – erklärt Einstein die Methode zur Begründung der Relativitätstheorie ebenfalls mit dem Vergleich zu Thermodynamik und Perpetuum mobile, aber hier wird neben das »Relativitätsprinzip« auch noch ein »erkenntnistheoretischer Gesichtspunkt« gesetzt.

Das macht die Relativitätstheorie in systematischer Weise. Sie setzte voraus, dass es physikalisch bevorzugte Bewegungszustände in der Natur nicht gebe und fragt nach den Folgerungen, welche aus dieser Voraussetzung bezüglich der Naturgesetze gezogen werden können. Die Methode der Relativitätstheorie ist derjenigen der Thermodynamik weitgehend analog; denn diese letztere Wissenschaft ist nichts als die systematische Beantwortung der Frage: Wie müssen die Naturgesetze beschaffen sein, damit es unmöglich sei ein perpetuum mobile zu konstruieren?

Charakteristisch für die Relativitätstheorie ist ferner ein erkenntnistheo-

159 Einstein [GW] 3/445. [Auch in diesem Vortrag vom 16. Januar 1911 (»Die Relativitäts-Theorie«) hatte Einstein übrigens das oben behandelte »Zwillings-Paradox« angeschnitten. Statt von einem »Gedankenexperiment« zu sprechen, leitet er dieses Thema mit dem Satz ein: »Am drolligsten wird die Sache, wenn man sich folgendes ausgeführt denkt:«, Einstein [GW] 3/436.]

retischer Gesichtspunkt. Es gibt in der Physik keinen Begriff, dessen Verwendung a priori nötig oder berechtigt wäre. [...] Jedem physikalischen Begriff muss eine solche Definition gegeben werden, dass auf Grund dieser Definition das Zutreffen oder nicht Zutreffen desselben im konkreten Fall prinzipiell entschieden werden kann.[160]

Bei wiederum einem anderen Anlaß – der Antwort an den *Kritikus* im oben zitierten »Dialog über Einwände gegen die Relativitätstheorie« – hatte Einstein gleich eine ganze Reihe von Prinzipien und mathematischen Randbedingungen genannt, die von ihm zur Rechtfertigung der Relativitätstheorie herangezogen wurden. Dort war der ebengenannte »erkenntnistheoretische Gesichtspunkt« eine Forderung, die einerseits »große Befriedigung« hervorrufe, außerdem zur »Folgerichtigkeit« beitrage. – Es gibt noch unzählige weitere Bemerkungen und Ausführungen Einsteins zu den verschiedensten Anlässen, die alle zu diesem Thema »Prinziptheorie« noch zitiert werden könnten.

Offensichtlich sagt Einstein in allen diesen Zitaten nicht exakt dasselbe. Trotzdem ist es naheliegend, alle diese als verschiedene Interpunktion und Perspektive auf ein und denselben, beibehaltenen Standpunkt zu interpretieren, also einfach ein Aggregat aus diesen Zitaten herzustellen. Was meint Einstein über »Prinziptheorien« im allgemeinen und über seine Begründung (und Entdeckung) der Prinziptheorie namens Relativitätstheorie im besonderen?

(b.1) Zum einen finden wir bei Einstein den notorisch wiederholten Vergleich: Bei der Relativitätstheorie sei der Gebrauch der Prinzipien genauso wie bei der Ableitung der Thermodynamik aus dem Prinzip der Unmöglichkeit eines Perpetuum mobile. Der Vergleich erfüllt natürlich nur dann seinen Zweck, wenn bekannt ist, wie die Thermodynamik aus dem Perpetuum-mobile-Prinzip abgeleitet werden kann. Hier tut sich jedoch eine große Schwierigkeit auf: sie kann gar nicht. Es ist beispielsweise offensichtlich, daß zu dem Zeitpunkt, als die Thermodynamik aus dem genannten Prinzip angeblich abgeleitet wurde, selbiges noch gar nicht (zumindest nicht in der im nachhinein behaupteten Formulierung) als Prinzip akzeptiert war. Den großen Prinzipien der Naturwissenschaft hat man immer erst dann vertraut, nachdem sie ihre Leistung schon voll-

160 Undatierter Brief von Einstein an Maurice Solovine, ca. 1920, in: Einstein (1956) 32ff.

bracht hatten, und nur immer soweit, wie sie mit der angeblich aus ihnen »abgeleiteten« Theorie verträglich waren.

Schwerer als diese historische Feststellung wiegt allerdings die logische Kritik. Auch ohne in die Details der verschiedenen Theorien der Thermodynamik, ihre verschiedenen Anwendungsgebiete und wesentlichen »Hauptsätze« einzugehen, ist aus einem bloßen Vergleich des informativen Gehalts (oder einer groben Vorstellung davon) offensichtlich, daß mit jedem in der Erfahrung anwendbaren Gesetz, das von Eigenschaften wie »Temperatur«, »Entropie«, »Druck« etc. handelt, mehr Information über unsere Welt mitgeteilt wird als mit der bloßen negativen Existenzaussage: »In unserer Welt kann es kein Perpetuum mobile geben«. Wenn behauptet wird, ein oder gar alle informativen Naturgesetze der Thermodynamik seien aus dem »Prinzip der Unmöglichkeit des Perpetuum mobile« abgeleitet worden, hat man offenbar unbemerkt noch eine ganze Reihe von anderen Wissensinhalten in die »Ableitung« einfließen lassen, denn sonst ließe sich der Informationsgewinn zwischen dem, was in die »Ableitung« eingeht und was aus ihr herauskommt, nicht erklären.

(b.2) Mit dieser Einsicht erklärt sich zwanglos eine andere Beobachtung in den obenstehenden Zitaten. Einstein präsentiert zwar jederzeit als unangreifbare Feststellung, die Relativitätstheorie sei aus Prinzipien abgeleitet worden; er ist aber bei der Auswahl und der jeweils konkreten Formulierung der hierfür benötigten Prinzipien recht flexibel. In der ursprüngliche Arbeit zur speziellen Relativitätstheorie (1905) genügten ihm das sogenannte »Relativitätsprinzip« und das »Prinzip von der Konstanz der Lichtgeschwindigkeit«. In späteren Reflexionen wurde aus dem »Relativitätsprinzip« eine Art von »Kovarianzprinzip« oder ein »Gleichberechtigungsprinzip«, jeweils in variierten Formulierungen. Aus dem »Prinzip der Konstanz der Lichtgeschwindigkeit« wurde später das Prinzip der lokalen Gültigkeit von Maxwells Gleichungen. Bei der allgemeinen Relativitätstheorie ist die Menge der beiläufig genannten Prinzipien, bzw. ihrer Variationen, die Einstein als selbstverständliche Voraussetzungen der Theoriebildung einwirft, unüberschaubar. In der oben zitierten Antwort an den Kritikus fanden wir vier mathematische Prinzipien sowie einen empirischen Befund über den Planeten Merkur, die Einstein zu Entscheidungskriterien über die Relativitätstheorie erklärt. Einstein hat im Laufe der eigenen Betrachtungen über seine

Relativitätstheorien sowohl vorher genannte Prinzipien *präzisiert* als auch vorher stillschweigend zusätzlich verwandte Prinzipien *expliziert*. Die Wissenschaftsphilosophie hat in der Summe von Einsteins Äußerungen und in der Menge der logisch zulässigen Möglichkeiten ein weites Feld, die »eigentliche« Begründung der Relativitätstheorien »aus Prinzipien« zu lokalisieren.[161]

Was geschieht bei diesen Variationen der zugrundegelegten Prinzipien? Selbstverständlich waren schon Einsteins erste Präsentationen der speziellen und allgemeinen Relativitätstheorie (1905, 1915) wissenschaftlich völlig legitim und hinreichend, die Theorien als bewiesen anzusehen. So wurden sie von den (verständigen) wissenschaftlichen Kollegen verstanden und akzeptiert. Soweit es den Gebrauch der »Prinzipien« in einem »Beweis« der Relativitätstheorie betrifft, fing die Forschung mit der Erstveröffentlichung der Theorie aber überhaupt erst an. Die Neuformulierung und Neuauswahl von Prinzipien entwickelt sich weitgehend unabhängig von der Frage, ob die betreffende Theorie richtig ist. Diese Forschung über die Prinzipien findet gerade deshalb statt, *weil* man die betreffende Theorie für richtig hält.

Hier muß man natürlich einschränken, daß Einstein das vermutlich bewußt nicht so gesehen hat. Er verwendet jederzeit ohne Einschränkung und Vorbehalte die logischen Begriffe »Beweis« und »Ableitung«. Einstein sah wohl tatsächlich logisch zwingende Beweise und Ableitungen vom »Prinzip der Unmöglichkeit des Perpetuum mobile« zur gesamten Thermodynamik und von wenigen neuen Prinzipien zur Relativitätstheorie. Vermutlich hätte Einstein – direkt auf seine Variationen angesprochen – diese mit der Pragmatik der Gesprächssituation erklärt: Je nach dem, wie und von wem man gefragt wird, muß man die Prinzipien unterschiedlich erklären. Aber *wir* wissen, daß hier nie Beweise im Sinne von logischen Ableitungen vorgebracht wurden.

(b.3) Als letzten Punkt stellen wir fest, daß Einstein diese Prinzipien jederzeit (und in Übereinstimmung mit dem unter *(a)* genannten Empirismus) als empirisch begründete Tatsachen verstanden hatte. Diese Feststellung ist an sich nicht überraschend oder gar anstößig, sondern nur deshalb erforderlich, weil der Begriff »Prinzip« häufig mit einer anderen Tradition verknüpft ist als in Einsteins Texten.

161 Siehe z. B. Scheibe (1988).

»Prinzipien« werden bei anderen Autoren als Einstein üblicherweise als geradezu das »Gegenteil« von »empirischen Tatsachen« angesehen. In philosophischer und insbesondere metaphysischer Tradition hat man Prinzipien zumeist entweder als Postulate verstanden, d. h. willkürlich gesetzte Konventionen, oder als Vernunftwahrheiten, d. h. empirisch anwendbare Sätze, die allerdings nicht aus der Empirie, sondern aus der Vernunft begründet werden. Bei Einstein sind die Prinzipien induktiv verallgemeinerte Naturgesetze, die sich von anderen Naturgesetzen bloß dahin gehend unterscheiden, daß sie besonders allgemein und universell sind.

Diese Harmonie von Empirismus mit Prinzipien-Wissenschaft hat Einstein insbesondere in einem Dokument ausgedrückt, das Gerald Holton »Einsteins prägnanteste und anschaulichste Darstellung« seiner »erkenntnistheoretischen Glaubensartikel«[162] nannte. Es ist ein Brief aus Einsteins späteren Jahren (7. Mai 1952) an Maurice Solovine, aus dessen Korrespondenz wir oben schon einen Brief Einsteins von 1920 zitiert haben. »Ich sehe die Sache schematisch so«, schreibt Einstein und malt folgendes Schaubild:[163]

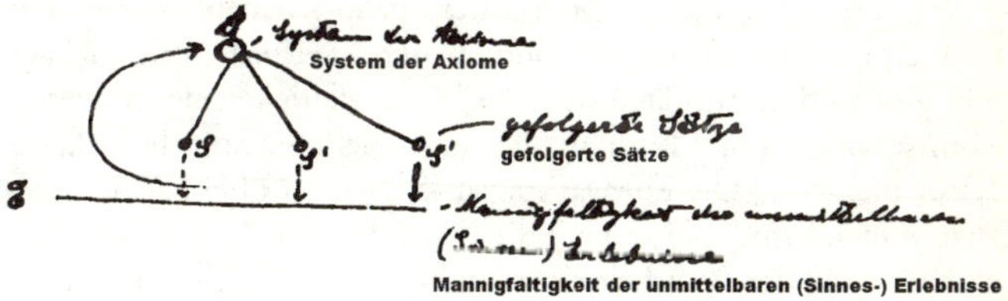

Abbildung 1

(1) Die E (Erlebnisse) sind uns gegeben.
(2) A sind die Axiome, aus denen wir Folgerungen ziehen. Psychologisch beruhen die A auf E. Es gibt aber keinen logischen Weg von den E zu A, sondern nur einen intuitiven (psychologischen) Zusammenhang, der immer »auf Widerruf« ist.
(3) Aus A werden *auf logischem Wege* Einzel-Aussagen S abgeleitet, welche Ableitungen den Anspruch auf Richtigkeit erheben können.
(4) Die S werden mit den E in Beziehung gebracht (Prüfung an der Erfahrung). Diese Prozedur gehört genau betrachtet ebenfalls der extra-logischen

162 Holton (1981) 374.
163 Transliteration in Druckschrift zugefügt v. U. K.

(intuitiven) Sphäre an, weil die Beziehung der in den S auftretenden Begriffe zu den Erlebnissen nicht logischer Natur sind.

Diese Beziehung der S zu den E ist aber (pragmatisch) viel weniger unsicher als die Beziehung der A zu den E. (Beispiel der Begriff Hund und die entsprechenden Erlebnisse.) Wäre solches Entsprechen nicht mit großer Sicherheit erzielbar (obwohl nicht logisch fassbar), so wäre die logische Maschinerie für das »Begreifen der Wirklichkeit« völlig wertlos (Beispiel Theologie). –

Die Grundessenz ist der ewig problematische Zusammenhang alles Gedanklichen mit dem Erlebbaren (Sinnes-Erlebnisse).[164]

Einstein präsentiert hier die *hypothetisch-deduktive Forschungsmethode* in ihrer Standarddarstellung. Mit dem, was wir bisher schon von Einstein gehört haben, liegt in diesem Schaubild und der anschließenden Erklärung eine starke Verkürzung seiner Vorstellungen. Dieses Zitat ist trotzdem nützlich als Beleg, daß Einstein alle seine Äußerungen zur Wissenschaftsmethode mit der hypothetisch-deduktiven Forschungsmethode verträglich hielt und im Grunde für nichts von der hypothetisch-deduktiven Forschungsmethode wesentlich Verschiedenes.

Was wir bisher schon von Einstein gehört haben, würde eine reichhaltigere Struktur im Schaubild *(Abb. 1)* erfordern. Im Schaubild gibt es drei Entitäten: *(1)* Die Mannigfaltigkeit der Sinneserlebnisse »E«, womit Einstein die noch nicht in Sprache gefaßte Natur meint. *(2)* Die Einzelaussagen »S«, womit offenbar Aussagesätze gemeint sind, die sich auf die Erfahrung der E's beziehen. Die Überprüfung der Wahrheit eines Aussagesatzes mittels eines nichtsprachlichen Sinneserlebnisses ist kein logisches Verfahren. Aber daß diese Überprüfung trotzdem in den Naturwissenschaften (im Unterschied zur Erkenntnistheorie) ziemlich unproblematisch gesehen wird, möchte Einstein offenbar Solovine besonders ans Herz legen. Durch diese Aussage ist klar, daß die S elementare Beobachtungssätze darstellen. Das Beispiel »Begriff Hund« müßte also eigentlich ein Aussagesatz sein nach Art von »Da ist ein Hund.«

Neben den Einzelaussagen S hat Einstein nur eine einzige weitere sprachliche Entität eingeführt: *(3)* Das System der Axiome »A«. – Wir haben aber in den bisherigen Äußerungen Einsteins noch von mindestens zwei theoretischen Entitäten gehört, den Prinzipien und den Theorien. Naheliegenderweise könnte man dieser Unterschei-

164 Einstein (1956) 136-8.

dung dadurch nachkommen, in das Schaubild einen Zwischenstock einzuziehen. Das »System der Axiome« wird zur »Menge der Prinzipien«, hieraus leiten sich fächerförmig nach unten Theorien ab, welche dann in gleicher Weise die »gefolgerten Sätze« ableiten. Der »intuitive (psychologische) Zusammenhang« zwischen E und A wäre dann der Sprung von den Erfahrungen zu den Prinzipien, die in der von Einstein oben beschriebenen Art (nicht im logisch-deduktiven Sinne, sondern wie Kleidungsstücke auf den Leib) als verallgemeinerte Erfahrungstatsachen verstanden werden. – Dies ist die naheliegende Weise, Einstein zu interpretieren.

Das Problem mit Einsteins eigenen Erklärungen zur Wissenschaftsmethode liegt nicht in all den Schritten, die Einstein selbst als »pragmatisch«, »intuitiv psychologisch« oder als logisch nicht gesicherte, aber der wissenschaftlichen Praxis entsprechende Induktionssprünge beschreibt, sondern bei den Schritten, von denen er mit Unterstreichung behauptet, sie seien »*auf logischem Wege* abgeleitet«.

Das Problem ist, daß kein einziges Naturgesetz, Prinzip oder All-Satz es erlaubt, ohne weitere Annahmen eine empirische Einzelaussage logisch abzuleiten. All diese Gesetzesformen lassen sich bestenfalls in die Form von Konditionalen bringen, so daß unter der zusätzlichen Annahme, daß eine empirische Einzelaussage wahr ist, eine andere empirische Einzelaussage abgeleitet werden kann. Oder anders gesagt: Wenn man nur alle Newtonschen Gesetze kennt, läßt sich nicht bestimmen oder vorhersagen, wann die Sonne aufgeht. Für diese Erfahrungstatsache benötigt man neben den Newtonschen Gesetzen noch das empirische Wissen über den Aufbau unseres Sonnensystems und seine Strukturelemente, die als »Zeitpunkt des Sonnenaufgangs« verstanden werden. – Dieses Problem stellt sich nicht nur bei der behaupteten logischen Ableitung der Einzeltatsachen aus Theorien, sondern auch, wenn man die oben genannte Erweiterung von Einsteins Schaubild vornimmt, bei der Ableitung der Theorien aus den Prinzipien.

Dieses Problem ändert allerdings nichts an der Tatsache, daß Einstein behauptet hat, es gebe eine logische Ableitung von A zu den S. Den Unterschied in ihrer Überprüfbarkeit mit den E zwischen den A und den S sieht Einstein bloß »pragmatisch«, was wohl heißen soll, daß er beiden den prinzipiell gleichen »empirischen Gehalt« zubilligt. In jedem der drei (oder nach der Erweiterung: vier) Stockwerke in dem Schaubild ist prinzipiell, also nach erfolgreichem Abschluß der den betreffenden Sinneserlebnisbereich beschreibenden Wissenschaft, gleich viel Information abgelegt. Der Unterschied besteht nur in der Kompaktheit der Ausdrucksweise und im pragmatischen Aufwand, das Wissen zu extrahieren.

Wir sind hier auf der Suche nach einer sinnvollen Bedeutung von »wissenschaftlichen Gedankenexperimenten« in Einsteins Vorstellung von Wissenschaftsmethode. Gedankenexperimente enthalten nach allem, was wir bisher über sie wissen, die gleiche Verwirrung wie Einsteins Vorstellung von seiner eigenen Wissenschaftsmethode. Gedankenexperimente sind uns als etwas bekannt, das zwar keinen unmittelbaren Bezug zu neuen Beobachtungsdaten hat, aber doch einen empirischen Gehalt trägt. Über Gedankenexperimente haben sich die klügsten Leute getäuscht, sie seien logisch gültige Argumente. Gedankenexperimente können das aber aus dem gleichen Grund nicht sein, aus dem die Behauptung falsch ist, die Erfahrungstatsachen seien logische Folgerungen des »Systems der Axiome«.

Einstein hatte den primitiven Schluß vom Alltagswissen des vermeintlich »gesunden Verstandes« auf wissenschaftliche Theorien »Gedankenexperiment« genannt und abgelehnt. Der Schluß vom »System der Axiome« auf die Theorien bzw. die Einzeltatsachen ist zwar logisch nicht besser, aber jedenfalls subtiler und wird von Einstein als legitim angesehen. Es ist naheliegend, hier das gesuchte methodologische Objekt »Einsteins wissenschaftliches Gedankenexperiment« zu lokalisieren. Diese Vermutung ist auch sinnvoll, weil dieser Schluß vom System der Axiome zu den Theorien – obwohl er kein logisch-deduktiver Schluß ist – ein in den Wissenschaften etabliertes Schlußverfahren ist, das zu vielen erfolgreichen Theorien geführt hat. In anderen Worten: Einstein hat in der Selbstbeschreibung seiner Wissenschaftsmethode völlig recht, wenn er behauptet, er habe seine Relativitätstheorien durch Ableitung von Prinzipien gefunden und die Theorien hingen wesentlich von der empirischen Wahrheit der Prinzipien ab. Nur hat dieses Verfahren wenig mit deduktiver Logik als vielmehr mit Gedankenexperimenten zu tun. Um dies zu zeigen, soll hier doch in einer groben Skizze die konkrete Art seiner Argumente kurz umrissen werden.

Betrachten wir hierzu das von Holton so genannte Gedankenexperiment aus der am Anfang zitierten autobiographischen Skizze von Einstein. Einstein spricht hierin von einem »Paradox«, das sich ergibt, wenn man sich vorstellt, einem Lichtstrahl mit Lichtgeschwindigkeit hinterherzueilen. Worin besteht das Paradox? Das Paradox ist einfach die widersprechende Vorhersage von zwei verschiedenen bis dato für wahr und universell gehaltenen Theorien. Nach Theorie 1, der klassischen Galilei-Newtonschen Mechanik, kann man jede Bewegung durch Mitbewegung des Beobachters zum Stillstand bringen. Wenn eine Theorie 2 namens Elektromagnetismus also ein Objekt namens »elektromagnetische Welle« beschreibt, das sich einem Meßgerät als elektrische und magnetische Oszillation bemerkbar macht, die mit Lichtgeschwindigkeit durch das Meßgerät läuft, dann ist es nach der klassischen Mechanik möglich, das Meßgerät ebenfalls mit Lichtgeschwindigkeit zu bewegen und dann lediglich die statische Oszillation der elektrischen und magnetischen Kraft zu messen. Nach den Formeln von Theorie 2, Maxwells Gleichungen, sendet aber auch jede statische Oszillation von elektrischen und magnetischen Kräften weiterhin das Objekt »elektromagnetische Welle« mit Lichtgeschwindigkeit aus. Das heißt, nach Theorie 2 stellt sich das Objekt »elektromagnetische Welle« bezüglich ihrer Eigenschaft »Geschwindigkeit« völlig gleich dar, ob man versucht, ihr mit gleicher Geschwindigkeit hinterher zu eilen, oder ruhend zu ihrem Ursprungspunkt steht.

Wenn zwei verschiedene physikalische Theorien für ein und dasselbe Modell (»Beobachter fliegt mit Lichtgeschwindigkeit von einer Lichtquelle weg und mißt elektromagnetische Wechselfelder«) zwei verschiedene Vorhersagen machen, ist es zwangsläufig, daß entweder die eine oder die andere oder beide Theorien falsch sind oder das beschriebene Modell physikalisch nicht möglich ist. Mehr läßt sich auf Grundlage der Logik nicht sagen. Einstein jedoch hat hier weitergehende Entscheidungen getroffen.

Er sagt *(a)*: Maxwells Elektromagnetismus ist die richtige Theorie zur korrekten Vorhersage der Erfahrungen bezüglich elektromagnetischer Wellen. Diese Entscheidung ist durch einen Konservativismus begründet. Maxwells Theorie war die *einzige* Theorie, die alle bekannten, real gemessenen Phänomene über Elektromagnetismus bis dato richtig beschreiben und vorhersagen konnte. Aufgrund der Erfahrung, die in Maxwells Theorie Eingang gefunden hat, gibt es keine statischen, räumlich oszillierenden elektromagnetischen Felder. Aber natürlich hatte man noch keine Messungen in einem mit

Lichtgeschwindigkeit fahrenden Zug vorgenommen. Aber hierfür ein Versagen der Maxwellschen Theorie zu postulieren, wäre rein spekulativ und durch die vorhandene Erfahrung nicht begründet.

Im weiteren sagt Einstein *(b)*: »Intuitiv klar schien mir von vornherein, daß von einem solchen Beobachter aus beurteilt, alles sich nach denselben Gesetzen abspielen müsse wie für einen relativ zur Erde ruhenden Beobachter. Denn wie sollte der erste Beobachter wissen, bzw. konstatieren können, daß er sich im Zustand rascher, gleichförmiger Bewegung befindet?« Wenn es ein Naturgesetz gibt, das einen Unterschied zwischen relativer Ruhe zur Erde und gleichförmiger Bewegung macht, ist diese Frage leicht zu beantworten: Wir können dann leicht wissen, ob wir uns bewegen oder ruhen, aufgrund der Unterschiede in den Phänomenen, die durch dieses Naturgesetz beschrieben werden. Beispielsweise das Naturgesetz, das den Luftwiderstand beschreibt, ist von dieser Art. Ob eine Eisenbahn ruht oder sich bewegt, läßt sich (bei Windstille) physikalisch messen, indem man die Nase aus dem Fenster hängt und den Fahrtwind mißt. Offensichtlich handelt Einsteins »intuitiv klares Urteil« nicht von dieser Art von Alltagserfahrung. Das, was Einstein »von vornherein« intuitiv klar erschien, ist eines dieser Prinzipien, deren Sinn wir verstehen wollen: »daß von einem solchen Beobachter aus beurteilt, alles sich nach denselben Gesetzen abspielen müsse wie für einen relativ zur Erde ruhenden Beobachter.« Dies ist ein Spezialfall eines Prinzips, das Einstein regelmäßig noch allgemeiner formuliert hat: »daß von jedem Beobachter sich alles nach denselben Gesetzen abspielen muß«. Wie läßt sich diese Behauptung unabhängig von Einsteins privaten Intuitionen begründen, und welchen Nutzen könnte man aus dem Wissen, daß diese Behauptung stimmt, für die Physik ziehen?

Wenn wir Einsteins Intuitionen außer acht lassen, wird uns dieses Prinzip als induktive Verallgemeinerung von einem Einzelfall präsentiert – also ebenso wie jemand, der den ersten Raben seines Lebens sieht, wenn dieser schwarz ist, auf die Idee kommen könnte, daß alle Raben schwarz sind. Maxwells Elektrodynamik hat eine Form, daß alle hiervon beschriebenen Phänomene von einem ruhenden Beobachter gleich beschrieben werden wie von einem gleichförmig bewegten. Also erhebt Einstein diese Qualität von Maxwells Theorie zum Prinzip und fordert, daß eigentlich alle Theorien dieses Prinzip erfüllen sollten.

Dieser Vergleich trifft es nicht genau. Einsteins Induktionsschluß ist einerseits noch gewagter als der Induktionsschluß auf alle Raben, in anderer Hinsicht nicht ganz so schlimm: Der Eindruck, Einstein verallgemeinere hier von einem singulären Einzelfall, wird dadurch gemildert, daß er zumindest implizit auf weitere Gründe verweist, diese Verallgemeinerung anzunehmen. Einstein versteht es nicht als seine private Intuition, die für dieses Prinzip spricht, sondern als eine allgemeine weltanschauliche Überzeugung. In einem Zitat oben hatte er so etwas einen »erkenntnistheoretischen Gesichtspunkt« genannt. Offensichtlich lassen sich weitreichende Begründungen nachliefern, das Prinzip anzunehmen: Es ist gewissermaßen ein besonders einfaches, elegantes Prinzip, das auch auf eine Tradition im menschlichen Denken verweisen kann. Auch Galilei hielt es für selbstverständlich, daß im Inneren eines fensterlosen Schiffs die Naturgesetze so ablaufen, daß kein Unterschied zwischen dem Ruhen und der gleichförmigen Fortbewegung des Schiffs festgestellt werden kann. Andererseits reicht diese Intuition bei weitem nicht bis zu den Anfängen menschlichen Denkens. Vor Galilei wurde es als Selbstverständlichkeit angesehen, daß die Erde bei den allgemeinen Naturgesetzen eine privilegierte Stellung (als ruhender Mittelpunkt des Alls) einnimmt. Durch den Erdmittelpunkt gab es eine ausgezeichnete Richtung (Oben und Unten), so daß die Stellung des Beobachters von wesentlichem Einfluß auf die Form der Naturgesetze war – also gerade das Gegenteil von Einsteins und Galileis Intuition.

Da sich die Natur in ihren Phänomenen seit Aristoteles' Zeiten nicht geändert hat, gibt es ein Problem für die Interpretation von Einsteins »Relativitätsprinzip« als einer induktiven Verallgemeinerung von Erfahrungstatsachen: Mit Ausnahme der Maxwellschen Elektrodynamik und – in anderer mathematischer Form – der Galilei-Newtonschen Mechanik *widersprechen* alle damals bekannten Naturgesetze dem Relativitätsprinzip. Beispielsweise alle Bewegungsgesetze in einem Medium wie der Erdatmosphäre.

Einsteins Prinzip kann also nur als eine *Norm* verstanden werden, die etwas über eine bestimmte Klasse von Naturgesetzen, nämlich die gewissermaßen *fundamentalen* Naturgesetze, behauptet. Insbesondere – und dies ist die ganze Grundlage dafür, diese Norm für empirisch begründet zu halten – die beiden empirisch begründeten Theorien von Einsteins obengenanntem Paradoxon erfüllen jede für sich in ihrem Anwendungsbereich diese Norm. Aber in einem Anwendungsbereich, der unter beide Theorien, Galilei-Newton und Maxwell, zugleich fällt, kommt es zu dem »Paradoxon«.

Hierdurch wird der logische Begründungszusammenhang und die Bedeutung des vorgestellten Szenarios von Einsteins »Paradoxon«, also dessen, was wir hier »wissenschaftliches Gedankenexperiment« nennen wollen, klar. Aus dem Relativitätsprinzip (oder einer Menge von Relativitätsprinzip und anderen Prinzipien) läßt sich natürlich weder Maxwells Theorie noch die Relativitätstheorie ableiten. Dieser Begründungszusammenhang ist umgekehrt: Aus Maxwells Theorie läßt sich die Gültigkeit des Relativitätsprinzips in ihrem Anwendungsbereich ableiten, ebenso wie die Gültigkeit des »Prinzips von der Konstanz der Lichtgeschwindigkeit«. Es ließen sich aber natürlich auch noch wesentlich mehr Qualitäten der Maxwellschen Theorie ableiten, die offenbar nicht so interessant sind. Was ist das besondere Interesse oder der spezielle Nutzen der beiden Einsteinschen Prinzipien?

Dieser Nutzen offenbart sich, wenn man das System der Prinzipien und Theorien nicht im weiten Feld des logisch Möglichen betrachtet, sondern auf den engen Bereich der vorhandenen Theorien einschränkt. Diese Theorien sind aber schon sehr weitgehend mit bekannten empirischen Daten gestützt. Es geht also nicht darum, mit den vorausgesetzten Prinzipien *irgendwelche* Theorien abzuleiten, die mit diesen Prinzipien logisch verträglich sind, sondern Theorien, die den bekannten empirischen Gehalt der vorhandenen Theorien im wesentlichen intakt lassen. Mit dem »Gedankenexperiment« wurde eine physikalische Situation beschrieben, die einerseits in den beabsichtigten Anwendungsbereich der beiden betrachteten Theorien fällt, andererseits aber noch nicht durch reale empirische Daten ausgefüllt war. Nur in diesem hypothetischen Anwendungsbereich gibt es logische Kontingenz, die vorhandenen Theorien abändern zu können. Für dieses eingeschränkte Entscheidungsproblem liefern Einsteins »Prinzipien« eine *effiziente* Entscheidungsgrundlage. Also unter der Annahme, daß Maxwells Elektrodynamik exakt richtig ist und daß die Galilei-Newtonsche Mechanik innerhalb eines jeden Bezugssystems richtig ist, aber möglicherweise falsch, wenn es um die Transformation in ein anderes Bezugssystem geht, weil sonst vorstellbare und prinzipiell physikalisch realisierbare »Paradoxa« konstruiert werden können, liefert dann die zusätzliche Annahme von Einsteins Prinzipien die fehlenden Prämissen, um auf die Relativitätstheorie logisch zu schließen.

Weder die Prinzipien noch die physikalischen Vorgänge, die in den »Gedankenexperimenten« betrachtet werden, sind durch ihren logischen Status ausgezeichnet, sondern durch eine besondere *Effizienz* bei einem realen, im vorliegenden Entwicklungsstand der Wissenschaft drängenden Entscheidungsproblem. Die Prinzipien und Gedankenexperimente für sich genommen lassen logisch gesehen alle physikalischen Optionen offen. Aber wenn es nur darum geht, Maxwells Elektrodynamik und die Galilei-Newtonsche Mechanik unter einen Hut zu bekommen, ohne den bisherigen empirischen Erfolg dieser Theorien wesentlich in Frage zu stellen, dann liefern Prinzipien zusammen mit der Behauptung der physikalischen Zulässigkeit der Situation des Gedankenexperimentes die fehlenden Prämissen, um zu einer (nahezu) kontingenzfreien, jedenfalls plausiblen Entscheidung zu gelangen.

Einstein hat neben der speziellen und allgemeinen Relativitätstheorie noch in vielen anderen Bereichen der Physik wesentliche Beiträge zur Theorieentwicklung geliefert. Regelmäßig kam er in den Begründungen seiner theoretischen Überlegungen auf »Prinzipien« zu sprechen und entwarf in Gedanken physikalische Vorgänge, die außerhalb der tatsächlichen empirischen Überprüfung liegen, aber in den beabsichtigten Anwendungsbereich der Theorien fallen. Das Generalthema hierbei ist die »Entwicklung neuer Theorien« – das soweit Gesagte soll hierzu genügen.

Das Thema »Einsteins Gedankenexperimente« erstreckt sich allerdings auch auf einen Bereich, der auf den ersten Blick nichts mit einer Weiterentwicklung von Theorien zu tun hat. *Nachdem* die Quantentheorie als geschlossene mathematische Theorie vorlag und sich hervorragend in den realen Experimenten und Beobachtungen zu bestätigen schien, kam es zu einer Diskussion zwischen Einstein und vielen anderen Physikern, die wesentlich mit – von vielen Beteiligten so genannten – »Gedankenexperimenten« geführt wurde. Gebrauch und Funktion der Gedankenexperimente scheinen hier anders zu sein als im Zusammenhang mit der Entdeckung und Rechtfertigung der Relativitätstheorie, weshalb dies eine eigene Untersuchung erfordert. Es geht bei diesen »Gedankenexperimenten« jedenfalls offensichtlich nicht darum, eine neue Theorie über die Natur zu finden, denn diese lag ja – entstanden hauptsächlich aus der Interpretation empirischer Daten von *realen* Experimenten – schon vor.

3.2 Gedankenexperiment und Quantentheorie

Zur leichteren Orientierung ist es hilfreich, diese Daten zur Chronologie der Ereignisse vor Augen zu haben:

1925 Erwin Schrödinger und Werner Heisenberg finden jeweils eine Theorie (Wellenmechanik, bzw. Matrizenmechanik), die es erstmals ermöglicht, die bis dato bekannten Quantenphänomene mit sehr großem empirischen Erfolg in einer geschlossenen mathematischen Form zu beschreiben. (Später gelang der Beweis, daß beide Formulierungen im wesentlichen mathematisch identisch sind.)

1927 Heisenberg reicht im März den Aufsatz »Über die anschaulichen Inhalte der quantentheoretischen Kinematik und Mechanik«[165] zur Veröffentlichung ein, worin er die berühmte »Unbestimmtheitsrelation«[166] aus der Matrizenmechanik ableitet und unter anderem mit dem »Gammastrahl-Mikroskop«-Gedankenexperiment begründet. Im Oktober des Jahres treffen sich alle im Zusammenhang mit der Quantentheorie wichtigen Physiker bei der fünften »Solvay Konferenz«. Diese Konferenz ist der Beginn der in der Sekundärliteratur so genannten »Bohr-Einstein-Debatte«.

1932 John von Neumann reformuliert die Quantentheorie in axiomatischer Form.[167]

1935 Zwei wichtige Arbeiten zu den Interpretationsproblemen der Quantentheorie, die insbesondere aus dem Merkmal der quantenmechanischen »Zustandsverschränkung« folgen, werden veröffentlicht. Schrödinger beschreibt im Aufsatz »Die

165 *Zeitschrift für Physik*, 43/172-98.

166 Die »Unbestimmtheitsrelation« wird gelegentlich auch »Unschärferelation«, »Unsicherheitsrelation« oder »Ungenauigkeitsrelation« genannt. Häufig werden diese unterschiedlichen Bezeichnungen synonym verwandt. Vereinzelt sind mit den verschiedenen Bezeichnungen jedoch *unterschiedliche Interpretationen* der mathematischen Formel $p_1 q_1 \sim h$ [»Gleichung (1)«] beabsichtigt, wobei die Interpretation »Unschärferelation« auf die Beziehung zur Optik im Gammastrahl-Mikroskop-Gedankenexperiment Bezug nimmt und mit der Einsicht in die Unzulässigkeit dieses Gedankenexperiments nicht mehr akzeptabel ist (siehe weiteren Text).

167 *Mathematische Grundlagen der Quantenmechanik*, Berlin 1932.

gegenwärtige Situation der Quantenmechanik«[168] das sogenannte »Meßproblem«, das er mit dem berühmten Gedankenexperiment »Schrödingers Katze« illustriert. Einstein veröffentlicht zusammen mit Boris Podolsky und Nathan Rosen den Aufsatz »Can quantum-mechanical description of physical reality be considered complete?«[169] mit dem berühmten »Einstein-Podolsky-Rosen-Paradox« (bzw. »EPR-Gedankenexperiment«). Hiermit erhielt die Bohr-Einstein-Debatte eine wichtige Zäsur bzw. einen vorläufigen Abschluß.

Bis 1927 schien diese Entwicklung, soweit es die wissenschaftsphilosophischen Fragen zum Gebrauch einer Methode namens »Gedankenexperiment« betrifft, noch völlig normal zu verlaufen. In einem Rückblick auf Ende 1926 schreibt Heisenberg:

Bohr kam oft noch spät abends in mein Zimmer, und wir erörterten alle möglichen sogenannten Gedankenexperimente um zu sehen, ob wir die Theorie wirklich schon vollständig verstanden hatten. [...] Mir war diese Art zu denken nicht angenehm. Ich wollte davon ausgehen, daß die Quantenmechanik in ihrer damals bekannten Form ja schon eine eindeutige physikalische Interpretation für einige in ihr vorkommende Größen vorschrieb – zum Beispiel für die Zeitmittelwerte von Energie, elektrischem Moment, Impuls, für Schwankungsmittelwerte usw. –, daß man also aller Wahrscheinlichkeit nach keinerlei Freiheit hinsichtlich der physikalischen Interpretation mehr hatte. Vielmehr müßte man die richtige allgemeine Interpretation durch sauberes logisches Schließen aus der schon vorliegenden spezielleren Interpretation ermitteln können.[170]

Hier wird Bohr als jemand beschrieben, der mit sogenannten Gedankenexperimenten argumentiert, und Heisenberg lehnt den Gebrauch dieser Methode ab. Heisenbergs Darstellung spiegelt die schon bei Einstein gesehene Abneigung gegen den Begriff des Gedankenexperiments wider. Bohr wollte mit Gedankenexperimenten irgend etwas an der Quantentheorie »verstehen«, und hiergegen hat Heisenberg offenbar die gleichen Vorbehalte wie Einstein vorhin gegen den »gesunden Verstand«. Statt eines logisch ungeklär-

168 *Die Naturwissenschaften*, 23/807-12, 823-8 u. 844-9. In: Carsten Held, *Die Bohr-Einstein-Debatte*, Paderborn 1998, Kap. 4, werden vorher unveröffentlichte Briefe zwischen Einstein und Schrödinger wiedergegeben, die belegen, daß »Schrödingers Katze« wohl hauptsächlich auf eine Idee von Einstein zurückgeht.
169 *Physical Review* 47/777-80.
170 Heisenberg (1969) 95.

ten, anschaulichen »Verstehens« geht es in der modernen Wissenschaft eigentlich um »sauberes logisches Schließen«. Hiermit akzeptiert und betont Heisenberg die wichtigste Konsequenz des Scheiterns der Naturphilosophie in den empirischen Wissenschaften. Spätestens seit Ørsteds Entdeckung des Elektromagnetismus gibt es in der Physik nichts mehr zu »verstehen« *(siehe II.1.2.1)*. Die Natur läßt sich nicht in anschauliche Vorstellungen fassen, sonst hätte sich die Natur auch insbesondere an Kants Vernunftwahrheit halten müssen, daß es nur Zentralkräfte gibt.

Eine Untersuchung, ob sich anschließend nicht *doch* eine neue Art der Verwendung von Gedankenexperimenten im Zusammenhang mit der Quantentheorie findet, muß insbesondere diese drei Kandidaten betrachten: *(3.2.1)* Heisenbergs Gedankenexperimente im Originalaufsatz zur Unbestimmtheitsrelation, *(3.2.2)* Bohrs eigentümliches Interesse an Einsteins Widerlegungsversuchen der Unbestimmtheitsrelation in der berühmten Bohr-Einstein-Debatte – d. h.: Absicht und Funktion der von Bohr so genannten »pseudorealistischen« Apparate. *(3.2.3)* Die formalen Ableitungen in den gelegentlich als »Gedankenexperimente« bezeichneten Paradoxien und Theoremen zur Interpretation der Quantentheorie: angefangen mit dem EPR-Paradox und »Schrödingers Katze« und fortgeführt mit dem Gleason-Theorem,[171] dem Kochen-Specker-Paradox,[172] dem Aharonov-Bohm-Gedankenexperiment,[173] der Bell-Ungleichung[174] und vielen mehr – um nur die berühmtesten zu nennen.

3.2.1 Heisenbergs »anschauliche« Gedankenexperimente

In den nächsten Monaten (nach der eben zitierten Auffassung von 1926) vollzog Heisenberg offenbar eine grundlegende Meinungsänderung. Bohr muß es gelungen sein, Heisenberg vom Sinn des Gebrauchs von Gedankenexperimenten zu überzeugen. Schon der

171 A. Gleason, »Measures on the Closed Subspace of a Hilbert Space«, *Journal of Mathematics and Mechanics* 1956, 6/885-93.

172 S. Kochen u. E. Specker, »The Problem of Hidden Variables in Quantum Mechanics«, *Journal of Mathematics and Mechanics* 1967, 17/59-87.

173 Y. Aharonov u. D. Bohm, »Significance of Electromagnetic Potentials in Quantum Theory«, *Physical Review* 1959, 115/485-91.

174 J. S. Bell, »On the Einstein-Podolsky-Rosen Paradox«, *Physics* 1964, 1/195-200; ders., »On the Problem of Hidden Variables in Quantum Mechanics«, *Reviews of Modern Physics* 1966, 38/447-75.

Titel von Heisenbergs Aufsatz zur Unbestimmtheitsrelation (1927) zeigt, daß Heisenberg der Anschaulichkeit jetzt doch eine wissenschaftliche Bedeutung zumißt: »Über die anschaulichen Inhalte der quantentheoretischen Kinematik und Mechanik«. Dieser Aufsatz präsentiert an zentraler Stelle explizit vom Autor so genannte »Gedankenexperimente«. Und dieser Aufsatz ist von höchster disziplinimmanenter Bedeutung für die weitere Entwicklung der Physik. (Das heißt, der Aufsatz enthält oder beseitigt nicht bloß irgendein Mißverständnis eines physikinteressierten Laien mit beschränktem Abstraktionsvermögen.) Es kann Heisenberg eigentlich nicht um die Rehabilitation des naiven Begriffs von Anschaulichkeit in den Wissenschaften gehen, den z. B. Einstein oben an Lenards Ergüssen über den »gesunden Verstand« kritisierte. Im ersten Satz definiert Heisenberg die Bedeutung vom anschaulichen Verstehen einer Theorie:

Eine physikalische Theorie glauben wir dann anschaulich zu verstehen, wenn wir uns in allen einfachen Fällen die experimentellen Konsequenzen dieser Theorie qualitativ denken können, und wenn wir gleichzeitig erkannt haben, daß die Anwendung der Theorie niemals innere Widersprüche enthält.[175]

Heisenberg gibt uns zwei Kriterien, *(a)* »in allen einfachen Fällen die experimentellen Konsequenzen dieser Theorie qualitativ denken können« und *(b)* »erkennen, daß die Anwendung der Theorie niemals innere Widersprüche enthält«. Beide Kriterien sind – als Aussagen eines Wissenschaftlers – irritierend. Die Irritation liegt in der Frage: Wozu soll eine so definierte »Anschaulichkeit« in den Wissenschaften nutzen? Jede (ordentliche) wissenschaftliche Theorie sollte es ja nicht bloß in »einfachen Fällen«, sondern in *allen Fällen* ermöglichen, die experimentellen Konsequenzen *quantitativ auszurechnen*, nicht bloß qualitativ zu denken. Ob eine Theorie Kriterium *(a)* erfüllt, scheint aus wissenschaftlicher Sicht irrelevant zu sein, sondern lediglich für Leute von Interesse, die trotz einer gewissen Abneigung gegen Mathematik gerne aus einem populärwissenschaftlichen Buch etwas über die Theorie erfahren würden. Ähnlich bei

175 Heisenberg (1927) 172. – Wir übernehmen auch außerhalb der nachfolgenden Zitate die Schreibweisen von Heisenberg. Insbesondere verwendet Heisenberg für Gammastrahlen nicht – wie heute üblich – das kleine, sondern das große Gamma (»Γ« statt »γ«). Und Heisenberg kennzeichnet Genauigkeiten mit einer Subskript-1 anstatt einem vorgesetzten Delta (»p_1« statt »Δp«).

Kriterium *(b)*: Die Widerspruchsfreiheit der Theorie bei jeder Anwendung im vorgesehenen Anwendungsbereich ist natürlich eine zentrale, unverzichtbare logische Forderung. Aber ob *wir* das *erkennen*, ist für den wissenschaftlichen Wert der Theorie selbst eigentlich irrelevant. – Dies wirft die Frage auf: Was möchte Heisenberg eigentlich in diesem Aufsatz zeigen?

Soweit es mathematische Theorien der Natur betrifft, steckt die gesamte Aussage des Aufsatzes (Seiten 172 bis 198 der Zeitschrift) auf einer dreiviertel Seite 180f. Dort leitet Heisenberg aus der Quantenmechanik in der »*Dirac-Jordan*schen Formulierung« (einer mathematisch eleganteren Fassung von Heisenbergs eigener Theorie von 1925) eine Formel ab, die Heisenberg schon auf Seite 175 informell vorgestellt hatte und im ganzen Aufsatz »Gleichung (1)« heißt: $p_1 q_1 \sim h$. Diese Formel ist eine nahezu triviale Folgerung aus der formalen Eigenschaft der Quantentheorie, Impuls- und Ortsvariable als sogenannte »kanonisch konjugierte Größen« mittels einer sogenannten »Vertauschungsrelation« zu behandeln. Da im Formalismus der Quantenmechanik auch Energie- und Zeitvariable so behandelt werden, folgt ebenso die Beziehung »Gleichung (2)« von Seite 179: $E_1 t_1 \sim h$. Dies sind die beiden »Unbestimmtheitsrelationen«. Dieses Ergebnis ist logisch zwingend und bedarf maximal einer Seite Beweisführung: »Wenn der Formalismus der Quantenmechanik richtig ist, so ist auch die Unbestimmtheitsrelation (in beiden Formulierungen) richtig.«

Inhaltlich ist mit den Gleichungen (1) und (2) gesagt, daß innerhalb des Formalismus der Quantenmechanik die jeweils betrachteten »kanonisch konjugierten Größen« zusammen jederzeit nicht genauer bestimmbar sind, als daß ihr Produkt nicht kleiner werden kann als die Naturkonstante *h*. Jede genauere Festlegung der einen Größe hat zur Folge, daß die andere Größe (hinsichtlich ihres Einflusses auf die Dynamik des betrachteten physikalischen Systems) entsprechend weniger genau bestimmt ist. – Der Rest des Aufsatzes handelt von anderen Behauptungen über diese Formel, also gewissermaßen von Philosophie oder gar Metaphysik. Die »philosophische« Absicht wird in dieser Erklärung deutlich, die Heisenberg abgibt, unmittelbar bevor er die formale Ableitung der Gleichung (1) vorführt.

Alle Begriffe, die in der klassischen Theorie zur Beschreibung eines mechanischen Systems verwendet werden, lassen sich auch für atomare Vorgänge analog den klassischen Begriffen exakt definieren. Die Experimente, die solcher Definition dienen, tragen aber rein erfahrungsgemäß eine Unbestimmtheit in sich, wenn wir von ihnen die simultane Bestimmung zweier kanonisch konjugierter Größen verlangen. Der Grad dieser Unbestimmtheit ist durch die (auf irgendwelche kanonisch konjugierten Größen erweiterte) Relation (1) gegeben. Es liegt nahe, hier die Quantentheorie mit der speziellen Relativitätstheorie zu vergleichen. Nach der Relativitätstheorie läßt sich das Wort »gleichzeitig« nicht anders definieren, als durch Experimente, in welche die Ausbreitungsgeschwindigkeit des Lichts wesentlich eingeht. Gäbe es eine »schärfere« Definition der Gleichzeitigkeit, also z. B. Signale, die sich unendlich schnell fortpflanzen, so wäre die Relativitätstheorie unmöglich. Weil es solche Signale aber nicht gibt, weil vielmehr in der Definition der Gleichzeitigkeit schon die Lichtgeschwindigkeit vorkommt, ist Raum geschaffen für das Postulat der *konstanten* Lichtgeschwindigkeit, deshalb steht dieses Postulat mit dem sinngemäßen Gebrauch der Wörter »Ort, Geschwindigkeit, Zeit« nicht in Widerspruch. Ähnlich steht es mit der Definition der Begriffe: »Elektronenort, Geschwindigkeit« in der Quantentheorie. Alle Experimente, die wir zur Definition dieser Worte verwenden können, enthalten notwendig die durch Gleichung (1) angegebene Ungenauigkeit, wenn sie auch den einzelnen Begriff p, q exakt zu definieren gestatten. Gäbe es Experimente, die gleichzeitig eine »schärfere« Bestimmung von p und q ermöglichen, als es der Gleichung (1) entspricht, so wäre die Quantenmechanik unmöglich. Die Ungenauigkeit, die durch Gleichung (1) festgelegt ist, schafft also erst Raum für die Gültigkeit der Beziehungen, die in den quantenmechanischen Vertauschungsrelationen

$$\mathbf{p}\,\mathbf{q} - \mathbf{q}\,\mathbf{p} = \frac{h}{2\pi i}$$

ihren prägnanten Ausdruck finden; sie ermöglicht diese Gleichung, ohne daß der physikalische Sinn der Größen p und q geändert werden mußte.

Für diejenigen physikalischen Phänomene, deren quantentheoretische Formulierung noch unbekannt ist (z. B. die Elektrodynamik), bedeutet Gleichung (1) eine Forderung, die zum Auffinden der neuen Gesetze nützlich sein mag.[176]

Die letzten beiden Sätze sind vom logischen Gesichtspunkt irritierend, bestätigen aber, was wir schon bei Einsteins wissenschaftlichen

176 Heisenberg (1927) 179f. Anschließend beginnt Heisenberg *im gleichen Absatz* mit der formalen Ableitung: »Für die Quantenmechanik läßt sich Gleichung (1) durch eine geringfügige Verallgemeinerung aus der *Dirac-Jordan*schen Formulierung herleiten [...]«

Gedankenexperimenten bemerkten. Mit dem vorletzten Satz dreht Heisenberg die Begründungsrichtung um. Heisenberg möchte offenbar nicht mittels der dem quantenmechanischen Formalismus entnommenen »Vertauschungsrelation« die neugefundene Unbestimmtheitsrelation ableiten (was er, wie gesagt, trotzdem anschließend tut), sondern die Gültigkeit der formalen Vertauschungsrelation mit der Unbestimmtheitsrelation begründen. Also ist die Unbestimmtheitsrelation für Heisenberg dasjenige, von dessen Wahrheit man leichter und besser überzeugt sein sollte als vom Formalismus der Quantenmechanik. Im letzten Satz des Zitats erweitert er diese Behauptung über den Begründungszusammenhang auf *alle* quantentheoretisch formulierten Theorien: Nicht bloß die Vertauschungsrelation der Quantenmechanik in der Dirac-Jordanschen Formulierung, sondern jede fundamentale Theorie muß so formuliert werden, daß sie die Unbestimmtheitsrelation erfüllt. Aus einer abgeleiteten Eigenschaft der Dirac-Jordanschen Theorie ist eine universelle *Norm* geworden – ebenso wie oben Einstein der Maxwellschen Elektrodynamik die zu Normen deklarierten Prinzipien der Relativitätstheorie entnommen hatte.

Hierdurch erklärt sich Heisenbergs eigentlicher Aufwand in diesem Aufsatz. Heisenberg möchte die Unbestimmtheitsrelation *unabhängig* vom Formalismus der Dirac-Jordanschen Theorie begründen. Als unabhängige Erkenntnisquelle muß hierbei die eingangs definierte »Anschaulichkeit« herhalten. In seiner Argumentation macht Heisenberg von dieser »Anschaulichkeit« in zwei Weisen Gebrauch, die in den ersten Sätzen des Zitats miteinander verwoben sind:

(1) Zum einen enthalten Heisenbergs Ausführungen einen genuin metaphysischen Gedanken. Wie schon gesagt, wollen wir uns in dieser Arbeit konsequent aus den inneren Angelegenheiten des metaphysischen Geschäfts heraushalten. Wir werden also nicht den Versuch unternehmen, die internen Rechtfertigungen aufzuschlüsseln oder uns in zugrundeliegende Intuitionen empathisch hineinzuversetzen. Von außen betrachtet ist diese Metaphysik in folgender Weise in Heisenbergs »anschauliche« Begründung der Dirac-Jordanschen Theorie eingebunden:

Heisenberg unterstellt dieses Begründungsschema für die spezielle Relativitätstheorie (und steht damit auf einer Linie mit Einsteins eigenem Verständnis, wie wir oben gesehen haben):

{Relativitätsprinzip, Lichtgeschwindigkeitsprinzip} ⊢
{spezielle Relativitätstheorie}

Das heißt, die spezielle Relativitätstheorie wird »aus Prinzipien« abgeleitet. Oben hatten wir uns schon mit der Frage beschäftigt, wie diese Prinzipien (und die Ableitungsbeziehung) zu begründen sind, und kamen dort naheliegenderweise auf Maxwells Elektrodynamik und ihren empirischen Gehalt als eigentliche Begründungsquelle. Heisenberg scheint nun aber im obigen Zitat und durchgehend im Aufsatz (1927) eine andere Begründung vor Augen zu haben: ein noch tiefer liegendes Prinzip. In der Literatur wurde gelegentlich versucht, dieses Prinzip mit dem »Verifikationsprinzip« zu identifizieren, was nicht völlig befriedigend ist. Da wir uns wie gesagt nicht um die internen Angelegenheiten der Metaphysik kümmern wollen, genügt für unsere Zwecke, wenn wir dieses *Generalprinzip* – in einer Zusammenfassung verschiedener Äußerungen Heisenbergs – als »Sinnkriterium der Anschaulichkeit« (oder kurz: »Anschaulichkeitsprinzip«) bezeichnen und vielleicht so umschreiben: »Alle theoretischen Größen der Physik sind so zu definieren, daß sie aus der epistemischen Lage eines Beobachters eindeutig als Meßergebnisse mit prinzipiell realisierbarem, ›anschaulichem‹ Meßgerät bestimmt werden können und außerdem hierdurch keine weitergehende ontologische Festlegung vorgenommen wird.«

Heisenberg meint nun, daß man mit einem Prinzip dieser Art (also ungeachtet der hier möglicherweise sprachlich nicht perfekten Definition) sowohl die Relativitätstheorie als auch die Quantentheorie begründen könne. Schematisch dargestellt denkt Heisenberg also an die beiden Begründungsbeziehungen:

Anschaulichkeitsprinzip ⊢ {Prinzipien der spez. Relativitätstheorie}
und
Anschaulichkeitsprinzip ⊢ {Unbestimmtheitsrelationen}

Wobei letzteres analog zur (wie oben verstandenen) Relativitätstheorie zur weiteren Ableitung des quantentheoretischen Formalismus befähigen würde, also:

{Unbestimmtheitsrelationen} ⊢ {Dirac-Jordansche Theorie}

Wie schon oben im Zusammenhang mit Einsteins Vorstellung von der Rolle der Prinzipien bei der Begründung der Relativitätstheorie betont, ist auch hier offensichtlich, daß mit dem »⊢«-Symbol nirgendwo eine Ableitung im Sinne der deduktiven Logik ausgedrückt sein kann. (Logisch zulässig ist jeweils nur die umgekehrte Begründungsrichtung und jeweils eingeschränkt auf den Anwendungsbereich der betreffenden Theorie.) Wir sind hier in einem Bereich, wo der »Experte« Heisenberg offenbar auf unzählige weitere Nebenbedingungen zurückgreift, die ihm so selbstverständlich erscheinen, daß er es für unnötig hält, sie zu explizieren, was allerdings vom logischen Standpunkt notwendig wäre, um die gewünschte Ableitung herzustellen.

(2) Eine dieser impliziten Nebenbedingungen thematisiert Heisenberg jedoch im vorliegenden Aufsatz, und zwar als Ableitung einer universal verneinenden Aussage: »Gäbe es Experimente, die gleichzeitig eine ›schärfere‹ Bestimmung von p und q ermöglichen, als es der Gleichung (1) entspricht, so wäre die Quantenmechanik unmöglich.« Also: Wenn es möglich ist, ein einziges Experiment vorzustellen, mit dem die Behauptung der Unbestimmtheitsrelation umgangen werden kann, dann – sagt Heisenberg – ist die Quantenmechanik als Ganzes widerlegt. Heisenberg versteht dies als eine Explikation seiner Behauptungen über »Anschaulichkeit«. Im gerade genannten Argumentationsschema ergibt sich durch diese Aussage entweder ein Zwischenschritt oder eine Nebenbedingung für die Ableitung der Unbestimmtheitsrelationen. Ersteres würde also folgende Erweiterung des obigen Schemas bedeuten:

Anschaulichkeitsprinzip ⊢
»Es gibt kein Experiment, das gleichzeitig eine ›schärfere‹ Bestimmung von p und q ermöglicht als nach der Unbestimmtheitsrelation.« ⊢
{Unbestimmtheitsrelationen}

Diese Aussage »Es gibt kein Experiment, das gleichzeitig eine ›schärfere‹ Bestimmung von p und q ermöglicht als nach der Unbestimmtheitsrelation« ist *keine* metaphysische. Sie läßt sich empirisch widerlegen – oder erweckt zumindest diesen Eindruck.

Der größte Teil des vorliegenden Aufsatzes dient der Begründung dieser Behauptung. Diese Begründung ist – wie üblich bei der Begründung von positiven wie negativen All-Aussagen – *induktiv*. Heisenberg stellt eine kleine Anzahl von Experimenten vor, die eine besonders »scharfe« Bestimmung von p und q zu ermöglichen scheinen, und zeigt in jedem dieser Fälle, wieso trotz aller Idealisierung von technischen Mängeln bei der Ausführung des Experiments das jeweilige Experiment keine genauere Bestimmung von p und q ermöglicht als nach der Unbestimmtheitsrelation. Diese von allen technischen Schwierigkeiten absehenden Experimente nennt Heisenberg »Gedankenexperimente«.

Den größten Raum nimmt hierbei die Untersuchung des »Γ-Strahl-Mikroskop-Gedankenexperiments« ein, eines Beobachtungsgeräts, das genauso funktioniert wie ein gewöhnliches (technisch realisierbares) Mikroskop, aber – soweit Heisenbergs technische Phantasie reichte – mit der maximalen optischen Auflösung, die nach dem Funktionsprinzip von Mikroskopen möglich ist, vorgestellt wird. Seine Rechnungen zeigen ihm, daß mit diesem maximal verbesserten Mikroskop trotzdem keine genauere Messung der Eigenschaften p und q eines Beobachtungsobjekts (Elektron) möglich ist als nach der Unbestimmtheitsrelation. Im Laufe des Aufsatzes untersucht Heisenberg weitere idealisierte experimentelle Anordnungen, insbesondere im Abschnitt »§ 4. Diskussion einiger besonderen Gedankenexperimente«, und kommt jeweils zum selben Ergebnis.

Eine Konsequenz dieser von Heisenberg beabsichtigten Begründung der Unbestimmtheitsrelationen ist offensichtlich: Jede Verallgemeinerung durch Induktion kann durch ein einziges Gegenbeispiel widerlegt werden. Mit der Aussage »Es gibt kein Experiment, das gleichzeitig eine ›schärfere‹ Bestimmung von p und q ermöglicht als nach der Unbestimmtheitsrelation« hat Heisenberg ein Falsifikationskriterium der Quantentheorie genannt, und zwar eines, das ein empirisches Faktum zur Falsifikation gar nicht benötigt. Heisenberg behauptet, es genüge zur Widerlegung der Quantentheorie, ein (einziges) »Gedankenexperiment« vorzustellen, wodurch bloß theoretisch, nicht notwendigerweise auch technisch realisierbar, eine Möglichkeit beschrieben wird, eine genauere Messung von p und q vorzunehmen als nach der Unbestimmtheitsrelation. Ein großer Teil der späteren philosophischen Diskussionen über die Quantentheorie und insbesondere die Diskussion von Gedankenexperimenten in der »Bohr-Einstein-Debatte« ist eine Folge dieser Einladung Heisenbergs, zu versuchen, die Quantentheorie mittels Gedankenexperimenten zu widerlegen. Dadurch, daß Heisenberg selbst an einer Handvoll Gedankenexperimenten keine Widerlegung der Unbestimmtheitsrelation feststellen konnte, folgt nicht, daß nicht ein anderer kreativer Kopf ein trickreicheres Gedankenexperiment finden könnte, wodurch dann doch eine schärfere Messung von p und q erreicht werden kann.

Heisenbergs Gedankenexperimente sind allerdings nicht nur dadurch widerlegungsgefährdet, daß sie als Teile eines Induktionsschlusses ihren Dienst tun. Die Argumentation, die innerhalb eines jeden dieser Gedankenexperimente angewandt wird, enthält eine andere, gravierendere Problematik. Betrachten wir hierzu das Γ-Strahl-Mikroskop-Gedankenexperiment im Wortlaut, wie es ziemlich am Anfang des Aufsatzes vorgestellt wird:[177]

Wenn man sich darüber klar werden will, was unter dem Worte »Ort des Gegenstands«, z. B. des Elektrons (relativ zu einem gegebenen Bezugssystem), zu verstehen sei, so muß man bestimmte Experimente angeben, mit deren Hilfe man den »Ort des Elektrons« zu messen gedenkt; anders hat dieses Wort keinen Sinn. An solchen Experimenten, die im Prinzip den »Ort des Elektrons« sogar beliebig genau zu bestimmen gestatten, ist kein Mangel, z. B.: Man beleuchte das Elektron und betrachte es unter einem Mikroskop. Die höchste erreichbare Genauigkeit der Ortsbestimmung ist hier im wesentlichen durch die Wellenlänge des benutzten Lichtes gegeben. Man wird aber im Prinzip etwa ein Γ-Strahl-Mikroskop bauen und mit diesem die Ortsbestimmung so genau durchführen können, wie man will. Es ist indessen bei dieser Bestimmung ein Nebenumstand wesentlich: der Comptoneffekt. Jede Beobachtung des vom Elektron kommenden Streulichtes setzt einen lichtelektrischen Effekt (im Auge, auf der photographischen Platte, in der Photozelle) voraus, kann also auch so gedeutet werden, daß ein Lichtquant das Elektron trifft, an diesem reflektiert oder abgebeugt wird und dann durch die Linse des Mikroskops nochmals abgelenkt den Photoeffekt auslöst. Im Augenblick der Ortsbestimmung, also dem Augenblick, in dem das Lichtquant vom Elektron abgebeugt wird, verändert das Elektron seinen Impuls unstetig. Diese Änderung ist um so größer, je kleiner die Wellenlänge des benutzten Lichtes, d. h. je genauer die Ortsbestimmung ist. In dem Moment, in dem der Ort des Elektrons bekannt ist, kann daher sein Impuls nur bis auf Größen, die jener unstetigen Änderung entsprechen, bekannt sein; also je genauer der Ort bestimmt ist, desto ungenauer ist der Impuls bekannt und umgekehrt; hierin erblicken wir eine direkte anschauliche Erläuterung der Relation

$$\mathbf{p}\,\mathbf{q} - \mathbf{q}\,\mathbf{p} = \frac{h}{2\pi i}$$

Sei q_1 die Genauigkeit mit der der Wert q bekannt ist (q_1 ist etwa der mittlere Fehler von q), also hier die Wellenlänge des Lichtes, p_1 die Genauigkeit, mit

177 Heisenberg (1927) 174f.

der der Wert p bestimmbar ist, also hier die unstetige Änderung von p beim Comptoneffekt, so stehen nach elementaren Formeln des Comptoneffekts p_1 und q_1 in der Beziehung

$$p_1 q_1 \sim h. \quad (1)$$

Die Frage lautet: Auf welcher theoretischen Grundlage wird bei einem Gedankenexperiment entschieden, ob es eine genauere Bestimmung von p und q ermöglicht als nach der Unbestimmtheitsrelation oder nicht? In dem Augenblick, da Heisenberg den Bereich der realen, tatsächlich ausgeführten Experimente und Meßergebnisse verläßt und »Gedankenexperimente« untersucht, gibt es offensichtlich eine Reihe unterschiedlicher Begriffe von »Möglichkeit«. Die »Möglichkeit«, um die es Heisenberg bei seinen Gedankenexperimenten geht, ist »anschaulich möglich«. Um »anschaulich möglich« zu sein, muß ein Gedankenexperiment offensichtlich nicht notwendigerweise mit den vorhandenen technischen Möglichkeiten realisierbar sein, sondern nur ermöglichen – wie im ersten Satz gesagt wurde –, »die experimentellen Konsequenzen qualitativ denken zu können«. Was damit gemeint ist, erweist sich allerdings spätestens bei diesem Γ-Strahl-Mikroskop-Gedankenexperiment als unbestimmt. Insbesondere drei Optionen für »Möglichkeit« im Sinne von Heisenbergs Gedankenexperiment kommen einem in den Sinn:
(a) Man könnte dieses »anschaulich möglich« im Sinne einer vortheoretischen Vorstellung von physikalischer Möglichkeit verstehen, die sich auf einen nicht näher bestimmten »gesunden Verstand« in der Art von Lenards Gedankenexperimenten gegen die Relativitätstheorie beruft.

Auf dieser Grundlage könnte man allerdings sehr leicht ein Gegen-Gedankenexperiment vorschlagen, mit dem sich die Unbestimmtheitsrelation sofort »widerlegen« ließe: Man klemme das Elektron fest zwischen Daumen und Zeigefinger, bis es sich nicht mehr bewegt (also den Impuls $p = 0$ hat), und messe anschließend durch Anlegen eines sehr fein skalierten Zollstocks die Position der Zeigefingerspitze. Der »gesunde Verstand« liefert keinen Grund, warum dieses Verfahren eine Grenzgenauigkeit bei der Naturkonstante h haben sollte.
(b) Die Entscheidung darüber, was möglich ist oder nicht, könnte man auf der Grundlage der klassischen, vor-quantentheoretischen Theorien treffen. Also etwa: Möglich ist alles, was nach der Galilei-

Newtonschen Mechanik oder der Maxwellschen Elektrodynamik ein zulässiges Modell ist. »Anschaulich« kann man diese Modelle einfach deshalb nennen, weil diese klassischen Theorien und ihre qualitativen Konsequenzen jedem Physiker völlig geläufig sind.

Nach diesem Begriff ist es allerdings ebenso leicht »möglich«, ein Gegen-Gedankenexperiment vorzustellen, mit dem sich die Unbestimmtheitsrelation umgehen läßt. Bei der Galilei-Newtonschen Mechanik folgt diese Konsequenz trivial: Es ist das gleiche Gegen-Gedankenexperiment, wie eben vom »gesunden Verstand« vorgetragen. In der klassischen Mechanik gibt es keine prinzipielle Möglichkeitsgrenze für die Messung beliebig kleiner Zeit- und Streckenabschnitte mittels miniaturisierter Stoppuhr und Zollstock.

Daß auch die klassische Wellenoptik (auch in Kombination mit dem halb-klassischen Comptoneffekt) – entgegen dem, was Heisenberg im obigen Zitat auszudrücken scheint – keine prinzipielle Grenze bei der gleichzeitigen Bestimmung von Ort und Impuls eines Objekts erzwingt, ist ebenso offensichtlich, wenn man statt – wie Heisenberg – des Funktionsprinzips des optischen Mikroskops das Funktionsprinzip eines Rastermikroskops bei dem Gedankenexperiment benutzen würde. Ein formaler Beweis, daß die Argumentation von Heisenbergs Γ-Strahl-Mikroskop-Gedankenexperiment fehlerhaft ist und auch zu der Schlußfolgerung geführt werden könnte, daß mit dem gedachten Mikroskop eine beliebig genaue Bestimmung von Ort und Impuls des Elektrons möglich ist, findet sich zum Beispiel bei Redhead.[178]

(c) Es bleibt als zulässige Option für »Möglichkeit«, um mit dem vorgestellten Gedankenexperiment die Unbestimmtheitsrelation zu erfüllen, allein dieses: Möglich ist genau und nur das, was aus der Quantentheorie folgt. Mit dieser Interpretation ist Heisenbergs Argumentation zirkulär. Die kurze formale Ableitung der Unbestimmtheitsrelationen aus der Vertauschungsrelation sagt alles, was über die Unbestimmtheitsrelationen zu sagen ist: Wenn die Quantentheorie im Dirac-Jordanschen Formalismus richtig ist und das bestimmt, was physikalisch und »anschaulich« möglich ist und was nicht, dann sind alle realen und Gedankenexperimente unmöglich,

178 Michael Redhead, *Incompleteness, Nonlocality, and Realism*, Oxford 1987, 67ff.; ausführlicher in: Harvey Brown/Michael Redhead, »A Critique of the Disturbance Theory of Indeterminacy in Quantum Mechanics«, *Foundations of Physics* 1981, 11/1-20.

die eine genauere Bestimmung von p und q zu ermöglichen scheinen. Insbesondere folgt aus dem Formalismus der Quantentheorie zwingend, daß sich mit keinem Γ-Strahl-Mikroskop eine genauere Bestimmung von Ort und Impuls eines Elektrons vornehmen läßt, als durch die Unbestimmtheitsrelation ausgedrückt wird.

Im obigen Zitat des Γ-Strahl-Mikroskop-Gedankenexperiments sieht man eine unscharfe Mischung aus allen diesen drei Optionen. Die ursprüngliche Absicht des Artikels lag, wie schon vom ersten Satz ersichtlich, in Option *(a)*: die Quantentheorie als eine Theorie darzustellen, deren Konsequenzen (insbes. bezüglich der Unbestimmtheitsrelation) auch nach einem vor-theoretischen Begriff »anschaulich« sind. Die Quantentheorie sollte als logische Konsequenz des (vielleicht nicht: »gesunden«, aber zumindest) aufgeklärten, natürlichen Verstandes dargestellt werden. Von dieser Absicht zeugt im Zitat des Gedankenexperiments der erste Satz, wo von »klar werden« und »verstehen« die Rede ist. Die weitere Argumentation des Gedankenexperiments zeugt von Option *(b)*, allerdings in einer inkonsistenten Auswahl »klassischer« Theorien, wie dies in der ersten Entwicklungsphase der Quantentheorie (vor 1925) üblich war. Licht (bzw. Γ-Strahlen) wird einerseits als Welle betrachtet, um die nach der klassischen Wellenoptik abgeleitete Abhängigkeit der optischen Auflösung von der Wellenlänge zu verwenden. Andererseits wird das Licht als Teilchen betrachtet, um den Rückstoß des Elektrons (Comptoneffekt) gemäß der klassischen Mechanik von Streuprozessen zu behandeln. Heisenbergs Absicht war offensichtlich, die Unbestimmtheitsrelation aus der *ausschließlichen* Verwendung klassischer Theorien und Begriffe im Modell des Gedankenexperiments logisch *abzuleiten*. Die Erkenntnis, daß dies nicht funktionieren kann, kam Heisenberg erst nach Fertigstellung des Artikels.

Als der 26-jährige Heisenberg diesen Artikel schrieb, war sein Lehrer Niels Bohr gerade verreist. Als Bohr nach Kopenhagen zurückkam, dürfte er wohl über Heisenbergs plötzliche Liebe zu den Gedankenexperimenten und zur »Anschaulichkeit« sehr erfreut gewesen sein; ihm ist allerdings der Fehler in der Argumentation von Heisenbergs Gedankenexperimenten nicht verborgen geblieben. Da der Artikel aber schon abgeschickt war, konnte er nicht mehr korrigiert werden. Es war nur mehr möglich, in der Veröffentlichung des Artikels einen zusätzlichen »Nachtrag« unterzubringen:

Nachtrag bei der Korrektur. Nach Abschluß der vorliegenden Arbeit haben neuere Untersuchungen von *Bohr* zu Gesichtspunkten geführt, die eine wesentliche Vertiefung und Verfeinerung der in dieser Arbeit versuchten Analyse der quantenmechanischen Zusammenhänge zulassen. In diesem Zusammenhang hat mich *Bohr* darauf aufmerksam gemacht, daß ich in einigen Diskussionen dieser Arbeit wesentliche Punkte übersehen hatte. [...] Z.B. ist bei Benutzung eines gedachten Γ-Strahlmikroskops die notwendige Divergenz des Strahlenbündels in Betracht zu ziehen; diese erst hat zur Folge, daß bei der Beobachtung des Elektronenortes die Richtung des Comptonrückstoßes nur mit einer Ungenauigkeit bekannt ist, die dann zur Relation (1) führt. Ferner ist nicht genügend betont, daß die einfache Theorie des Comptoneffekts in Strenge nur auf freie Elektronen anwendbar ist. Die daraus folgende Vorsicht bei der Anwendung der Unsicherheitsrelation ist, wie Prof. *Bohr* klargestellt hat, unter anderem wesentlich für eine allseitige Diskussion des Übergangs von Mikro- zu Makromechanik.[179]

Wenn wir die euphemistische Ausdrucksweise ignorieren, sagt Heisenberg hier kurz zusammengefaßt: Nur Option *(c)* ist zulässig. Alle Gedankenexperimente des Aufsatzes zeigen nur dann das, was sie zeigen sollen, wenn man sie im Rahmen der Quantentheorie behandelt.

Die von Heisenberg vorgestellten Gedankenexperimente öffnen also keinen Weg, um von anschaulichen Vorstellungen oder von der klassischen Physik zur Quantentheorie (oder bloß zum Teilaspekt »Unbestimmtheitsrelation« der Quantentheorie) zu gelangen. Daß dies *generell* nicht gehen kann, ist erst mit John von Neumanns axiomatischer Formulierung der Quantentheorie formal beweisbar geworden (d. h. ohne »mit Gedankenexperimenten« argumentieren zu müssen). Die Quantentheorie und alle klassischen Theorien stehen im logischen Widerspruch, so daß, wenn die Quantentheorie empirisch (durchweg) wahr ist, die klassischen Theorien falsch sein müssen, und umgekehrt. Die *realen* Experimente haben aber durchgehend bis heute gezeigt: Alle Phänomene, die sich mit der Quantentheorie vorhersagen lassen, werden von der Quantentheorie zutreffend beschrieben. Also wird man mit dem bloßen Hinweis, daß bei einem noch nicht real gemessenen Phänomen (in einem technologisch idealen Gedankenexperiment) die klassischen Theo-

179 Heisenberg (1927) 197f. [Zum Hintergrund der Entstehung dieses Nachtrags, wie auch zur Biographie Heisenbergs insgesamt, siehe: David C. Cassidy, *Uncertainty: the life and science of Werner Heisenberg*, New York 1992, dt.: *Werner Heisenberg: Leben und Werk*, Heidelberg 1995.]

rien ein anderes Meßergebnis vorhersagen würden, nicht die Falschheit der Quantentheorie begründen können. Aller Erfahrung nach wird das entsprechende reale Meßergebnis nämlich gemäß der Quantentheorie und im Widerspruch zur klassischen Physik ausfallen. – Gedankenexperimente, die durch die Verbindung von klassischen oder anschaulichen Theorien und Elementen der Quantentheorie die Quantentheorie beweisen oder widerlegen wollen, sind also spätestens seit 1932 generell sinnlos geworden.

Das unzweifelhafte Verdienst von Heisenbergs fehlerhaften Gedankenexperimenten liegt aber natürlich in ihrem *heuristischen* Wert. Wie Heisenberg in seinen autobiographischen Texten berichtet, hatte ihn sein Kollege Burkhard Drude auf die Frage gebracht, ob die Bahn eines Elektrons um einen Atomkern prinzipiell mit einem Mikroskop beobachtbar sein könnte.[180] Der gerade betrachtete Aufsatz liefert wohl ein gutes Abbild des *realen Forschungs- und Denkwegs* von Heisenberg. Die halb-klassischen und logisch inkonsistenten Rechnungen lieferten Heisenberg den psychologischen Anstoß, um dann in der hinteren Hälfte des Aufsatzes die formale Ableitung der Unbestimmtheitsrelation anzugehen. Das weite Feld einer bloßen Psychologie der Forschung wollen wir mit der Untersuchung der Wissenschaftsmethode »Gedankenexperiment« aber gerade verlassen.

3.2.2 Bohrs »pseudorealistische« Gedankenexperimente

Die konkrete Beweisabsicht von Heisenbergs Gedankenexperimenten war mit dem Widerruf am Ende des Aufsatzes erledigt. Erstaunlicherweise ist aber gerade durch diesen Aufsatz die Methode »Gedankenexperiment« im Zusammenhang mit der Quantentheorie nicht diskreditiert, sondern überhaupt erst zu einem zentralen Forschungsgegenstand geworden. Dies läßt vermuten, daß die nachfolgenden sogenannten »Gedankenexperimente« in den Diskussionen über die Quantentheorie eine grundsätzlich verschiedene Argumentationsstruktur haben als die gescheiterten Gedankenexperimente vom Typ des gedachten Γ-Strahlmikroskops.

Heisenberg bleibt weiterhin eine ergiebige Quelle, um den Sinn der nachfolgenden Gedankenexperimente im Umfeld der Quanten-

180 Vgl. Heisenberg (1969) 98.

theorie zu ergründen. In einem späteren Radiointerview sagt Heisenberg über die Funktion der Gedankenexperimente in der 1927 entflammten Diskussion über die Quantentheorie:

> Like a chemist who tries to concentrate his poison more and more from some kind of solution, we tried to concentrate the poison of the paradox, and the final concentration was such experiments like the electron with the two holes and so on. They were just a kind of quintessence of what was the trouble.[181]

Mit der Einsicht, daß es keinen »anschaulichen« Weg von der klassischen Physik zur Quantentheorie gibt, ist ein neues Problem entstanden. Dieses Problem hat nichts damit zu tun, ob die Quantentheorie richtig oder falsch ist, sondern entsteht gerade deshalb, weil man die Quantentheorie für richtig hält. Das Problem ist die Frage nach der »quintessence of what is the trouble« mit der Quantentheorie. Die Physiker waren nicht damit zufrieden, mit der Quantentheorie eine Theorie zu haben, von der sie annehmen konnten, daß sie empirisch richtig ist (und hierdurch zu wissen, daß die klassische Physik es nicht ist). Heisenberg spricht vom »poison of the paradox« in der Quantentheorie. Worin besteht dieses Paradox, wenn mittlerweile klar ist, daß das Paradox zwischen klassischer Physik und Quantentheorie völlig harmlos ist, weil halt die Quantentheorie richtig und die klassische Physik falsch ist?

Heisenberg war nicht durchgehend so freundlich aufgeschlossen gegenüber den Versuchen, die vermeintlichen Paradoxa der Quantentheorie offenzulegen. Die fünfte Solvay-Konferenz im Herbst des gleichen Jahres erwies sich als ein Ort, wo offenbar fast ausschließlich mit Gedankenexperimenten und über sie gestritten wurde. Über Einsteins permanentes Gedankenexperimentieren dort zeigt sich Heisenberg im Rückblick sichtlich genervt:

> Einstein wollte aber nicht zulassen, daß es grundsätzlich unmöglich sein sollte, alle für eine vollständige Determinierung der Vorgänge notwendigen Bestimmungsstücke zu kennen. »Der liebe Gott würfelt nicht«, das war eine Wendung, die man in diesen Diskussionen oft von ihm hören konnte. […] Die Auseinandersetzungen begannen meist schon am frühen Morgen damit, daß Einstein uns zum Frühstück ein neues Gedankenexperiment erklärte, das nach seiner Ansicht die Unbestimmtheitsrelation widerlegte. […] und in der Regel war es am Abend so weit, daß Niels Bohr bei der

181 25. Februar 1963, *Archive for History of Quantum Physics*; zit. Bohr [GW] 6/15.

gemeinsamen Mahlzeit Einstein beweisen konnte, daß auch das von ihm vorgeschlagene Experiment nicht zu einer Umgehung der Unbestimmtheitsrelation führen könnte. Einstein war dann etwas beunruhigt, aber schon am nächsten Morgen hatte er beim Frühstück ein neues Gedankenexperiment bereit, komplizierter als das vorhergehende, das nun die Ungültigkeit der Unbestimmtheitsrelationen wirklich demonstrieren sollte. Diesem Versuch ging es freilich am Abend nicht besser als dem ersten, und nachdem dieses Spiel einige Tage fortgesetzt worden war, sagte Einsteins Freund Paul Ehrenfest [...]: »Einstein, ich schäme mich für dich; denn du argumentierst gegen die neue Quantentheorie jetzt genauso, wie deine Gegner gegen die Relativitätstheorie.« Aber auch diese freundschaftliche Mahnung konnte Einstein nicht überzeugen.[182]

Die hier genannten Gedankenexperimente von Einstein hat Niels Bohr in einem späteren, rückblickenden Aufsatz »Diskussionen mit Einstein über erkenntnistheoretische Probleme in der Atomphysik« (1949) inhaltlich vorgestellt und diskutiert. Dieser Aufsatz ist zugleich das wichtigste Dokument über die Bohr-Einstein-Debatte. Die offenbar grandiose Skurrilität dieses Gedankenexperiment-Schlagabtauschs zwischen den beiden berühmtesten Physikern ihrer Zeit ist in vielen Dokumenten belegt. Paul Ehrenfest berichtet nach dieser Solvay-Konferenz in einem Rundbrief an seine daheim gebliebenen Freunde im Stil eines Sportkommentators:

Natuerlich wieder arg Bohrische Beschwoerungsterminologie. Unmoeglich durch andere Resummierbar [...] Herrlich war es fuer mich den Zweigespraechen zwischen Bohr und Einstein beizuwohnen. Schachspielartig. Einstein immer neue Beispiele. Gewissermassen Perpetuummobile zweiter Art um die UNGENAUIGKEITSRELATION zu durchbrechen. Bohr stets aus einer dunklen Wolke von Philosophischen Rauchgewoelkes die Werkzeuge heraussuchend um Beispiel nach Beispiel zu zerbrechen. Einstein wie die Teuferln in der Box: Jeden morgen wieder frisch herausspringend. Oh das war koestlich. Aber ich bin fast rueckhaltlos pro Bohr Contra Einstein. Er verhaelt sich nun exact gegen Bohr wie die vertheidiger der absoluten Gleichzeitigkeit sich gegen ihn verhielten.[183]

Es muß hier beiläufig wiederholt werden, daß zwar Heisenberg konsequent von »Gedankenexperimenten« spricht, aber, wie schon oben gesagt, die meisten übrigen Physiker der ersten Reihe – Ein-

182 Heisenberg (1969) 99f.

183 Ehrenfest an Gouldsmith, Uhlenbeck und Dieke, 3.11.1927; in Bohr [GW] 6/415f.

stein, Bohr, Ehrenfest, Schrödinger, Dirac, Jordan etc. – diesen Begriff weitgehend vermieden haben.[184] Außerdem stellt sich natürlich die Frage, ob Niels Bohr als (gewissermaßen) Nachfolger auf Ørsteds Physiklehrstuhl der Universität Kopenhagen Ørsteds Beiträge zur Methode des Gedankenexperiments kannte. Obwohl Bohr mit Ørsteds Lebenswerk im allgemeinen offensichtlich gut vertraut war,[185] nahm er auf Ørsteds Naturphilosophie und Wissenschaftsmethodik nirgendwo explizit oder erkennbar implizit Bezug. In ihrer Hoffnung auf eine empirisch erfolgreiche Metaphysik der Natur ähneln sich Bohr und Ørsted aber natürlich sehr.

Die Aspekte der Bohr-Einstein-Debatte, die Heisenberg »Gedankenexperimente« nennt, nannte Bohr üblicherweise »Apparate in einem pseudorealistischen Stil«.[186] Einsteins Absicht mit diesen Argumenten und Gedankenexperimenten in der Bohr-Einstein-Debatte vor 1932 ist offensichtlich. Er folgt einfach Heisenbergs Einladung im eben behandelten Aufsatz von 1927: Wenn es gelänge, ein idealisiertes Experiment zu entwerfen, mit dem eine genauere Messung möglich wäre als nach der Unbestimmtheitsrelation, dann ist dies der Beweis der Fehlerhaftigkeit der vorliegenden Quan-

184 Bohrs gelegentliche Verwendung des Begriffs »Gedankenexperiment« zeigt das gleiche Verständnis wie oben bei Einstein festgestellt. Explizit von »Gedankenexperiment« redet Bohr insbesondere, wenn es um theoretisch völlig ungeklärte Probleme geht, beispielsweise das Leib-Seele-Problem der Philosophie:

»So ist öfters die Ansicht vertreten worden, daß eine wohl nicht ausführbare, aber doch denkbare, ins einzelne gehende Verfolgung der Gehirnprozesse eine Ursachskette entschleiern würde, die eine eindeutige Abbildung des gefühlsbetonten psychischen Geschehens darbieten würde. Ein solches Gedankenexperiment kommt aber jetzt in ein neues Licht, indem wir nach der Entdeckung des Wirkungsquantums gelernt haben, daß eine ins einzelne gehende kausale Verfolgung atomarer Prozesse nicht möglich ist, und daß jeder Versuch, eine Kenntnis solcher Prozesse zu erwerben, mit einem prinzipiell unkontrollierbaren Eingreifen in den Verlauf begleitet sein wird. … Obwohl es sich hier zunächst nur um mehr oder weniger zutreffende Analogien handeln kann, so wird man sich schwerlich von der Überzeugung freimachen können, daß wir in dem von der Quantentheorie entschleierten, unserer gewöhnlichen Anschauung unzugänglichen Tatbestand ein Mittel in die Hände bekommen haben zur Beleuchtung allgemeiner Fragestellungen menschlichen Denkens.« [Niels Bohr, »Wirkungsquantum und Naturbeschreibung« in der Sonderausgabe der *Naturwissenschaften* zu Ehren von Max Plancks Goldenem Doktorjubiläum 1929, 17/486.]

185 Siehe z.B. Abraham Pais, *Niels Bohr's Times, in Physics, Philosophy and Polity*, Oxford 1991, 97.

186 Z.B. in Bohr (1949) passim.

tenmechanik (des »Dirac-Jordanschen Formalismus«). Heisenberg konnte, wie eben zu sehen war, Einsteins Gedankenexperimenten nicht viel abgewinnen. Heisenberg hielt den Versuch, die Quantentheorie zu widerlegen, für müßig. Der Grund hierfür ist ebenso offensichtlich: Wenn die klassische Physik (nach dem Scheitern seiner eigenen Gedankenexperimente) als Richtschnur wegfällt, gibt es keinen anderen Maßstab, einen empirisch hervorragend bewährten Formalismus *für falsch* (im Unterschied zu: kontraintuitiv) zu halten. Niels Bohr – der Spiritus rector der Quantenphysik und Erfinder ihrer »Kopenhagener Interpretation« – hatte allerdings einen eigenen Standpunkt zu den Gedankenexperimenten, der schwerer einzuordnen ist und mit dem wir uns weiter beschäftigen müssen.

Bohr war mit Heisenberg einer Meinung, daß Einsteins Gedankenexperimente nicht zur Widerlegung der Quantentheorie taugen. Aber im Unterschied zu Heisenberg war er über die Art von Einsteins Argumentation hoch erfreut. Die Argumentation mittels gedachter »Apparate in einem pseudorealistischen Stil« hatte in Bohrs Wissenschaftsphilosophie eine zentrale, unverzichtbare Rolle. Leider sind Bohrs philosophische Gedanken – wie Ehrenfest so schön schreibt – eingehüllt in eine »dunkle Wolke von Philosophischen Rauchgewoelkes« und überaus schwer »durch andere Resummierbar«.[187]

Die zentralen Begriffe von Bohrs Naturphilosophie sind »Phänomen« und »Komplementarität«. Auch wenn wir hier (wie überall) die metaphysischen Inhalte selbst außer acht lassen, so lassen sich doch Bohrs Absichten und Beweisziel erkennen und somit ein Motiv finden, warum Bohr es für wichtig hielt, über »Apparate in einem pseudorealistischen Stil« nachzudenken:

Heisenbergs Gedankenexperimente waren deshalb gescheitert, weil er versuchte, aus einer »Anschaulichkeit«, die sich auf die klassische Physik beruft, die Quantenmechanik zu begründen. Bohr war überzeugt, daß eine *richtig verstandene* Anschaulichkeit im offenen Widerspruch zur klassischen Physik steht. Das richtige Naturverständnis würde hingegen zeigen, daß die Quantentheorie nicht bloß empirisch zutreffend, sondern sogar intuitiv und (nach diesem Begriff) »anschaulich« zwingend und unvermeidlich sei. (Die meisten übrigen Physiker halten die Quantenmechanik für zwar empi-

187 Siehe aber Scheibe (1973) Kap. 1.

risch zutreffend, aber leider für äußerst unanschaulich und allen natürlichen Intuitionen grob widersprechend.) Den Umstand, daß sich die meisten Physiker so sehr an die klassische Physik gewöhnt hatten, daß sie diese für »anschaulich« und notwendig hielten, sah Bohr also als einen Irrtum an. Diese richtige naturphilosophische Intuition, meint Bohr, sei durch geeignete Überlegungen zu den Themen »Phänomen« und »Komplementarität« zu erschließen. Die Funktion von Bohrs Ausführungen über »Phänomen« und »Komplementarität« ist demnach analog zu Heisenbergs oben analysiertem »Anschaulichkeitsprinzip«. Im Unterschied zu Heisenberg läßt sich nur leider Bohrs Anschaulichkeitsprinzip noch weit weniger in einen kurzen Satz zusammenfassen. Es liegt eher in einer größeren Menge zerstreuter Bemerkungen vor, die ausgiebig von den Begriffen »Phänomen« und »Komplementarität« Gebrauch machen. Die beabsichtigte Argumentationsstruktur von Bohrs Beiträgen zum Schlagabtausch mit den Gedankenexperimenten ist etwa so:

{Aspekt des $\text{Anschaulichkeitsprinzips}_{\text{Bohr}}$} ∧
{Beschreibung eines z. B. von Einstein entworfenen
pseudorealistischen Apparats} ⊢
{Teilaspekt der Quantentheorie}

Als Konklusion kann hierbei ebenso »{Falschheit eines Aspekts der klassischen Physik}« oder »{Widerlegung eines vermeintlichen Fehlers der Quantentheorie}« stehen. Der Sinn dieser Argumentation ist schwer zu verstehen. Man wird einwenden, daß ja im Zweifelsfall eine wesentlich simplere Begründungsbeziehung besteht:

{Erfahrung} ⊢ {sämtliche Teilaspekte der Quantentheorie}

Die Argumentation mit *fiktiven* Erfahrungen an *pseudorealistischen* Experimenten erscheint als ein unsinniger Umweg. Man sollte vermuten, daß die Argumentation eigentlich umgekehrt laufen müßte: Aus der Tatsache, daß sich die Quantentheorie in der Erfahrung bewährt, ergibt sich möglicherweise der Zwang, frühere Intuitionen und Vorstellungen von Anschaulichkeit zu revidieren.

Carl Friedrich von Weizsäcker erklärt Bohrs speziellen philosophischen Gedanken, der seine Ideen über »Phänomene« mit der besonderen Art der »pseudorealistischen« Gedankenexperimente in Beziehung setzt, so:

Die Wissenschaft soll nur das behaupten, was wir wenigstens prinzipiell wissen können. Wissen können wir nur, was mit Phänomenen gesetzmäßig zusammenhängt. Als Phänomene soll man aber nicht isolierte Sinnenwahrnehmungen bezeichnen, sondern jeweils nur das verständliche Ganze einer *Situation*, in deren Rahmen Sinneseindrücke erst eine mitteilbare Bedeutung bekommen. [...] Nicht ein Zeigerstand auf einer Skala ist ein Phänomen, sondern ein Zimmer, in dem Apparate stehen, die der Institutsmechaniker gebaut hat und auf denen der Experimentator die Stromstärke einer Entladung abliest. Bohr gewöhnte sich deshalb an, Zeichnungen von Gedankenexperimenten im »pseudorealistischen Stil« anzufertigen: eine Wand war nicht durch *einen* Strich bezeichnet, sondern durch zwei parallele Striche mit dazwischenliegender Schraffur, um ihre materielle Dicke anzudeuten, etc.[188]

Der genannte Aufsatz von Bohr, in dem er die mit Einstein diskutierten Gedankenexperimente beschreibt, ist aufgrund dieser Absicht oder Idee von Bohr jedenfalls zu dem am hübschesten bebilderten Text in der Literatur über Gedankenexperimente geworden – und zeugt von der künstlerischen Begabung des theoretischen Physikers Bohr. Die besondere Absicht Bohrs mit der Bebilderung der Gedankenexperimente läßt sich vielleicht am besten anhand des letzten darin besprochenen Gedankenexperiments untersuchen (das allerdings nach Bohrs Aussage erst bei der sechsten Solvay-Konferenz, 1930, zwischen Einstein und Bohr diskutiert wurde).

Bohr berichtet, Einstein habe (erneut) einen Apparat vorgeschlagen, mit dem es prinzipiell möglich sei, die Unbestimmtheitsrelation zu umgehen. Diesen von Einstein skizzierten Apparat zeichnet Bohr so:

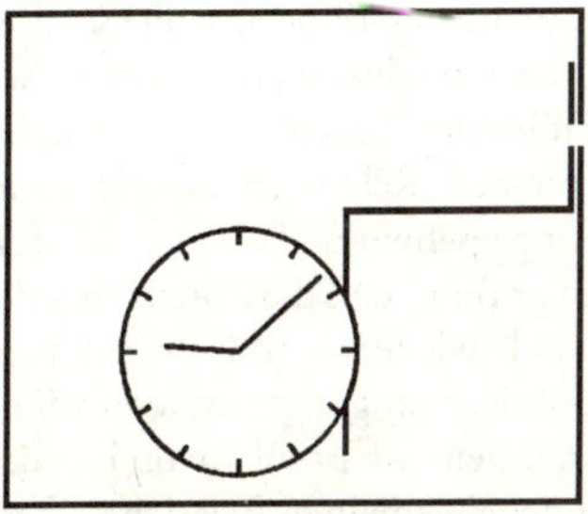

Abbildung 2
»Fig. 7« aus Bohr (1949)

188 Weizsäcker (1985) 508.

Ein mechanischer Schieber, der mit einer Uhr verbunden ist, läßt ein einzelnes Photon durch das Loch eines Kastens. Prinzipiell ließe sich so der Zeitpunkt und die beliebig kurze Dauer, da das Loch geöffnet ist, beliebig genau bestimmen. Durch Wägen des Kastens vor und nach dem Öffnen des Lochs ließe sich mittels der Formel $E=mc^2$ auch die Energie des Photons, das durch das Loch gegangen ist, beliebig genau bestimmen. Also, meint Einstein, kann »Gleichung (2)« (die Unbestimmtheitsrelation bezüglich Zeit und Energie) aus dem oben zitierten Aufsatz von Heisenberg (1927) in diesem Falle nicht gültig sein. Bohr schreibt:

> Dieses Argument bedeutete eine ernste Herausforderung und gab Anlaß zu einer gründlichen Prüfung des ganzen Problems. [...] Unsere Diskussion konzentrierte sich auf die mögliche Verwendung eines Apparates, in den die von Einstein vorgeschlagene Anordnung eingebaut ist. Eine solche Aufstellung ist in Fig. 8 [*Abb. 3, siehe unten*] in dem gleichen pseudorealistischen Stil wie einige der oben gezeigten Figuren dargestellt. Der Kasten, der im Querschnitt gezeichnet ist, um einen Einblick in einen Teil seines Innern zu gestatten, ist an einer Federwaage aufgehängt; mittels eines Zeigers kann die Lage des Kastens an einer am Waagestativ befestigten Skala abgelesen werden.[189]

In der Diskussion ändert Bohr nun also die schematische Darstellung des Gedankenexperiments von eben (*Abb. 2*; bzw. »Fig. 7« bei Bohr) in die »pseudorealistische« Darstellung von *Abb. 3* (bzw. »Fig. 8« bei Bohr). Bohr meint, durch diese Änderung würde sich Einsteins vermeintliche Widerlegung der Unbestimmtheitsrelation auflösen.

Das Gegenargument, das Bohr anschließend entwirft, funktioniert so: Wenn der Kasten schwerer oder leichter wird, verändert die Federwaage die Höhe des Kastens im Gravitationsfeld der Erde. Gemäß der allgemeinen Relativitätstheorie verursacht dies eine Änderung der Ganggeschwindigkeit der Uhr. Mit einer Überschlagsrechnung zeigt Bohr, daß die Enteichung der Ganggeschwindigkeit der Uhr gerade wieder so groß ist, daß hierdurch die Unbestimmtheitsrelation nicht umgangen werden kann.

Dieses Gegenargument ist problematisch. Nicht bloß deshalb, weil hier Bohr mit der allgemeinen Relativitätstheorie eine Prämisse heranzieht, deren prinzipielle Verträglichkeit mit der Quantentheo-

189 Bohr (1949) 137.

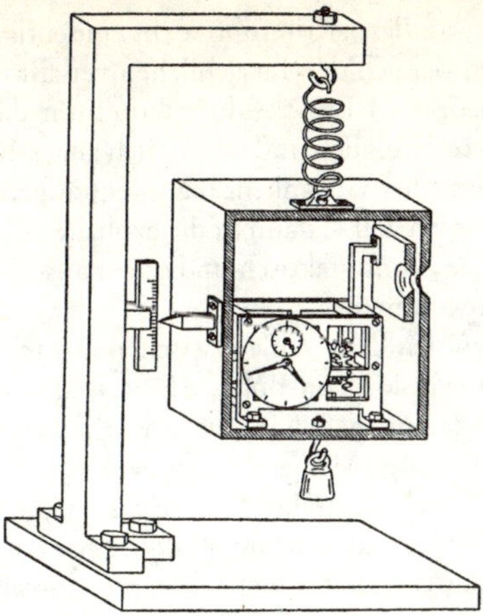

Abbildung 3
»Fig. 8« aus Bohr (1949)

rie im dunkeln liegt. Das offensichtliche Problem liegt darin, daß die allgemeine Relativitätstheorie eine deterministische Theorie ist; die durch sie vorhergesagte Verlangsamung oder Beschleunigung der Uhr ist also prinzipiell exakt berechenbar und kann keinesfalls als Enteichung oder Unsicherheit der Uhrgenauigkeit interpretiert werden.

Uns interessiert allerdings primär Bohrs wissenschaftsmethodologisches Verständnis der Methode des Gedankenexperiments, wie es hierdurch deutlich wird. Bohr hat eine Vorstellung von »Anschaulichkeit«, aus der sich inhaltliche Aussagen der Physik ergeben. Einstein hatte sein Gedankenexperiment abstrakt, schematisch entworfen. Hierdurch würden sich falsche Vorstellungen über die Physik ableiten lassen, die Bohr dadurch korrigieren wollte, daß er das Gedankenexperiment im »pseudorealistischen« Stil rekonstruierte. Offensichtlich ist dieses »pseudorealistische« Gedankenexperiment trotzdem noch weit entfernt von einem »realistischen« bzw. realen, technisch ausgeführten Experiment. Dies legt nahe, daß Bohr hier in der Art von Mach ein »Realitätskriterium« für zulässige Gedankenexperimente vor Augen hat, mit dem Mach das Gedankenexperiment von Carl Neumann zurückgewiesen hatte *(siehe II.2.1.3)*.

Auch bei Mach war dieses Kriterium nicht eindeutig zu bestimmen. Sobald man den Bereich des Tatsächlichen verläßt und auch keine bestehende Theorie als Entscheidungskriterium darüber zulassen möchte, was als real möglich und unmöglich angesehen werden darf – weil man ja mit den Gedankenexperimenten gerade in theoretisches Neuland treten will –, dann ist die explizite Grenzziehung zwischen »*zu* abstrakt, kontrafaktisch und schematisch« und »*noch* real möglich« verschwommen.

Betrachten wir den Unterschied zwischen Einsteins Gedankenexperiment in der Version von Bohrs *Abb. 2* und von Bohrs *Abb. 3*. Bohr kommt es darauf an, daß in *Abb. 3* deutlich werde, daß Wägen ein physikalisch reales Meßgerät erfordert, welches in Einsteins Skizze, *Abb. 2*, durch Abstraktion weggelassen war. Diesbezüglich verletzt das Gedankenexperiment von *Abb. 2* also das »Realitätskriterium$_{\text{Bohr}}$« und das von *Abb. 3* nicht. Das pseudorealistische Gedankenexperiment von *Abb. 3* enthält neben der Einführung einer Federwaage noch viele weitere pseudorealistischen Bestimmungsstücke: Wir finden jede Schraube, jedes Zahnrad verzeichnet, und auch die Dicke der Wände läßt sich – wie von Weizsäcker schon angekündigt hatte – an der Schraffur ablesen. Von diesen Bestimmungsstücken macht Bohrs *verbales* Gegenargument keinen Gebrauch; sie wurden zum Zweck der De-Abstrahierung eingeführt, aber erwiesen sich offenbar anschließend für die Beweisabsicht als überflüssig.

Vom logischen Standpunkt verursachen diese konkreten, pseudorealistischen Bestimmungsstücke in Bohrs ausgemalten Gedankenexperimenten ein offensichtliches Problem: Mit jeder willkürlichen Festlegung wird die Allgemeinheit der beabsichtigten Schlußfolgerung völlig oder sehr stark eingeschränkt. Sobald Bohr eine bestimmte Wanddicke des Kastens durch die Schraffur in seiner Zeichnung festlegt, läßt – logisch gesehen – alles, was Bohr hierüber sagt, die Frage offen: Würde das gleiche Ergebnis auch noch folgen, wenn der Kasten eine andere Dicke hätte? – Hierin liegt der Grund, warum Wissenschaftler normalerweise in der Art von Einstein die Abstraktion soweit wie möglich treiben. Wenn die Wand in einer Skizze mit einem einfachen Strich gezeichnet wird, heißt dies normalerweise: »Wand mit beliebiger Dicke«.

Also selbst wenn Bohrs verbales Gegenargument (mit der allgemeinen Relativitätstheorie) schlüssig wäre, fehlt offensichtlich der

Nachweis der Allgemeingültigkeit. Bohrs Gegenargument behandelt ausschließlich die Gewichtsmessung mittels einer Federwaage. Bei einem anderen Meßverfahren (z. B. die Gewichtsbestimmung durch Trägheitsmessung) wäre eine grundsätzlich verschiedene Gegenargumentation notwendig, zu der Bohr nichts sagt, weil er sich ausschließlich auf den konkreten Einwand aus der konkreten Gesprächssituation mit Einstein beschränkt.

In diesen beiden Zitaten aus dem gleichen Aufsatz äußert sich Bohr selbst über die Besonderheiten seiner Argumentationen mit den pseudorealistischen Gedankenexperimenten. Ziemlich am Anfang des Aufsatzes erklärt Bohr:

Bei dieser Gelegenheit trat ich in einem Vortrag für einen Gesichtspunkt ein, der durch den Begriff »Komplementarität« kurz bezeichnet werden kann und geeignet ist, die typischen Züge der Individualität von Quantenphänomenen zu erfassen und gleichzeitig die besonderen Aspekte des Beobachtungsproblems innerhalb dieses Erfahrungsgebietes klarzulegen. Hierfür ist die Erkenntnis entscheidend, daß, *wie weit auch die Phänomene den Bereich klassischer physikalischer Erklärung überschreiten mögen, die Darstellung aller Erfahrung in klassischen Begriffen erfolgen muß.* Die Begründung hierfür ist einfach die, daß wir mit dem Wort »Experiment« auf eine Situation hinweisen, in der wir anderen mitteilen können, was wir getan und was wir gelernt haben, und daß deshalb die Versuchsanordnung und die Beobachtungsergebnisse in klar verständlicher Sprache unter passender Anwendung der Terminologie der klassischen Physik beschrieben werden müssen.[190]

Und nach der Diskussion der ersten paar Gedankenexperimente von Einstein fügt Bohr diese Reflexion ein:

Die Betrachtung derartiger mehr oder weniger realisierbarer Anordnungen und ihres mehr oder minder fiktiven Gebrauches erwies sich als außerordentlich lehrreich durch die Richtung unserer Aufmerksamkeit auf die wesentlichen Züge der Probleme. Der Kardinalpunkt hierbei ist die Unterscheidung zwischen den zu erforschenden Objekten und den Meßgeräten, die dazu dienen, auf Grund von Begriffen der klassischen Physik die Bedingungen zu definieren, unter denen die Phänomene erscheinen. Wir wollen hier nur beiläufig erwähnen, daß es zur Veranschaulichung der vorangehenden Betrachtungen nicht wesentlich ist, ob Experimente, die eine genaue Kontrolle der Übertragung von Impuls und Energie von atomaren Teilchen auf schwere Körper, wie Schirme, Blenden und Schieber, bezwecken, sehr

190 Bohr (1949) 122.

> schwierig, falls überhaupt ausführbar sind. Entscheidend ist nur, daß diese Körper – im Gegensatz zu den eigentlichen Meßgeräten – zugleich mit den Teilchen in einem solchen Falle das System bilden, auf das der quantenmechanische Formalismus Anwendung finden soll. Mit Rücksicht auf die ins Einzelne gehende Spezifizierung der Bedingungen für irgend eine wohldefinierte Anwendung dieses Formalismus ist es außerdem wesentlich, daß *die gesamte Versuchsanordnung* miteinbezogen wird. Tatsächlich würde der Einbau jedes weiteren Apparatteiles, etwa eines Spiegels, in den Weg eines Teilchens neue Interferenzeffekte verursachen, die die Voraussagen über die schließlich zu registrierenden Ergebnisse wesentlich beeinflussen.[191]

Die Aussage, daß »*die Darstellung aller Erfahrung in klassischen Begriffen erfolgen muß*«, ist ein wesentlicher Bestandteil des Anschaulichkeitsprinzips$_{\text{Bohr}}$. Mit der Aussage »*wie weit auch die Phänomene den Bereich klassischer physikalischer Erklärung überschreiten mögen*« macht Bohr jedoch klar, daß sein Anschaulichkeitsprinzip nicht impliziert, daß sich die Quantentheorie aus der klassischen Physik ableiten müsse oder mit ihr verträglich ist.

Aus beiden Zitaten wird Bohrs Absicht deutlich: Bohr weiß, daß seine Kollegen die Quantentheorie kritisieren, weil sie ihren Intuitionen widerspricht. Zum damaligen Zeitpunkt waren diese Intuitionen nicht viel mehr als ein gewissermaßen »schlechtes Gefühl« gegenüber der Unbestimmtheitsrelation und allgemein gegenüber der Eigenschaft der Quantentheorie, eine wesentlich mit Wahrscheinlichkeitsbegriffen operierende Theorie zu sein. Bohr beabsichtigt mit seinen Ausführungen, das schlechte Gefühl gegenüber der Quantentheorie zu beseitigen – gewissermaßen also »Marketing« für die Quantentheorie zu betreiben. Den bloßen Hinweis (der wie gesagt vom logischen Standpunkt völlig genügt hätte und das Thema eigentlich völlig erschöpft) darauf, daß die Quantentheorie überall ohne Einschränkungen empirisch höchst erfolgreich ist, hat Bohr offensichtlich nicht als ein ausreichend gutes Argument für seine Absicht angesehen. Bohr möchte mit seinen Ausführungen über pseudorealistische Apparate einen positiven Grund dafür liefern, warum die Quantentheorie – so wie sie ist – als eine *philosophisch* befriedigende Theorie anzusehen sei.[192]

Dieser positive Grund erweist sich nur leider als ein überaus

191 Bohr (1949) 133.

192 C. F. von Weizsäcker hat versucht, den von Bohr beabsichtigten Erkenntnisgewinn von Gedankenexperimenten mit dem Begriff des »Tests der *semantischen*

schwacher. Die Anschaulichkeit der pseudorealistischen Apparate beschränkt sich darauf, die *Messung* von Phänomenen, die durch die Quantentheorie beschrieben sind, als anschaulich vorstellbaren Vorgang (d.h.: Resultat der potentiell realen Handlung eines Experimentalphysikers) darzustellen, nicht jedoch das *Meßergebnis*, also nicht den Inhalt der theoretischen Aussagen und Vorhersagen der Quantentheorie. Hierdurch ist bestenfalls »bewiesen«, daß die Quantentheorie Aussagen über prinzipiell real meßbare und damit gewissermaßen »anschauliche« Phänomene macht. – Dies ist jedoch völlig selbstverständlich, denn anderenfalls wäre die Quantentheorie keine physikalische Theorie. Wofür soll eine physikalische Theorie denn sonst gut sein, als letztendlich (nach allen theoretischen Komplikationen) Aussagen über real meßbare Phänomene aufzustellen? Wie wäre man denn sonst auf die Quantentheorie gekommen, wenn nicht zum Zwecke der Erklärung von real vorliegenden, mit traditionellen (oder wenn man so will: »klassischen«) Meßgeräten aufgefundenen Phänomenen?

Die Banalität dieses Resultats war offensichtlich von den beiden Protagonisten nicht beabsichtigt. Dieses Resultat ist bloße Folge davon, daß beide – Bohr und Einstein – zu diesem Zeitpunkt noch nicht in der Lage waren, ihre Intuitionen über die Quantentheorie in verbindliche, treffende Aussagen zu überführen. Auch hier kann

Konsistenz« zu beschreiben. Die hier genannten Probleme der Bohrschen Auffassung bleiben auch bei dieser Beschreibung bestehen.

»Einstein, Bohr und Heisenberg waren Meister in der Diskussion von Gedankenexperimenten. Einstein hat die Methode wohl erfunden, wenn sie auch in der klassischen Physik Vorläufer hat. Bohr hat sie mit der größten Sicherheit gehandhabt und auf ihre prinzipielle Bedeutung reflektiert. Erkenntnistheoretisch gesehen besteht ein Gedankenexperiment darin, die semantische Konsistenz einer Theorie einem Test zu unterwerfen, indem man den Vorgang des Informationsgewinns durch eine Messung mit Hilfe der Theorie selbst beschreibt. Es sei noch einmal hervorgehoben, daß das Vorverständnis, mit dem wir Messungen normalerweise beschreiben, beim Gedankenexperiment nicht dogmatisch vorausgesetzt, sondern auf seine Vereinbarkeit mit der Theorie geprüft wird. Einsteins Zeitmessung mit einer bewegten Uhr, Heisenbergs Ortsmessung mit einem Gammastrahl-Mikroskop *beweisen nicht* die Unmöglichkeit absoluter Gleichzeitigkeit distanter Ereignisse, bzw. gleichzeitiger Bestimmtheit von Ort und Impuls. Diese Gedankenexperimente beweisen vielmehr, daß die Theorie, welche die betreffenden Unmöglichkeiten behauptet, durch solche Experimente *nicht widerlegt* werden kann, wenn man diese Experimente im Einklang mit der Theorie diskutiert.« [Weizsäcker (1985) 519f.]

man – wie oben bei Heisenbergs Gedankenexperimenten – natürlich trotzdem dem Gebrauch der Gedankenexperimente einen positiven Sinn zusprechen, wenn man sich auf den *heuristischen Wert* beschränkt. Die Bohr-Einstein-Debatte liefert uns auf der Ebene der Psychologie der Forschung ein schönes Abbild des realen Forschungs- und Denkwegs dieser Wissenschaftler. Im Unterschied zu Heisenbergs Gedankenexperimenten hat dieser Forschungsweg jedoch bisher zu keinem handfesten Resultat geführt. Heisenberg konnte immerhin nach den Gedankenexperimenten eine neue, wichtige Formel präsentieren, auch wenn diese Unbestimmtheitsrelation anschließend noch eines anderen Beweises bedurfte als durch die Gedankenexperimente, die wohl Heisenberg psychologisch gesehen darauf gebracht haben. Nach der Bohr-Einstein-Debatte ist die Quantentheorie in Form, Umfang und der Menge ihrer ableitbaren empirischen Konsequenzen gleich geblieben.

Das Thema hatte sich allerdings nach dieser anfänglichen Unfruchtbarkeit der Bohr-Einstein-Debatte nicht erledigt. Die Suche nach dem »poison of the paradox« in der Quantentheorie und ob dieses Gift sich in eine handfeste, beweisbare Aussage konzentrieren ließe, hat zwar bis heute zu keiner inhaltlichen Weiterentwicklung der Quantentheorie geführt, wurde allerdings unvermindert bis heute mit größtem Aufwand weiterbetrieben.

3.2.3 Formale Gedankenexperimente zur Quantentheorie nach 1932

Im Unterschied zu den bisherigen Gedankenexperimenten zur Quantentheorie ist es nicht selbstverständlich, die weitere Entwicklung der Bohr-Einstein-Debatte weiterhin unter dem Titel »Gedankenexperiment« zu behandeln. Die Beiträge, um die es hierbei geht (siehe die Fußnoten zu Anfang von *II.3.2*), handeln nur sehr am Anfang von »Anschaulichkeit«, die »experimentelle Situation« ist wenn überhaupt dann nur in einem sehr abstrakten Modell beschrieben, und der Hauptteil jeder Arbeit besteht aus *formalen Ableitungen*. Der letzte Punkt ist der zentrale. Das, was an diesen Beiträgen in der populärwissenschaftlichen Darstellung das »Gedankenexperiment« ist, findet sich im Original üblicherweise bloß als eingeschobenes illustratives Beispiel. Die eigentliche Argumentation ist völlig in den (etablierten) formalen Methoden der Wissenschaft entwickelt. Das illustrative Beispiel aus dem Originaltext des »Gedankenexperiments« von »Schrödingers Katze« macht dies deutlich:

Man kann auch ganz burleske Fälle konstruieren. Eine Katze wird in eine Strahlenkammer gesperrt, zusammen mit folgender Höllenmaschine (die man gegen den direkten Zugriff der Katze sichern muß): in einem *Geiger*schen Zählrohr befindet sich eine winzige Menge radioaktiver Substanz, *so* wenig, daß im Laufe einer Stunde *vielleicht* eines von den Atomen zerfällt, ebenso wahrscheinlich aber auch keines; geschieht es, so spricht das Zählrohr an und betätigt über ein Relais ein Hämmerchen, das ein Kölbchen mit Blausäure zertrümmert. Hat man dieses ganze System eine Stunde lang sich selbst überlassen, so wird man sich sagen, daß die Katze noch lebt, wenn inzwischen kein Atom zerfallen ist. Der erste Atomzerfall würde sie vergiftet haben. Die ψ-Funktion des ganzen Systems würde das so zum Ausdruck bringen, daß in ihr die lebende und die tote Katze (s. v. v.)[193] zu gleichen Teilen gemischt oder verschmiert sind.

Das Typische an diesen Fällen ist, daß eine ursprünglich auf den Atombereich beschränkte Unbestimmtheit sich in grobsinnliche Unbestimmtheit umsetzt, die sich dann durch direkte Beobachtung *entscheiden* läßt. Das hindert uns, in so naiver Weise ein »verwaschenes Modell« als Abbild der Wirklichkeit gelten zu lassen. An sich enthielte es nichts Unklares oder Widerspruchsvolles. Es ist ein Unterschied zwischen einer verwackelten oder unscharf eingestellten Photographie und einer Aufnahme von Wolken und Nebelschwaden.[194]

Das für das Verständnis der Argumentationsmethode Interessante steht im zweiten Absatz: »An sich enthielte es nichts Unklares oder Widerspruchsvolles.« Das heißt, es geht hierbei nicht um einen vermuteten Selbstwiderspruch innerhalb der Quantentheorie. Generell geht es bei diesen Beiträgen (zumindest spätestens in der jeweils anschließenden wissenschaftlichen Diskussion) nicht mehr – wie Einstein es ursprünglich versucht hatte – um die Widerlegung der Quantentheorie in Form eines vermeintlichen Verstoßes der Quantentheorie gegen Logik oder bekannte Erfahrung. Die Absicht mit der Entwicklung von Gedankenexperimenten zur Quantentheorie hat sich offensichtlich nach der Bohr-Einstein-Debatte geändert und mit der Absicht auch die Form der Gedankenexperimente.

In diesem Abschnitt sollen zunächst – soweit es, ohne wesentlich

193 Abk. »sit venia verbo« (*lat.* »Man verzeihe das Wort!«).
194 Schrödinger (1935) 812.

auf den Inhalt der Quantentheorie einzugehen, möglich ist – Absicht und Form dieser Argumentationen beschrieben werden, um anschließend zu untersuchen, ob sich trotz der augenfälligen Unterschiede nicht doch auch eine Gemeinsamkeit zu den bisher untersuchten Methoden des Gedankenexperiments finden läßt.

Schrödinger Absicht mit dem Katzen-Gedankenexperiment war es, seine Zweifel zu artikulieren, die Quantentheorie als – wie er schreibt – »Abbild der Wirklichkeit gelten zu lassen«. In der Wissenschaftsgeschichte begegnet man dieser Art von Zweifel nicht zum ersten Mal im Zusammenhang mit der Quantentheorie; praktisch jede fundamentale neue Theorie der Physik mußte sich in ihrer Anfangszeit gegen den Verdacht behaupten, gegen scheinbar unvermeidbare Intuitionen über die Struktur der Wirklichkeit zu verstoßen. Nach Newtons Entdeckung der Gravitationstheorie kam es beispielsweise zu einem langwierigen philosophischen Streit über die anschaulich nicht vorstellbare »Fernkraft«, die hiermit beschrieben wurde. Das markanteste Beispiel eines Konflikts zwischen Anschaulichkeit und wissenschaftlicher Theorie vor Entdeckung der Quantentheorie haben wir oben ausführlich behandelt: Die Entdeckung des Elektromagnetismus im Konflikt mit Kants Naturphilosophie. Und am Rande hatten wir auch vom vielleicht zweitgrößten Widerstreit zwischen Intuition und Theorie in der Wissenschaftsgeschichte vor der Quantentheorie erfahren: der Erschütterung anschaulicher Vorstellungen von Raum und Zeit durch die Relativitätstheorie.

Die Besonderheit des Konflikts der Quantentheorie mit den landläufigen Intuitionen über die Wirklichkeit liegt nur darin, daß dieser Konflikt auch heute noch nicht aufgelöst ist und trotzdem bei vielen Wissenschaftlern und Wissenschaftsphilosophen die Hoffnung weiterlebt, er könnte eines Tages zumindest graduell eleganter als bisher aufgelöst werden. Die philosophisch unbefriedigenden Fernkräfte in Newtons Gravitationstheorie von 1687 sind mit der feldtheoretischen Beschreibung der Gravitation in Einsteins allgemeiner Relativitätstheorie von 1915 beseitigt worden; das heißt: gut 200 Jahre später. An die Tatsache, daß es in der Natur Nicht-Zentralkräfte gibt, hat man sich mittlerweile gewöhnt. Durch die feldtheoretische Beschreibung des Elektromagnetismus in einer Weise, die noch nicht einmal die Hypothese der Existenz eines unsichtbaren Mediums dieser Kräfte (des Äthers) erfordert, erscheint es heutigen Physikern sogar einigermaßen natürlich und intuitiv (wenngleich nicht »anschaulich«) verständlich, wie Elektromagnetismus funktioniert. Die anschauliche Vorstellung von einer »geraden Linie« ist aus dem Weltbild der Physik verschwunden und damit der Konflikt zwischen Kantschen Zentralkräften und dem Elektromagnetismus gewissermaßen gegenstandslos geworden.

In dieser historischen Reihe betrachtet läßt sich das Hauptproblem mit der Quantentheorie, das mit »Schrödingers Katze« und den nachfolgenden »formalen Gedankenexperimenten« untersucht wurde, umgangssprachlich so umreißen: Einerseits behandelt die Quantentheorie überaus erfolgreich die elementarste Ebene der Natur: Atome und Elementarteilchen, die physikalischen und chemischen Eigenschaften der Stoffe, Erzeugung und Absorption von Strahlung etc. Andererseits weist die konkrete mathematische Form der Quantentheorie Eigenschaften auf, die es prinzipiell schwierig oder unmöglich erscheinen lassen, die alltäglichen Phänomene der Makrowelt (der normalen physikalischen Umwelt) als aus diesen quantenmechanisch beschriebenen Mikroprozessen zusammengesetzt abzuleiten.

Dieses Problem hat tatsächlich eine neuen Qualität gegenüber den philosophischen Problemen mit früheren Theorien. Newtons Gravitationstheorie trat zwar auch (wie die Quantentheorie) mit dem Anspruch auf, *universal* zu sein, so daß jeder Körper im Universum der hiermit beschriebenen Gravitationskraft unterliegt, und auch bei Newtons Gravitationstheorie ist es offensichtlich, daß vieles in der Natur nicht durch diese erklärt werden kann (beispielsweise die Bewegung von Lebewesen); aber Newtons Gravitationskraft ist philosophisch und mathematisch völlig problemlos mit der Annahme der Existenz anderer, zusätzlicher Naturkräfte verträglich. Die Erklärungslücke, warum ein Vogel, obwohl er *auch* der Gravitation unterliegt, nicht herunterfällt, läßt sich ohne Widerspruch zur Gravitationstheorie durch die zusätzliche Annahme weiterer Kräfte (hier: der Aerodynamik) schließen. Die Quantentheorie hingegen besitzt einige *formale* Eigenschaften, die eine prinzipielle Verträglichkeit mit einer Erweiterung durch zusätzliche nicht-quantentheoretische Theorien ausschließen. Dies ist ein zentrales Resultat der formalen Untersuchungen der Quantentheorie mit den hier zu untersuchenden »Gedankenexperimenten«. Vor diesem Hintergrund können wir die Hauptaussagen der einzelnen Gedankenexperimente skizzieren:

Den Aufsatz mit dem Katzen-Gedankenexperiment nannte Schrödinger, der zehn Jahre zuvor die Quantentheorie wesentlich mitentwickelt hatte, seine »Generalbeichte«.[195] Er weist darin nach, daß sich die Eigenschaft der Quantentheorie, die Elementarprozesse der Natur nur mit Wahrscheinlichkeiten zu beschreiben, durch Superposition von quantenmechanisch beschriebenen Objekten nicht beseitigen läßt. Es scheint nun aber eine wesentliche Qualität der »Realität« zu sein, daß es in ihr eindeutige makroskopische Zustände gibt. Eine Katze ist immer entweder tot oder lebendig, und nie in einem Mischzustand aus beidem. Diese Feststellung hat zur Konsequenz, entweder den Anwendungsbereich der Quantentheorie auf die Mikrowelt zu beschränken – und damit einen radikalen Bruch zwischen den Gesetzen, die makroskopische Meßgeräte und Katzen beschreiben, und den Gesetzen der Quantenobjekte zu postulieren – oder aber die landläufige Vorstellung von »Realität« revidieren zu müssen.

Das andere eingangs genannte »formale Gedankenexperiment« von 1935, das Einstein-Podolsky-Rosen-Paradox, möchte – nach Einsteins gescheiterten Versuchen, sie als »falsch« zu entlarven – beweisen, daß die Quantentheorie »unvollständig« ist. Zu diesem Zweck konstruiert das Gedankenexperiment ein Szenario, bei dem die Quantentheorie eine statistische Kausalbeziehung zwischen räumlich weit getrennten Teilsystemen vorhersagt. Dieses Szenario ist so gewählt, daß die Vorhersagen der Quantentheorie entweder so interpretiert werden müssen, daß das eine Teilsystem einen instantan wirkenden, also sich mit Überlichtgeschwindigkeit ausbreitenden Einfluß auf das andere Teilsystem ausübt, oder daß in Ergänzung zu den statistischen Vorhersagen der Quantentheorie noch eine zusätzliche, bisher unbekannte Ursache das Verhalten der beiden Teilsysteme mit beeinflußt. Da Einstein die Existenz von instantanen Kausalbeziehungen über räumliche Entfernungen absurd erscheint, schließt er auf letzteres – also auf die Unvollständigkeit der Quantentheorie.

Die Frage nach der logischen Zulässigkeit einer Erweiterung des quantentheoretischen Formalismus mit bisher unbekannten Kausalursachen – den sogenannten »verborgenen Parametern« – ist das Thema vieler weiterer dieser »formalen Gedankenexperimente«.

195 Schrödinger (1935) 845.

Durch die Ergebnisse von insbesondere Gleason, Kochen / Specker und Bell ist erwiesen, daß gerade solche Ausgestaltungen von »verborgenen Parametern«, die geeignet wären, der anschaulichen Vorstellung einer Auflösung des EPR-Paradox zu genügen, mit dem Formalismus der Quantentheorie nicht verträglich sind. Hierdurch deutet heute vieles auf die Option, die Einstein absurd erschien: daß es im Anwendungsbereich der Quantentheorie essentiell »nichtlokale« Wechselwirkungen gibt.

Soweit zur groben Skizze von Absicht und Ergebnis dieser Beiträge. Für das Verständnis dieser Gedankenexperimente ist die Feststellung wichtig, daß im Unterschied zu den früheren Gedankenexperimenten zur Quantentheorie von Heisenberg und Bohr hier nicht unmittelbar mit anschaulichen oder klassischen Vorstellungen gearbeitet wird, sondern mit formal definierten Begriffen und Aussagen. Nur Anlaß und Motiv für die formalen Definitionen zu den Themen »Vollständigkeit«, »Lokalität«, »verborgene Parameter«, »Abbild der Realität« u. s. w. liegen in den eben skizzierten philosophischen Problemen der Quantentheorie mit den intuitiven Vorstellungen von diesen Themen. Intuitive Vorstellungen lassen sich aber nicht ohne weiteres mit dem Stück Mathematik, in dem die Quantentheorie ausgedrückt ist, in Beziehung setzen. Sie bedürfen einer Übersetzung in die gleiche Sprache der Mathematik.

So werden die anschaulichen Vorstellungen in *formale Prinzipien* übersetzt und, da bei dieser Übersetzung ein gewisser Grad an Willkür vorliegt, meistens in verschiedene Alternativdefinitionen. Ein Buch über *The Metaphysics of Quantum Theory* von Henry Krips untersucht nicht weniger als 70 solcher Prinzipien und ihre Beziehungen zum Formalismus der Quantentheorie. Als illustratives Beispiel seien hier die ersten beiden Alternativdefinitionen der Eigenschaft »Vollständigkeit«, die Krips zum Beweis der philosophischen Konsequenzen aus dem Kochen-Specker-Paradox benötigt, genannt.[196]

(C) For any complete orthogonal set of vector $\{f_i\}$ in $\mathcal{H}(S)$ there is a non-degenerate Q for S for which $\{f_i\}$ are its eigenvectors.

(C1) For any non-degenerate q-quantity Q for S and any possible value q_i there is a two-valued q-quantity Q_i for S for which

196 Henry Krips, *The Metaphysics of Quantum Theory*, Oxford 1987; ²1990, 248.

$Q_i(S, t) = 1$ if $Q(S, t) = q_i$
$Q_i(S, t) = 0$ if $Q(S, t) = q_j$ for $j \neq i$
$P(\text{val } Q_i, 1, S, t) = 1$ if $P(\text{val } Q, i, S, t) = 1$
$P(\text{val } Q_i, 0, S, t) = 1$ if $P(\text{val } Q, j, S, t) = 1$
for any $j \neq i$

[Diese formale Ausdrucksweise hat nebenbei den offensichtlichen Vorteil, daß man die Frage, welche dieser beiden Formulierungen aus metaphysischen oder weltanschaulichen Gründen zu bevorzugen wäre, ohne Einmischung durch allzu rohe Intuitionen eines »gesunden Verstands« diskutieren kann.]

Die soweit vorliegenden Resultate aus diesen »formalen Gedankenexperimenten« bzw. Beweisen sind in allen philosophisch interessanten Fällen (d.h. solchen, die vergleichsweise nahe einer anschaulichen Vorstellung liegen) allerdings bloße *Konditionale*. Die Menge und Kombinationsmöglichkeit der formal definierten weltanschaulichen Vorstellungen wird eingeschränkt, aber nicht festgelegt. Zur Illustration auch hierzu zwei Beispiele; das erste ist ein Resultat aus dem EPR-Paradox, eine Zeile darunter eines aus dem Kochen-Specker-Paradox. Beide Beispiele sind aus einem »Prolegomenon zur Philosophie der Quantenmechanik« von Michael Redhead entnommen, das, was den Kompromiß in der Darstellung zwischen formalem Aufwand und philosophischem Profit angeht, dem eben genannten Buch vorzuziehen ist.[197]

$F \rightarrow \neg (L) \wedge$ Incompleteness
$[F \wedge]$ VR $\wedge$ FUNC$^* \rightarrow (\neg$ ELOC$) \wedge (\neg$ OLOC$)$

Hierbei steht »F« für den gesamten Formalismus der Quantenmechanik, und die übrigen Terme (zwischen den logischen Konstanten) bezeichnen die formal definierten Prinzipien. Es stellen sich die Fragen: Was ist hierdurch gewonnen und was hat dies mit Gedankenexperimenten zu tun?

Die Methode, durch die solche Resultate gewonnen werden, ist nicht wesentlich verschieden von der Ableitung einer jeden beliebigen anderen Konsequenz aus einer Theorie, beispielsweise der Oberflächenform des Wassers in einem rotierenden Eimer im Rahmen der Newtonschen Mechanik, des Zeitpunkts des morgigen Sonnenaufgangs aus einem Modell des Sonnensystems im Rahmen

197 Michael Redhead, *Incompleteness, Nonlocality, and Realism – A Prolegomenon to the Philosophy of Quantum Mechanics*, Oxford 1987; ^{2}1989, 76 u. 142.

der Newtonschen Gravitationstheorie oder der Lichtgeschwindigkeit in einem fahrenden Eisenbahnzug mittels Maxwells Elektrodynamik. Bei den Beweisen werden weder anschauliche Bilder, Intuitionen, andere (klassische, nicht-quantenmechanische) Theorien noch neuartige Schlußfiguren eingesetzt. Das Resultat, das hierdurch gewonnen wird, unterscheidet sich von anderen Konsequenzen der Quantentheorie höchstens dahin gehend, daß es für alle praktischen Belange ausgesprochen unnütz ist. Die Anwendbarkeit der Quantentheorie auf die Empirie wird dadurch weder vergrößert noch geschmälert, daß man weiß, daß die Quantentheorie zusammen mit einigen weiteren naheliegenden Annahmen entweder das Prinzip namens »ELOC« oder das Prinzip namens »OLOC« oder beide verletzt. Im Unterschied zu Heisenbergs Behauptung über die Unbestimmtheitsrelation oder jener Einsteins über das Relativitätsprinzip käme auch niemand auf die Idee, die Nichterfüllung des Prinzips »ELOC« (oder »OLOC«) als *Forderung* an jede fundamentale Theorie der Natur zu stellen. Die Nichterfüllung dieser Prinzipien ist eher ein Nachweis des »Gifts des Paradoxons« in der Quantentheorie, von dem Heisenberg oben sprach.

Aber gerade hierdurch ergibt sich eine naheliegende Verbindung dieser formalen Paradoxien und Theoreme der Quantentheorie zu einigen schon oben beschriebenen Aspekten der »Methode des Gedankenexperiments in der modernen Physik«. Das Motiv für diesen gewaltigen Aufwand, der in der Forschung der letzten 70 Jahre mit dieser Art abgeleiteter Paradoxien und Prinzipientheoremen der Quantentheorie betrieben wurde, läßt sich weder mit den vorhandenen Resultaten noch mit dem soweit erreichten »Nutzen« für die Philosophie erklären. Dieser Aufwand erscheint allerdings natürlich und selbstverständlich, wenn man darin eine Methode erkennt, die man schon immer in der Physikgeschichte angewandt hatte und die bisher fast regelmäßig zu wichtigen Erfolgen der Naturwissenschaft geführt hat. Nur eben in der Weiterentwicklung der Quantentheorie bisher *noch* nicht.

Wenn man eine Theorie gefunden hat, die sich in der Erfahrung bewährt, kann man diese eben nicht bloß (gewissermaßen »nach unten hin«) anwenden, um mit ihrer Hilfe erfolgreich Beobachtungen zu erklären, Vorhersagen zu machen, neue Technologien zu entwickeln etc. Eine erfolgreiche Theorie läßt sich auch als Ausgangsbasis verwenden, um mit ihrer Hilfe auf argumentativem Weg und in effizienter Weise eine neue, verbesserte Theorie zu suchen, welche die bisherige Theorie zu einem bloßen Grenzfall degradieren wird – oder logisch streng gesagt: als falsch erweisen wird. Mit »effizient« ist gemeint, daß diese Methode es nicht erfordert, jede neue Theorie aufs neue vollständig »vom Boden her«, aus der Menge der bekannten empirischen Daten, zu begründen, sondern durch eine *Weiterentwicklung*. Offensichtlich ist, daß diese Methode kein deduktives Schlußverfahren sein kann, denn sie begründet eine Theorie, die mit den vorausgesetzten Prämissen (d. h.: der alten Theorie) im Widerspruch steht.

Wie funktioniert diese Methode? Die ersten Schritte dieser Methode sind durch die historischen Teile der bisherigen Untersuchung offensichtlich: Man nimmt diese bisher erfolgreiche Theorie und leitet aus ihr diesmal keine Einzeltatsachen ab, sondern (gewissermaßen »nach oben hin«) Allgemeinsätze, d. h. allgemeine formale Eigenschaften dieser Theorie. Beispielsweise: In Newtons Gravitationstheorie sind schwere Masse und träge Masse strikt proportional. In Maxwells Elektrodynamik ist die Lichtgeschwindigkeit unabhängig vom Bewegungszustand des Beobachters. Die Quantentheorie hat (unter weiteren Voraussetzungen) die allgemeine Eigenschaft »(¬ ELOC) ∧ (¬ OLOC)« und viele weitere dieser eher philosophischen Theorieeigenschaften.

Hinsichtlich des Nutzens für die Anwendung der genannten Theorien auf die Erfahrung kann man diese Art der Ableitung von Allgemeinsätzen wie gesagt als eine bloße mathematische Spielerei ansehen, und der zuletzt genannte Satz ist wohl bis heute nicht mehr als das. Jeder dieser abgeleiteten Allgemeinsätze sagt weniger aus als die Theorie, aus der er gewonnen wurde. Am Beispiel: Aus dem alleinigen Wissen, daß schwere und träge Masse proportional sind, läßt sich natürlich nicht »der ganze Rest« der Newtonschen Gravitationstheorie ableiten.

Der nächste Schritt dieser Methode sieht vor, einige dieser abgeleiteten Allsätze (oder probeweise: alle nacheinander und in jeder Kombination) über den Anwendungsbereich der betreffenden Theorie zu verallgemeinern. Das heißt, man wagt die Behauptung: »Die betreffende Theorie mag sich später vielleicht als falsch erweisen, aber *diese eine* eben abgeleitete allgemeine Eigenschaft unserer bisherigen Theorie wird auch mit der zukünftigen Nachfolgertheorie weiterleben.« Eine Garantie, daß dem so sein wird, gibt es natürlich nicht. Man interpretiert also einige abgeleitete allgemeine Eigenschaften von bestehenden erfolgreichen Theorien als »*Prinzipien*«, denen man eine weiter reichende Gültigkeit unterstellt als der konkret vorliegenden und bisher bewährten Theorie.

Die nachfolgenden Schritte dieser Methode folgen keinem einfachen Kochrezept; sie benötigen Kreativität oder Glück, um zum Erfolg zu führen. Man vergißt nun die Theorie, aus der sie abgeleitet wurden, und betrachtet allein diese Prinzipien. Aus einer kleinen Menge solcher Prinzipien versucht man nun neue Theorien »abzuleiten«. Hier ist mit »ableiten« nicht die deduktive Logik gemeint, sondern das, was Einstein oben *(II.3.1.2)* darunter verstand. Offensichtlich benötigt man weitere Annahmen für diese »Ableitung«. Einstein konnte hierbei auf ein breites Spektrum an Intuitionen über »Einfachheit« oder über erfolgversprechende mathematische Strukturen zurückgreifen. Auf Grundlage der soweit behandelten Gedanken von modernen Physikern lassen sich auch einige heuristische Ratschläge geben, wie man die Erfolgsaussichten der Suche nach der geeigneten Auswahl an Prinzipien und Hilfsannahmen steigert.

Ein heuristischer Rat wird lauten: Versuche, die Prinzipien von *verschiedenen* erfolgreichen Theorien zu kombinieren. Denke dir hierfür eine physikalische Situation aus, bei der man sich auf Grundlage aller betrachteten Prinzipien – wie Heisenberg gesagt hat – »die experimentellen Konsequenzen qualitativ denken kann«. Interessant sind insbesondere solche Situationen, bei denen verschiedene wie oben begründete Prinzipien zu widersprüchlichen Konsequenzen führen. Dies erzwingt eine Auswahl durch Entscheidung zwischen den Prinzipien. Offensichtlich werden nicht alle formal ableitbaren Prinzipien in einer zukünftigen Theorie Bestand haben; eine Auswahl nach geeigneten und ungeeigneten ist also zwingend notwendig. Offenbar läßt sich durch Gedankenexperimentieren viel über geeignete und ungeeignete Prinzipien erfahren; offenbar ist es hierfür sogar zieldienlich, wenn es gelingt, eine schon bekannte und akzeptierte Theorie *nachträglich* nochmals in einem anschaulichen Gedankenexperiment qualitativ zu rekonstruieren, um so gewissermaßen »die wichtigen« von den »unwichtigen« der formal ableitbaren Allsätze dieser Theorie zu unterscheiden.

Nebenbemerkung: Moralische Gedankenexperimente der Physiker

In einer Nebenbemerkung sollte abschließend erwähnt werden, daß auch von der Methode »Gedankenexperiment in der modernen Physik« eine Verbindung zur heute so populären Methode »Gedankenexperiment« in nicht-naturwissenschaftlichen Disziplinen besteht. Wenn heute in der Moralphilosophie ausgiebig »mit Gedankenexperimenten« argumentiert wird, kann man nicht bloß auf Mach als legitimatorisches Vorbild verweisen, sondern auch auf Heisenberg.

In seiner Autobiographie berichtet Heisenberg von dieser moralischen Diskussion mit seinen Kollegen aus der theoretischen Physik kurz nach der nationalsozialistischen Machtergreifung 1933:

> Planck hatte davon gesprochen, daß man vor Entscheidungen gestellt werden könnte, bei denen man nur noch Unrecht tun kann. Waren solche Situationen überhaupt möglich? Als Physiker versuchte ich mir Gedankenexperimente zu erfinden, das heißt in diesem Fall Notlagen auszudenken, die, wenn sie auch nicht in der Wirklichkeit vorkämen, doch wirklichen Situationen hinreichend ähnlich und zugleich so extrem wären, daß man die Unmöglichkeit einer menschlich vertretbaren Lösung sofort einsehen konnte.[198]

Das Gedankenexperiment, das Heisenberg anschließend vorstellt, ist eine Variation des seither regelmäßig benutzten Gedankenexperiments zum Thema »utilitaristische *versus* deontologische Ethik«: Eine Handlung, die nach deontologischen Kriterien grob unmoralisch ist, würde aufgrund der hypothetischen Lage der Welt (z. B. der unmoralischen Handlungsgesetze eines Tyrannen) zu einer aus utilitaristischer Sicht deutlich vorteilhafteren Konsequenz führen als die Einhaltung deontologischer Werte. Bei Heisenberg: Ein angesehener Jurist würde vom Tyrannen mit der Freilassung von neun unschuldigen, anderenfalls dem Tode überantworteten Gefangenen belohnt, falls er sich bereit erklärt, die Hinrichtung eines Regimegegners öffentlich mit einem Gutachten zu rechtfertigen. Was soll der Jurist tun – das Gefälligkeitsgutachten schreiben oder nicht?[199]

198 Heisenberg (1969) 181f.

199 Für Variationen dieses Gedankenexperiments [ohne auf Heisenberg Bezug zu nehmen] siehe z. B.: J. J. C. Smart u. Bernard Williams, *Utilitarianism – For & Against*, Cambridge, New York 1973.

Bei Heisenberg ist die Diskussion des Gedankenexperiments unergiebig. Er bleibt unschlüssig und windet sich heraus.

Dann kam es mir wieder kindisch vor, solche absurden Gedankenspiele zu betreiben. Es kam doch darauf an, hier und jetzt zu entscheiden, ob ich auswandern oder in Deutschland bleiben wollte [*nicht:* »sollte«]. Man mußte an die Zeit nach der Katastrophe denken. Das hatte Planck gesagt, und das leuchtete mir ein. Also: Inseln des Bestandes bilden, junge Leute sammeln und sie nach Möglichkeit lebendig durch die Katastrophe bringen, und dann nach dem Ende wieder neu aufbauen; das war die Aufgabe, von der Planck gesprochen hatte.[200]

Heisenberg leugnet also, anhand des Gedankenexperiments eine moralische Entscheidung treffen zu müssen, und vertraut darauf, *(a)* daß in der Realität nie eine dem Gedankenexperiment vergleichbare Lage eintreten werde, insbesondere *(b)* daß entgegen der Situation des Gedankenexperiments jederzeit eine *nicht unmoralische,* neutrale Position der Enthaltung und Nichteinmischung in politische Angelegenheiten existieren würde und *(c)* daß auf das moralische Urteil von Autoritäten wie Planck jederzeit Verlaß sei.

Die intellektuellen Schlüsse Heisenbergs aus seinem moralischen Gedankenexperiment zeigen vielleicht noch besser als die physikalischen Gedankenexperimente das generelle, schon gleich am Anfang genannte Problem mit den Gedankenexperimenten: Gedankenexperimente sind – letztendlich – kein Instrument, das geeignet wäre, unsere Vorurteile einer ernsten Gefahr auszusetzen. Der *Zwang,* durch ein Gedankenexperiment eine Meinung – über die Interpretation von »absolutem Raum«, der Quantentheorie oder über Moral – ändern (oder bloß überdenken) zu müssen, ist, falls er überhaupt besteht, deutlich kleiner als durch jeden logischen Schluß oder empirischen Sachverhalt. Der mögliche Profit aus einem Gedankenexperiment, wenn man sich auf es einläßt, wird dadurch nicht in Frage gestellt.

Im Nationalsozialismus – aber auch in Heisenbergs weiterem Lebensweg – kam es zu unzähligen *realen* Situationen, die an Brutalität und moralischer Relevanz über das Szenario des Gedankenexperiments hinausreichten. Heisenbergs Wirken im Nationalsozialismus wurde Gegenstand von in der Sache unkontroverser, gelegent-

200 Heisenberg (1969) 182.

lich sehr harsch formulierter moralischer Kritik der Historiker.[201] Seine Selbstzeugnisse lassen vermuten, daß Heisenberg die moralische Relevanz seines Wirkens im Nationalsozialismus in weiten Bereichen gar nicht wahrgenommen hat. Auch empirische Fakten fördern nur dann das Verständnis, wenn sie bis ins Bewußtsein vordringen.

3.3 Benötigt neue Physik neue Methoden?

Beim Lesen der einleitenden Bemerkungen zu diesem Abschnitt *(II.3)* könnte man auf einen Gedanken kommen, der dort nicht gesondert thematisiert wurde, aber vielleicht geeignet gewesen wäre, den in den zurückliegenden Seiten behandelten Themen eine zusätzliche Spannung zu geben. Dort wurde gesagt, daß die sogenannte »Methode des Gedankenexperiments« nach Duhem, Meinong und Russell, also spätestens nach 1907, in der Wissenschaftsphilosophie eigentlich beerdigt war. Daraufhin wurde festgestellt, daß die »Methode des Gedankenexperiments« *nur deshalb* wieder zu einem Thema der Wissenschaftsphilosophie wurde, weil sie in einem innigen Verhältnis mit den neuen, revolutionären Theorien der modernen Physik – Relativitätstheorie und Quantenmechanik – steht, das auf den letzten Seiten untersucht wurde.

Hier könnte man die Vermutung äußern, daß diese neuen Theorien der Physik in einer *essentiellen* Weise von der Verwendung einer neuen Wissenschaftsmethode – jener der »Gedankenexperimente« – abhängen. Damit ist gemeint, daß die Entdeckung oder Rechtfertigung (oder beides) dieser neuen Theorien womöglich gar nicht hätte erreicht werden können, wenn die beteiligten Wissenschaftler nur das altbekannte Instrumentarium an Wissenschaftsmethoden benutzt hätten.

Eine vergleichbare These wurde von Wissenschaftsphilosophen hinsichtlich vieler historischer Theorieübergänge untersucht und weitreichend verallgemeinert. Berühmt ist beispielsweise der Versuch von Paul Feyerabend, zu zeigen, daß Galileis neue Wissenschaft nach den Maßstäben ihrer Zeit als irrational hätte abgelehnt werden

201 Siehe z. B.: Paul Rose, *Heisenberg and the Nazi Atomic Bomb Project – A Study in German Culture*, Berkeley 1998, aber auch die Rezension hiervon d. A.: »Trümmerhaufen der Theorie«, *Frankfurter Allgemeine Zeitung*, 11. März 1999, 53.

müssen (was sie ja auch von vielen Gelehrten wurde). Allein die Tatsache, daß Galilei zusammen mit den Inhalten seiner Wissenschaft auch gleich neue Maßstäbe für Rationalität etablieren konnte, hätte Galileis Wissenschaft den entscheidenden Vorteil gegenüber vorherigen Naturerklärungen verschafft.[202]

Dieses Beispiel allein ist wenig aussagefähig. Wenn eine solche »Revolution der Methode« nur ein einziges Mal in der Wissenschaftsgeschichte nachweisbar wäre, würde man eher sagen: Diese Revolution betrifft den Unterschied zwischen nicht-wissenschaftlichen und wissenschaftlichen Erkenntnissen. Die neuen Maßstäbe für Rationalität von Galilei sind eben die vorher unbekannten Maßstäbe der Wissenschaft; die vorherige Rationalität war noch keine wissenschaftliche.

Zu einem ernsten wissenschaftsphilosophischen Problem wird es allerdings, wenn mehrfach in der engeren, modernen Wissenschaftsgeschichte »Revolutionen der Methode« und der durch die Methoden ausgedrückten Maßstäbe für rationale Überzeugungen nachweisbar wären. Hierfür gibt es einige Kandidaten, die ausgiebig erforscht werden.[203] Insbesondere die mühselige und späte Entdekkung der »statistischen Methode« von Ende des 18. bis über das ganze 19. Jahrhundert hinweg zählt zu den interessanten Kandidaten für einen solchen Fall. Durch Verwendung statistischer Methoden fielen plötzlich Aussagen in den Bereich wissenschaftlicher Wahrheitsansprüche, die nach den vorherigen Maßstäben sinnlos waren. Aussagen, die man vorher als offensichtlich empirisch falsch erkannt hatte, wurden zu ebenso offensichtlich empirisch wahren Aussagen. Das liegt insbesondere daran, daß zu einem mit statistischen Methoden empirisch nachweisbaren Kausalzusammenhang (z.B. »Rauchen verursacht Krebs«) immer empirische Gegenbeispiele existieren, die ohne Kenntnis der statistischen Methoden die Hypothese zu Fall bringen würden.

Die Frage lautet: Stellt die Verwendung der Methode oder Methoden des Gedankenexperiments im Zusammenhang mit Relativitäts- und Quantentheorie in diesem Sinne eine mit der Entste-

202 Paul Feyerabend, *Against Method*, 1975, Kap. 6-14.

203 Literaturübersicht: Larry Laudan, »Theories of Scientific Method from Plato to Mach«, *History of Science* 1968, 7/1-63; derselbe auch: *Science and Hypothesis*, Dordrecht 1981. Allgemeine Einführung: Barry Gower, *Scientific Method: An Historical and Philosophical Introduction*, London / New York 1997.

hung der statistischen Methoden vergleichbare »Revolution der Methode« dar? Die Antwort ist: nein. Der Grund liegt darin, daß – mit Ausnahme von zeitweilig vorhandenen Irrtümern – die Methode des Gedankenexperiments nicht mit empirischen Wahrheitsansprüchen verknüpft war.

Die zeitweiligen Irrtümer in der Geschichte des Gebrauchs von Gedankenexperimenten in der modernen Physik basierten gerade auf der Annahme, aus der Intuition oder einem »gesunden Menschenverstand« mittels der Gedankenexperimente ein hartes Argument zum Beweis oder zur Widerlegung der neuen Theorien entwickeln zu können. Die Gedankenexperimente von Lenard und Adler zur Widerlegung der Relativitätstheorie, von Heisenberg zum Beweis der Unbestimmtheitsrelation und von Einstein zur Widerlegung derselben sind hinsichtlich ihres Scheiterns und der Ursache dieses Scheiterns gleich. Die fortgeschrittenen Theorien, die mittels eines abstrakten, hochentwickelten Formalismus mit sehr weitreichenden und subtilen empirischen Tatsachen verknüpft sind, lassen sich nicht mehr mit simplen Alltagserfahrungen oder hieraus abgeleiteter Intuition begründen oder angreifen. Die Zeiten liegen weit zurück, da die Theorienentwicklung noch mit dem bloßen Verweis auf offensichtliche und ohne anspruchsvolles Meßgerät überprüfbare Tatsachen gefördert werden konnte. (Zu Galileis Zeit war dies noch möglich; siehe *I.2.*) Die naheliegenden Tatsachen hatte man in der Physikgeschichte *als erstes* verarbeitet, um sich danach der *Erweiterung* der Theorien auf zunehmend subtilere Naturphänomene zu widmen.

Neben dem Thema »Beweis oder Widerlegung« findet sich in der modernen Physikgeschichte ein weites Feld des Gebrauchs von Gedankenexperimenten zu *illustrativen* und *heuristischen* Zwecken. Hierunter fallen harmlose, aber uninteressante Fälle, wo einfach zu einem formal beschriebenen Sachverhalt ein Beispiel mitgeliefert wird. Im Feld der bloßen Psychologie erweisen sich die Gedankenexperimente allerdings als zwiespältiges Instrument. Die »populären Gedankenexperimente« zum Zweck der Vermittlung von moderner Physik für ein Laienpublikum dürften wohl durch verwirrende Mißverständnisse genausoviel Schaden angerichtet wie Nutzen bewirkt haben, indem sie die Zuhörer für eine nachfolgende theoretische Beschäftigung mit der Physik begeistert haben.

Ein größerer Teil der Gedankenexperimente im Zusammenhang

mit der modernen Physik einschließlich einiger, die auch zu illustrativen Zwecken benutzt wurden, hatte die Absicht, Fragen zur *Interpretation* der neuen Theorien zu beantworten. Interpretation ist ein Thema, das neutral zur Frage nach der empirischen Wahrheit steht. »Was *bedeutet* ›Gleichzeitigkeit‹, ›Unbestimmtheit‹, ›Vollständigkeit‹, ›Komplementarität‹ etc.?« Der Gebrauch anschaulicher Gedankenexperimente war für diese Fragen jedoch problematisch. Mit den Gedankenexperimenten ist immer auch die Suggestion verbunden, von der Frage »Was bedeutet ...« schleichend überzugehen in die Frage »Warum ist es *sinnvoll*, daß die Theorie entsprechend strukturiert ist?« und von dort zur empirischen Behauptung: »Die Welt muß so sein!« Anstatt der bloßen Verträglichkeit einer Theorie mit metaphysischen Annahmen wird durch anschauliche Gedankenexperimente etwas anderes zu beweisen versucht: die scheinbare Notwendigkeit bestimmter metaphysischer und theoretischer Annahmen. Dies war Bohrs Absicht mit den pseudorealistischen Gedankenexperimenten, aber weder die Begründungsrichtung noch die Prämissen der Begründung waren klar zu erkennen. Seine detailliert ausgemalten Gedankenexperimente appellieren an nichtsprachliche Anschauungen und Intuitionen, führen aber nicht zu überzeugenden Argumenten. In der Folge sind auch die Interpretationsfragen zu einer Theorie mit der Methode des formalen Beweises mit Hilfe abstrakt beschriebener Modellklassen der Theorie bearbeitet worden, ohne Verwendung anschaulicher Gedankenexperimente.

Das Element der Anschaulichkeit von Gedankenexperimenten erweist sich als ein vorübergehendes in der Theorienentwicklung und -interpretation, dem ausschließlich ein in psychologischen Begriffen gefaßter »heuristischer Wert« zugesprochen werden kann. Die interessante Beobachtung ist allerdings: Wenn man aus allen Beispielen und Reflexionen zur Methode im Bereich der »Gedankenexperimente in der modernen Physik« die Irrtümer und Verwirrungen durch falsch verstandene Anschaulichkeit, Intuition und eine bloß auf die Psychologie abzielenden Heuristik herauskürzt, bleibt nicht nichts übrig. Es bleibt eine bei diesen Episoden der modernen Wissenschaftsgeschichte systematisch angewandte Methode der Erforschung von Theorien, die gar nicht notwendig auf unerklärliche Anschauungen und Intuitionen angewiesen ist.

Unbestreitbar besaß Einstein einen treffsicheren Instinkt und eine grandiose Fähigkeit, komplizierte Sachverhalte in anschaulichen Bildern darzustellen. Aber letztendlich hat Einstein formal ableitbare Eigenschaften bestehender Theorien über den Anwendungsbereich der Theorie verallgemeinert. Die Gedankenexperimente dienten ihm dazu, die Auswahl dieser Eigenschaften und die Zulässigkeit der Verallgemeinerung zu Prinzipien zu bestimmen, indem sie mit dem Anwendungsbereich anderer Theorien konfrontiert werden. Aus einigen vorher kurios erscheinenden Qualitäten des Elektromagnetismus wurden so die Prinzipien der speziellen Relativitätstheorie, die hierdurch mit der Mechanik verträglich werden. Aus der unerklärten, aber empirisch bewährten Proportionalität der schweren und trägen Masse innerhalb Newtons Gravitationstheorie wurde ein Prinzip der allgemeinen Relativitätstheorie, wodurch die Gravitation zu einem Teilaspekt der empirischen Geometrie wird. Die Gedankenexperimente der Quantentheorie lassen sich als Teil dieses Bemühens verstehen, aus dem quantentheoretischen Formalismus Prinzipien zu gewinnen, die über die Quantentheorie hinaus verallgemeinert werden könnten. Die Frage lautet hier wie bei früheren Theorien: Welche Teilaspekte der Quantentheorie reichen aus, um dem empirischen Erfolg der Quantentheorie gerecht zu werden? Diese ließen sich wohl verallgemeinern auf eine zukünftige Nachfolgetheorie, falls es sie gibt.

4. Monster und Gespenster: Das Gedankenexperiment in der modernen Wissenschaftsphilosophie (1934 bis heute)

Die soweit behandelten Autoren haben die Bedeutung des Begriffs »Gedankenexperiment« begründet. Spätere Autoren, die über Gedankenexperimente geschrieben haben, müssen, wenn sie keine Privatsprache erfinden wollen, über das reden, was wir schon gehört haben. Es darf allerdings nicht völlig ignoriert werden, daß wir soweit nur einen kleinen Bruchteil der heute vorhandenen Literatur über Gedankenexperimente behandelt habe. Die Begründung, daß in diesem Abschnitt nur noch eine Blütenlese einiger einflußreicher Beiträge und Entwicklungen stattfindet, liegt nicht darin, daß seit 1935 nichts für das Verständnis von Gedankenexperimenten Wesentliches mehr geschrieben wurde. Sie erklärt sich bloß aus dem chronologischen Aufbau der historischen Untersuchung. Da wir alle Fragen jeweils bei ihrem ersten Auftauchen untersucht haben, können wir jetzt sehr selektiv vorgehen.

Die ersten fünf Stationen behandeln Autoren, die zwar über »Gedankenexperimente« nur am Rande geschrieben haben, aber zu den einflußreichsten Figuren der Wissenschaftsphilosophie nach 1945 zählen. In den meisten allgemeinen Einführungsbüchern zur Nachkriegs-Wissenschaftsphilosophie findet sich zwar zumeist kein Kapitel zum Thema »Gedankenexperimente«, aber fast zwangsläufig je eines zu Carl Gustav Hempel (1905-1997), Karl Popper (1902-1994), Alexandre Koyré (1892-1964), Thomas S. Kuhn (1922-1996) und Imre Lakatos (1922-1974). Was von diesen fünf Koryphäen der modernen Wissenschaftsphilosophie veröffentlicht wurde, stand praktisch automatisch im Zentrum der Diskussion, und ebenso zwangsläufig entwickelt sich durch die zeitliche Abfolge dieser Beiträge eine Diskussionslinie, auch wenn der Bezug auf die Vorläufer nicht jedesmal ausdrücklich erwähnt wird.

4.1 Carl Gustav Hempel

Die vorliegende Arbeit beschränkt sich auf die Methode der naturwissenschaftlichen Gedankenexperimente. Bisher war dieses Thema praktisch identisch mit dem Thema »Gedankenexperimente«. Für den Übergang zu einer Methode des Gedankenexperiments in den Geistes- und Sozialwissenschaften und von dort zur »reinen« Philosophie (insbesondere in den Bereichen Semantik, Epistemologie, Philosophie des Geistes, Moralphilosophie u. v. a.) muß man insbesondere den Aufsatz »Typological Methods in the Natural and the Social Sciences« (1952) von Carl Gustav Hempel ansehen.

Allgemein geht es Hempel in diesem Aufsatz um die Frage, ob Max Webers (1864-1920) Begriff des »Idealtypus«, obwohl sich Weber selbst außerstande sah, ihn in logischer Form zu fassen, einen wissenschaftlichen Erklärungswert habe. Idealtypen sind Idealisierungen von natürlichen Arten, wie beispielsweise »der amerikanische Durchschnittsverbraucher«, »der protestantische Fabrikbesitzer«, »der Arbeiter« etc., und üblicherweise findet sich unter den natürlichen Individuen, von denen ausgehend diese Idealisierung vorgenommen wurde, kaum ein Exemplar, das dem jeweiligen Idealtypus exakt entspricht (insbesondere bei solchen Aussagen wie »... hat 1,8 Kinder«). Die Argumente unter Verwendung von Idealtypen aus Psychologie und Sozialwissenschaft nennt Hempel Gedankenexperimente (»experiments-in-imagination« oder »imaginary experiments«). Neben Max Weber erwähnt Hempel insbesondere auch Howard Becker als ausgiebigen geisteswissenschaftlichen Gedankenexperimentator.[204]

Hempel akzeptiert die naturwissenschaftlichen Gedankenexperimente als normatives Vorbild des sozialwissenschaftlichen Gebrauchs von Gedankenexperimenten. In den Naturwissenschaften erkennt Hempel eine graduelle Abstufung der Gedankenexperimente von rein *intuitiven* zu rein *theoretischen* Gedankenexperimenten. Die intuitiven Gedankenexperimente charakterisiert Hempel so:[205]

> An intuitive experiment-in-imagination is aimed at anticipating the outcome of an experimental procedure which is just imagined, but which may well be capable of being actually performed. Prediction is guided here by past experience concerning particular phenomena and their regularities, and occasionally by belief in certain general principles which are accepted as if they were *a priori* truth. [...] Imaginary experiments of this kind are intuitive in the sense that the assumptions and data underlying the prediction are not made explicit and indeed may not even enter into the conscious process of anticipation at all: past experience and the – possibly unconscious – belief in certain general principles function here as a suggestive guide for imaginative anticipation rather than as a theoretical basis for systematic prediction.

Im Unterschied hierzu liegen beim theoretischen Gedankenexperiment alle Annahmen explizit vor, und die Ableitung geschieht allein mittels formaler Methoden:

> The theoretical kind of imaginary experiment, on the other hand, presupposes a set of explicitly stated general principles – such as laws of nature – and it anticipates the outcome of the experiment by deductive or probabilistic

204 Max Weber, *Aufsätze zur Wissenschaftslehre*, Tübingen 1922.
Howard Becker, *Through Values to Social Interpretation*, Durham/N.C. 1950.

205 Zitate: Hempel (1952) 164f. u. 171.

inference from those principles in combination with suitable boundary conditions representing the relevant aspects of the imagined experimental situation. [...] Imagination does not enter here; the experiment is imaginary only in the sense that the situation it refers to is not actually realized and may indeed be technically incapable of realization.

Hempel ist sich des nicht uneingeschränkten Nutzens der Methode Gedankenexperiment bewußt. Zu diesem Problem schreibt er:

Galileo's dialogues contain excellent examples of this procedure, which show how fruitful the method can be in suggesting general theoretical insights. But, of course, intuitive experiments-in-imagination are no substitute for the collection of empirical data by actual experimental or observational procedures. This is well illustrated by the numerous, intuitively quite plausible, imaginary experiments which have been adduced in an effort to refute the special theory of relativity; and as for imaginary experimentation in the social science, its outcome is liable to be affected by preconceived ideas, stereotypes, and other disturbing factors.

Hempel kommt zu dem Ergebnis, daß die sozialwissenschaftlichen Gedankenexperimente von Weber und Becker zum Typ der »intuitiven« Gedankenexperimente zählen und als solche nur einen *heuristischen* Wert haben:

Such experiments, then, cannot provide evidence pertinent to the test of sociological hypotheses. At best, they can serve a heuristic function: they may *suggest* hypotheses, which must then be subjected, however, to appropriate objective tests.

Aber wegen der Analogie zwischen naturwissenschaftlichem und sozialwissenschaftlichem Gebrauch von Gedankenexperimenten meint Hempel zuletzt, daß die Sozialwissenschaften nicht wesentlich von den Naturwissenschaften verschieden seien und sich also als Wissenschaften qualifizieren.

Was Hempel über Gedankenexperimente sagt, ist mit der soweit vorgestellten Geschichte der Gedankenexperimente völlig verträglich, wobei allerdings sein Ausweichen auf einen unverbindlichen Begriff von Heuristik wenig informativ ist. Durch Gedankenexperimente wird etwas »suggested«. Im Unterschied zum logischen Stil seiner übrigen philosophischen Beiträge unternimmt Hempel keinen Versuch, dieses »*suggest*« in logischen Begriffen zu rekonstruieren. Gewicht und Reichweite seines Beitrags sind hierdurch begrenzt. Die geisteswissenschaftliche »Methode der Idealtypen« sei gleich der naturwissenschaftlichen »Methode des intuitiven Gedankenexperiments«; das »intuitive Gedankenexperiment« habe eine heuristische Funktion und sei nur graduell verschieden vom formalen theoretischen Schließen des »theoretischen Gedankenexperiments«. Also sei Webers und Beckers Methode des Idealtypus, abgesehen von der eigenwilligen Namengebung, eine normale Forschungsmethode der empirischen Wissenschaft: »the method of ideal types becomes indistinguishable from the methods used by other scientific disciplines in the formation and application of explanatory concepts and theories.«

Die Argumentation hängt also an einem wahrgenommenen Faktum über die Geschichte der Naturwissenschaft, nicht jedoch – was man eigentlich von Hempel erwarten würde – an einer theoretischen Aussage über naturwissenschaftliche Rationalität. Hempel nimmt es als eine selbstverständliche Beobachtungstatsache, daß in den seriösen Naturwissenschaften regelmäßig mit Gedankenexperimenten geforscht wird, daß diese Gedankenexperimente oftmals etwas mit dem Glauben an bestimmte allgemeine Prinzipien zu tun haben und daß durch diese Gedankenexperimente bestimmte theoretische Rückschlüsse nahegelegt werden. Die interessante Frage wäre aber insbesondere, woran es liegt, daß dieselbe Methode, wie Hempel sagt, in Galileis Abhandlungen so überaus »fruitful« war, hingegen im Kontext der speziellen Relativitätstheorie – »of course« – gescheitert ist.

4.2 Karl Popper

Wenn jemand einen Text mit den folgenden drei Sätzen beginnt:

> Die weiter unten in diesem Anhang geübte Kritik hat logischen Charakter. Was ich mir zum Ziel setze, ist nicht die Widerlegung bestimmter Behauptungen und Gedankengänge, die möglicherweise von ihren Urhebern schon längst nicht mehr vertreten werden. Ich versuche vielmehr zu zeigen, daß gewisse *Methoden der Argumentation* unzulässig sind – Methoden, die ohne angegriffen zu werden seit Jahren in der Diskussion um die Interpretation der Quantentheorie verwendet werden.[206]

ist klar, worum es geht – spätestens wenn man die daran anschließende Fußnote liest:

206 Popper (1959) 397.

Insbesondere will ich hier weder die Quantentheorie noch irgendeine ihrer Interpretationen kritisieren.

Es geht dem Autor dieses Zitats im Nachfolgenden *eigentlich* darum, die eigene Interpretation der Quantentheorie zu verteidigen gegen andere Interpretationen, die von ihren Urhebern kein Stück weit aufgegeben wurden. Im eigentlichen Feld der richtigen Interpretation der Quantentheorie konnte der Autor dieses Zitats bisher keinen Sieg erringen, also versucht er, die Methoden der Argumentation anzugreifen. – Uns soll die Frage, was Poppers Auffassung von der Quantentheorie war und warum diese zu Recht kritisiert wurde, hier nicht interessieren, sondern tatsächlich nur, was Popper in diesem Zusammenhang über die Methode des Gedankenexperiments gesagt hat.

Dieser Text »*On the Use and Misuse of Imaginary Experiments, Especially in Quantum Theory*« (»*Über den Gebrauch und Mißbrauch von Gedankenexperimenten besonders in der Quantentheorie*«) ist ein 1959 veröffentlichter Anhang zu einer Neuauflage von Karl Poppers frühem Hauptwerk *Logik der Forschung* von 1934. In Abschnitt 77 (mit dem Titel »Entscheidende Experimente«) des Buchs hatte Popper 1934 ein Gedankenexperiment im Stile von Einsteins Widerlegungsversuchen der Unbestimmtheitsrelation aus der oben beschriebenen Bohr-Einstein-Debatte veröffentlicht, welches noch im selben Jahr durch Carl Friedrich von Weizsäcker[207] widerlegt wurde und ein Jahr später auch durch Einstein in einem persönlichen Brief an Popper, den Popper als weiteren Anhang in der Neuauflage abdruckt. In der Neuauflage der *Logik der Forschung* akzeptiert Popper diese Widerlegung und schreibt in einer Fußnote:

Ich habe das im vorliegenden Abschnitt beschriebene Gedankenexperiment zurückgezogen, weil es auf einem Irrtum beruht. [...] Ich halte dieses Experiment nicht mehr für durchführbar, aber auch nicht mehr für entscheidend. [...] Da man die Wiederveröffentlichung des Abschnitts 77 kritisiert hat, möchte ich hier feststellen, daß sie mir kein Vergnügen bereitet hat. Aber ich war der Meinung, einige Leser würden vielleicht genau sehen wollen, welche Fehler ich begangen hatte. Außerdem hätte man mir vorwerfen können, ich wolle meinen Irrtum verheimlichen und aus der Welt schaffen.[208]

207 *Die Naturwissenschaften* 1934, 22/807.
208 Popper (1959) 185.

An dieser Fußnote sieht man sowohl den Inhalt als auch den Stil der Wissenschaftsphilosophie des »*Kritischen Rationalismus*«, für deren Erfindung Popper berühmt wurde. Für Popper geht es bei Wissenschaft hauptsächlich um »Falsifikation«. Wissenschaftliche Theorien und Behauptungen zu erfinden hält Popper für einen Akt reiner, nicht weiter begründbarer Kreativität; der Wert einer wissenschaftlichen Behauptung lasse sich am Grad und an der Reichweite bestimmen, wie diese Behauptungen sich durch die Erfahrung widerlegen (falsifizieren) ließen, sowie an der Tatsache natürlich, daß die jeweiligen Behauptungen *noch nicht* falsifiziert wurden.

Indem uns Popper an dieser Fußnote den Falsifikationismus mit seiner eigenen Theorie vorführt, zeigt sich zugleich die prinzipielle Schwäche dieses auf ein simples logisches Kriterium gestützten und gänzlich ahistorischen Verfahrens zur Bewertung wissenschaftlicher Theorien und ihrer Entwicklung. Einerseits ist Popper erfreulich aufgeschlossen gegenüber der Widerlegung seiner eigenen Behauptungen über Quantentheorie und Wirklichkeit. Andererseits ist Poppers Auffassung dann offenbar doch nicht mit dieser Widerlegung erledigt. Wenn es kein Kriterium geben soll, um eine Behauptung schon im Vorfeld auf ihre prinzipielle Tauglichkeit hin abzuklopfen, dann führt dies zu überaus fruchtlosen Debatten. Auf die Widerlegung folgt dann erfahrungsgemäß nicht die Aufgabe der Theorie, sondern eine geringfügige Modifikation. Und wenn irgendwann die wissenschaftlichen Kollegen es aufgeben, jeden neuen Vorschlag aufs neue zu widerlegen, ist hiermit aller Wahrscheinlichkeit nach nicht bewiesen, daß der Kritische Rationalist nun recht hätte, sondern daß die Kollegen ihr Interesse verloren haben. – Zu Poppers modifizierten Gedankenexperimenten in der Neuauflage hatte sich allerdings noch Shmuel Sambursky (1961) die Mühe gemacht, sie zu widerlegen. Zu Poppers späterer (1968) gedankenexperimentellen Universalwiderlegung des von-Neumann-Formalismus der Quantentheorie wurde dieser Aufwand meines Wissens nach nicht mehr betrieben.

Diese Vorbemerkungen machen deutlich, worum es Popper sowohl beim Thema »Gedankenexperiment« als auch beim Thema »Interpretation der Quantentheorie« geht: um das harte *wahr oder falsch*, d.h. um die empirische Widerlegung. Sein Wunsch war, auf seiten von Einstein neue Munition zu liefern. Einstein äußerte sich zu diesem Beistand eher distanziert. Statt von »Interpretation« müßte

Popper präziser von »Richtigkeit« des quantentheoretischen Formalismus reden, denn Poppers Interpretationen waren überwiegend von der Art, daß, wenn eine dieser Interpretationen richtig wäre, der vorhandene quantentheoretische Formalismus falsch ist. Hierin liegt ein grundlegender Unterschied zu Einsteins Beiträgen nach 1932 zu Interpretation und Kritik der Quantentheorie. Für Poppers Standpunkt ist es logisch unverzichtbar, daß der experimentell gut bestätigte von-Neumann-Formalismus falsch ist, wodurch sich auch sein späteres Bemühen erklärt, diesem formal abgeschlossenen logischen System mit Hilfe anschaulicher Gedankenexperimente Fehler nachzuweisen.

Fragen des empirischen »wahr oder falsch« mit Gedankenexperimenten klären zu wollen erscheint nun aber nicht nur generell, sondern auch insbesondere vor dem soweit vorgestellten, reichhaltigen historischen Material des Scheiterns als ein problematisches Unterfangen. Da Popper nicht behauptet, daß durch Gedankenexperimente neue empirische Daten gewonnen werden, ist es bei ihm der *logische Selbstwiderspruch*, der durch ein geglücktes Gedankenexperiment bewiesen würde.

Popper unterscheidet nach ihrer Beweisabsicht drei Arten von Gedankenexperimenten (die er im Englischen ebenso wie Hempel »imaginary experiments« nennt): das *heuristische*, das *apologetische* und das *kritische* Gedankenexperiment. Den heuristischen Gebrauch von Gedankenexperimenten versteht Popper wohl so wie Hempel, erklärt ihn für »sehr wertvoll« und äußert sich nicht wesentlich mehr dazu. Poppers Absicht im genannten Anhang besteht darin, *(a)* Regeln für den kritischen Gebrauch des Gedankenexperiments aufzustellen. Die Anwendung dieser Regeln soll insbesondere sicherstellen, daß eine Theorie, die durch ein derartiges kritisches Gedankenexperiment angegriffen wird, zwingend als widerlegt angesehen werden muß. Zum anderen *(b)* meint Popper, daß der apologetische Gebrauch des Gedankenexperiments generell unzulässig sei. Letzteres ergibt sich zwangsläufig aus Poppers Wissenschaftsphilosophie. Popper lehnt generell jedes »apologetische« Verfahren in den Wissenschaften ab. Nach Poppers Ansicht läßt sich keine Theorie verteidigen. Die Qualität einer Theorie zeige sich immer nur dadurch, daß sie Angriffen standhält, nicht durch eine noch so geschickte positive Begründung der Theorie.

Interessant ist also, was Popper zu den kritischen Gedankenexperimenten zu sagen hat. Den kritischen Gebrauch von Gedankenexperimenten (also: »mit Widerlegungsabsicht«) in den Wissenschaften hält Popper für legitim und für häufig erfolgreich. Allerdings stellt sich gleich hier das Problem, daß aus logischer Sicht zwischen einem Beweis und einer Widerlegung kein wesentlicher Unterschied besteht. Nehmen wir an, es gelingt einem kritischen Gedankenexperiment, die Behauptung zu widerlegen, daß es morgen regnen werde. Falls diese Widerlegung keinen Fehler enthält, dann hat man damit automatisch bewiesen, daß es morgen nicht regnen wird. Dieses kritische Gedankenexperiment ist also nebenbei auch ein apologetisches Gedankenexperiment zur Verteidigung (bzw. zum Beweis) der Behauptung, daß es morgen nicht regnen werde. Dies steht im Konflikt mit Poppers Behauptung, daß der kritische Gebrauch legitim, hingegen der apologetische ein Mißbrauch sei.

Diese Ungereimtheit erklärt sich aus dem besonderen Bedürfnis Poppers, mit seinen Gedankenexperimenten die Quantentheorie zu widerlegen, ohne eine empirisch ebenso gültige Alternative anbieten zu können. Bei seinen quantenmechanischen Gedankenexperimenten stellt sich genau dieses Problem ein: Falls sie gültig wären, wäre damit nicht bloß die bestehende Quantenmechanik widerlegt, sondern auch positive, von Popper offenbar unbemerkte Behauptungen über die Phänomene der Natur verbunden. Popper behauptet also, wenn er eines seiner Gedankenexperimente für geeignet hält, eine Theorie zu widerlegen, zwangsläufig auch Tatsachen über die Welt, die aufgrund des Zustands unserer Welt wahr oder falsch sind (und im Falle seiner Gedankenexperimente zur Quantentheorie falsch) – nicht aufgrund der Logik oder der Überzeugungskraft des Gedankenexperiments.

Poppers Kritiklosigkeit gegenüber den kritischen Gedankenexperimenten wird insbesondere da deutlich, wo er die logische Beweiskraft von Galileis Gedankenexperiment bejubelt. Die besondere Stellung dieses Beispiels eines Gedankenexperiments in der späteren Literatur ist wohl wesentlich durch diese Apologie und Apotheose verursacht. Die Darstellung des Gedankenexperiments verläuft gleich zu den beiden Präsentationen, die ganz zu Anfang *(Kap. I.1)* zitiert wurden, weshalb hier nur Poppers Vor- und Nachspann gezeigt werden sollen:

Eines der wichtigsten Gedankenexperimente in der Geschichte der Naturphilosophie und zugleich einer der einfachsten und genialsten Gedankengänge, den die Geschichte des rationalen Nachdenkens über unser Universum kennt, ist in der Kritik Galileis an der aristotelischen Theorie der Bewegung enthalten. Galilei widerlegt damit die Annahme des Aristoteles, daß die natürliche Geschwindigkeit eines schwereren Körpers größer ist als die eines leichteren. [... Hier folgt das Gedankenexperiment. ...] Und da dies die aristotelische Annahme ist, die der Ausgangspunkt der Überlegung war, ist diese Annahme nunmehr widerlegt: es wurde gezeigt, daß sie absurd ist.

Ich sehe in Galileis Gedankenexperiment ein Musterbeispiel für den besten Gebrauch, den man von Gedankenexperimenten machen kann. Es ist dies der *kritische Gebrauch.*[209]

Man muß diese Äußerungen so verstehen, daß Popper Galileis Gedankenexperiment für ein gültiges Argument hält, was auf eine laxe Vorstellung von Logik deutet. Das führt zur Frage: Welche Regeln hat Popper für den kritischen Gebrauch vorgesehen, um ihre Widerlegungskraft sicherzustellen? Popper nennt sie gleich nach der Einleitung, um den Rest des Textes über Beispiele aus der Quantentheorie zu diskutieren, wo er diese Regeln erfüllt oder verletzt sieht.[210]

Nun ist der Gebrauch des Gedankenexperiments als kritisches Argument zweifellos berechtigt: man versucht damit zu zeigen, daß der Urheber einer Theorie bestimmte Möglichkeiten übersehen hat. Offenbar hat dann auch der Gegner das Recht, solchen kritischen Einwänden entgegenzutreten, etwa indem er nachweist, daß das vorgeschlagene Gedankenexperiment prinzipiell unmöglich ist und daß zumindest in dieser Hinsicht keine Möglichkeit übersehen wurde. Ein Gedankenexperiment, das in kritischer Absicht erdacht wurde – das also zeigen soll, daß gewisse Möglichkeiten bei der Formulierung der Theorie außer acht gelassen wurden –, ist gewöhnlich zulässig, aber bei der Erwiderung muß man sehr vorsichtig sein: insbesondere ist es wichtig, bei einer Rekonstruktion des strittigen Experiments, die man zur Verteidigung der Theorie durchführt, *keinerlei Idealisierungen* oder spezielle Annahmen einzuführen, außer sie seien für den Gegner günstig oder es müßte sie jeder Gegner akzeptieren, der das fragliche Gedankenexperiment verwendet.

Allgemein ist meines Erachtens der argumentative Gebrauch von Gedankenexperimenten nur dann berechtigt, wenn die Ansichten des Gegners klar ausgesprochen sind und wenn die Regel befolgt wird, daß *die eingeführten Idealisierungen Konzessionen an den Gegner oder wenigstens für ihn annehmbar sein müssen.* [...] Im Rahmen kritischer Argumentation ist jede Idealisierung unzulässig, die diese Regel verletzt.

209 Popper (1959) 397f.
210 Popper (1959) 398f.

Diese Regeln sind die direkte Anwendung der Regeln, die der Kritische Rationalismus allgemein für das Erörtern wissenschaftlicher und philosophischer Fragen aufgestellt hatte, auf die Frage nach der Zulässigkeit eines kritischen Gedankenexperiments. Die Regeln richten sich an den Schiedsrichter einer Debatte zwischen zwei Leuten, die als Gegner auftreten bei einem Wettkampf um die Frage, ob eine Theorie als »widerlegt« erklärt wird oder (noch) nicht.

Wenn es bei Debatten zwischen den beiden »Gegnern« um die Anerkennung empirischer Daten geht, besteht natürlich die Möglichkeit der Widerlegung einer Theorie durch logischen Widerspruch der Überzeugungen: Jemand kann nicht gleichzeitig eine Theorie behaupten und bestimmte Tatsachen anerkennen, die dieser Theorie widersprechen. Bei Gedankenexperimenten ist dies anders: Jemand kann alle Konzessionen und Idealisierungen des »Gegners«, sogar sein ganzes Gedankenexperiment akzeptieren, und trotzdem bleibt die hierdurch widerlegte Theorie wahr. »Wahr« im nämlichen Sinne: daß beide »Gegner« akzeptieren, daß alles, was sie *tatsächlich* beobachten, in Übereinstimmung mit der Theorie steht. Genausowenig wie ihren Beweis kann man die Widerlegung einer Theorie davon abhängig machen, daß ein fehlbarer Mensch es versäumt hat, in der Debatte rechtzeitig beim Schiedsrichter gegen bestimmte Schachzüge des Gegners zu intervenieren oder daß ihm schlicht die Argumente ausgegangen sind. Strenggenommen scheitern Poppers Regeln schon an seinem »Musterbeispiel« eines Gedankenexperiments: Aristoteles selbst war tot, und Galilei läßt keinen gerissenen Anwalt des Aristoteles zu Wort kommen, um Einspruch gegen Galileis Voraussetzungen zu erheben. Ein fairer Schiedsrichter wäre gezwungen, das Spiel »Aristoteles gegen Galilei« wegen Nichterscheinens einer Mannschaft auszusetzen.

Auch bei Popper fehlt jeder Bezug auf frühere wissenschaftsphilosophische Interpretationsversuche über das Gedankenexperiment. Er entwickelt seine Gedanken ausschließlich aus seiner Wahrnehmung des Gegenstands: den selbst ge- und erfundenen Beispielen von Gedankenexperimenten aus der Physik. Seine Theorie des Gedankenexperiments ist offensichtlich auf die speziellen Vorkommnisse der Diskussionen zwischen Bohr und Einstein ausgerichtet, wie sie in dem oben behandelten Aufsatz von Bohr (1949) beschrieben wurden. Hier wurden die Gedankenexperimente tatsächlich wie Schachzüge in einem Wettkampf eingesetzt. Abgesehen davon, ob diese Debatten-Situation für Gedankenexperimente typisch oder essentiell ist, stellt sich die Frage: Was wäre geschehen, wenn Bohr das trickreiche Gegenargument mit der allgemeinen Relativitätstheorie nicht gefunden hätte? Nichts, was physikalisch von Belang ist. Die Unbestimmtheitsrelation würde weiterhin aus dem bewährten quantentheoretischen Formalismus folgen, und der vorgestellte Kasten mit der Waage wäre (deshalb) weiterhin ungeeignet, die Unbestimmtheitsrelation zu umgehen. Außerdem ist Bohrs Gegenargument sowieso *(siehe II.3.3.2)* physikalisch unzulässig, unabhängig davon, ob Einstein dies bemerkt hat oder nicht.

4.3 Alexandre Koyré

Schon der Titel des ein Jahr später veröffentlichten Aufsatzes von Alexandre Koyré legt nahe, daß er sich auf Popper bezieht: »Galileo's Treatise *De Motu Gravium:* the use and abuse of imaginary experiment« (1960). Einer der ersten Absätze bestätigt dies:

> Imaginary experiments, which Mach has called »thought experiments« (*Gedankenexperimente*), and to which Popper has recently directed attention, have played an important part in the history of scientific thought. This fact is easily understood. Real experiments are often very difficult to carry out; and just as often involve complicated and expensive equipment. Furthermore, they are necessarily attended by a certain lack of precision, and so by a certain element of doubt.[211]

Diese Beziehung besteht allerdings nur hinsichtlich der gemeinsamen Hochschätzung der Methode und des Begriffs Gedankenexperiment. Koyré erwähnt zwar neben Popper auch erstmals wieder Mach als jemanden, der etwas über Gedankenexperimente zu sagen gewußt habe, geht aber inhaltlich auf keinen der beiden genannten Vorläufer ein. Das, was Koyré im Zitat sogleich als offensichtlichen Grund nennt, warum Gedankenexperimente in der Wissenschaft so wichtig seien, ist offensichtlich schon sein eigener Gedanke.

Alexandre Koyré (1892-1964) war in erster Linie ein Wissenschaftshistoriker, allerdings einer mit beträchtlichem Einfluß nicht nur auf eine ganze Generation von Wissenschaftshistorikern, sondern auch auf die Wissenschaftsphilosophie. Der vorliegende Auf-

211 Koyré (1960) 45.

satz nimmt Poppers »Musterbeispiel« eines Gedankenexperiments zum Ausgangspunkt einer materialreichen wissenschaftshistorischen Untersuchung über die Beweismethode des historischen Galilei.

Ein besonderes Verdienst Koyrés ist hierbei die Entdeckung eines Vorläufers dieses »Gedankenexperiments« in Giovanni Benedettis *Diversarum speculationum mathematicarum et physicarum liber* (Turin 1585), von dem man wegen der schweren Zugänglichkeit des Textes auch nur durch Koyré erfährt. Da Benedetti ein Lehrer des jungen Galilei war, kann man vermuten, daß Galilei von Benedettis Gedankenexperiment wußte. Jedenfalls hatte Galilei dieses Gedankenexperiment auch schon in einem seinerzeit unveröffentlichten Manuskript *De motu gravium* verwendet, das man auf etwa 1590 datiert. Beide Vorläufer von Galileis Gedankenexperiment in der heute überall zitierten Fassung der *Discorsi* von 1638 – Benedettis Fassung von 1585 und Galileis von 1590 – hatten die ausschließliche Zielsetzung, Aristoteles zu kritisieren. Galileis berühmtes Fallgesetz »Alle Körper fallen im Vakuum gleich schnell« ist vor 1638 nicht nachweisbar.

Die Frage, ob und wieweit Galilei, der nach seinem Tod zum Gründer der Wissenschaft und Erfinder der Experimentalmethode stilisiert wurde, tatsächlich real experimentiert hat, war jederzeit von besonderem Interesse für die wissenschaftshistorische Forschung. Die Entwicklung der vorherrschenden Antwort ist kurz skizziert folgende:[212]

Kurz nach Galilei hatte sein erster Biograph Vincenzio Viviani (*Racconto istorico della vita di Galileo*, 1654) das Bild eines grandiosen Experimentalwissenschaftlers gezeichnet; er berichtet von öffentlichen Schauexperimenten, die Galilei veranstaltet habe, und von hierdurch blamierten Aristotelikern unter den Zuschauern. Dieses Bild hatte im wesentlichen Bestand, bis in den 1920er Jahren verschiedene Schriften von Ernst Wohlwill die unglaubwürdigen Klischees in Vivianis Darstellung offenlegten und somit eine kritische Beschäftigung mit den Experimenten des historischen Galilei auslösten. Das Gegenteil von Vivianis Behauptungen wird 1935 von Lane Cooper vertreten:[213] Galilei habe in Wirklichkeit niemals

212 Überblicksartikel mit Literaturangaben: Michael Segre, »The Role of Experiment in Galileo's Physics«, *Archive for History of Exact Sciences* 1980, 23/217-52.

213 Lane Cooper, *Aristotle, Galileo and the Tower of Pisa*, Ithaca/N.Y. 1935.

irgend etwas vom Schiefen Turm von Pisa heruntergeworfen; alle Berichte von Schauexperimenten seien erfunden. Auch Koyré hatte in einer früheren Veröffentlichung (1937) Galileis vorgebliche realen Experimente für sein Fallgesetz zur Legende erklärt.[214] Insbesondere mit der Wiederentdeckung und Auswertung unveröffentlichter Manuskripte Galileis ab etwa den 1970er Jahren (insbesondere durch Sillman Drake) mußte sich das Bild von Galileis Experimenten wiederum wandeln. Hierdurch wurde offensichtlich, daß Galilei zumindest im Privaten ausgiebig real experimentierte und dabei auch häufig quantitative Messungen vornahm. Die Frage nach der systematischen Stellung dieser realen Experimente für die Argumentation in Galileis veröffentlichten Werken ist durch diese Entdekkungen natürlich noch nicht beantwortet.

Koyrés Aufsatz von 1960 über Galileis Gedankenexperimente enthält zu dieser Frage, soweit es die Freiheit der Textinterpretation und der Anwendung von Logik angeht, die wohl dreisteste Provokation als Antwort. Nach einem ausführlichen Zitat des Gedankenexperiments in Galileis Originaltext und der Diskussion der Argumentation im Kontext von Benedettis Vorläuferschaft kommt Koyré zu diesem Zwischenergebnis:

> If, in his *reductio ad absurdum* criticism of Aristotle's dynamics, which we have just examined, Galileo has not taken into account the resistance offered by the medium to a falling body, we must not conclude therefrom that he has in general failed to recognize the part that it plays in dynamics. Quite the contrary! By criticizing the Aristotelian concept of the relationship between force and resistance he was led to prove, by means of an imaginary experiment, not only the possibility of motion in a vacuum, but also the fact that all bodies fall *in vacuo* with the same velocity, and that it is precisely the resistance of the medium that provides the reason why they do not do so in a plenum.[215]

Koyré unterstellt Galileis Gedankenexperiment eine noch größere Beweiskraft als bloß die eben schon bei Popper kritisierte Behauptung einer logischen Widerlegung des aristotelischen Fallgesetzes. Für Koyré hat Galilei mit dem Gedankenexperiment zugleich auch bewiesen: *(a)* daß Bewegung im Vakuum entgegen Aristoteles' Be-

214 Alexandre Koyré, »Galilée et l'expérience de Pise: À propos d'une légende«, *Annales de l'Université de Paris* 1937; dt.: »Das Experiment von Pisa. Fall-Studie einer Legende«, in: *Leonardo, Galilei, Pascal – Die Anfänge der neuzeitlichen Naturwissenschaft*, Frankfurt/M. 1998, 123-34.

215 Koyré (1960) 52.

hauptung möglich ist, *(b)* daß alle Körper im Vakuum gleich schnell fallen, *(c)* daß Körper in einem Medium unterschiedlich schnell fallen und *(d)* daß für diesen Unterschied der Fallgeschwindigkeit in einem Medium die Reibung des Mediums verantwortlich ist. Das wirklich Verblüffende an diesem von Koyré unterstellten Beweis der Punkte *(a)* bis *(d)* durch Galileis Gedankenexperiment liegt aber darin, daß Galilei im Text des Gedankenexperiments – wie Koyré offen zugibt – nicht einmal eines der für die Feststellung dieser Ergebnisse benötigten Worte »Vakuum«, »Medium« oder »Reibung« verwendet hatte. Die herkömmliche Logik ist offensichtlich ungeeignet, Koyrés Phantasie bei der Interpretation zu rekonstruieren.

Anschließend untersucht Koyré im gleichen großzügigen Stil und im breiten historischen Kontext die übrigen Textstellen mit Argumenten und vorgestellten Experimenten Galileis zum Thema Fallbewegung im Vakuum und im Medium. Koyré sieht in den weiteren Ausführungen Galileis einen Tribut an seine ignoranten Zeitgenossen. Eigentlich, meint Koyré, sei das zu Beginn genannte Gedankenexperiment hinreichend, Galileis Fallgesetz zu beweisen. Aber die revolutionäre Neuerung hierdurch habe ein detailliertes Eingehen auf mögliche Bedenken erforderlich gemacht. Auch in diesen weiteren Ausführungen entdeckt Koyré kein reales Experiment, sondern nur Gedankenexperimente und erfundene Schilderungen von unausgeführten realen Experimenten. Die Summe von Galileis Beweisen seines Fallgesetzes faßt Koyré so zusammen:[216]

Galileo's assertion of the simultaneous fall of heavy bodies, in the form in which it has so far been put forward in the Discorsi, rests only on *a priori* arguments and imaginary experiments, as we are now well aware. Up to the present, we have never been confronted with a real experiment [*]; and none of the numerical data invoked by Galileo relates to measurements actually made. I do not reproach him on this account; on the contrary, I should like to claim for him the glory and merit of having known how to dispense with experiments (shown to be nowise indispensable by the very fact of his having been able to dispense with them): yet the experiments were unrealizable in practice with the facilities at his disposal. How, indeed, could a fall in vacuum be realized before the invention of pneumatic pumps? And as for experiments in a plenum, how could an insignificant loss or gain in motion of bodies thrown from the top of some tower be measured *exactly* before the invention of precision clocks?

216 Koyré (1960) 75.

An der mit dem Stern bezeichneten Stelle steht die Fußnote: »And even later. A century was to elapse before a real experiment was made by Atwood.« – Der Bericht von Simon Stevin über seine zusammen mit Johan de Groot rund 50 Jahre vor Galilei durchgeführten Messungen der Fallgeschwindigkeiten *(siehe I.2.1)* wird von Koyré ignoriert, Galileis Berichte von seinen realen Experimenten über das Fallverhalten erklärt Koyré zu Gedankenexperimenten, die nur in rhetorischer Absicht wie reale Experimente beschrieben worden seien. Warum Koyré George Atwoods Fall-Experimente (*A Treatise on the Rectilinear Motion and Rotation of Bodies With a Description of Original Experiments to the Subject*, Cambridge 1784) für real hält, bleibt ungeklärt. Vielleicht wegen der vielen häßlich-krummen Zahlen in seinen Meßreihen.

Koyré vertritt den rationalistischen Standpunkt in Reinform, der uns oben schon bei der Deutschen Naturphilosophie begegnet war *(II.1.1)*. Die reine Form der Naturgesetze ließe sich durch bloßes Nachdenken (im Gedankenexperiment) herausfinden. Das reale Experiment wird nur für die Zahlenwerte der Naturkonstanten in diesen *a priori* gefundenen Theorien und Formeln benötigt:

> Naturally, there is no question of neglecting, or minimizing, the part played by [real] experiment. It is obvious that experiment alone can provide the numerical data without which our knowledge of nature remains incomplete and imperfect.[217]

Ansonsten habe das reale Experiment nur Nachteile gegenüber dem Gedankenexperiment, wie schon im ersten Zitat von Koyré zu hören war: Das reale Experiment ist mühseliger auszuführen und leidet unter den zwangsläufigen Ungenauigkeiten der Meßinstrumente. Kein Wunder, daß nur die weniger begabten Forscher, die sich keine geeigneten Gedankenexperimente ausdenken können, mit realen Experimenten arbeiten.

> No doubt, the arguments and »experiments« adduced by Galileo are sufficient for enlightened minds free from prejudice, as represented by Sagredo. But what about the others? For them, something more is required, namely, a real experiment.[218]

Hiermit begründet Koyré zugleich, warum in Galileis Werk doch so viele reale Experimente beschrieben sind. Koyré hält diese beschrie-

217 Koyré (1960) 75.
218 Koyré (1960) 76.

benen realen Experimente für Erfindungen, um seine ignoranten Zeitgenossen, die nur glauben, was sie sehen können, zu überzeugen.

Erst in einem separaten Anhang zu diesem Aufsatz weist Koyré auch auf die mögliche Gefahr des Irrtums bei der Anwendung der rationalistischen Methode des Gedankenexperiments hin:

> It must be confessed, however, that the method is not without its dangers; and that the tendency to go to the extreme in putting ideas into concrete form, to which tendency it is quite easy to succumb, sometimes plays some rather annoying tricks, and leads to assertions that reality persistently refutes. Alas! it has to be admitted that Galileo did not always escape this danger.[219]

Koyré findet allerdings nur zwei Beispiele, wo es dem großen Galilei unterlaufen sei, bei einem als realem Experiment getarnten Gedankenexperiment falsche Behauptungen über die Natur aufzustellen. Das erste Beispiel soll hier genannt werden, weil es zu Konsequenzen geführt hat, die in anschaulicher Weise die Schwäche von Koyrés Methodenverständnis deutlich macht:

Im Galileis *Discorsi* (1638) stellt der fiktive Protagonist *Salviati* in einem Zusammenhang, der hier nicht interessiert, folgendes Experiment vor, dessen Resultat er sich allerdings anschließend selbst nicht erklären kann:[220]

> Wenn ich eine Glaskugel, die eine enge Oeffnung hat, etwa wie ein Strohhalm, mit Wasser anfülle, und wenn ich die Kugel, so angefüllt, umkehre, so fliesst das Wasser, obwohl es sehr schwer ist, nicht heraus, und die Luft, die doch so leicht ist, steigt nicht empor, vielmehr bleiben beide in Ruhe. Wenn ich dagegen jenes umgekehrt gehaltene Gefäss in Rothwein senke, der kaum weniger leicht ist als Wasser, so sehen wir denselben sofort in rothen Streifen in das Wasser treten und das Wasser senkt sich langsam in den Wein, ohne dass beide sich mischen, bis endlich der Wein im oberen, das Wasser im unteren Gefäss sich befindet.

Dies klingt nach der Beschreibung eines real von Galilei ausgeführten Experiments. Koyré hält es für ein Gedankenexperiment – aber gerade für eines der beiden schlechten Gedankenexperimente Galileis. Das Beobachtungsergebnis sei, wie Koyré meint, offensichtlich empirisch unmöglich. Koyré schreibt:

219 Koyré (1960) 82.
220 Galilei (1638) *Erster Tag*, 64.

I confess that I share Salviati's perplexity. It is, indeed, difficult to put forward an explanation of the astonishing experiment he has just reported; particularly, because, if we repeated it exactly as described, we should see the wine rise in the glass globe (filled with water), and water fall into the vessel (full of wine); but we should not see the Water and the wine simply replacing each other; we should see the formation of a mixture.

What is the conclusion? Do we have to admit that red wines in the seventeenth century had properties no longer possessed by the wines of today – properties that made them, like oil, immiscible with water? Or can we suppose that Galileo, who undoubtedly never mixed water with his wine (for wine to him was »the incarnation of the light of the sun«), had never made the experiment; but, having heard of it, reconstructed it in his imagination, accepting the complete and essential incompatibility of water with wine as an indubitable fact? – Personally, I feel that the latter supposition is the right one.[221]

Dieses Eingeständnis, Galilei sei bei den *a-priori*-Schlüssen seiner Gedankenexperimente hier ein Fehler unterlaufen, führt Koyré allerdings zu keiner nennenswerten Einschränkung seiner zuvor geäußerten Meinung über die Möglichkeit, Naturwissenschaft prinzipiell ohne wesentlichen Anteil an empirischer Forschung zu betreiben. Der Anhang endet mit dem berühmten Satz von Koyré, den man als Überschrift seines Gesamtwerks zur Wissenschaftsgeschichte nehmen kann: »Good physics is made *a priori.*« Eingeschränkt wird diese Behauptung im letzten Satz lediglich graduell mit einer Warnung vor zu schnellen Schlüssen der konkreten Anschauung: »As I have already said, it [die gute, mit *a-priori* Schlüssen arbeitende Physik] must at all costs avoid the temptation and fault of extreme concretism, and must not allow imagination to take the place of theory.«

Es ist nicht auszuschließen, daß Koyré mit den beiden Beispielen von angeblich gescheiterten Gedankenexperimenten Galileis irgendeinen Scherz verbunden hat. Bei dem genannten Beispiel geht es bei Galilei schließlich um einen (von ihm so vorgestellten) experimentellen Befund, zu dem Galilei *keine* plausible Erklärung parat hat. Wie soll Galilei den Ausgang eines Experiments *a priori* behaupten können, den er selbst für verwirrend hält? Jedenfalls kam es, wie es kommen mußte. Jemand macht ein *reales* Experiment gemäß Galileis oben zitierter Anweisung und veröffentlicht den

221 Koyré (1960) 84.

empirischen Befund in einer wissenschaftlichen Zeitschrift: James MacLachlan, »A Test of an ›Imaginary‹ Experiment of Galileo's« (1973).

MacLachlan berichtet die völlige Übereinstimmung seiner Beobachtungen mit Galileis Schilderung. Insbesondere sei es in den ersten zwei Stunden nach Versuchsbeginn zu keiner Vermischung von Wein und Wasser gekommen. Es sieht also so aus, als habe tatsächlich Koyré seine Vermutung, daß sich Rotwein und Wasser in der genannten Versuchsanordnung sofort mischen müßten, aus *a-priori*-Gründen abgeleitet und sich dabei – wie das bei *a-priori*-Beweisen leicht passiert – getäuscht. Galilei hingegen hatte einfach in solider empirischer Arbeit die Natur beobachtet und ungeschönt auch solche Beobachtungen berichtet, die sich nicht ohne weiteres erklären lassen.

In der Folge von Koyrés Aufsatz über Galileis »Gedankenexperimente« kam es zu einer ganzen Reihe von Nachbauten der von Galilei beschriebenen Experimente, die Koyré zu Gedankenexperimenten erklärt hatte. Angefangen hatte damit Thomas Settle (1961). In vielen Fällen zeigen diese realen Experimente, daß gerade in subtilen Details von Galileis Versuchsschilderungen unverzichtbare Hinweise für die erfolgreiche praktische Durchführung stecken und Galilei also offensichtlich von seinen *realen* Experimenten berichtet.

4.4 Thomas S. Kuhn

Bemerkenswert am Beitrag von Thomas S. Kuhn (1922-1996) zur Interpretation der Methode des Gedankenexperiments ist schon das bloße Faktum, daß ein solcher existiert. Nach allem, was hier bisher über Gedankenexperimente gesagt wurde, liegt der interessante Punkt bei der wissenschaftsphilosophischen Untersuchung der Gedankenexperimente gerade bei etwas, das sich *gegen* ein Bild von Wissenschaft richtet, das man üblicherweise mit dem Namen T. S. Kuhn verbindet. Das Verständnis der Methode des Gedankenexperiments scheint eine grundlegend neue Interpretation des wissenschaftlichen Fortschritts zu ermöglichen, als sie in Kuhns Hauptwerk *Die Struktur wissenschaftlicher Revolutionen* (1962/70) entwickelt wurde. So könnte man auf den Gedanken kommen: Hätte Kuhn nur die Methode des Gedankenexperiments gekannt, dann hätten seine Überlegungen zur Theorienabfolge eine gänzlich andere Richtung genommen. Dort, wo Kuhn Revolutionen entdeckt (beispielsweise beim Übergang von der klassischen zur relativistischen Mechanik), die sich durch einen radikalen Bedeutungswandel der wissenschaftlichen Begriffe, d.h. durch einen Wechsel zwischen inkommensurablen Paradigmen, bemerkbar gemacht hätten, läßt sich dank der in den Gedankenexperimenten gebrauchten Argumentationsstruktur ein kontinuierlicher, rational vermittelter Übergang feststellen. Mit Berücksichtigung der Gedankenexperimente sieht man statt Revolutionen wohlbegründete Theoriereformen. Statt Inkommensurabilität findet man im Text eines Gedankenexperiments gerade Vokabular und Grammatik, mit denen altes und neues Paradigma fruchtbar miteinander kommunizieren können, und die Argumente, die nahelegen, das neue Paradigma aus rationalen Gründen zu bevorzugen.

Nun hatte Kuhn aber die Methode des Gedankenexperiments gekannt. Sein Aufsatz hierüber, *A Function for Thought Experiments* (1964, »*Eine Funktion für das Gedankenexperiment*«), ist kein Versehen, sondern entstand im Zentrum seiner Forschung über die wissenschaftlichen Revolutionen – geschrieben etwa gleichzeitig mit den letzten Arbeiten an der ersten Auflage (1962) seines Hauptwerks. Der Anlaß seines Aufsatzes ließe zwar die Vermutung zu, daß es sich bei Kuhns Beschäftigung mit Gedankenexperimenten um einen unverbindlichen Akt der Freundlichkeit gegenüber Koyré handelte. Der Aufsatz war Kuhns Beitrag für die Festschrift von Koyré, die schließlich in Koyrés Todesjahr 1964 gedruckt wurde. Diese Vermutung ist allerdings unzutreffend. Kuhn hat seinen Aufsatz über Gedankenexperimente auch in zwei Fußnoten seines Hauptwerks eingebaut und hier und später das Thema »Gedankenexperiment« regelmäßig aufgegriffen. Nach seiner eigenen Auffassung hatte Kuhn mit der Untersuchung der wissenschaftlichen Gedankenexperimente die Thesen seines Hauptwerk unterstützt und vertieft. Wie geht das?

Dieses Problem entsteht allein durch das verbreitete Klischee von Kuhns Beitrag zum Verständnis der Wissenschaftsentwicklung, insbesondere durch Mißverständnisse, die Kuhn durch seinen Begriff der »Revolution« ausgelöst hat. Kuhn behauptet mit den »Revolutionen« der Wissenschaftsentwicklung nirgendwo mehr, als beispielsweise in Darwins Beitrag zur Biologie unter der Überschrift

»Evolution« behandelt wird. Die von Kuhn beschriebenen Phasen der Revolution in der Wissenschaftsentwicklung entsprechen in diesem Vergleich den Phasen der Entstehung neuer Arten in der Evolution des Tier- und Pflanzenreichs. Tatsächlich sah Kuhn in den Gedankenexperimenten durchaus genau das, was eben als scheinbarer Widerspruch zu Kuhns Grundauffassung genannt wurde. Gegen Ende seiner Untersuchung der Methode des Gedankenexperiments schreibt Kuhn:

Eine Krise, ausgelöst durch den Fehlschlag von Erwartungen und gefolgt von einer Revolution, steht im Mittelpunkt der Gedankenexperiment-Situationen, die wir untersucht haben. Umgekehrt ist das Gedankenexperiment eines der wesentlichen analytischen Mittel, die während der Krise eingesetzt werden und dann zur grundlegenden theoretischen Neuorientierung beitragen.[222]

Das Gedankenexperiment ist hier also das »wesentliche *analytische* Mittel«, um zur theoretischen Neuorientierung, also zum neuen Paradigma der jeweiligen Disziplin, zu gelangen. In der Folge ist mit Kuhns Behauptung der »Inkommensurabilität« keine zwangsläufige Sprachlosigkeit zwischen Vertretern unterschiedlicher Paradigmen gemeint. In den späteren »Bemerkungen zu meinen Kritikern« (1970) wie auch in vielen anderen Texten betont Kuhn nicht nur, *daß* zwischen den Anhängern der neuen und alten Theorie sinnvoll gesprochen und argumentiert werden könne, sondern versucht auch die Art dieser Kommunikation (zum Zweck der Überzeugung des Gegenübers von den Vorzügen des eigenen Paradigmas) zu charakterisieren – und hierbei sind dann insbesondere die Gedankenexperimente wichtig.

Zuallererst und überall können die Menschen, wenn sie ein Versagen der Kommunikation erleben, durch Experimente – manchmal durch Gedankenexperimente im Arbeitszimmer – das Gebiet entdecken, auf dem das Versagen der Kommunikation aufgetaucht war. Häufig wird das sprachliche Zentrum der Schwierigkeit eine Reihe von Termini betreffen (z. B. Element und Verbindung), die beide Parteien unproblematisch entfalten, die jedoch unterschiedlich auf die Natur angewendet werden können. Für beide sind diese Ausdrücke Termini in einem grundlegenden Wortschatz, mindestens in dem Sinne, daß ihr normaler Gebrauch innerhalb der Gruppe keine Diskussion, Erklärung oder Entzweiung hervorrufen kann. Wenn man jedoch

222 Kuhn (1964) 350.

entdeckt hat, daß dieselben Worte in einer Diskussion zwischen den verschiedenen Gruppen spezielle Schwierigkeiten verursachen, mögen unsere Männer ihre Zuflucht zu ihrem gemeinsamen alltäglichen Wortschatz nehmen, um in einem weiteren Versuch ihre Probleme aufzuhellen. Das heißt, ein jeder von ihnen versucht dahinterzukommen, was der andere sehen und sagen würde, wenn er einem Stimulus begegnete, worauf die eigene visuelle und verbale Reaktion eine andere wäre. Mit der Zeit und mit einiger Geschicklichkeit könnte ein jeder von ihnen das Benehmen des anderen ziemlich gut voraussagen; etwas Ähnliches macht ja regelmäßig auch der Historiker (oder er sollte es zumindest machen), wenn er ältere wissenschaftliche Theorien behandelt.

Die Teilnehmer an einer gescheiterten Kommunikation finden also auf diese Weise eine Art von Übersetzung; sie übersetzen sich gegenseitig ihre Theorien in die eigene Sprache, und dabei versuchen sie die Welt in der übersetzten Theorie oder Sprache zu beschreiben. Es gäbe, ohne mindestens einige provisorische Schritte in dieser Richtung, gar nicht so etwas, was man als eine Theorie*wahl* beschreiben könnte.[223]

Das Problem dieser Darstellung (und offensichtlicher Auslöser der Mißverständnisse, Kuhn zu einem sozialen Konstruktivisten oder zumindest radikalen Relativisten zu erklären) liegt in Kuhns unverbindlicher Ausdrucksweise. Kuhns zweifellose Verdienste um das Verständnis der Wissenschaftsentwicklung sind in der Sprache psychologischer Plausibilität mit anschaulichen Bildern und Vergleichen niedergelegt, nicht jedoch in logischen Regeln.

Die Kommunikationssituation zwischen Vertretern unterschiedlicher Paradigmen vergleicht Kuhn mit dem Erlernen einer fremden Sprache. Was Kuhn mit »Inkommensurabilität« meint, ist im wesentlichen das Problem der Übersetzungsunbestimmtheit, auf das zuvor schon Quine hingewiesen hatte. Es ist zwar offensichtlich möglich, fremde Sprachen zu erlernen und mit Menschen anderer Muttersprachen sinnvoll zu kommunizieren, aber es scheint kein logisch explizierbares Verfahren zu geben, das Erlernen einer fremden Sprache so in methodische Regeln zu fassen, daß die Möglichkeit von Mißverständnissen mit Garantie ausgeschlossen ist. Kuhn versucht in Umgangssprache und mit historischen Beispielen zu begründen, warum man berechtigte Zweifel haben sollte, daß ein solches Verfahren existiert. »Debates over theory-choice cannot be cast in a form that fully resembles logical or mathematical proof.«[224]

223 Kuhn (1970) 268.
224 Kuhn (1962/70) 199 (»*Postscript – 1969*«).

So ist dann auch Kuhns oben zitierte Aussage, daß die Gedankenexperimente ein *analytisches* Mittel zur theoretischen Neuorientierung seien, nicht im logischen Sinne zu verstehen.

Inhaltlich macht Kuhn bei den Gedankenexperimenten dort weiter, wo Mach aufgehört hatte. Der Eindruck, daß mit Kuhns Verständnis von Wissenschaft etwas gänzlich Neues anfängt, entsteht nur dadurch, daß zwischen Mach und Kuhn die Blütezeit des Logischen Empirismus lag. Wir haben oben die Kritik an Machs Vorstellungen von Wissenschaft gehört. Beispielsweise Philipp Frank, ein Hauptvertreter des Logischen Empirismus, bemängelte das »Fließende« in Machs Darstellungen. Mach beschrieb die Wissenschaft in psychologischen und evolutionistisch-biologischen Begriffen, und dem wollte der Logische Empirismus eine klare »mathematisch-logische Betrachtungsweise« entgegensetzen. Kuhn hält diese Hoffnung, Wissenschaft ausschließlich in mathematisch-logischen Begriffen zu beschreiben, für im wesentlichen gescheitert. Allerdings geht Kuhn über Mach hinaus, indem er versucht, die psychologische und evolutionistisch-biologische Beschreibung von Wissenschaft in »einigen provisorischen Schritten« genauer als Mach zu explizieren. Kuhn möchte es nicht bei der Feststellung belassen, daß Wissenschaft irgendwie psychologisch abläuft, sondern ist sehr daran interessiert, die Rationalität dieser psychologischen und evolutionistisch-biologischen Seite von Wissenschaft im Detail zu erkennen. In dieser Absicht ist insbesondere sein Aufsatz über die Gedankenexperimente entstanden.

In gewissermaßen schlechter Tradition der bisherigen Texte über die Methode des Gedankenexperiments ist auch Kuhns Aufsatz gänzlich ahistorisch. Kuhn nennt niemanden beim Namen, der vor ihm über die Methode des Gedankenexperiments geschrieben hat. Auch Koyré nicht, für dessen Festschrift der Aufsatz wie gesagt verfaßt wurde. Die Entscheidung darüber, was ein Beispiel eines Gedankenexperiments ist, nimmt Kuhn als gegeben. Er erwähnt das Zug-und-Bahndamm-Gedankenexperiment aus Einsteins populärwissenschaftlicher Abhandlung und Heisenbergs Gammastrahl-Mikroskop, behandelt aber in der Hauptsache ein für die bisherige Literatur über Gedankenexperimente neues Beispiel von Galilei.

Das erklärte Ziel seines Aufsatzes ist es, eine von ihm als nicht völlig falsch, aber »ziemlich irreführend« bezeichnete Auffassung von Gedankenexperimenten zu korrigieren. Kuhn hat also schon die

Vorstellung von einer »Standardauffassung« von Gedankenexperimenten vor Augen, die es zu verbessern gilt. Woher er diese Standardauffassung nimmt, verrät er nicht. Nach dieser Standardauffassung »bezieht sich die durch Gedankenexperimente erzeugte neue Erkenntnis nicht auf die Natur, sondern auf den theoretischen Apparat des Wissenschaftlers«.[225]

Nach dieser Auffassung hat das Gedankenexperiment die Funktion, Verwirrungen aufzuklären, indem es den Wissenschaftler zur Erkenntnis von Widersprüchen in seinem bisherigen Denken zwingt. Im Unterschied zur Entdeckung neuer Tatsachen scheint die Beseitigung einer bestehenden Verwirrung keine zusätzlichen empirischen Daten zu erfordern. Auch braucht die vorgestellte Situation in der Natur nicht wirklich vorzukommen. Vielmehr gilt für das Gedankenexperiment, das lediglich Verwirrung auflösen soll, einzig die Bedingung der Wirklichkeitsnähe. Die vorgestellten Verhältnisse müssen so beschaffen sein, daß der Wissenschaftler seine Begriffe in der bislang normalerweise von ihm geübten Art und Weise anwenden kann.

Man kann vermuten, daß Kuhn seine »Standardauffassung« des Gedankenexperiments von Popper entlehnt hat. Der Erkenntnisgewinn eines Gedankenexperiments war für Popper der Nachweis eines Widerspruchs und damit die Falsifikation einer Theorie. Die erlaubten Annahmen eines Gedankenexperiments waren für Popper alle, die der Verteidiger der Theorie zulassen muß, was wohl auf eine Verwendung der Begriffe in der »normalerweise geübten Art und Weise« der Wissenschaft hinausläuft.

An dieser Standardauffassung akzeptiert Kuhn, ohne ein Wort darüber zu verlieren, die Überzeugung, *daß* Gedankenexperimente dazu da sind, eine neue Naturerkenntnis zu erlangen. In Konsequenz stellt sich Kuhn das »Problem im Zusammenhang mit den Gedankenexperimenten«, das später von Horowitz und Massey zum »Paradox des Gedankenexperiments« erklärt wurde und von Kuhn in drei Hauptfragen formuliert wird. *(a)* Welche Bedingungen der Wirklichkeitsnähe gelten für Gedankenexperimente? Gedankenexperimente sind einerseits nicht identisch mit realen Versuchsanordnungen, andererseits aber auch keine willkürlichen Phantasien. Kuhns erste Frage zielt also darauf ab, welche Randbedingungen der Phantasie auferlegt werden müssen, um im Gedankenexperiment

225 Kuhn (1964) 328.

noch eine gültige Naturerkenntnis erlangen zu können. *(b)* Wie kann eine neue Naturerkenntnis entstehen, wenn das Gedankenexperiment keine über die bekannten und anerkannten hinausgehenden empirischen Daten erhebt? Wie gesagt nimmt Kuhn es für gegeben, *daß* das Gedankenexperiment neue Naturerkenntnisse entstehen läßt. Als dritte Frage *(c)* thematisiert er diese scheinbare Paradoxie in der zweiten Frage. Er fragt: »Was für neue Erkenntnisse lassen sich so gewinnen? Können die Wissenschaftler überhaupt etwas aus Gedankenexperimenten zu lernen hoffen?« Hier ist nicht mehr von *Natur*erkenntnis die Rede. Die dritte Frage lautet also eigentlich, ob die ersten beiden Fragen eine positive Antwort haben.

Poppers »Standardauffassung« liefert für die dritte Frage die Antwort: Die neue Naturerkenntnis durch ein geglücktes Gedankenexperiment besteht für Popper ausschließlich in der Widerlegung einer zuvor geglaubten Theorie. Kuhn meint, daß ein Gedankenexperiment mehr leiste. Nach seiner Auffassung ist ein Gedankenexperiment auch positiv in der Lage, »die Wissenschaftler bei der Aufstellung anderer Gesetze und Theorien als der bisherigen zu unterstützen.« Kuhn meint also, ein Gedankenexperiment könne nicht nur eine vorhandene Theorie widerlegen, sondern auch eine neue Theorie beweisen. Er verteidigt also das, was Popper als »apologetischen Gebrauch« des Gedankenexperiments ablehnt. Nur geht es bei Kuhn im Unterschied zu Popper nicht um das logisch strenge Beweisen oder Widerlegen, sondern um weichere, in der Psychologie beheimatete Funktionen. Statt um Widerlegung geht es Kuhn um »Anomalien«, die einem Vertreter eines alten Paradigmas »bewußt werden«. Statt etwas zu beweisen, können die Gedankenexperimente nach Kuhn »aufzeigen, wie die Erwartungen und die Theorie abgeändert werden müssen.«[226]

Die Hauptaussage von Kuhn liegt in der Behauptung, daß auch in Definitionen und Begriffen implizit empirisches Wissen abgelegt ist, das sich in der Erfahrung bewähren kann oder nicht.

> […] in den vor dem [Gedanken-] Experiment bestehenden Auffassungen waren indirekt Naturgesetze enthalten, die zu Informationen im Gegensatz standen, die die Versuchspersonen uns mit Sicherheit schon zu besitzen schienen. Nur deshalb konnten sie überhaupt aus der Versuchssituation etwas lernen.[227]

226 Kuhn (1964) 348.
227 Kuhn (1964) 351.

Kuhn möchte hier auf Folgendes aufmerksam machen: Wenn man die Bedeutung von Begriffen als Definitionsangelegenheit ansieht, ist es logisch unmöglich, daß es zu einem »Versagen« der Begriffe an der Wirklichkeit kommen kann. Eine Definition ist eine (willkürliche) Setzung und kann analytisch nicht falsch sein. Wenn man beispielsweise »Gold« definiert als »gelbes Metall«, dann kann diese Definition nicht durch die Entdeckung von Messing widerlegt werden, sondern nach dem Wortlaut dieser Definition fällt dann eben auch ein Stück Messing unter den Gattungsnamen »Gold«.

Hier bemerkt nun allerdings Kuhn, daß faktisch auch Definitionen gewissermaßen »empirisch widerlegt« werden könnten und regelmäßig in der Wissenschaftsgeschichte auch wurden: Mit den Begriffen der Wissenschafts- und Alltagssprache sind Intentionen verbunden, die ihre Anwendung auf Standardfälle festlegen; diese Intentionen würden sich als Erwartung an die Umwelt ausdrücken. Die Situation, die Kuhn hier vor Augen hat, ist vergleichbar mit den Beispielen, die wir im ersten Teil *(I.3)* untersuchten. Die Definition von »Wucher« erscheint einerseits als dogmatische Setzung, die gegenüber empirischen Tatsachen immun ist. Andererseits ist mit dem Deutschen Vertrag eine »empirische« Tatsache erschaffen worden, die für die ursprüngliche oder »eigentliche« Intention von »Wucher« ein Problem darstellte. Auf die Entdeckung von Messing wird man intuitiv auch eher die Definition von »Gold« erweitern oder abändern wollen und nicht Messing einfach zu Gold erklären.

Das »Gedankenexperiment« ist für Kuhn gerade eine solche Konstruktion, bei der die Anwendung der bisher gebrauchten Begriffe und Definitionen in Konflikt gerat mit den quasi-naturgesetzlichen Erwartungen, die er als »empirischen Gehalt« von Begriffen und Definitionen bemerkt. Der Konflikt ist kein logischer Widerspruch (ebensowenig wie Messing zu Gold zu erklären kein logischer Selbstwiderspruch wäre), sondern – in Kuhnscher Terminologie – eine »Anomalie«. Eine »Anomalie« ist für Kuhn ein Wissen, das man schon seit langer Zeit besitzt und das im Widerspruch zur vorherrschenden Theorie steht, das man aber gerade deshalb lange Zeit verdrängt hatte. Bis es schließlich bewußt wird und zum Sturz der Theorie beiträgt. Am Beispiel vom Gold ist es vielleicht das Wissen, daß Gold ein sehr schweres Metall ist, das man schon seit jeher besitzt und an das man sich erst im Augenblick wieder erinnert, da man mit der »Anomalie« eines Klumpens Messing konfrontiert wird. Dieses Wissen würde dann zur Neudefinition der Begriffe beitragen, also etwa »Gold« nun als »gelbes und sehr schweres Metall« zu definieren.

Im Hauptteil seines Aufsatzes analysiert Kuhn diese Arten von »Anomalie« und Erkenntnisgewinn durch Erinnern an vorheriges Wissen am Beispiel verschiedener Bedeutungen des Begriffs »Geschwindigkeit«. Im Zentrum steht hierbei der Vergleich eines »Gedankenexperiments« von Galilei mit den experimentalpsychologischen Untersuchungen des Kinderpsychologen und »genetischen Erkenntnistheoretikers« Jean Piaget (1896-1980).

Piaget hatte in einem Experiment 1946 kleinen Kindern Zeichentrickfilme gezeigt, in denen verschiedenfarbige Autos Wettrennen fahren, und nach jeder Szene die Kinder befragt, welches Auto das »schnellere« gewesen sei.[228] Die Szenen waren so gewählt, daß verschiedene Definitionen von »Geschwindigkeit« zu unterschiedlichen Antworten führen. Beispielsweise startet das rote Auto später, kommt aber fast gleichzeitig mit dem blauen Auto am Ziel an. Das blaue Auto ist nach der Geschwindigkeitsdefinition »früher am Ziel«, also »schneller«, aber nach der Definition »Strecke durch Zeit« langsamer.

> Die Vorstellungen, die Piagets Kinder mit in den Versuch brachten, enthielten zwei unabhängige Kriterien für die Anwendung der theoretischen Relation »schneller« und damit einen potentiellen Widerspruch. Im Laboratorium [der Experimentalpsychologie] zwang eine neue Situation, zu der Vorführung und Befragung gehörten, die Kinder zur Wahrnehmung dieses Widerspruchs. Als Folge davon wandelten einige ihren Begriff von »schneller« ab, spalteten ihn vielleicht auf. [...] Sie hatten gelernt, einen wesentlichen begrifflichen Fehler zu vermeiden und damit klarer zu denken.[229]

Die Lernsituation von Piagets Kindern setzt Kuhn in Analogie zu Galileis Nachweis der Widersprüchlichkeit von Aristoteles' Begriffen von »Geschwindigkeit« in einem Gedankenexperiment aus dem *Dialog über die beiden hauptsächlichen Weltsysteme, das ptolemäische und das kopernikanische* (1632). Die drei Hauptdarsteller des Dialogs diskutieren über die Frage, ob ein Gegenstand, der eine schiefe Ebene hinunterrutscht, schneller, langsamer oder gleichschnell zum gleichen Gegenstand ist, wenn er dieselbe Höhe senkrecht herunter-

228 Jean Piaget, *Les notions de mouvement et de vitesse chez l'enfant*, Paris 1946, Kap. 7.
229 Kuhn (1964) 332.

fällt. Insbesondere die fehlende Unterscheidung zwischen »Durchschnittsgeschwindigkeit« und »Momentangeschwindigkeit« und die unklaren Vorstellungen über »Beschleunigung« im aristotelischen System führen zu widersprüchlichen Antworten, die Galilei in der Fortsetzung des Dialogs durch verbesserte Definitionen auflöst.

Wenn man Kuhn als einen sensiblen Beobachter der Psychologie der Forschung versteht, sind seine Überlegungen als wertvoller Beitrag zu würdigen, ein Gefühl für die Heuristik von Forschung zu gewinnen, wie sie tatsächlich und in der Wissenschaftsgeschichte stattfindet. Kuhn wollte offenbar auch nicht mehr erreichen. Kuhn unternimmt nirgendwo den Versuch, seine suggestive Bildsprache in »harte« Aussagen und Regeln zu übersetzen.

Deshalb waren sie [Piagets Kinder und die Zuhörer von Galileis Gedankenexperiment] der Gefahr der Verwirrung ausgesetzt und fühlten sich womöglich schon nicht mehr wohl. Die vollständige Verwirrung trat allerdings erst in der Situation des Gedankenexperiments ein, und da war sie schon das Vorspiel zu ihrer Behebung. [...] Diese erste deutliche Wahrnehmung der Unstimmigkeit zwischen Erfahrung und unausgesprochener Erwartung liefert die Gesichtspunkte zur Behebung der Schwierigkeit.[230]

Offensichtlich sind »Verwirrung«, »Vorspiel«, »Schwierigkeit«, »unausgesprochene Erwartung« etc. keine formal definierten Fachbegriffe der vorhandenen Wissenschaftsphilosophie und nicht unbedingt zur verständigen Explikation der Regeln und Funktion einer unverstandenen Wissenschaftsmethode »Gedankenexperiment« geeignet. – Kuhns Antworten auf die eingangs selbst gestellten Fragen zum Gedankenexperiment zeigen eher eine Nähe zu Koyrés Platonismus als zu logisch-empiristischen Konzeptionen von Wissenschaft. Die Bedingung für Wirklichkeitsnähe eines Gedankenexperiments und das durch das Gedankenexperiment gewonnene Wissen ist bei Kuhn in Übereinstimmung mit Platons Ideenlehre beschrieben: Wir erkennen nur, was wir schon immer gewußt haben; aber was uns undeutlich und unbewußt war, wird durch die philosophische Hebekunst des Gedankenexperiments klar und deutlich wiedererinnert. Hiermit endet der Aufsatz.

Die Schwierigkeit, der sich der Wissenschaftler in der Experimentalsituation gegenübersieht, muß ihm schon vorher, wenn auch noch so undeutlich, gegenwärtig gewesen sein. Falls er nicht wenigstens so viel Erfahrung gehabt

230 Kuhn (1964) 351f.

hat, ist er noch nicht imstande, aus Gedankenexperimenten allein etwas zu lernen.[231]

Lakatos' Beitrag zur Methode des Gedankenexperiments läßt sich (trotz Fehlen eines expliziten Bezugs auf Kuhn) als Versuch interpretieren, Kuhns psychologische Suggestionen als verbindliche Aussagen und heuristische Regeln eines expliziten wissenschaftsphilosophischen Systems zu explizieren. Die größere Klarheit und Verbindlichkeit von Lakatos ist allerdings auch Folge davon, daß Lakatos sich vollständig auf die Methode des Gedankenexperiments in der Mathematik beschränkt.[232]

Exkurs: Gedankenexperiment und Kognitive Psychologie

Zuvor soll allerdings noch in einer Nebenbemerkung auf die entgegengesetzte Entwicklung hingewiesen werden. Für eine eigene, nicht unbedeutende Diskussionslinie des aktuellen wissenschaftsphilosophischen Interesses an den Gedankenexperimenten ist Kuhns (und Machs) Hang zur Psychologie kein vorläufiger Makel, der anfangs unvermeidbar ist, um das Problem und Thema publik zu machen, aber später von einer verbindlicheren Beschreibung abgelöst werden sollte. Im Kern vereinen diese Arbeiten die Behauptung einer essentiell psychologischen Komponente im Gedankenexperiment, d.h. eines *nicht-propositionalen mentalen Bilds*, das als Erkenntnisquelle für einigermaßen zuverlässige empirische Tatsachenbehauptungen dienen könne. Es geht um den Tatbestand von Machs »Anpassung der Gedanken an die Tatsachen und aneinander« in der Begrifflichkeit der um Kuhns Zeit entstandenen Disziplin der »*Kognitiven Psychologie*«. Im allgemeinen würdigen diese Beiträge die Gedankenexperimente als Aspekte wissenschaftlicher Rationalität und neigen auch nicht zu metaphysischen Ideen über ein *a priori*, das sich aus dem »Sehen« von empirischen Tatsachen in

231 Kuhn (1964) 352.

232 Gleichermaßen uninformativ bleibt der Begriff des Gedankenexperiments allerdings auch, wenn man aus Unzufriedenheit mit Kuhns psychologisch-unverbindlicher Darstellung ins gegenteilige Extrem verfällt und – wie z.B. Paul Humphreys (1993) in seiner Kritik an Kuhn – nur noch die formalen Ableitungen aus bekannten Theorien als legitime Gedankenexperimente zulassen möchte – mit der *Computersimulation* als Ideal eines Gedankenexperiments.

mentalen Bildern beweisen würde (im Unterschied zu Brown, *II.4.6.a*).

Wenn man nur die Beiträge der Kognitiven Psychologie betrachtet, die sich explizit mit »Gedankenexperimenten« beschäftigen, wird man diese Disziplin für eine Sparte der Belletristik halten, in der viele metaphorische Begriffe und einfühlsame Beschreibungen ausprobiert werden. David Gooding (1992a, 1992b) beschreibt die Erkenntnisquelle des Gedankenexperiments insbesondere mit dem Begriff des »*embodiment*«, was man vielleicht als »Repräsentation« oder »Verkörperung« übersetzen kann. Letzteres bewahrt die subtile Anspielung auf das pychoanalytische System Sigmund Freuds (1856-1939). Freud hatte wissenschaftliche Arbeit unter dem Gesichtspunkt der »Sublimation« der im menschlichen Denken und Handeln allgegenwärtigen Körperlichkeit gesehen.

The presence of effective TEs [thought experiments] in a field of inquiry *indicates how well experimenters' embodied familiarity with the world is expressed by their representations of that world.*[233]

Schon die Zwischenüberschriften seines Aufsatzes (1992a) vermitteln einen lebendigen Eindruck von der literarischen Qualität des Textes: »Disembodiment and Sense Experience«, »Participation and the Experiential Fulcrum«, »The Ascent from Embodied Sensation«, »Iconoclasm about Icons«. – Mit »Iconoclasm« (Bilderstürmerei) im zuletzt genannten Abschnitt sind die Versuche von beispielsweise John Norton und Ian Hacking gemeint, Gedankenexperimente allein aus der verwendeten sprachlichen Argumentation verstehen zu wollen *(II.4.6.b)*, und dies wird als Mißverständnis abgelehnt.

Nancy Nersessian ist hier toleranter. Sie beschreibt die Kognitive Psychologie als pluralistische Disziplin, die von allem das Beste nimmt.

On my view, thought experimenting is a complex form of reasoning that integrates various forms of information – propositions, models, and equations – into dynamic mental models. By linking the conceptual and the experimential dimensions of human cognitive processing, thought experimenting demonstrates the undesirable real-world consequences of a representation, thereby compelling representational change.[234]

233 Gooding (1992a) 281.
234 Nersessian (1992a) 297.

Nersessians zentrale Begriffe für die Erklärung des Erkenntnisgewinns von Gedankenexperimenten sind »simulated model based reasoning« und »narrative comprehension«. Grundlage hierfür ist auch bei Nersessian das »embodiment« von Gooding – die Einverleibung unserer Außenwelt in die mentalen Bilder unseres nichtsprachlichen Denkens.

Auch in vielen anderen wissenschaftsphilosophischen Arbeiten, die nicht zentral von der Methode des Gedankenexperiments handeln, wird auf die essentielle Nicht-Propositionalität wissenschaftlicher Kreativität hingewiesen. Beispielsweise Gerald Holton, der uns schon im Zusammenhang mit Einstein *(II.3.1)* begegnet war, hatte für die mentalen Entitäten, deren gekonnte Manipulation wissenschaftliches Genie ausmacht, den Namen »*Themata*« erfunden. Auch Stephen Toulmins »*Erklärungsideale*« und die »*Paradigmen*« des gerade behandelten Thomas Kuhn lassen sich – bei allen verbleibenden Unklarheiten – nur verstehen, wenn man ihnen zubilligt, auf der Ebene sprachlicher Aussagen essentiell unvollständig beschrieben zu sein. Alle diese Grundlagenbegriffe zur Erklärung wissenschaftlicher Arbeit erfordern »Empathie« – die Fähigkeit der Leser, sich psychologisch in das Beschriebene hineinversetzen zu können. Hierfür ist natürlich ein guter literarischer Stil wesentlich.

Die Grundannahme der Kognitiven Psychologie, daß es eine irreduzible mentale Entität gibt, die nicht-propositionale Inhalte aus den Sinnesorganen aufnimmt, speichert und eigenständig verarbeitet, ist kaum kontrovers und auch wissenschaftsphilosophisch gesehen nicht sonderlich problematisch. Die Frage ist vielmehr, ob durch den Verweis auf eine nichtsprachliche Entität im Kopf sonderlich gut und viel erklärt werden kann. Anders gesagt: Ob sich der Rationalitätsanspruch der wissenschaftlichen Behauptungen nicht auch besser begründen läßt als mit dem bloßen Verweis auf mentale Prozesse.

Es wird niemand bestreiten, daß sich wissenschaftliche Arbeit *auch* psychologisch beschreiben läßt, und viele Entwürfe, die von seiten der Kognitiven Psychologie vorgebracht wurden, plausibel klingen. Aber abgesehen davon, daß in diesem Feld durch die Meisterwerke von Ernst Mach die Ansprüche der Leser an den intellektuellen Horizont, den Ideenreichtum und die Detailkenntnis der Epigonen sehr hoch gesetzt sind, bleiben die inhaltlichen Probleme, die Mach nicht lösen konnte, bestehen. Wenn das Gedankenexperiment dazu dasein soll, neue Erkenntnisse ohne neue Beobachtungen zu gewinnen, und dies nach Auffassung der Kognitiven Psychologie deshalb möglich ist, weil die Erfahrungswelt schon zu einem guten Teil in nichtsprachlichen Strukturen unserer Vorstellungskraft assimiliert ist, dann bleiben die Begründung und Rechtfertigung dieser Ergebnisse des Gedankenexperiments weiterhin auf der Seite der Empirie. Wenn man wegen eines mißglückten Gedankenexperiments etwas Falsches glaubt, liegt das an einem Irrtum der mentalen Repräsentation der Erfahrungswelt. Rechtfertigt dieser bloß graduelle Unterschied zum realen Experiment, von einer eigenständigen Wissenschaftsmethode zu sprechen?

Eine so beschriebene Methode des Gedankenexperiments ließe sich nur für die trivialsten Erkenntnisse verwenden. Im Laufe ihrer Geschichte haben sich die wissenschaftlichen Theorien aber zunehmend von den einfachen Intuitionen des Instinkts und des »gesunden Verstands« fortbewegt. Wenn die Methode des Gedankenexperiments auf mentale Abbilder der Natur angewiesen ist, um ihre Erkenntnisse erzeugen zu können, dann sollte man eigentlich erwarten, daß die Anwendungsmöglichkeiten dieser Methode mit zunehmender Wissenschaftsentwicklung langsam aussterben – oder eigentlich (zumindest in der Physik) schon kurz nach Galilei hätten aussterben sollen. Andersherum: Wenn die Methode des Gedankenexperiments auch noch bei hochentwickelten abstrakten Theorien der Physik anwendbar ist, dann kann die von der Kognitiven Psychologie beschriebene mentale Entität, deren Gestalt im Gedankenexperiment manipuliert wird, nicht mehr aus der unmittelbaren Welterfahrung gewonnen sein. Diese Entität muß eine vergleichbar abstrakte Struktur haben wie das Resultat, das aus ihr abgeleitet sein soll, und ihre Dynamik muß nach der Vorstellung des ungeläuterten »gesunden Verstandes« genauso kontraintuitiv ablaufen wie die physikalische Theorie, über die geurteilt wird.

Psychologische Beschreibungen haben den Vorteil, den Lesern zumeist sofort einzuleuchten. Für die befriedigende wissenschaftsphilosophische Erklärung einer sinnvollen Methode des Gedankenexperiments ist dieser Vorteil ein Nachteil.

4.5 Imre Lakatos

Die Entstehungsgeschichte von Lakatos' Beitrag zur Methode der Mathematik ist etwas verworren. Der Text begann als Lakatos' Doktorarbeit *Essays in the Logic of Mathematical Discovery* (unveröffentlicht; Cambridge/Engl. 1961). Teile hiervon hatte Lakatos anschließend zu einem größeren Aufsatz ausgearbeitet, der als *Proofs and Refutations* 1963/64 in vier Teilen in *The British Journal of Philosophy of Science* erschien. Diesen Aufsatz wollte Lakatos später zu einem Buch ausarbeiten und erweitern. Während dieser Arbeit verstarb Lakatos unerwartet 1974. Lakatos' Freunde und Kollegen John Worrall und Elie Zahar haben das bis dahin fertiggestellte Material geordnet und überarbeitet und 1976 unter dem Titel *Proofs and Refutations – The Logic of Mathematical Discovery* veröffentlicht.

In diesem Text entwirft Lakatos eine Alternative zum vorherrschenden Ideal der »Euklidischen Methodenlehre« in der Mathematik. Diese Alternative nennt Lakatos etwas umständlich »Die Methode ›Beweise und Widerlegungen‹«. Diese Beweise-und-Widerlegungen-Methode impliziert an zentraler Stelle den Einsatz von sogenannten »Gedankenexperimenten«. Lakatos nimmt für sich selbst nicht in Anspruch, diese Methode »Beweise und Widerlegungen« entdeckt zu haben, sondern lediglich, sie für die Wissenschaftsphilosophie zu explizieren. Er datiert die Entdeckung dieser Methode auf etwa die Zeit um 1840, wobei für diese Entdeckung nicht nur die Selbsterkenntnis der Mathematiker über ihren eigenen Methodengebrauch (insbesondere nach der Erschütterung durch die Entdeckung nicht-euklidischer Geometrien), sondern auch Gedanken von G. W. F. Hegel entscheidend gewesen wären.

Das Problem, mit dem sich Lakatos auseinandersetzt, läßt sich vielleicht am besten mit einem Gedanken aus der Einleitung zu dem zeitlosen Klassiker unter den Einführungsbüchern, *Was ist Mathematik?* (1941), von Richard Courant erklären:

> Eine philosophische Definition der Mathematik ist hier nicht angebracht. Nur auf einige Punkte soll hingewiesen werden. Die Betonung des deduktiv-axiomatischen Charakters der Mathematik birgt eine große Gefahr. Allerdings entzieht sich das Element der konstruktiven Erfindung, der schöpferischen Intuition einer einfachen philosophischen Formulierung; dennoch bleibt es der Kern jeder mathematischen Leistung, selbst auf den abstraktesten Gebieten. Wenn die kristallisierte, deduktive Form das letzte Ziel ist, so

sind Intuition und Konstruktion die treibenden Kräfte. Der Lebensnerv der mathematischen Wissenschaft ist bedroht durch die Behauptung, Mathematik sei nichts anderes als ein System von Schlüssen aus Definitionen und Annahmen, die zwar in sich widerspruchsfrei sein müssen, sonst aber von der Willkür des Mathematikers geschaffen werden. Wäre das wahr, dann würde die Mathematik keinen intelligenten Menschen anziehen. Sie wäre eine Spielerei mit Definitionen, Regeln und Syllogismen ohne Ziel und Sinn. Die Vorstellung, daß der Verstand sinnvolle Systeme von Postulaten frei erschaffen könnte, ist eine trügerische Halbwahrheit. Nur aus der Verantwortung gegen das organische Ganze, nur aus innerer Notwendigkeit heraus kann der freie Geist Ergebnisse von wissenschaftlichem Wert hervorbringen.[235]

Lakatos nennt das, was Courant hier beklagt, wofür Courant aber keine treffende Alternativformulierung findet, die »Vorherrschaft der Euklidischen Methodenlehre«. Der eigentliche Inhalt der Mathematik – ihre Kreativität – ließe sich nicht angemessen mit der Endform eines Theorems, das aus festgelegten Axiomen logisch abgeleitet wird, beschreiben.

Zum Zweck des Versuchs einer einfachen philosophischen Formulierung des »Elements der konstruktiven Erfindung« in der Mathematik wählt Lakatos folgende Darstellung: Er läßt in einem fiktiven Dialog einen Lehrer mit einer Reihe von Schülern, die nach griechischen Buchstaben benannt werden, über mathematische Beweise diskutieren, und in einem ausführlichen Fußnotenapparat stellt Lakatos den Bezug zur Geschichte der Mathematik her. Das hauptsachliche Beispiel, an dem die Methode des mathematischen Beweises untersucht wird, ist der »Eulersche Polyedersatz«. Ein Polyeder ist ein geometrischer Körper, der von geraden Flächen und Kanten begrenzt ist. Euler hatte 1758 eine einfache Beziehung gefunden, durch die die Anzahl der Ecken (E), Kanten (K) und Flächen (F) eines jeden Polyeders bestimmt sei: $E - K + F = 2$. Ein Würfel beispielsweise besteht aus 8 Ecken, 12 Kanten und 6 Flächen; hier gilt also: $8 - 12 + 6 = 2$. Bei einer Pyramide: $5 - 8 + 5 = 2$.

Die »Euklidische Methodenlehre« würde nun vorsehen, daß man zu dieser Vermutung »Jeder Polyeder erfüllt die Beziehung $E - K + F = 2$« den Beweis sucht, also eine Ableitung aus den vorhandenen Axiomen, und anschließend den Polyedersatz mit dem Beweis ge-

235 Richard Courant / Herbert Robbins, *What is Mathematics?*, New York 1941; Übersetzung von Iris Runge, *Was ist Mathematik?*, Berlin, Göttingen, Heidelberg ²1967, XIX.

wissermaßen als neuen Anhang zu den stereometrischen Büchern (XI-XIII) von Euklids *Elementen* veröffentlicht. Damit ist dann alles, was es zum Polyedersatz im Rahmen der Euklidischen Methodenlehre zu tun gibt, erledigt. Die tatsächliche Mathematikgeschichte und die methodischen Probleme zum Polyedersatz sind jedoch komplizierter.

Ein solcher Beweis des Polyedersatzes findet sich leicht. Lakatos läßt den Lehrer gleich zu Anfang den vielleicht elegantesten und kürzesten Beweis vorstellen, den Cauchy 1813 veröffentlichte und der einige Zeit lang als endgültig angesehen wurde. Dieser Beweis führt den Polyedersatz allerdings nicht auf euklidische Axiome zurück, sondern auf einfache anschauliche Vorstellungen. Diese betreffen die zweidimensionale Projektion des Polyeders und die anschließende Zerlegung des projizierten Gitternetzes in Dreiecke, die man sich eines nach dem anderen entfernt denkt und dabei bemerkt, daß die Polyederformel bei jedem Schritt Bestand hat. Ein Schüler bezweifelt die Zulässigkeit dieser anschaulichen Transformationsschritte im Beweis, und hierbei kommt die Diskussion auf sogenannte »Gedankenexperimente« zu sprechen:

ALPHA: Aber dann sind wir jetzt schlimmer dran als vorher! Statt einer einzigen Vermutung haben wir jetzt mindestens drei! [Nämlich die einzelnen Zerlegungsschritte im Cauchy-Beweis.] Und dies nennst Du einen ›Beweis‹!

LEHRER: Ich gebe zu, daß der herkömmliche Name ›Beweis‹ für dieses Gedankenexperiment mit Recht ein wenig irreführend angesehen werden kann. Ich bin nicht der Meinung, daß der die Wahrheit einer Vermutung begründet.

DELTA: Was tut er dann? Was, denkst Du, beweist ein mathematischer Beweis?

LEHRER: Das ist eine sehr schwierige Frage, die wir später zu beantworten versuchen werden. Bis dahin schlage ich vor, den altehrwürdigen technischen Ausdruck ›Beweis‹ beizubehalten für ein *Gedankenexperiment – oder ›Quasi-Experiment‹ – das eine Zerlegung der ursprünglichen Vermutung in Teilvermutungen oder Hilfsätze anregt* und es dadurch in einen möglicherweise ganz entfernten Wissensbereich *einbettet*.[236]

In einer Fußnote hierzu erklärt Lakatos: »Das Gedankenexperiment (*deiknymi*) ist das älteste Beispiel eines mathematischen Beweises. Es war in der voreuklidischen griechischen Mathematik vorherr-

236 Lakatos (1961/76) 4.

schend.« Den Begriff »Quasi-Experiment« entnimmt Lakatos dem redaktionellen Vorwort zu einem Aufsatz von Euler kurz vor seiner Entdeckung des Polyedersatzes. Der Herausgeber hatte dort geschrieben: »Da wir die Zahlen auf den reinen Intellekt beziehen müssen, können wir kaum verstehen, wie Beobachtungen oder Quasi-Experimente bei der Untersuchung der Natur der Zahlen von Nutzen sein können. Doch sind tatsächlich, wie ich durch sehr gute Argumente dartun werde, die heute bekannten Eigenschaften der Zahlen größtenteils durch Beobachtungen entdeckt worden.«[237]

Lakatos stattet seine »Methode des Gedankenexperiments« also mit einer eigenen Tradition aus, die namentlich keine Beziehung zu unserer bisherigen (Kant, Ørsted, Mach, Einstein) hat. Auch die neueren Autoren über die Methode des Gedankenexperiments (Popper, Kuhn), mit denen Lakatos im intensiven Kontakt stand, erwähnt er nicht. Für Lakatos ist das Gedankenexperiment die *ursprüngliche* Beweismethode der Mathematik, die lediglich durch den unerhörten Erfolg von Euklids formaler deduktiver Beweismethode aus den *Elementen* in den Hintergrund gedrängt wurde, aber in diesem Hintergrund ununterbrochen fortbestand. In all den Jahrhunderten war von dieser Beweismethode im Sinne einer Heuristik Gebrauch gemacht worden, aber die Mathematiker hingen in ihren veröffentlichten Werken dem euklidischen Ideal an, wodurch der tatsächliche Methodengebrauch verschleiert wurde.

Woher aber bezieht Lakatos den Begriff »Gedankenexperiment«, den er mit völliger Selbstverständlichkeit benutzt? Die bedeutende Forschungsarbeit über das vor-euklidische Beweisideal der Alten Griechen von Árpád Szabó, die Lakatos erwähnt, verwendet diesen Begriff nicht.[238] Szabó zeigt, daß der griechische Begriff »*deiknymi*« im Sinne von »konkret sichtbar machen« oder »veranschaulichen« lange Zeit als Ausdruck des Ideals eines mathematischen Beweises angesehen wurde. Die empirische Anwendbarkeit war das Ziel eines mathematischen Satzes und ein quasi-empirisches Beweisverfahren das Mittel der Wahl, das beispielsweise angewandt wurde, wenn Zahlen als Streckenlängen dargestellt wurden, um im *deiknymi*-Beweis

237 Leonard Euler, »Specimen de usu Observationum in Mathesi Pura«, *Novi Comentarii Academiae Scientarum Petropolitanae* Bd. 6, 1756/77, Zusammenfassung des Herausgebers 19-21. Zitiert nach Lakatos (1961/76) 5.

238 Árpád Szabó, »Δείκνυμι, als mathematischer Terminus für ›Beweisen‹«, *MAIA Rivista di letterature classiche* 1958, 10/106-31.

dann algebraische Zusammenhänge durch geometrische Konstruktionen zu beweisen.

Über seine Quelle des *Worts* »Gedankenexperiment« äußert sich Lakatos nicht. Man wird hier dann doch auf seine Kollegen Popper und Kuhn verweisen müssen. Daß Lakatos explizit von »Gedankenexperimenten« im Zusammenhang mit seiner Methode »Beweise und Widerlegungen« spricht, läßt sich als impliziten Kommentar zu diesen beiden Vorläufern der Reflexion über »Gedankenexperimente« verstehen. (Popper und Kuhn sind gewissermaßen in allen Werken von Lakatos präsent.)

Welches Problem findet Lakatos an der euklidischen Beweismethode? Das Hauptproblem ist folgendes: Mit dem Beweis eines mathematischen Satzes haben sich die Fragen zu diesem Satz normalerweise nicht erledigt – selbst die Frage nach der Wahrheit des Satzes nicht –, sondern sie fangen historisch gesehen regelmäßig erst richtig an. Auch zu einem bewiesenen Satz lassen sich Gegenbeispiele finden, die diesen Satz zu widerlegen scheinen. Durch eine solche Widerlegung eines zuvor schon bewiesenen Satzes wird aber der ursprüngliche Beweis normalerweise nicht ungültig, sondern zumeist nur in seiner Gültigkeit eingeschränkt. Gelegentlich eignet sich die Widerlegung sogar dazu, den ursprünglichen Satz zu verbessern und in einen größeren Zusammenhang zu stellen. – All dies klingt vom logischen Standpunkt aus ziemlich paradox, ist allerdings eine ziemlich offensichtliche Beobachtung aus der Mathematikgeschichte, wie sie von Lakatos pointiert und mit viel Quellenmaterial dargestellt wird.

Zu Eulers Polyedersatz existieren solche »Widerlegungen«, die allesamt *nach* den scheinbar zwingenden und endgültigen Beweisen des Satzes gefunden wurden, zum Beispiel in Form von Hohlpolyedern, Polyedern mit »Löchern« oder »Sternpolyedern«. Beispielsweise ein Würfel mit einem würfelförmigen Hohlraum im Inneren besitzt gerade doppelt so viele Ecken, Kanten und Flächen wie ein Vollwürfel. Er erfüllt also die abweichende Gleichung $E - K + F = 4$ und widerlegt damit die ursprüngliche Polyederformel. Aber wenn man schon bei den Ausnahmen ist, läßt sich auch gleich beispielsweise ein Zylinder, der gar keine Ecken hat und eine gewölbte Fläche besitzt, als Element einer allgemeinen Klasse von nicht-Eulerschen »*Polyedern*« einordnen. Für den Zylinder mit 0 Ecken, 2 kreisförmigen »Kanten« und 3 krummen Flächen gilt der Polyedersatz $E - K + F = 1$. Lakatos nennt solche Gegenbeispiele »Monster« und beschreibt die unterschiedlichen historisch vorgefundenen Strategien, mit einem solchen Monster umzugehen, »Kapitulation«, »Monstersperre« oder »Monsteranpassung«.

Zur »Kapitulation«, also dem Eingeständnis späterer Mathematiker, daß die Eulersche Polyederformel einfach falsch sei und deshalb nun bestenfalls noch im Museum mathematischer Irrtümer ausgestellt werden dürfe, kommt es einigermaßen selten. Die traditionelle, konservative Strategie im Umgang mit der Widerlegung eines mathematischen Satzes durch ein Gegenbeispiel besteht in der *Monstersperre*: Der Satz wird dahin gehend genauer formuliert, daß schon in der Formulierung des Satzes die bekannten Gegenbeispiele ausdrücklich ausgeschlossen werden. Dies würde beim vorliegenden Beispiel also heißen, nicht mehr undifferenziert von »Polyedern« zu sprechen, sondern von einer speziellen Klasse der Polyeder: »Für alle *einfachen* Polyeder gilt $E - K + F = 2$. Ein Polyeder ist einfach, wenn er keine Löcher oder Hohlräume hat, so daß also seine Oberfläche sich stetig in eine Kugelfläche deformieren läßt.«

Mit zunehmender Kenntnis von Gegenbeispielen wird die Liste der explizit erklärten Einschränkungen (Monstersperren) des Satzes verlängert. Irgendwann in der historischen Beweisgeschichte eines Satzes wird zumeist die Menge der Ausnahmen in eine neue Definition umgewandelt. Bei Polyedern spricht man plötzlich von der Klasse der »Eulerschen Polyeder«, womit genau all diejenigen Polyeder gemeint sind, die den Eulerschen Polyedersatz erfüllen. Der Satz bekommt eine scheinbar tautologische Form: »Alle Objekte, für die ›$E - K + F = 2$‹ gültig ist, heißen ›Eulersche Polyeder‹ und erfüllen die Polyederformel ›$E - K + F = 2$‹« – Die Problematik ist vergleichbar mit den Beispielen (Gold, Geschwindigkeit), die oben bei Kuhn *(II.4.4)* behandelt wurden.

Diese Suche nach Ausnahmen und Widerlegungen eines schon bewiesenen Satzes nennt Lakatos »Beweisanalyse«. Der soweit beschriebene historische Tatbestand und das dazugehörende Problem lauten (in den Worten von »Omega«):

> *Die Beweisanalyse vermehrt zwar die Gewißheit, vermindert jedoch den Gehalt.* Jeder neue Hilfssatz in der Beweisanalyse und jede entsprechende neue Bedingung in dem Satz verkleinert den Gültigkeitsbereich. [...] *Wir brauchen ein Gegengewicht gegen den gehaltvermindernden Drang der Strenge.*[239]

239 Lakatos (1961/76) 51.

Dieses »gehaltvermehrende« Beweisverfahren, das in der Mathematikgeschichte deutlich wird, läßt sich nun leider nur sehr grob beschreiben. Lakatos skizziert es in einigen heuristischen Regeln:

Hast Du ein lokales aber nicht globales Gegenbeispiel, so versuche Deine Beweisanalyse zu verbessern, indem Du den widerlegten Hilfssatz durch einen noch nicht als falsch erwiesenen ersetzt.[240]

Und später:

Hast Du Gegenbeispiele, gleich welcher Art, dann versuche durch deduktives Mutmaßen einen tieferliegenden Satz zu finden, zu dem sie nicht länger Gegenbeispiele sind.[241]

Offensichtlich hatte der durch Gegenbeispiele »widerlegte« Polyedersatz historisch wie ein Sprungbrett zur einer Reihe höchst wichtiger Entwicklungen der Mathematik geführt. Er wurde eingebettet in ein allgemeines, vertieftes Verständnis von so scheinbar weit auseinanderliegenden Feldern wie Topologie oder Funktionalanalysis. Das Hauptanliegen von Lakatos' Buch liegt darin, auf einen historischen Tatbestand zu zeigen, der zuvor nicht hinreichend gesehen und gewürdigt wurde. Dies gelingt ihm überzeugend. Seine eigenen Deutungsversuche dieses historischen Phänomens präsentiert Lakatos allerdings nur vorsichtig und vorläufig in den widersprüchlichen Perspektiven der fiktiven Diskussionsteilnehmer.

Die Diskussion im Klassenzimmer erreicht hier ihren Höhepunkt. Die Frage, wie man nicht bloß ein »*prüfendes Gedankenexperiment*« (durch Konstruktion von Gegenbeispielen) ausführt, sondern ein »*beweisendes Gedankenexperiment*«, führt zur Verwendung solcher Schmähnamen wie »pseudoinduktives Gefummel« durch einen der Schüler. – Die Versuche, einen Satz zu beweisen, sind für den mathematischen Erkenntnisgewinn offensichtlich genauso fruchtbar wie die Widerlegungsversuche, aber der (nur historisch beschriebene) Weg von einem widerlegten Satz zu einer tieferen mathematischen Einsicht wird von Lakatos nicht in formalen Regeln expliziert.

Im Endergebnis faßt Lakatos die Methode »Beweise und Widerlegungen« als geordnete Reihe von einigen heuristischen Schritten zusammen. Damit ist der Informationsgehalt von Lakatos' Beitrag

240 Lakatos (1961/76) 52.
241 Lakatos (1961/76) 69.

zwar größer als der von Kuhns Skizze. Trotzdem drängt sich der Eindruck auf, daß in dieser Heuristik nur ein Teil des überaus reichhaltigen Materials verarbeitet ist, das Lakatos zuvor systematisch und historisch untersucht hatte. Dieses »einfache Muster der mathematischen Entdeckung – oder des Fortschritts der Theorien der inhaltlichen Mathematik« lautet:[242]

(1) Ursprüngliche Vermutung
(2) Beweis (ein grobes Gedankenexperiment oder Argument, das die ursprüngliche Vermutung in Untervermutungen oder Hilfsätze zerlegt)
(3) ›Globale‹ Gegenbeispiele (Gegenbeispiele zur ursprünglichen Vermutung) tauchen auf
(4) Neuuntersuchung des Beweises: der ›schuldige Hilfssatz‹, zu dem das globale Gegenbeispiel ein ›lokales‹ Gegenbeispiel ist, wird ausfindig gemacht. Dieser schuldige Hilfssatz kann vorher ›versteckt‹ geblieben oder falsch eingeordnet worden sein. Jetzt wird er deutlich bestimmt und als Bedingung in die ursprüngliche Vermutung eingebaut. Der Satz – die verbesserte Vermutung – verdrängt die ursprüngliche Vermutung mit dem neuen beweiserzeugten Begriff als entscheidendem neuem Merkmal.

Diese vier Stufen bilden den wesentlichen Kern der Beweisanalyse. Doch es gibt einige weitere Normalstufen, die häufiger auftreten:
(5) Beweise anderer Sätze werden untersucht, um zu sehen, ob der neugefundene Hilfssatz oder der neue beweiserzeugende Begriff in ihnen auftaucht: man könnte vielleicht herausfinden, daß dieser Begriff an einem Schnittpunkt verschiedener Beweise liegt und sich somit von grundlegender Wichtigkeit erweist.
(6) Die bislang anerkannten Folgerungen aus der ursprünglichen und jetzt widerlegten Vermutung werden überprüft.
(7) Gegenbeispiele werden in neue Beispiele gewendet – neue Untersuchungsgebiete eröffnen sich.

Hier stellt sich natürlich die Frage: Was ist das? Welchen Status haben diese heuristischen Stufen mathematischer Forschung? Völlig unproblematisch kann man Lakatos recht geben: In diesem »Muster« wird nichts Falsches gesagt, und es scheint auf vieles in der Mathematikgeschichte gut zu passen. Nur ist schon der Stil seiner Formulierungen so, daß Lakatos letztendlich offenbar ebenso wie Kuhn nicht über das *Psychologische* der Mathematikgeschichte hinausgeht. Seine Regeln unterscheiden sich hier nur dadurch von Kuhns Beitrag zur Klärung der Begriffssemantik mittels der »Ge-

242 Lakatos (1961/76) 119f.

dankenexperimente«, daß Lakatos' psychologische Ausführungen elaborierter und detaillierter sind.

Über weite Strecken der Problemdiskussion zuvor hatte Lakatos jedoch keine Psychologie der Forschung behandelt, sondern logische und systematische Probleme einzelner Entwicklungsschritte. Für unsere Hauptlinie der Frage nach dem systematischen Wert von Gedankenexperimenten ist insbesondere diese Episode interessant:

Der Versuch, den Eulerschen Polyedersatz als Spezialfall eines allgemeinen mathematischen Theorems, das zugleich auch alle Polyeder beschreibt, für die ein modifizierter Polyedersatz gilt, aus übergeordneten Prämissen abzuleiten, führt schließlich zu einer abstrakten Klassifikation von »Polygonsystemen«. Ein scheinbar vollständig analytischer Beweis wird vorgestellt, dessen erste Schritte so lauten:[243]

(1) Eine Ecke ist eine Ecke.
Daraus haben wir abgeleitet
(2) $E = K$ gilt für alle vollkommenen Polygone
Daraus haben wir abgeleitet
(3) $E - K + F = 1$ gilt für alle offenen normalen Polygonensysteme.

Und so fort, bis nicht bloß zum Eulerschen Polyedersatz, sondern auch zu einigen naheliegenden Verallgemeinerungen auf »normale *n*-sphärische Polyeder«. Die Analytizität dieses Beweises ergibt sich aus den Definitionen der verwendeten Fachbegriffe. Beispielsweise ist ein »vollkommenes Polygon« gerade eines, das genauso viele Ecken wie Kanten hat; der anschaulichen Vorstellung nach eine in sich geschlossene Polygonlinie. An diesen Beweis schließt sich folgende Diskussion an:

LAMBDA: Glaubst Du wirklich, daß (1) das einzige Axiom ist, aus dem der ganze Rest folgt? Daß Deduktion den Gehalt vermehrt?

ALPHA: Selbstverständlich! Das ist doch gerade das Wunder des deduktiven Gedankenexperimentes! Wenn Du einmal ein Fitzelchen Wahrheit erwischt hast, dann entfaltet es die Deduktion untrüglich zu einem Baum der Erkenntnis. [*] Wenn eine Deduktion den Gehalt nicht vermehrt, würde ich sie nicht Deduktion nennen, sondern ›Bewahrheitung‹: ›die Bewahrheitung unterscheidet sich von dem wahren Beweis gerade, weil sie rein analytisch und unfruchtbar ist.‹

LAMBDA: Aber natürlich kann die Deduktion den Gehalt nicht vermeh-

243 Lakatos (1961/76) 74f.

ren! Wenn die Kritik offenbart, daß die Folgerung reichhaltiger ist als die Voraussetzung, dann müssen wir die Voraussetzung verstärken, indem wir die versteckten Hilfssätze namhaft machen.

KAPPA: Und diese versteckten Hilfssätze sind es, die Verfälschungen und Fehlbarkeit enthalten und letztlich den Mythos der unfehlbaren Deduktion zerstören.

An der mit dem Stern bezeichneten Stelle liefert Lakatos in einer Fußnote folgende historische Ergänzung:

Antike Philosophen zögerten nicht, eine Vermutung aus einer sehr trivialen, aus ihr abgeleiteten Folgerung herzuleiten. [...] Plato dachte, daß ›ein einziges Axiom hinreichen kann, ein ganzes System zu erzeugen‹. [...] *Dies ist kennzeichnend für die antike inhaltliche Logik, das heißt für die Logik des Beweises oder des Gedankenexperimentes oder der Konstruktion; wir betrachten sie nur im Nachhinein als enthymematisch: erst später wurde der Zuwachs an Gehalt ein Zeichen nicht der Stärke, sondern der Schwäche eines logischen Schlusses.* Diese antike inhaltliche Logik wurde von Descartes, Kant und Poincaré heftig verteidigt; sie alle verachteten Aristotelische formale Logik und wiesen sie als unfruchtbar und belanglos zurück – während sie gleichzeitig die Unfehlbarkeit der fruchtbaren inhaltlichen Logik priesen.

Hier besteht ein unmittelbarer Zusammenhang zum interessanten Problem mit den naturwissenschaftlichen Gedankenexperimenten, wie es uns bisher schon begegnet ist. Oben war die Verwunderung entstanden: Wie kommt es, daß Einstein glaubt, die (ganze) Thermodynamik sei aus dem einen »Prinzip der Unmöglichkeit des Perpetuum mobile« abgeleitet? Und Einstein meinte, seine Relativitätstheorie sei der logische Schluß aus einer kleinen Menge universaler Prinzipien wie dem »Relativitätsprinzip«. Einstein glaubte außerdem, mit einem »Realitätsprinzip« die Quantentheorie anfangs widerlegen und später wenigstens in Grenzen verweisen zu können. Immer wenn aus Prinzipien ein Beweis oder eine Widerlegung (scheinbar) abgeleitet wurde oder wenn aus vorhandenen Theorien oder »der Intuition« auf die universelle Gültigkeit von Prinzipien geschlossen wurde, kamen (irgendwie) Gedankenexperimente ins Spiel. Und immer mußte ein Zuschauer mit ungetrübtem Blick auf die Logik einwerfen: Eine saubere Anwendung deduktiver Logik ist hier nirgendwo zu finden; die scheinbaren Ableitungen vermehren den informativen Gehalt der Prämissen.

Woher nehmen die »abgeleiteten« Wahrheiten ihren Gehalt? Sicherlich nicht aus dem Satz, den Lakatos scherzhaft an den Beginn der Beweisführung stellte, der tautologischen Identitätsaussage »Eine Ecke ist eine Ecke«. Der Gehalt steckt in »versteckten Hilfssätzen«. Mit der Entdeckung, daß in einer Ableitung versteckte Hilfssätze beteiligt sind, verliert allerdings der ursprüngliche Beweis seine analytische Unfehlbarkeit, und es stellt sich die Frage, welchen Zweck es haben kann, Hilfssätze zu verstecken.

Die Antwort, die Lakatos in seinem Text nahelegt (und hierbei über die von ihm zuletzt genannten heuristischen Regeln thematisch hinausreicht), läßt sich vielleicht so zusammenfassen: Es ist einfach gänzlich unmöglich, a priori alle Hilfssätze eines mathematischen Beweises explizit anzugeben. Sobald man aber eine Definition nicht als Akt willkürlicher Setzung versteht, sondern als Abbildung eines gehaltvollen mathematischen Objekts, gibt es die Möglichkeit, daß die Klasse von Objekten, die durch die Definition individuiert wird, nicht identisch ist mit der Objektklasse, für die die Definition »intuitiv« vorgesehen war. Die Suche nach Abweichungen zwischen beiden Klassen ist ein kreativer Akt; er entspricht der Entdeckung von »verborgenen Hilfssätzen« in der ursprünglichen Beweisführung. – Das mathematische Objekt muß uns unabhängig von den Definitionen bekannt sein, um einen Gehalt zu haben. Dieses unabhängige Wissen kann im Extremfall eine Definition »widerlegen«.

Lakatos beschreibt die axiomatisch-deduktive Beweismethode und das Gedankenexperiment als die beiden einander ergänzenden Methoden der Mathematik. Erstere dient dazu, eine vorhandene Erkenntnis zu sichern, letztere, sie zu erweitern. Mit dem reichhaltigen historischen Material der Mathematikgeschichte belegt Lakatos eine seltsame Dynamik des mathematischen Fortschritts, die gefördert wird durch die beiden Extreme menschlicher Denkfähigkeit: Einerseits zu versuchen, in rein abstrakter Logik eine Vermutung streng axiomatisch-deduktiv zu beweisen, und dann diesen Beweis durch die phantasievolle Konstruktion gegebenenfalls völlig kontraintuitiver »Monstren« zu widerlegen. Einer formalen Ausarbeitung harrt dieser Entwurf noch; Lakatos hielt dies offenbar für ein aussichtsloses Unterfangen.

4.6 Bilder oder Argumente? (Die Brown-Norton-Debatte)

Die Brown-Norton-Debatte wurde schon ganz zu Anfang vorgestellt *(I.1)*. Im Anschluß an die soweit dargestellte Geschichte der Methode des Gedankenexperiments lassen sich die wesentlichen Standpunkte der beiden Autoren zum Gedankenexperiment kurz zusammenfassen.

(a) Die Position des naturwissenschaftlichen *Platonismus*, den Brown durch seine Analyse von Gedankenexperimenten begründen möchte, expliziert er wie folgt:

I shall go about this by arguing, first, that these thought experiments are indeed *a priori*; and second, that laws of nature are relations between independently existing abstract entities. The existence of such entities gives the thought experimenter something to perceive. It also makes obvious which sense of *a priori* is at work; it is the same as that involved in mathematical platonism. Neither linguistic conventions nor Kantian forms of perception – both candidate accounts of the *a priori* – are involved. Some laws of nature, on my view, can be seen in the same way as some mathematical objects can be seen.[244]

Da Brown die Erkenntnis der *a-priori*-Wahrheit eines Naturgesetzes durch die *Wahrnehmung* begründet, ist offensichtlich mit Sprache und Argumenten sein Standpunkt weder zu beweisen noch zu widerlegen. Brown meint mit Wahrnehmung allerdings keine bloß subjektive, sondern eine intersubjektive, vom gleichen Rang wie wissenschaftliche Beobachtungen. Seine Behauptung können wir demnach durch Introspektion unserer eigenen Wahrnehmung überprüfen, indem wir auf die gleichen Beispiele schauen, aus denen Brown seine Wahrnehmung bezogen hat.

Browns zentrales Beispiel ist Galileis Gedankenexperiment zum Fallgesetz, das wir schon hinreichend analysiert haben. Ein überzeugendes Indiz für die Position des Platonismus war dabei nicht zu finden. Deshalb wollen wir hier zwei andere Beispiele von Brown anschauen, die nicht aus der Physik, sondern der Mathematik stammen.

Die nachfolgenden beiden Abbildungen (*Abb. 4, rechts und links*)

244 Brown (1991) 76.

konstituieren für Brown einen gültigen Beweis der jeweils darüberstehenden Theoreme. Brown erläutert, normalerweise würden Abbildungen in der Mathematik lediglich aus psychologischen oder heuristischen Gründen gebraucht, aber bei diesen beiden Beispielen sei dies grundsätzlich anders; »there are a few rare and remarkable examples where something quite different is going on.« Zu beiden Beispiel-Theoremen existieren *auch* formale Beweise, die ohne Zeichnung auskommen, aber Brown behauptet, die vorliegenden Zeichnungen seien als eigenständige Beweise hinreichend. Der Beweis besteht aus dem Hinschauen, Wahrnehmen und Erkennen (im Sinne eines »*Heureka!*«). In Browns Worten: »Take a moment to study the proof, to see how it works.« Die verbale Übersetzung der bildlichen Beweise unterläßt Brown konsequenterweise. Hier sind die Bilder:[245]

Theorem: $1+2+3+\ldots+n=\frac{n^2}{2}+\frac{n}{2}$

Proof:

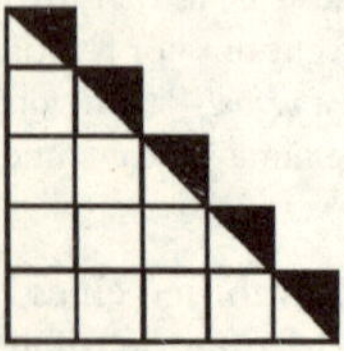

Figure 4

Theorem: $\frac{1}{2}+\frac{1}{2^2}+\frac{1}{2^3}+\ldots=1$

Proof:

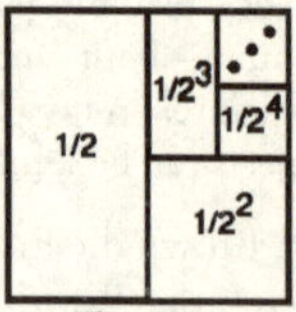

Figure 5

Abbildung 4
Bildliche Beweise von James Robert Brown zu zwei mathematischen Theoremen

Zweifelsohne sind das hübsche Beispiele. Aber Brown ist offenbar die interessante Einsicht von Lakatos entgangen: Aus einem (bildlichen) Beweis lernt man *erst dann* etwas für die Mathematik, wenn man den Beweis hinsichtlich der verwendeten, verborgenen Hilfssätze analysiert. Daß die beiden Beweise von Brown zu funktionieren scheinen, sagt uns weniger etwas über Reihensummen als vielmehr über die Prämissen der Arithmetik. Nach Szabó hatte man diese Art der vor-euklidischen *deiknymi*-Beweise, die Brown hier als neue Entdeckung vorstellt, aufgegeben, als man mit dem Problem der irrationalen Zahlen konfrontiert wurde. Obwohl natürlich im-

245 Brown (1992) 275f.

mer viele schöne Beispiele existierten, wo – wie bei den vorliegenden beiden Beispielen – Zahlen ganz wunderbar in geometrischen Sachverhalten dargestellt werden konnten, bestand für Jahrhunderte ein gravierendes Problem, daß dies *nicht generell* zu gehen schien – eben gerade wegen der irrationalen Zahlen. Dieses Problem hatte zur Konsequenz, daß man auch in Fällen, wo es scheinbar gutgeht (wie bei Browns Beispielen), der geometrischen Konstruktion nicht völlig vertrauen konnte. Wesentliche neue Entdeckungen der Mathematik sind dann allerdings von Descartes und Nachfolgern gerade dadurch gemacht worden, daß sie die impliziten Prämissen von geometrischen Beweisen über Zahlen explizierten und logisch analysierten. Browns Bilder eignen sich in der Mathematik bestenfalls als Anfang, nicht als Abschluß eines Beweises; oder anders gesagt: Wer mit Browns Beweisen einfach zufrieden ist, dem entgeht der Hauptteil mathematischer Kreativität und Beweismöglichkeiten.

Wie leicht man sich mit bildlichen Beweisen täuscht, kann ein lustiges Gegenbeispiel zeigen. Mit einem bildlichen Beweis läßt sich wunderbar vieles beweisen, zum Beispiel auch das Theorem: »Jeder rechte Winkel ist gleich einem stumpfen Winkel« (und damit auch generell *»p gleich nicht-p«*). Der Beweis ist einem Journal entnommen, das sich der Förderung des wissenschaftlichen Humors verschrieben hat. Hier ist das (grob skizzierte) Beweisbild:

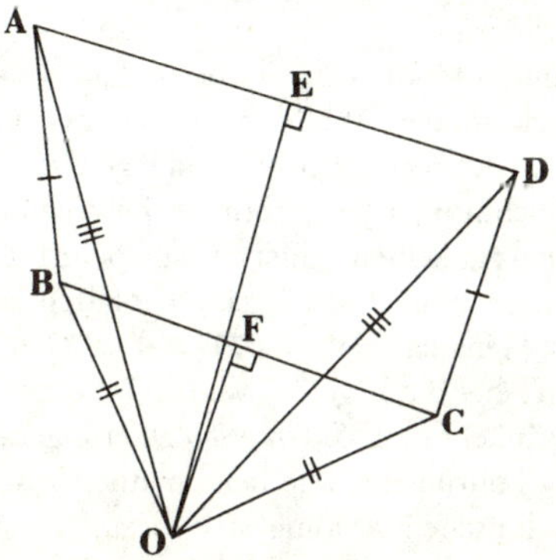

Abbildung 5
Konstruktionszeichnung zu einem trügerischen »Beweis« aus der euklidischen Geometrie

Wer (wegen der grob gezeichneten Skizze von *Abb. 5*) nicht auf Anhieb sieht, daß der stumpfe Winkel ABC gleich dem rechten Winkel BCD ist, kann dies Schritt für Schritt mit Hilfe der Konstruktionsanleitung nachvollziehen:

Zu zeigen ist: Alle stumpfen Winkel sind rechte Winkel.
Gegeben: Ein stumpfer Winkel ABC.

1. Konstruiere DC ⊥ BC längengleich zu AB.
2. Verbinde A mit D.
3. Errichte die Mittelsenkrechte auf AD und BC. Ihr Schnittpunkt ist O. Zeichne die Strecken AO, BO, DO, CO.
4. Wie man leicht sieht, ist AO = DO, BO = CO und ∢ CBO = ∢ BCO.
5. Da alle Seiten gleich lang sind, sind die Dreiecke ABO und DCO kongruent und daher ∢ ABO = ∢ DCO.
6. Da ∢ CBO = ∢ BCO ist, erhält man durch Subtraktion von gleichen Winkeln: ∢ ABC = ∢ BCD. q.e.d.[246]

Was ist an diesem Beweis falsch gelaufen (wenn man den Anfangsverdacht besitzt, daß der Beweis trotz seiner überzeugenden Form, aber wegen des absurden Ergebnisses nicht völlig korrekt sein kann)? Die einfache Antwort lautet: Man wird durch die Zeichnung betrogen. Den »Fehler« entdeckt man, indem man die Zeichnung wegwirft. Also gerade das Objekt, das nach Brown den Beweis enthält, suggeriert hier den Irrtum. (Das Dreieck ABC wird bei einer »korrekten« Zeichnung um AB gespiegelt sein, also außerhalb des Vierecks ABCD liegen.)

Die interessante Antwort – im Sinne von Lakatos – entsteht aber durch den Vergleich der Abbildung mit dem Beweistext. Man erkennt dann, daß der Beweisschritt, wo der gewissermaßen »falsche Gehalt« der Zeichnung in die formale Beweisführung einfließt (Schritt 6), formal gar keinen Fehler enthält. Schritt 6 ist auf Grundlage der originalen Axiome Euklids gar nicht falsch, sondern einfach nicht beweisbar. Genauer: Daß ∢ *CBO* = ∢ *BCO*, folgt korrekt aus den Annahmen. Aber die Lage der Winkel (und demnach, daß der Vergleich der Winkel durch *Subtraktion* zu erfolgen habe) ist ohne eine Zeichnung kontingent. Die neue mathematische Erkenntnis lautet: Die euklidischen Axiome sind bezüglich der »intuitiven Modelle« von geometrischen Konstruktionen nicht vollständig; eine

246 David C. Jolly, »Das verlorene Theorem Euklids«, *The Best of the Journal of Irreproducible Results*, New York 1983; dt.: Georg H. Scherr (Hg.), *Journal der unwiederholbaren Experimente*, Frankfurt/M. ²1986, 141.

durch die euklidischen Bestimmungsstücke vollständig festgelegte Figur kann unter Umständen auf zwei verschiedene Abbildungen passen, nämlich die »inkongruenten Gegenstücke«, die schon Kant aufgefallen waren.[247] Erst Moritz Pasch hatte diese Unbestimmtheit zum Anlaß genommen, in den *Vorlesungen über neuere Geometrie* (1882) die euklidischen Axiome zu erweitern, so daß nun auf Grundlage der Paschschen Axiome Schritt 6 beweisbar falsch ist und nun doch stumpfe Winkel nicht gleich rechten sind. Auf Grundlage der originalen euklidischen Axiome wäre das möglich.

In diesem Scherz liegt also nicht bloß eine handfeste Widerlegung von Browns Ansprüchen, durch Bilder etwas beweisen zu können, sondern zugleich ein weiteres schönes Beispiel für Lakatos' Darstellung der mathematischen Forschungsheuristik und des Nutzens durch die Konstruktion von »Monstren«.

(b) John Norton faßt seinen Gegenstandpunkt in diesen beiden Punkten zusammen:

Thought experiments are arguments which:
(i) posit hypothetical or counterfactual states of affairs, and
(ii) invoke particulars irrelevant to the generality of the conclusion.[248]

Die Kritik an Brown wird deutlich in dieser abschließenden Erklärung, nachdem Norton einige Beispiele analysiert hat, die ihm die beiden eben genannten Punkte bestätigen:

The main conclusion I wish to urge is that the thought experiments of modern physics are simply arguments and not some kind of mysterious new window onto the physical world. Thus we analyse and appraise thought experiments by reconstructing them explicitly as arguments and testing them against just those standards which we apply to arguments of other forms.[249]

Ian Hacking, der Norton zustimmt, bringt Nortons Standpunkt auf einen griffigen Satz: »Thought experiments do not have a life of their own.«[250] Norton möchte keine eigene »Theorie des Gedankenexperiments« entwickeln, sondern er leugnet die Existenz eines interessanten Themas namens »Gedankenexperimente«. »Gedankenexpe-

247 Kant (1786), *Von dem ersten Grunde der Gegenden im Raum.*
248 Norton (1991) 129.
249 Norton (1991) 142.
250 Hacking (1992) 302.

rimente« sind für Norton und Hacking eine taxonomisch uninteressante Untermenge der »wissenschaftlichen Argumente«. Beide sehen im Thema »wissenschaftliches Argumentieren« durchaus viele interessante und ungeklärte Aspekte, allerdings keine, die ausschließlich oder wesentlich in der Menge der Beispiel-Gedankenexperimente auftreten. Das Besondere in den Beispielen von Gedankenexperimenten liege in den beiden genannten Punkten, die gerade keine systematisch wesentliche Charakterisierung vornehmen: Aus der Menge der kontrafaktischen Argumente, die in den Wissenschaften angewandt werden, nennt man »Gedankenexperimente« solche, die mit argumentativ überflüssigen Details ausgeschmückt sind. Brown hatte gerade in diesen »überflüssigen Details« die argument-transzendierende Beweisquelle lokalisiert: das nichtsprachliche Bild als Auslöser einer alethischen Wahrnehmung.

Nortons Standpunkt besteht eigentlich aus zwei Behauptungen, die getrennt untersucht werden müssen. Zum einen *(1)*, daß Gedankenexperimente letztendlich nicht mehr als wissenschaftliche Argumente sind oder ohne Verlust in solche übersetzt werden können. Zum anderen *(2)*, daß diese in Gedankenexperimenten verwendeten Argumente keine interessante, eigenständige Klasse des wissenschaftlichen Argumentierens bilden.

Zur ersten Behauptung *(1)*: Norton läßt unter dem Namen »Argument« alles zu, was in den Wissenschaften Verwendung findet: Deduktion, Induktion, Begriffsdefinitionen, Modellbildung etc. Einziges Kriterium für ein Argument scheint bei ihm zu sein: in Aussagesätzen formulierbar und in Form einer »Schlußfolgerung« aufeinander aufbauend. Diese wenig einschränkende Forderung läßt sich nicht kritisieren. Dieser Forderung muß auch Brown zustimmen, wenn er die Wahrnehmung aus den Gedankenexperiment-Bildern für intersubjektiv verbindlich erklärt. Der »Gehalt« der Bilder muß in Aussagesätze gefaßt werden, wenn man nicht blind und stumm Browns privater Wahrnehmung vertrauen will.

Tatsächlich kommt Brown dieser Forderung nach propositionaler Argumentation bei den meisten Beispielen, die er in seinem Buch *The Laboratory of the Mind* (1991) und späteren Aufsätzen *beschreibt*, auch nach. Ganz zu Anfang *(I.1)* haben wir Browns Darstellung von »Galileis Gedankenexperiment« gelesen. Das Zitat bestand aus Aussagesätzen ohne Bezugnahme auf ein Bild. Natürlich hat Brown in seinem Buch auch noch eine Zeichnung zu diesem Text mitgeliefert.

Für die Argumentation ist diese Zeichnung aber *bei Brown selbst* eine überflüssige Illustration. Der Text ist präzise genug, um sich vorzustellen, was in der Zeichnung gezeigt wird (nämlich große und kleine Steine, die mit und ohne Verbindungsfaden von einem schiefen Turm geworfen werden).

Den Unterschied diesbezüglich zwischen Brown und Norton liegt nur hier: Für Brown ist der Argumentationstext nicht hinreichend, das Ergebnis zu beweisen. Die Beweisquelle liege in mentalen Bildern, die durch den Text erzeugt werden sollen, aber selbst nicht propositional sind. Dieser Unterschied zu Norton ist allerdings nicht besonders groß. Norton gibt bereitwillig zu, daß die meisten Argumente von Gedankenexperimenten Enthymeme sind, also wesentliche Prämissen unterschlagen und an wesentlichen Stellen gewagte Induktionen beinhalten. Erst bei geeigneter Vervollständigung würden sich *erfolgreiche* Gedankenexperimente als *gute* Argumente rekonstruieren lassen. Soll der »Gehalt eines Bildes« physikalisch relevant sein, so muß er sich als wahre Aussage abbilden lassen und damit zu einer wahren Prämisse in Nortons Rekonstruktion des Arguments werden. Bei physikalisch relevanten Ergebnissen heißt dies: *empirisch* wahr. Browns Platonismus reduziert sich in dieser Hinsicht also auf eine Behauptung, die für das Argument irrelevant ist, nämlich die Wahrheit der Prämissen auch ohne das empirische Kriterium »schon vorher gesehen« zu haben. Ob man Brown das glaubt oder nicht, ist für die Wissenschaft selbst gänzlich uninteressant. (Mit einem Blick in die Wissenschaftsgeschichte der Unmengen »intuitiv naheliegender« Überzeugungen, die sich als Irrtümer herausgestellt haben, wird man Brown das nicht glauben.)

Zum anderen *(2)* sagt Norton aber darüber hinausgehend, daß die als Argument rekonstruierten Gedankenexperimente keine interessante, eigenständige Klasse des wissenschaftlichen Argumentierens bilden. Diese Behauptung erfordert eigentlich, daß man schon ein interessantes Klassifikationssystem für wissenschaftlich anwendbare Argumentationsmethoden besitzt, was Norton und Hacking jedoch nicht explizit behaupten. Die Entscheidung darüber, ob »Gedankenexperimente« eine interessante, eigenständige Argumentationsmethode der Wissenschaften sind, ist natürlich wesentlich davon bestimmt, welche anderen Argumentationsmethoden man zuvor schon als eigenständige Klasse anerkannt hat und über welche Beispiele man die Klasse der Gedankenexperimente aufspannt.

Diese Frage zu untersuchen ist das Hauptanliegen des vorliegenden Buchs. Norton selbst liefert keine Begründung, ob sich »Gedankenexperimente« nicht auch anders charakterisieren lassen, als hinsichtlich ihrer Eigenschaften »mit überflüssigen Details« bereicherte Argumente zu sein, und dann womöglich doch eine interessante Klasse von Argumenten bilden.

Als Antwort auf Norton kann hier ein einfacher Verweis auf Lakatos (s.o.) stehen. Lakatos sieht eine gegebene Klasse von wissenschaftlichen (mathematischen) Argumenten in der »euklidischen Beweismethode«, d.h. den axiomatisch-deduktiven Ableitungen. Vor diesem Hintergrund erkennt Lakatos in der Mathematikgeschichte eine wichtige *andere* Klasse von Beweismethoden, die er »Gedankenexperiment« nennt. Auch diese arbeitet (in der freizügigen Bedeutung von Norton) *argumentativ.* Das, was Lakatos »Gedankenexperimente« nennt, öffnet kein »mysterious new window onto the physical world« und ist mit Nortons Kritik an Brown völlig verträglich.

Die eigentlich interessanten Fragen zu den Gedankenexperimenten entstehen gerade, *nachdem* man Nortons Kritik an Brown akzeptiert. Ein Gedankenexperiment ist ein Argument oder läßt sich ohne Verlust als ein niedergeschriebenes Argument rekonstruieren. Danach stellt sich die Frage: Was sind die Prämissen dieses Arguments? Warum sollte man sie annehmen, oder besser: warum *wurden* sie akzeptiert, als man das erfolgreiche Gedankenexperiment erstmals präsentierte? Hierzu haben wir schon interessante Antworten gefunden: Daß die Prämissen von historisch bedeutsamen Gedankenexperimenten regelmäßig zum Zeitpunkt der Erfindung des Gedankenexperiments noch unbekannt waren. Gedankenexperimente könnte man damit naheliegenderweise beschreiben als Argumente, die zur Aufgabe haben, nicht ihr vorgebliches empirisches Ergebnis abzuleiten, sondern neue Prämissen in den Wissenschaften zu etablieren. Es stellt sich dann die Frage, welche *Akzeptanzbedingungen* bestehen, durch die die Prämissen von erfolgreichen Gedankenexperimenten in den Korpus wissenschaftlicher Überzeugungen übernommen werden, hingegen bloße Phantasie-Prämissen von ungeeigneten Gedankenexperimenten weiterhin zurückgewiesen werden. Diese Frage hatte schon vor Norton zum Beispiel Hans Poser (1984) gestellt. Jedenfalls deutet dies auf eine Funktion der Gedankenexperimente hin, die interessanter ist als der faule Zauber, aus gut in überflüssigem Beiwerk versteckten Annahmen Behauptungen abzuleiten, den Norton zu Recht ablehnt.

4.7 Zur Modallogik der Gedankenexperimente

Wenn Gedankenexperimente im wesentlichen Argumente sind, liegt es nahe, diese Argumente logisch zu analysieren. Und da Gedankenexperimente nicht von wirklichen Versuchen handeln, sondern von ausgedachten – also möglichen oder unmöglichen –, bietet sich die Modallogik als Analysewerkzeug an. Die moderne, formale Modallogik wurde von C. I. Lewis, Brouwer, Kripke und anderen entwickelt und in dem klassischen Einführungsbuch von Hughes und Cresswell in kanonischer Form präsentiert.[251]

Den ersten Versuch, dieses neue formale Instrumentarium der Modallogik zum Verständnis der Methode des Gedankenexperiments einzusetzen, hatte 1980 in verschiedenen Aufsätzen Wulf Rehder unternommen, was allerdings außer bei Poser (1984) keine Reaktionen hervorrief. Tatsächlich findet sich bei Rehder schon im Guten wie im Schlechten das Spektrum der Möglichkeiten einer formalen Analyse von Gedankenexperimenten mittels der neugefundenen formalen Systeme der Modallogik, das später in vielen Arbeiten wiederholt und mit vielen Details bereichert wurde. Das »Gute« der modallogischen Analyse von Gedankenexperimenten liegt darin, daß mit ihr – falls man daran interessiert ist – eine Klassifikation von unterschiedlichen Argumentationstypen des Gedankenexperiments begründet werden kann. Das »Schlechte« ist die von einigen Autoren gar nicht wahrgenommene Einsicht, daß durch die bloße Übersetzung in die Formelsprache der Logik nichts zur Erklärung der Gedankenexperimente, ihres Erkenntnisgewinns oder ihrer Funktion innerhalb der Wissenschaften beigetragen werden kann.

Die Grundidee ist folgende: Alles in der Natur Vorgefundene und Beobachtbare ist »wirklich«. Gedankenexperimente verwenden allerdings in ihren Schlüssen offensichtlich keine wirklichen Tatsachen, sondern bloß ausgedachte. Das Ergebnis eines Gedankenexperiments besitzt aber offenbar eine Beziehung zur Wirklichkeit,

251 G. E. Hughes u. M. J. Cresswell, *An Introduction to Modal Logic*, London 1968; ⁵1990.

sonst wären Gedankenexperimente in den Wissenschaften (und auch in der Philosophie) ziemlich witzlos. Eine naheliegende Explikation ist also, Gedankenexperimente als modallogischen *Schluß vom Möglichen auf Wirkliches* zu interpretieren.

Die Modallogik erweitert die klassischen Logikkalküle (angefangen mit der Aussagenlogik) um die beiden modalen Operatoren »Es ist möglich, daß ...« (◇) und »Es ist notwendig, daß ...« (□). Es wurden einige alternative Kalkülsysteme der Modallogik vorgeschlagen, um das vernünftige Argumentieren mit den drei modalen Kategorien (Wirklichkeit, Möglichkeit, Notwendigkeit) zu explizieren und formalisieren; die bekanntesten dieser Kalküle tragen die Namen »S4«, »S5« und »B«.

Die Pointe von Rehders Interpretation der Gedankenexperimente gründet sich auf die bekannte Tatsache, daß in den Systemen S5 und B das berüchtigte »Theorem 34« (siehe Hughes/Cresswell, Seite 57f.) ableitbar ist: $\Diamond \Box p \supset p$. (Das »Brouwersche« Kalkülsystem B läßt sich auch so formulieren, daß dieses Theorem 34 von S5 das *einzige* modale Axiom ist.) Dieses Theorem (oder bei Brouwer: Axiom) bedeutet in Umgangssprache frei formuliert: »Wenn man sich vorstellen kann, daß in einer möglichen Welt die Aussage *p* nicht nur wahr ist, sondern *notwendig wahr*, dann ist es eine logische Konsequenz, daß *p* in jeder Welt wahr ist, insbesondere auch in der wirklichen Welt.« Das Besondere dieses Theorems liegt darin, daß hier von einer Aussage, die mit dem Möglichkeitsoperator eingeschränkt ist, auf eine Aussage geschlossen wird, die keinerlei modalen Operator trägt – also auf eine Aussage, deren Gültigkeit in der Wirklichkeit behauptet wird. Rehder erblickt in diesem Theorem gewissermaßen den Zauberstab der vielgesuchten »*Erreichbarkeitsrelation*«, wie von den fiktiven, kontrafaktischen Annahmen und Vorstellungen eines Gedankenexperiments mit rein logischen Mitteln auf die empirische Wirklichkeit geschlossen werden kann.

Die Argumentationen in den Gedankenexperimenten lassen sich jedenfalls nach dem verwendeten modalen Schlußschema klassifizieren. Sorensen (1992) hatte hierfür beispielsweise ein allgemeines »Quintettschema« von modalen Argumentationsformen, die in den bekannten Gedankenexperimenten regelmäßig gebraucht würden, vorgeschlagen. Häggqvist (1996) findet insbesondere vier verschiedene gültige Argumentationsstrukturen in der Menge der einflußreichen Gedankenexperimente; das erste (α) und das vierte (δ) Schlußschema sehen beispielsweise so aus:[252]

$$
(\alpha)\quad \begin{array}{l} \Diamond C \\ T \supset (C \,\Box\!\!\rightarrow W) \\ C \,\Box\!\!\rightarrow \neg W \\ \hline \neg T \end{array}
\qquad\qquad
(\delta)\quad \begin{array}{l} T \\ T \supset (C \,\Box\!\!\rightarrow W) \\ C \,\Box\!\!\rightarrow \neg W \\ \hline \neg \Diamond C \end{array}
$$

Hier steht C für die Beschreibung des experimentellen Szenarios im Gedankenexperiment, T ist eine bekannte Hintergrundtheorie (wie beispielsweise das Aristotelische Fallgesetz oder die Galilei-Newtonsche Mechanik), W ist eine gegebene Aussage. Das erste Schlußschema (α) beschreibt also eine Argumentation, die umgangssprachlich etwa so klingt:

»*(Prämisse 1)* Wir beschreiben ein fiktives experimentelles Szenario, dessen Ausführung möglich erscheint. Beispielsweise das Herunterwerfen unterschiedlich schwerer, zusammengebundener Steine vom Schiefen Turm zu Pisa. *(Prämisse 2)* Auf Grundlage einer gegebenen Theorie folgt aus diesem Szenario ein bestimmtes Beobachtungsergebnis. Beispielsweise aus dem aristotelischen Fallgesetz, daß zusammengebundene Steine schneller fallen als jeder der beiden Steine allein. *(Prämisse 3)* Allerdings folgt aus dem beschriebenen Szenario ›logisch‹ auch ein anderes Beobachtungsergebnis. Im Beispiel: Die zusammengebundenen Steine werden *nicht* schneller fallen. *(Konklusion)* Also läßt sich schließen, daß die gegebene Theorie falsch war. Aristoteles' Fallgesetz ist ungültig.«

An Häggqvists Schlußschemata (die aus einer konstruktiven Kritik an Sorensen entstanden sind) wird man auf jeden Fall die etwas willkürliche und unpointierte Formalisierung bemängeln. Wie Häggqvist schreibt, ergibt sich die Wahl des jeweils verwendeten Schlußschemas (α bis δ) aus der Einschätzung der *relativen Glaubwürdigkeit* der verwendeten Prämissen. (»A verdict must be reached concerning the *relative* degree of justification among the premises.«) Wenn man wie Häggqvist das Wesen eines Gedankenexperiments in der Konstruktion einer wie immer gearteten *paradoxen* Situation lokalisiert, hat man im einfachsten Fall mit drei verschiedenen Überzeugungen zu tun, deren relative Glaubwürdigkeit man abschätzen

252 Häggqvist (1996) 136f. Häggqvist verwendet die gleiche Terminologie wie Sorensen (1992). Mit »$\Box\!\!\rightarrow$« ist die »kontrafaktische Implikation« gemeint, d. h. der Satz $p \,\Box\!\!\rightarrow q$ ist genau dann wahr, wenn $\Diamond p \supset q$.

muß: Ein experimentelles Szenario, dessen kontrafaktische Möglichkeit behauptet wird, und zwei verschiedene Theorien, die etwas Widersprüchliches über dieses Szenario ableiten. Eine oder mehrere dieser Theorien können dabei offenbar auch informelle Überzeugungssysteme sein, beispielsweise der »gesunde Verstand«, die »instinktive Intuition«, die »Welt der unmittelbaren Wahrnehmung«, »Leibniz' Metaphysik« oder »Häggqvists Vorstellungen von Modalität«. Häggqvists Beitrag diesbezüglich läuft also auf das bekannte, aber triviale Grundschema eines Widerspruchs hinaus, das wir so in Häggqvists Terminologie übersetzen können:

$$
(\omega) \quad \begin{array}{l} T_1 \supset (C \,\Box\!\!\rightarrow W) \\ T_2 \supset (C \,\Box\!\!\rightarrow \neg W) \\ T_3 \supset \Diamond C \\ \hline (\neg T_1) \vee (\neg T_2) \vee (\neg T_3) \end{array}
$$

Wenn zwei Überzeugungssysteme über ein gegebenes fiktives Szenario widersprüchliche Aussagen machen, dann ist offensichtlich das eine oder das andere Überzeugungssystem falsch oder das Überzeugungssystem, das behauptet hatte, das Szenario sei möglich. Wenn man sich allerdings zusätzlich schon festgelegt hat, welche Behauptungen der Disjunktion *aus anderen Gründen* so überzeugend sind, daß man glaubt, sie nicht negieren zu können (und damit also als zusätzliche Prämissen voraussetzt), dann kommt man natürlich zu einer spezifischeren Konklusion. (Die Anzahl der betrachteten Überzeugungssysteme kann schon dadurch verringert sein, daß anstatt der dritten Prämisse die beiden Aussagen $T_1 \supset \Diamond C$ und $T_2 \supset \Diamond C$ stehen.)

Dieses verallgemeinerte Schema (ω) macht auch deutlich, was durch unsaubere modallogische Formalisierungen der Gedankenexperimente in der Literatur gelegentlich verschleiert ist: Die Modallogik besitzt keine *eigene* Erkenntnisquelle für die Entscheidung über modale Sachverhalte. Was als möglich, notwendig oder faktisch wahr angesehen werden darf, folgt aus Überzeugungen, die über oder neben den modallogischen Kalkülen stehen, aber nicht *a priori* in diesen enthalten sind. Oder anders gesagt: Es gibt in einer sauberen (modal-) logischen Rekonstruktion eines Gedankenexperiments keine Prämisse, die nicht mit einem »$T_i \supset \ldots$« anfängt. Die T_i sind gerade die nicht-logischen *anderen Gründe*, die uns zu modalen Behauptungen veranlassen.

So liegt auch der Fehler bei Rehder in einem »Vergessen« des Begründungsursprungs der modallogischen Kalküle. Wie kommt jemand dazu, die Aussage $\Diamond \Box p \supset p$ zu einem Axiom zu erheben? Mit dieser Aussage wird eine Behauptung über den semantischen Bezug von Modalbegriffen im *vernünftigen Argumentieren* aufgestellt, aber nicht umgekehrt aus einem *a-priori*-Verständnis metaphysischer Notwendigkeiten auf eine modale Behauptung über die Welt geschlossen. Mit einem solchen Satz versucht der Erfinder dieses Kalküls einen Aspekt davon zu explizieren, was es seiner Meinung nach bedeutet, von einer »Möglichkeit« zu sprechen. Ob diese Explikation sinnvoll ist oder nicht, kann man nicht selbst wieder aus dem Kalkülsystem ableiten, ohne zirkulär zu argumentieren. Der interessante Teil eines durch Rehder analysierten Gedankenexperiments liegt nicht im Schluß $\Diamond \Box p \supset p$, sondern in einer Behauptung, die formal so aussehen würde: $T_i \supset \Diamond \Box p$. Aus welcher Überzeugung heraus behauptet jemand, daß in einer möglichen Welt p notwendig sei?

Für die Analyse der Argumentationen von Gedankenexperimenten heißt dies: Mit der logischen Rekonstruktion des Argumentationsschemas eines Gedankenexperiments läßt sich vielleicht entscheiden, ob das verwendete Modallogikkalkül sinnvoll ist, nicht jedoch, ob das Ergebnis des Gedankenexperiments akzeptiert werden muß. Die Kalküle der Modallogik versuchen die akzeptierten Regeln für modales Argumentieren abzubilden und zu explizieren. Historisch betrachtet waren es die akzeptablen Argumentationsschemata (beispielsweise von »guten« Gedankenexperimenten), die zur Auswahl geeigneter Axiome und Schlußregeln der Modallogikkalküle geführt haben (und auch heute noch zur Kritik von vorliegenden Kalkülen herangezogen werden), weshalb es zirkulär wäre, die Auswahl von akzeptablen Schlüssen von Gedankenexperimenten jetzt mit Eigenschaften der Modallogik begründen zu wollen.

Viele Beiträge zur modallogischen Rekonstruktion von Gedankenexperimenten suggerieren, eine oder mehrere der T_i seien als eine Art metaphysischer Einsicht in das Wesen der Modalität vorgegeben und könnten in der Rekonstruktion weggelassen werden, weil sie gewissermaßen schon in das vorliegende (oder ein zukünftiges ideales) Kalkül eingebaut sind und aus diesem nur noch mittels philosophischer Analyse extrahiert werden müssen. Im Dienste einer intellektuellen Redlichkeit ist es aber geboten, in der logischen Rekonstruktion offen und explizit mitzuteilen, aus welcher Überzeugung heraus man einen (modalen) Sachverhalt als Prämisse setzen möchte; d.h.: zu jeder Behauptung muß das T_i mitgeliefert werden. Die T_i könnte man die »Akzeptanzbedingungen« der Prämissen eines gegebenen Gedankenexperiments nennen.

So expliziert handeln die aktuellen Beiträge zur Modallogik der Gedankenexperimente in ihrem Hauptteil von der Konstruktion eines besonderen T_i, das *Modale Epistemologie* genannt wird. Ein solches Überzeugungssystem soll die Entscheidung ermöglichen, welche modalen Aussagen zulässig sind und welche nicht. Der Weg zu dieser Erkenntnis führt regelmäßig über die eine oder die andere philosophische Reflexion: In der Welt sieht man nur das Wirkliche; was hiervon notwendigerweise so ist oder neben diesem Wirklichen möglich gewesen wäre, müsse die Philosophie bestimmen. Im Laufe der Philosophiegeschichte wurden verschiedene modale Epistemologien entworfen mit jeweils eigenen Formulierungen für die Akzeptanzbedingungen. Traditionell zählt hierzu insbesondere die »Vorstellbarkeit« (*conceivability*) im philosophischen Werk von David Hume.

Hier wiederholt sich allerdings das Problem, das uns von Anfang an in diesem Buch beschäftigt hat: Offensichtlich ist historisch jeder Versuch, irgendeinen informativen Satz über die empirische Welt aus einer rein philosophischen Einsicht zu gewinnen, gescheitert. Insbesondere »Vorstellbarkeit«, »Intuition«, alle psychologischen Dispositionen und metaphysischen Glaubensbekenntnisse sind denkbar schlechte Grundlagen, um hierdurch einen modalen Sachverhalt zu begründen, der nicht bloß unter die philosophische Meinungsfreiheit fallen möchte, sondern zur Ableitung von (möglicherweise zukünftig empirisch überprüfbaren) Tatsachen über die Welt dienen soll.

Wohl aus diesem Grunde hat (um beim Beispiel zu bleiben) Häggqvist seine Akzeptanzbedingung vorsichtiger formuliert. Als Kern seines Beitrags (1996) präsentiert er die *Akkommodation* einer modalen Behauptung an das vorhandene (empirische) Wissen über die Welt. Bei der Entscheidung über die relative Glaubwürdigkeit der kontrafaktischen Prämissen in einem aussagefähigen Gedankenexperiment seien diejenigen zu wählen, die sich »maximal konservativ« an die bekannten Tatsachen anpassen, also nur minimal vom Wirklichen in das Minenfeld des vorstellbar Möglichen hinauswagen. Thomas Bartelborth (als ein anderes Beispiel) sieht die Funktion von Gedankenexperimenten im *Kohärenztest* von Überzeugungen und beschreibt die Akzeptanzbedingung analog:

Je besser die im Gedankenexperiment vorgestellte Situation mit unserem Hintergrundwissen verträglich ist, um so ernster müssen wir das Gedankenexperiment nehmen; je utopischer und unwahrscheinlicher die Situation aber ist, um so weniger bedeutsam ist es, denn natürlich beziehen sich unsere Meinungen überwiegend auf den Bereich möglicher Welten, den wir für wahrscheinlich halten. Daran hat sich auch unsere Metabeurteilung entsprechender Inkohärenzen zu orientieren, schließlich wollen wir in erster Linie gut begründete Meinungen über unsere tatsächliche Welt erhalten.[253]

Aus einer historischen Perspektive machen es Häggqvist und Bartelborth mit dieser vorsichtigen Zurückhaltung allerdings nur noch schlimmer als die phantasievollen, aber unverbindlich psychologischen Behauptungen über »Vorstellbarkeit«. (Abgesehen davon, daß natürlich auch »Akkommodation« und »Kohärenz« nicht streng definiert werden können.) Gerade die sensationellsten Entwicklungen der Wissenschaft und die mit ihnen einhergehenden größten Irrtümer der vorherigen Intuitionen und Philosophien widerlegten Aussagen, die gewissermaßen »besonders dicht« an bzw. mitten in den vorherigen Selbstverständlichkeiten lagen. Die schönsten Entdekkungen über unsere tatsächliche Welt wurden nicht in der Beschränkung der eigenen Vorstellung von Vorstellbarkeit auf ängstlich-konservative Anpassungen an Bekanntes gemacht. Vor nicht allzu langer Zeit gehörten die ausschließliche Möglichkeit von Zentralkräften oder die Notwendigkeit des Äthers zu den baren Selbstverständlichkeiten, und jedes Gedankenexperiment, das eine hiervon abweichende Möglichkeit behauptet hätte, wäre mit den Kriterien von Häggqvist oder Bartelborth sofort als utopische, nicht aussagefähige Spekulation zurückgewiesen worden.

Als pragmatischen Tip oder heuristische Regel für erfolgreiches Gedankenexperimentieren (»erfolgreich« im Sinne von: den eigenen Namen in einem Lehrbuch verewigt sehen) würde man als Lehre aus der Wissenschaftsgeschichte gerade die radikal gegenteilige Akzeptanzbedingung für modale Prämissen aufstellen müssen, als von Häggqvist oder Bartelborth vorgeschlagen: Versuche, dein Gedankenexperiment mit solchen Annahmen zu konstruieren und solche

253 Bartelborth (1996) 205.

Schlüsse zu ziehen, die so radikal wie möglich, ja geradezu bösartig kontraintuitiv zu den bekannten Tatsachen und überkommenen Ideen von Möglichkeit stehen. Vermeide auf jeden Fall alle langweiligen Behauptungen! Wenn du irgendwoher vermutest, daß du ein konventionelles Vorurteil kultiviert hast, dann brich es! Und wenn deine Schlüsse sogar den konservativen Philosophen der zeitgenössischen Lehrmeinung zulässig und einleuchtend erscheinen, weißt du mit Sicherheit, daß du etwas falsch gemacht hast; mit diesem Gedankenexperiment wirst du keinen Blumentopf gewinnen.

Auf einem Lichtstrahl mit Lichtgeschwindigkeit zu reiten, den ganzen Fixsternhimmel in eine neue Rotation zu versetzen, Galaxien auf die Größe von Kieselsteinen zu verkleinern: das sind die utopischen Szenarien, aus denen einflußreiche Gedankenexperimente entstehen. Nach allen konservativen Maßstäben kann aus solchen unfundierten und unphysikalischen Möglichkeiten nichts für die Physik geschlossen werden, aber gerade über solche Szenarien scheinen Physiker ständig nachzudenken. Selbst das Gedankenexperiment von Carl Neumann, sich das Universum bis auf einen Planeten völlig leergeräumt vorzustellen, sollte man eigentlich nicht wie Mach *deshalb* kritisieren, weil es einen »gar zu freien Gebrauch« physikalisch sinnloser Annahmen mache *(II.2.1.3)*, sondern weil Neumann mit den Schlüssen aus diesem Gedankenexperiment völlig im Bereich der konservativen Akkommodation auf das damals akzeptierte Wissen blieb. Mit Hilfe seiner radikal kontrafaktischen Phantasie wiederholt Neumann lediglich denselben konservativen Schluß, den Newton schon aus seinem völlig unkontrafaktischen (d. h.: real ausgeführten) Eimer-Gedankenexperiment gezogen hatte, nämlich die später als falsch erkannte Behauptung über den absoluten Raum.

Hingegen lehrt die Geschichte, daß dringend vor der Anwendung von konservativen, auf große Nähe und Verträglichkeit zur bekannten Wirklichkeitsvorstellung bedachten Möglichkeiten in einem Gedankenexperiment gewarnt werden muß. Wer beispielsweise wie Philipp Lenard meint, aus einer sehr gut mit den bekannten Tatsachen akkommodierten Möglichkeit, daß beispielsweise ein Kirchturm neben einer bremsenden Eisenbahn nicht umkippt, in einem Gedankenexperiment eine wissenschaftlich relevante Erkenntnis ableiten zu können, muß fast garantiert mit der Möglichkeit rechnen, sich gründlichst zu blamieren *(II.3.1.1)*. Die Forderung, ausschließlich realitätsnahe Gedankenexperimente für aussagefähig zu halten, steht mit ihrem Urheber Lenard in einer überaus zweifelhaften, theoriefeindlichen Tradition.

Dieser heuristische Rat als offensichtliche Lehre aus der bekannten Geschichte des Gedankenexperiments läßt sich natürlich bestenfalls als notwendiges Kriterium ansehen, keinesfalls als hinreichendes. Offensichtlich würde das Befolgen dieses Rats ohne weitere Einschränkung nahezu immer zu einem unsinnigen und unbrauchbaren Resultat des Gedankenexperiments führen. Wildes und abwegiges Spekulieren lehrt in der Regel leider auch nichts.

In der Sprache einer Psychologie der Forschung läßt sich das Problem so beschreiben: Was heute nach einer langen und frustrierenden Philosophiegeschichte innerhalb einer reinen Philosophie über Modalität gesagt werden kann, wird selbstverständlich vorsichtig und konservativ sein. Eine Explikation von »Möglichkeit«, die aus rein rationalen Überlegungen im Rahmen einer modalen Epistemologie heraus gewonnen ist, muß nach dem Scheitern der großen metaphysischen Entwürfe beispielsweise eines Leibniz aus der Kindheit dieser Disziplin unter Agoraphobie leiden. Fast jeder Ausflug in die unendlichen Weiten und Mengen der möglichen Welten der Philosophie führte bisher auf einen intellektuell unfruchtbaren Wüstenplaneten. Selbst von dem noch immer gut besuchten Planeten, wo Wasser nicht die chemische Formel H_2O, sondern XYZ besitzt,[254] haben die heimkehrenden Philosophen bisher kaum mehr als ein paar sprachliche Spitzfindigkeiten als Souvenir nach Hause gebracht. Die unendliche Freiheit bloßer Vernunft führt nicht zu Tollkühnheit, sondern zu einem ängstlichen Klammern an die gewohnte Umgebung, in der wir die in den vagen Begriffen der Intuition beschriebene Heimat unserer Wirklichkeit zu finden glauben. Anders gesagt: Wenn in der Argumentation eines Gedankenexperiments unter den T_i die Akzeptanzbedingungen einer aktuell gehandelten modalen Epistemologie stehen, ist es sehr unwahrscheinlich, daß dieses Gedankenexperiment sich wesentlich von denen eines Philipp Lenards unterscheiden wird.

Aber wie grenzt die Naturwissenschaft den Begriff von »Möglichkeit« ein, um im Gedankenexperiment nicht in das unendliche Gebiet unfruchtbarer Spekulation zu geraten? Alles, was wir bisher

254 Entdeckt von Hilary Putnam, »Meaning and Reference«, *Journal of Philosophy* 1973, 70/699-711.

gehört haben, läßt nur den Schluß zu: Gar nicht! Ein erfolgreiches Gedankenexperiment wird nicht durch die Akzeptanzbedingungen eines Möglichkeitsbegriffs individuieren. Der in den Naturwissenschaften verwendete Begriff von Möglichkeit scheint eher von der allgemeinsten und philosophisch trivialsten Form zu sein: »möglich« ist *alles*, was nicht ausdrücklich als »unmöglich« deklariert ist. Und innerhalb dieser Klasse von »allem, was nicht definitiv unmöglich ist«, sind für die fruchtbaren Gedankenexperimente gerade diejenigen Möglichkeiten zu bevorzugen, die besonders abwegig, kontraintuitiv und skurril sind – eben gerade die »Monster«, wie sie Lakatos beschrieb.

Die Vermeidung unfruchtbarer Spekulation wird nicht durch eine besondere »naturwissenschaftliche Konzeption von Modalität« erreicht, sondern dadurch, daß unter den T_i nur Teilaussagen von formalen Theorien stehen – keine vagen Intuitionen, Vorstellungen, Bilder, Metaphysiken oder sonstiges, was zu unkontrollierbaren Konsequenzen führen könnte. Für die Qualität des Gedankenexperiments müßte man eher einen Grad für Originalität oder Neuheit formulieren als eine subtil formulierte Modalphilosophie. Auf Grundlage einer formalen Theorie, die zumeist schon vor der Erstveröffentlichung durch unzählige Prüfinstanzen gegangen ist, ist es bei weitem nicht einfach, ein nicht schon durch die Definitionen der Theorie ausgeschlossenes Modell zu formulieren, aus dem irgend etwas Interessantes geschlossen werden kann.

Interessant sind sicherlich – wie in der Literatur zu den Gedankenexperimenten hinreichend gewürdigt – alle Paradoxien. Eine Paradoxie liegt allerdings vor diesem Hintergrund nur dann vor, wenn es eine andere aktuelle formale Theorie gibt, die widersprüchliche Konsequenzen aus demselben Modell ableitet. Aus der nicht ausgeschlossenen Möglichkeit der Quantentheorie beispielsweise, daß plötzlich aus dem Nichts vor mir ein rosa Rhinozeros erscheint, folgt keine interessante Konsequenz, obwohl diese Möglichkeit die heuristische Empfehlung zur Skurrilität einigermaßen gut erfüllt. Skurrilität allein erzeugt noch keine Paradoxie – außer eben zu den konventionellen Intuitionen, die allerdings gerade in der Auswahl der T_i nicht berücksichtigt werden sollten.

Gegen diese Betrachtung der Größe und Grenzen von Modallogik für das Verständnis von Gedankenexperimenten wird man einwenden, daß die meisten akutellen Versuche, Gedankenexperimente modallogisch aufzuschlüsseln und in Beziehung zu einer modalen Epistemologie zu setzen, weniger die naturwissenschaftlichen Gedankenexperimente vor Augen haben als vielmehr die unzähligen philosophischen Gedankenexperimente. Diese Gedankenexperimente behandeln insbesondere Fragen zur »personalen Identität«, der Bedeutung von »Bewußtsein« oder zur semantischen Referenz von Gedanken. Aber zu diesen Themen existiert noch keine formale Theorie, die etwas bereitstellen könnte, das als T_i in die modallogische Rekonstruktion eines Gedankenexperiments eingesetzt werden kann.

Viel diskutiert wird beispielsweise über diese beiden Gedankenexperimente:
(a) »Das Gehirn im Tank« von Nozick und Putnam:[255] Ist es möglich, daß meine gegenwärtigen Wahrnehmungen nicht real sind, sondern von einem Computer erzeugt werden, der an die Nervenenden meines Gehirns angeschlossen ist, während mein Gehirn abgetrennt vom Körper mit einer Nährlösung in einem Tank liegt?
(b) »Das chinesische Zimmer« von Searle.[256] Werden gebürtige Chinesen John Searle, der nie Chinesisch gelernt hat, für einen kompetenten Gesprächspartner halten, wenn sie mit ihm schriftlich korrespondieren und John Searle nichts anderes tut, als die chinesischen Symbole in der Eingangskorrespondenz nach einem vorliegenden Regelhandbuch in andere chinesische Schriftsymbole in seinem Antwortschreiben umzuwandeln?

Die Liste der Beispiele ließe sich beliebig verlängern. Eine reichhaltige Quelle ist insbesondere auch das zu Anfang erwähnte Buch *Reasons and Persons* von Derek Parfit (1984) mit phantasievollen Geschichten über einen defekten »Teleporter« (ein fiktives technisches Gerät aus der Fernsehserie »Raumschiff Enterprise«), der eine

255 Robert Nozick, *Anarchy, State, and Utopia*, New York 1974, Kap. I.3 »The Experience Machine«. / Hilary Putnam, *Reason, Truth, and History*, Cambridge, New York 1981, Kap. 1 »Brains in a Vat«.

256 John Searle, »Minds, Brains, and Programs«, *The Behavioral and Brain Science* 1980, 3/417-24.

materiell identische Verdoppelung von Personen bewirkt, oder über halbierte und gemischte Gehirne und ähnliches. Solche Gedankenexperimente haben eine lange philosophische Tradition. Schon vor der Erfindung der Literaturgattung Science-fiction hatte John Locke (1632-1704) in *An Essay Concerning Human Understanding* (1690) die Frage nach der Identität einer Person anhand unzähliger ähnlicher Gedankenexperimente untersucht. Beispielsweise die Vorstellung, der gegenwärtige Bürgermeister von Queensborough würde eines Morgens mit allen Erinnerungen und dem Bewußtsein von Sokrates (470-399) aufwachen.

Offensichtlich gilt auch bei den philosophischen Gedankenexperimenten der heuristische Rat von oben: Erfolgreich (im Sinne der Verursachung einer Rezeptionsgeschichte) sind nur Gedankenexperimente mit einigermaßen skurrilen Szenarien. Der oben kritisierte Konservativismus der modalen Epistemologie wird erst daraus sichtbar, was die Philosophen üblicherweise aus diesen Gedankenexperimenten folgern. Zur Auswahl scheint hier nicht mehr zu stehen als *(a)* ein *ignoramus!* (also das Schweigen des Philosophen) oder *(b)* die Übertreibung zu einem *ignorabimus!* (Wir werden es niemals wissenschaftlich beantworten können!) oder *(c)* die Beantwortung im Rahmen konventioneller Intuitionen.

Aus dem Gedankenexperiment vom »Gehirn im Tank« wird üblicherweise ein epistemologisches Argument entwickelt, das diese Möglichkeit gerade ausschließen möchte. Searle möchte mit seinem Gedankenexperiment belegen, daß es einen wesentlichen Unterschied zwischen algorithmischem Regelbefolgen und semantischer Kompetenz gibt. Die konventionelle Intuition sagt natürlich, daß Searle trotz seinem universellen Regelhandbuch nicht »wirklich weiß«, was er im Chinesischen tut, und daß die Antwortschreiben, die er aus seinem Zimmer heraus schickt, keine »wirklichen Gedanken« in chinesischer Sprache mitteilen.

Ein Großteil dieser Gedankenexperimente (auch über Zombies, böse Dämonen, allwissende Propheten und sonstige Geister) scheint keine weitreichendere Erkenntnisabsicht zu verfolgen, als die triviale Alltagspsychologie von Denken, Bewußtsein und Realität gegen die vermeintlichen Übergriffe der exakten Wissenschaft im Form des bedrohlichen Dämons »Physikalismus« zu verteidigen, der im Ruch steht, uns Menschen unsere Seele wegbeweisen zu wollen. – Falls diese Bedrohung besteht, wäre von diesem Vorgehen schon aus dem ersten Hauptsatz des nach-Newtonschen Philosophierens abzuraten: »Versuche deine Philosophie von allen Behauptungen fernzuhalten, von denen du vermuten mußt, daß sie später einmal anhand der mathematischen Konsequenzen aus formalen Theorien der empirischen Naturwissenschaft überprüft werden.« (Der zweite Hauptsatz lautet: »Falls du den ersten Hauptsatz brechen mußt, dann versuche wenigstens, richtig zu raten.«)

Wie sollte man mit diesen Gedankenexperimenten umgehen angesichts der Tatsache, daß gegenwärtig keine formale Theorie beispielsweise des Bewußtseins oder der semantischen Referenz von Gedanken existiert, die man als T_i einsetzen kann? Eine suchen! Selbst eine vorläufige und grob fahrlässige mathematische Theorie darüber, wie beispielsweise das Denken und der semantische Bezug eines Gedankens auf quantifizierbare Phänomene abgebildet werden kann, ist produktiver als die scheinbar eindeutigsten Schlüsse im Bereich intuitiver Vorstellungen über die Seele und den Physikalismus.

In der Tradition der naturwissenschaftlichen Gedankenexperimente wird man sowieso keinem einzigen Gedankenexperiment glauben, das behauptet, etwas Neues beweisen oder widerlegen zu können. Die konkrete Antwort auf die Frage, ob mein Gehirn »in Wirklichkeit« in einem Tank und nicht in meinem Körper liegt oder ob Searle »wirkliche Gedanken« in chinesischer Sprache produziert, steht prinzipiell nicht im Entscheidungshorizont der Möglichkeiten eines Gedankenexperiments. Die Begründungsrichtung ist umgekehrt: Wenn man aus *anderen Gründen* schon weiß, ob mein Gehirn im Tank liegen könnte oder nicht bzw. Searle chinesisch denkt oder nicht, dann sollte das Gedankenexperiment in der Rekonstruktion seines Arguments die hierfür geeigneten T_i benennen und auswählen können, die man anschließend als formale Randbedingungen aller zukünftigen *formalen Theorien*, die zur selben Entscheidung führen *sollen*, stipuliert. In der groben Anfangsphase gegenwärtiger Theoriebildung im Bereich des Bewußtseins wird man wohl als solche »anderen Gründe« auch die Intuition zulassen müssen oder den einen oder anderen »erkenntnistheoretischen Gesichtspunkt« (wie Einstein in *II.3.1.2* formulierte). Dies ist unverfänglich, solange man sich nicht nur der Revisionsfähigkeit der T_i-Auswahl, sondern hier dann zusätzlich auch des behaupteten Ergebnisses des Gedankenexperiments bewußt ist.

4.8 Abschließende Bemerkungen

Die Absicht dieser Untersuchung war, die aktuellen Versuche, die Methode des Gedankenexperiments zu explizieren und zu verstehen, in eine Tradition zu stellen. Eine Tradition ist insbesondere dann nützlich, wenn sie hilft, die Wiederholung von historischen Irrtümern zu vermeiden, und vielleicht sogar Hinweise darauf gibt, wo weitere Forschung aussichtsreich sein könnte.

Es soll hier nicht mehr jeder Vorschlag, der uns bekanntgeworden ist, zusammengefaßt werden. Des Interessante ist vielmehr, daß sich in der Menge der ungenauen, der unbefriedigenden und der unzulässigen Explikationsversuche für eine Methode des Gedankenexperiments auch ein nicht-triviales, nicht-unmögliches, historisch bewährtes Thema rationaler wissenschaftlicher Arbeit aufgezeigt hat. Selbst die Kritiker einer Wissenschaftsmethode des Gedankenexperiments (wie Duhem und Norton) erkennen das historische Faktum an: Zu allen Zeiten und im Zusammenhang mit allen physikalischen Theorien kam es in der einen oder anderen Hinsicht zur Präsentation von sogenannten Gedankenexperimenten. Die Frage ist nicht, ob, sondern wo und wozu Gedankenexperimente gebraucht werden.

Die verbreitetste Antwort hierauf war: Gedankenexperimente sind eine vor-wissenschaftliche Methode. Diese Antwort war unabhängig davon, ob man im weiteren diese Behauptung zum Anlaß nahm, deshalb den Gebrauch der Gedankenexperimente in den fortgeschrittenen Wissenschaften zu kritisieren oder für wichtig und unverzichtbar zu erklären. Die Bewertung von vorwissenschaftlichen Methoden resultiert vielmehr daraus, ob zwischen den wissenschaftlichen Theorien und den Alltagserkenntnissen ein gradueller oder ein wesentlicher Unterschied gesehen wird. Machs und alle nachfolgenden Beiträge über die Psychologie der Forschung sahen hier nur einen graduellen Unterschied und deshalb auch einen wesentlichen Platz für eine wissenschaftliche Methode des Gedankenexperiments. Duhem hingegen sah einen prinzipiellen Unterschied in Begründung und Gewißheit wissenschaftlicher Theorien gegenüber Alltagswissen und kritisierte deshalb die Anwendung von Gedankenexperimenten in den Wissenschaften als einen Rückschritt in vorwissenschaftliches Denken.

Als vorwissenschaftliche Methode expliziert, ist das Gedankenexperiment eine Art Plausibilitätsbetrachtung. Auch fortgeschrittene Theorien handeln letztendlich von der gleichen Welt, die uns auch aus dem Alltag vertraut ist. Andererseits ist aber gerade bei fortgeschrittenen Theorien aus dem Vergleich mit Alltagsintuitionen nicht mehr viel zu gewinnen. Theorien sind gerade dann fortgeschritten, wenn sie schon durch viele Prüfinstanzen gegangen sind. Erkenntnisse und Kritik, die aus allgemein verfügbaren Intuitionen abgeleitet sind, sollten ab einem gewissen Entwicklungsgrad keinen weiteren Nutzen mehr bringen. Die Quantentheorie erweckte eine Zeitlang den Eindruck, daß sie zwar auf die subtilsten Naturphänomene anwendbar sei, aber hierfür gewissermaßen so überzüchtet wurde, daß sie sich *nicht mehr* mit den trivialsten Alltagserfahrungen verträgt. Aber kein Gedankenexperiment, das zum Beweis dieser Vermutung vorgeschlagen wurde, konnte die Quantentheorie widerlegen, reformieren oder überhaupt in fruchtbarer Weise mit Alltagserfahrungen in Beziehung setzen.

Die intuitiven Gedankenexperimente der Wissenschaftsgeschichte hatten nie die Funktion, hiermit in Neuland vorzudringen – alte Theorien zu widerlegen oder neue Tatsachen zu entdecken. Sie hatten die Funktion, bestehende wissenschaftliche Vorstellungen zu *zementieren*. Wenn ein Beweis oder eine Widerlegung sogar schon mit einem Gedankenexperiment demonstriert werden kann, dann hat man einen solchen Grad an Zufriedenheit mit seinen Vorstellungen erreicht, daß Zweifel und Änderung ausgeschlossen sind. Ein Beweis durch Gedankenexperimente kann nur gelingen, wenn man darauf vertraut, daß die Empirie keine Überraschung bereithält.

Hierzu paßt die Beobachtung, daß viele prominente »Gedankenexperimente« eine Erfindung späterer Rezipienten sind für Argumente, die von ihren Urhebern in ganz anderer Absicht vorgebracht wurden. Einsteins Verklärung zum Meister des Gedankenexperiments ist hierauf zurückzuführen. Aber auch Galileis berühmtes Gedankenexperiment zum Fallgesetz ist eine Erfindung aus einer Zeit, als die Prinzipien der Mechanik, die Galilei erst mühsam und gegen große Widerstände entwickelt hatte, als so selbstverständlich angesehen waren, daß die Behauptung, sie seien durch bloßes Nachdenken mit Gedankenexperimenten gefunden worden, plausibel klang. Wer eine wissenschaftliche Theorie mit anschaulichen Gedankenexperimenten erklärt, tut den Lesern einen zweifelhaften Gefallen: Das Gefühl, die wissenschaftlichen Theorie »wirklich zu verstehen«, mag so gefördert werden, aber zu dem hohen Preis, daß hierdurch alle Vorstellungen, die unseren gegenwärtigen Theorien zugrunde liegen, konserviert werden und der Weg zu einem neuen Verständnis und neuen Entdeckungen (die man in den Wissenschaften immer erwarten oder sogar erhoffen sollte) erschwert ist.

Wenn aber die Tatsachen schon bekannt sind, dann lassen sich die Intuitionen, die den Schluß in einem Gedankenexperiment bestimmen, dazu verwenden, die Tatsachen zu einem System anzuordnen und die Prämissen des Gedankenexperiments zu Normen zu erheben, die Orientierung in dem jeweiligen Problemfeld bieten können. Sinnvoll verstanden sind Gedankenexperimente eine Methode, um argumentative Brücken zwischen weit auseinander liegenden, logisch zuvor unverbundenen Wissensinhalten herzustellen. Die Brücke wird durch Prinzipien hergestellt. Ausgehend von einem vorhandenen Wissen – Alltagswissen oder fortgeschrittene Theorien –, werden qualitative Allgemeinsätze abstrahiert, deren Gültigkeit in einen noch nicht erforschten Anwendungsbereich stipuliert wird. Sie dienen in diesem Bereich als Hintergrundannahmen bei der Suche und Auswahl von neuen Theorien.

Diese Argumentationsstruktur konnten wir in vielen sehr unterschiedlichen Bereichen entdecken: In Einsteins Darstellung seiner speziellen Relativitätstheorie als »Prinziptheorie«, in den – in anderen Hinsichten sehr unterschiedlichen – Gedankenexperimenten zur Quantenmechanik von Heisenberg, Bohr, Einstein und Schrödinger, in Lakatos' Überlegungen zur Methode der Mathematik und nicht zuletzt im berühmtesten Gedankenexperiment von Galilei zum Fallgesetz.

Ein im logischen Sinne strenger Beweis ist keines dieser Gedankenexperimente. Als Ergebnis liefert es bestenfalls ein Konditional, an das sich zusätzliche Überlegungen über die relative Glaubwürdigkeit der verwendeten Prämissen anschließen müssen. In vielen Fällen sind die Prämissen einfach induktive Verallgemeinerungen von bekannten empirischen Tatsachen bei Fehlen von Gegenbeispielen. Das Ergebnis des Gedankenexperiments ist dann so gut und so irrtumsanfällig wie jeder Induktionsschluß, aber immerhin ist es so überhaupt begründet und nicht bloß Ausdruck einer intuitiven Meinung.

Literaturverzeichnis

Adams, Stephen (1991): »All in the Mind – Thought Experiments in the Development of Quantum Theory«, *School Science Review*, 72/95-103.

Atkinson, David (2003): »Experiments and Thought Experiments in Natural Science«, in: M. C. Galavotti (Hg.): *Observation and Experiment in the Natural and Social Sciences*, Dordrecht (2003).

Aspect, A. / P. Grangier / G. Roger (1982): »Experimental realisation of Einstein-Podolsky-Rosen-Bohm *Gedankenexperiment*: a new violation of Bell's inequalities«, *Physical Review Letters* 48/91-4.

Bartelborth, Thomas (1991): »Theorieprüfung und Gedankenexperiment«, *Zeitschr. für Ethik u. Sozialwissenschaft*, 2/137-9.

– (1996): *Begründungsstrategien – Ein Weg durch die analytische Erkenntnistheorie*, Berlin.

Barth, Christian / Peter Halama / Thomas Krödel / Franz Schmalhofer (2000): »Gedankenexperimente. Explikation und Bewertung«, *Widerspruch*, 35/65-78.

Behmel, Albrecht (2001): *Was sind Gedankenexperimente? Kontrafaktische Annahmen in der Philosophie des Geistes – der Turingtest und das Chinesische Zimmer*, Stuttgart.

Bishop, Michael A. (1998): »An Epistemological Role for Thought Experiments«, in: Niall Shanks *et al.* (Hg.), *Idealization IX: Idealization in Contemporary Physics*, Amsterdam.

– (1999): »Why Thought Experiments are not Arguments«, *Philosophy of Science*, 66/534-41.

Bohr, Niels [GW]: *Niels Bohr – Collected Works*, Amsterdam / New York / Oxford

– (1949): »Diskussion mit Einstein über erkenntnistheoretische Probleme in der Atomphysik«, in: Schlipp (1949) 115-50.

Boniolo, Giovanni (1997): »On a Unified Theory of Models and Thought Experiments in Natural Sciences«, *International Studies in the Philosophy of Science*, 11/121-42.

Borsboom, D. / G. J. Mellenbergh / J. van Heerden (2002): »Functional Thought Experiments«, *Synthese*, 130/379-387.

Brendel, Elke (1999): »Gedankenexperimente als Motor der Wissenschaftsdynamik«, in: J. Mittelstraß (Hg.), *Die Zukunft des Wissens – XVIII. Deutscher Kongreß für Philosophie Konstanz 1999*, Konstanz.

Brooks, D. H. M. (1994): »The Method of Thought Experiments«, *Metaphilosophy*, 25/71-83.

Brown, James Robert (1986): »Thought Experiments since the Scientific Revolution«, *International Studies in the Philosophy of Science*, 1/1-15.

– (1991a): *The Laboratory of the Mind – Thought Experiments in the Natural Sciences*, London / New York.
– (1991b): »Thought Experiments: A Platonic Account«, in: Horowitz / Massey (1991), 119-28.
– (1992): »Why Empiricism Won't Work«, in: PSA (1992), 271-9.
– (1993): »Author's Response« [zur Rezension Norton (1993b)], *Metascience*, 3(NS)/38-40.
– (1995): »Critical Notice of Roy Sorensen ›Thought Experiments‹« [Rezension v. Sorensen (1992a)], *Canadian Journal of Philosophy*, 25/135-42.
– (1996): »Illustration and Inference«, in: Brian S. Baigrie (Hg.), *Picturing Knowledge*, Toronto.
– (1998): »Einstein's Principle Theories«, *Protosociology*, 12/144-157.
– (2002): »Peeking into Plato's Heaven«, in: PSA (2002).

Bunge, Mario (1967): *Scientific Research*, 2 Bd., Berlin / Heidelberg / New York.

Bunzl, Martin (1996): »The Logic of Thought Experiments«, *Synthese*, 106/227-40.

Buschlinger, Wolfgang (1993): *Denk-Kapriolen? Gedankenexperimente in Naturwissenschaften, Ethik und Philosophy of Mind*, Würzburg.

Cargile, James (1987): »Definitions and Counter-Examples«, *Philosophy*, 62/179-93.

Carrier, Martin (1993): [Rezension v. Horowitz / Massey (1991)] *Erkenntnis*, 39/413-9.

Cassirer, Ernst (1910): *Substanzbegriff und Funktionsbegriff. Untersuchungen über die Grundfragen der Erkenntniskritik*, Berlin; Nachdruck Darmstadt 1980.

Cohen, Martin (2004): *Wittgenstein's Beetle And Other Classic Thought Experiments*, London.

Cohnitz, Daniel (2003): »Modal Skepticism: Philosophical Thought Experiments and Modal Epistemology«, *Vienna Circle Institute Yearbook* 10/281-96.

Cole, David (1984): »Thought and Thought Experiments«, *Philosophical Studies*, 45/431-44.

Dancy, Jonathan (1985): »The Role of Imaginary Cases in Ethics«, *Pacific Philosophical Quarterly*, 66/141-53.

Davenport, Edward A. (1983): »Literature as Thought Experiment (On Aiding and Abetting the Muse)«, *Philosophy of Social Science*, 13/279-306.

Duhem, Pierre (1906): *La théorie physique, son objet et sa structure*, Paris; Nachdruck d. Übers. v. F. Adler: *Ziel und Struktur der physikalischen Theorien* (Leipzig 1908), Hamburg 1978.

Einstein, Albert [GW]: *The Collected Papers of Albert Einstein*, Princeton 1987ff.

– (1917): *Über die spezielle und allgemeine Relativitätstheorie (gemeinverständlich)*, Berlin; 8. Nachdruck v. [21]1969, Braunschweig 1982.

– (1918): »Dialog über Einwände gegen die Relativitätstheorie«, *Die Naturwissenschaften* 6/697-702.

– (1919): »My theory«, *Times*, 28. November 1919, dt.: »Was ist Relativitätstheorie?«, in: *Mein Weltbild*, Amsterdam 1934; Nachdruck Frankfurt/M. 1982, 127-31.

– (1922): [*Vier Vorlesungen über Relativitätstheorie*], Princeton; mit Anhängen erweiterte Übersetzung von V. Bargmann, *Grundzüge der Relativitätstheorie*, Braunschweig [5]1963.

– (1949): »Autobiographisches« u. »Bemerkungen zu den in diesem Bande vereinigten Arbeiten«, in: Schlipp (1949), 1-35 u. 493-511.

– (1956): *Lettres à Maurice Solovine*, Paris; engl.: *Letters to Solovine*, New York 1987.

Einstein, A. / B. Podolsky / N. Rosen (1935): »Can Quantum Mechanical Description of Reality be Considered Complete?«, *Physical Review*, 47/777-80.

Engelmeyer, P. K. von (1910): *Der Dreiakt als Lehre von der Technik und der Erfindung*, Berlin.

Engels, Helmut (2004): *»Nehmen wir an…« Das Gedankenexperiment in didaktischer Absicht*, Weinheim.

Epstein, Lewis Carroll (1983): *Relativity visualized*, San Francisco; Übers. v. Udo Rennert: *Relativitätstheorie anschaulich dargestellt: Gedankenexperimente, Zeichnungen, Bilder*, Basel [2]1988.

Feyerabend, Paul K. (1984): »Mach's Theory of Research and its Relation to Einstein«, *Studies in History and Philosophy of Science*, 15/1-22.

Freese, Hans-Ludwig (1995): *Abenteuer im Kopf – Philosophische Gedankenexperimente*, Weinheim / Berlin.

Gähde, Ulrich (1999): »Gedankenexperiment«, in: Sandkühler (1999) 1/416-7.

– (2000): »Zur Funktion ethischer Gedankenexperimente«, *Schriften des Vereins für Socialpolitik, Gesellschaft für Wirtschafts- und Sozialwissenschaften*, Bd. 228/V, 183-206.

Galilei, Galileo (1638): *Discorsi e dimostrazioni matematiche intorne a due nuove scienze attenenti alla mecanica & i movimenti locali*, Leiden; Nachdruck d. Übers. v. Arthur von Oettingen, *Unterredungen und Mathematische Demonstrationen über zwei neue Wissenszweige, die Mechanik und die Fallgesetze betreffend, Erster bis Sechster Tag* (Leipzig 1890-1904), Darmstadt 1964.

Gendler, Tamar Szabó (1998): »Galileo and the Indispensability of Scientific Thought Experiment«, *British Journal for the Philosophy of Science*, 49/397-424.
– (2000): *Thought Experiment. On the Powers and Limits of Imaginary Cases*. New York / London.
– (2002): »A Constructivist Account of Thought Experiments«, in: PSA (2002).
Genz, Henning (1999): *Gedankenexperimente*, Weinheim.
Giere, Ronald (1992): *Cognitive Models of Science* (Hg.), Minneapolis.
Glas, Eduard (1999): »Thought-Experimentation and Mathematical Innovation«, *Studies in History and Philosophy of Science*, 30A/1-19.
Gomila, Antoni (1991): »What is a Thought Experiment?«, *Metaphilosophy*, 22/84-92.
Goodenough, Jerry (1995): »On the Methodology of Thought Experiments«, Typoskript.
Gooding, David C. (1992a): »What is Experimental about Thought Experiments?«, in: PSA (1992), 280-90.
– (1992b): »The Procedural Turn; or Why Do Thought Experiments Work?«, in: Giere (1992), 45-76.
– (1994): »Imaginary Science«, *The British Journal for the Philosophy of Science*, 45/1029-45.
Goosens, William K. (1980): »Galileo's Response to the Tower Argument«, *Studies in History and Philosophy of Science*, 11/215-28.
Gower, Barry (1997): *Scientific Method – An Historical and Philosophical Introduction*, London.

Hacking, Ian (1992): »Do Thought Experiments have a Life of Their Own?«, in: PSA (1992), 302-8.
Hager, Nina (1979): »Zur Rolle des Gedankenexperiments in der physikalischen Erkenntnis«, *Deutsche Zeitschrift für Philosophie*, 27/233-40.
– (1982): *Modelle in der Physik (erkenntnistheoretisch – methodologisch betrachtet)*, Berlin.
Häggqvist, Sören (1996): *Thought Experiments in Philosophy*, Stockholm [= *Stockholm Studies in Philosophy*, Bd. 18].
Hanson, Norwood Russell (1963): *Patterns of Discovery*, Cambridge.
– (1965): »Gedankenexperiments«, *Science*, 149/1048-9.
Heisenberg, Werner (1927): »Über die anschaulichen Inhalte der quantentheoretischen Kinematik und Mechanik«, *Zeitschrift für Physik*, 43/172-98.
– (1969): *Der Teil und das Ganze – Gespräche im Umkreis der Atomphysik*, München; [11]1988.
– (1973): »Die Richtigkeitskriterien der abgeschlossenen Theorien in der Physik«, in: Scheibe / Süßmann (1973), 140-4.

Helm, Hugh / John Gilbert / Michael Watts (1985): »Thought Experiments and Physics Education«, *Physics Education*, 20/124-30 u. 211-17.
Hempel, Carl Gustav (1952): »Typological Methods in the Natural and the Social Sciences«, in: American Philosophical Association, Eastern Division (Hg.), *Science, Language, and Human Rights*, Philadelphia; Wiederabdruck in (1965), 155-71.
– (1965): *Aspects of Scientific Explanation and other Essays in the Philosophy of Science*, New York, London.
Hertz, Heinrich (1884): *Die Constitution der Materie*; hg. v. Albrecht Fölsing, Berlin 1999.
– (1894): *Die Prinzipien der Mechanik – In neuem Zusammenhange dargestellt*, posthum hg. v. Philipp Lenard, Leipzig; unveränd. Nachdruck, Darmstadt 1963.
Hesse, Mary B. (1961): *Forces and Fields*, New York.
– (1963): *Models and Analogies in Science*, Notre Dame.
Hibler, David Larry (1992): *The Thought Experiment Method: a New Approach to Qualitative Reasoning*, Unveröffentlichte Dissertation, University of South Carolina.
Hibler, David Larry / Gautam Biswas (1989): »The Thought Experiment Approach to Qualitative Physics«, *Knowledge Representation*, 1279-84.
Hiebert, Erwin (1974): »Mach's Conception of Thought Experiments in the Natural Sciences«, in: Yehuda Elkana (Hg.), *The Interaction between Science and Philosophy* [Festschrift für Samuel Sambursky], Jerusalem, 339-48.
Holton, Gerald (1979): »›What, precisely, is ›thinking‹?‹ Einstein's Answer«, in: A. P. French (Hg.), *Einstein – A Centenary Volume*, London, 153-64.
– (1981): *Thematische Analyse der Wissenschaft – Die Physik Einsteins und seiner Zeit*, Frankfurt/M. [Überarbeitete Übersetzung von Aufsätzen 1973-8].
– (1993): [Rezension von Brown (1991)], *ISIS* 84/836-8.
Horowitz, Tamara / Gerald J. Massey (1991): *Thought Experiments in Science and Philosophy* (Hg.), Savage/Maryland.
Humphreys, Paul (1991): »The Rational Use of Scientific Thought Experiments«, Typoskript.
– (1993): »Seven Theses on Thought Experiments«, in: J. Earman et. al. (Hg.): *Philosophical Problems of the Internal and External Worlds – Essays on the Philosophy of Adolf Grünbaum*, Pittsburgh / Konstanz, 205-27.

Ihmig, Karl-Norbert (2001): *Grundzüge einer Philosophie der Wissenschaften bei Ernst Cassirer*, Darmstadt.

Jackson, M. W. (1992): »The Gedankenexperiment Method of Ethics«, *The Journal of Value Inquiry*, 26/525-35.

Jonsen, Albert R. / Stephen Toulmin (1988): *The Abuse of Casuistry – A History of Moral Reasoning*, Berkeley / Los Angeles / London.

Koyré, Alexandre (1959): »Jean Baptiste Benedetti, critique d'Aristote«, *Mélanges offerts a Etienne Gilson*, Paris.

– (1960): »Le *de motu gravium* de Galilée. De l'expérience imaginaire et de son abus«; als »Galileo's Treatise *De Motu Gravium*: the use and abuse of imaginary experiment« in: Koyré (1968), 44-88.

– (1968): *Metaphysics and Measurement. Essays in Scientific Revolution*, Cambridge (USA).

Krimsky, Sheldon (1970): *The Nature and Function of ›Gedankenexperimente‹ in Physics*, Dissertation, Boston University.

– (1973): »The Use and Misuse of Critical Gedankenexperimente«, *Zeitschrift für allgemeine Wissenschaftstheorie*, 4/323-34.

Kuhn, Thomas S. (1962/70): »The Structure of Scientific Revolutions«, in: *International Encyclopaedia of Unified Science*, Bd. 1/2, 1962; Nachdruck der 2. erweiterten Auflage (1970), Chicago, 1987.

– (1964): »A Function for Thought Experiments«, in: *L'aventure de la science, Mélanges Alexandre Koyré*, Paris, 2/307-34; dt.: »Eine Funktion für das Gedankenexperiment«, in: Kuhn (1977), 327-56.

– (1970): »Bemerkungen zu meinen Kritikern«, in: Lakatos / Musgrave (1970), 223-69.

– (1972): »Second Thoughts on Paradigms«, in: Suppe (Hg.), *The Structure of Scientific Theories*, Urbana/Ill. 1974, 459-82; in: Kuhn (1977), 389-420.

– (1977): *Die Entstehung des Neuen*, Sammelband früher veröffentlichter Aufsätze, hg. v. Lorenz Krüger, dt. v. H. Vetter, Frankfurt/M.; 41992.

Kühne, Ulrich (1995): »Thought Experiments and the Inference to a Coherent Explanation«, *10th International Congress of Logic, Methodology and Philosophy of Science, Volume of Abstracts*, Florenz, 238.

– (1997): »Gedankenexperiment und Erklärung«, *Bremer Philosophica*, Bd. 1997/5, 1-51.

– (1999a): »Wissenschaftstheorie«, in: Sandkühler (1999), 2/1778-91.

– (1999b): [Rezension v. Genz (1999)], *Frankfurter Allgemeine Zeitung*, 29. Dez. 1999, 49.

Kujundzic, Nebojsa (1992): »How Does the Laboratory of the Mind Work?« [Rezension v. Brown (1991)], *Dialogue*, 32/573-8.

– (1995): »Thought Experiments: Architecture and Economy of Thought«, *Journal of the British Society for Phenomenology*, 26/86-93.

Lakatos, Imre (1961/76): *Proofs and Refutations – The Logic of Mathematical Discovery*. Als »Proofs and Refutations«, *The British Journal for the Philosophy of Science*, Bd. 14, 1963/4, überarbeitete Fassung des Autors posthum herausgegeben von John Worrall u. Elie Zahar, London 1976; Übers. v. D. Spalt, *Beweise und Widerlegungen*, Braunschweig / Wiesbaden 1979.

Lakatos, Imre / A. Musgrave (1970): *Criticism and the Growth of Knowledge* (Hg.), London; Übersetzung von P. K. Feyerabend u. A. Szabó, *Kritik und Erkenntnisfortschritt*, Braunschweig 1974.

Leibniz, Gottfried Wilhelm [GW]: *Philosophische Schriften*, hg. v. Herbert Herring, Heinz Holz et al., Darmstadt 1985ff.

Lenard, Philipp (2003): *Wissenschaftliche Abhandlungen. Band 4*, hg. v. Charlotte Schönbeck, Diepholz / Berlin.

Lichtenberg, Georg Christoph (1793-6): »Sudelbuch K«; in: W. Promies (Hg.), *Georg Christoph Lichtenberg: Schriften und Briefe*, 2/399-477, München / Wien 1971.

Mach, Ernst (1883): *Die Mechanik in ihrer Entwicklung, – Historisch-kritisch dargestellt*, Leipzig; Nachdruck v. ^{9}1933, Darmstadt 1991.

– (1886): *Beträge zur Analyse der Empfindung*, Jena; ^{7}1918: *Die Analyse der Empfindungen und das Verhältnis des Physischen zum Psychischen.*

– (1896a): *Die Principien der Wärmelehre. Historisch-kritisch entwickelt*, Leipzig; ^{2}1900.

– (1896b): *Populär-wissenschaftliche Vorlesungen*, Leipzig; ^{5}1906.

– (1897): »Über Gedankenexperimente«, *Zeitschrift für den Physikalischen u. Chemischen Unterricht*, 10/1-5.

– (1905): *Erkenntnis und Irrtum*, Leipzig; Nachdruck v. ^{5}1926, Darmstadt 1991.

Macho, Thomas / Annette Wunschel (2004): *Science & Fiction. Über Gedankenexperimente in Wissenschaft, Philosophie und Literatur* (Hg.), Frankfurt/M. [Fortsetzung: Thomas P. Weber (Hg.): *Sciene & Fiction II. Leben auf anderen Sternen*, Frankfurt/M. 2004.]

MacLachlan, James (1973): »A Test of an ›Imaginary‹ Experiment of Galileo's«, *ISIS*, 64/374-9.

Maffie, James (1997): »›Just-so‹ Stories about ›Inner Cognitive Africa‹: some Doubts about Sorensen's Evolutionary Epistemology of Thought Experiments«, *Biology and Philosophy*, 12/207-24.

Markowitsch, Jörg Friedrich (1993): *Gedankenexperimente*, Unveröffentlichte Diplomarbeit (engl.), Universität Wien.

Martin, Robert M. (1992): *There are Two Errors In the the Title of This Book: A Sourcebook of Philosophical Puzzles, Problems, and Paradoxes*, Peterborough.

Mayer, Verena (1999): »Was zeigen Gedankenexperimente?«, *Philosophisches Jahrbuch*, Bd. 106.

McAllister, James W. (1996): »The Evidential Significance of Thought Experiments in Science«, *Studies in History and Philosophy of Science*, 27/233-50.

– (2002): »Thought Experiments and the Belief in Phenomena«, in: PSA (2002).
McMullin, E. (1985): »Galilean Idealization«, *Studies in the History an Philosophy of Science*, 16/247-73.
Meinong, Alexius (1907): *Über die Stellung der Gegenstandstheorie im System der Wissenschaften*, Leipzig.
Miscevic, N. (1992): »Mental Models and Thought Experiments«, *International Studies in the Philosophy of Science*, 6/215-26.
Mittelstraß, Jürgen (1980): *Enzyklopädie Philosophie und Wissenschaftstheorie* (Hg.), Bd. 1: A-G, Mannheim.
Myers, C. Mason (1968): »Thought Experiments and Secret Stores of Information«, *International Philosophical Quarterly*, 8/180-92.
– (1971): »Moore's Paradox of Analysis«, *Metaphilosophy*, 2/295-308.
– (1986): »Analytical Thought Experiments«, *Metaphilosophy*, 17/109-18.

Nersessian, Nancy J. (1991): »Why do thought experiments work?«, *Proceedings of the Cognitive Science Society*, 13/420-8.
– (1992a): »In the Theoretician's Laboratory: Thought Experimenting as Mental Modelling«, in: PSA (1992), 291-301.
– (1992b): »How do Scientists Think? Capturing the Dynamics of Conceptual Changes in Science«, in: Giere (1992), 3-44.
Newton, Isaac (1687): *Philosophiae naturalis principia mathematica*, London; Nachdruck d. dt. Ausgabe v. J. Ph. Wolfers (Berlin 1872), Darmstadt 1963.
Norton, John D. (1991): »Thought Experiments in Einstein's Work«, in: Horowitz / Massey (1991), 129-48.
– (1993a): »Einstein and Nordström: Some Lesser-Known Thought Experiments in Gravitation«, in: J. Earman / M. Janssen / J. D. Norton (Hg.), *The Attraction of Gravitation: New Studies in the History of General Relativity*, Boston, 3-29.
– (1993b): »Seeing the Laws of Nature« [Rezension v. Brown (1991)], *Metascience*, 3(NS)/33-8.
– (1996): »Are Thought Experiments just what you Thought?«, *Canadian J. of Philosophy*, 26/333-66.
– (2002): »Thought Experiments: Is there more to the Argument?«, in: PSA (2002).

Ørsted, Hans Christian (1802): *Ideen zu einer neuen Architektonik der Naturmetaphysik, nebst Bemerkungen über einzelne Theile derselben*, Berlin.
– (1809): *Videnskaben om Naturens Almindelige Love* [Lehrbuch der Mechanik], Kopenhagen.
– (1811): *Förste Indledning til den Almindelige Naturlaere, et indbydelsesskrivt*

til forelaesninger over denne videnskab, Kopenhagen [Erweiterte Einleitung zu (1809)]; in (1920a).
– (1812): *Ansichten der chemischen Naturgesetze*, Berlin; in (1920a).
– (1820): *Experimenta circa effectum Conflictus electrici in Acum magneticum*; Hauniae [= *lat.* Kopenhagen]; »Versuche über die Wirkung des elektrischen Conflicts auf die Magnetnadel«, in: A. J. v. Oettingen, *Zur Entdeckung des Elektromagnetismus. Abhandlungen von Hans Christian Oersted und Thomas Johann Seebeck (1820-1821), Ostwalds Klassiker der Exakten Wissenschaften*, Bd. 63, Leipzig 1895, 3-8.
– (1822): »Über Geist und Studium der allgemeinen Naturlehre«, *Gehlens Journal für Chemie und Physik*, Bd. 36/4, 458-88 Berlin [Gekürzte Übersetzung d. A. von (1811)].
– (1844): *Naturlaerens mechaniske Deel*, Kopenhagen [Überarbeitete Neuauflage von (1809)]; ²1854.
– (1850): *Der Geist in der Natur* (Deutsche Originalausgabe des Verfassers), 2 Bd. zusammengebunden, München 1850/51.
– (1851): *Der Mechanische Theil der Naturlehre*, eingeleitet u. posthum hg. v. C. Meyn, Braunschweig [Überarbeitete dt. Fassung von (1844)].
– (1920a): *Scientific Papers – Natuvidenskabelige Skrifter*, hg. von K. Meyer, 3 Bd., Kopenhagen.
– (1920b): *Correspondance de H. C. Oersted avec divers savants*, hg. v. M. Ch. Harding, 2 Bd., Kopenhagen.
– (1997): *Selected Scientific Works of Hans Christian Ørsted*, hg. u. aus dem dt. übers. v. Karen Jelved / Andrew D. Jackson / Ole Knudsen, Princeton.

Parfit, Derek (1984): *Reasons and Persons*, Oxford.
Planck, Max (1949): *Vorträge und Erinnerungen* [= erweiterte 5. Auflage v. *Wege zur physikalischen Erkenntnis*, ⁴1933], Stuttgart.
Popper, Karl R. (1959): *The Logic of Scientific Discovery* [Erweiterte Übersetzung d. Autors v. *Logik der Forschung*, Wien 1934], London; vierte deutsche Auflage, Tübingen ⁴1971.
– (1968): »Birkhoff and von Neumann's Interpretation of Quantum Mechanics«, *Nature* 219/682-5.
Poser, Hans (1984): »Wovon handelt ein Gedankenexperiment?«, in: Poser, H. / H.-W. Schütt (Hg.), *Ontologie und Wissenschaft* (= *TUB-Dokumentation Kongresse und Tagungen*, Bd. 19), Berlin, 181-98.
Prudovsky, Gad (1989): »The Confirmation of the Superposition Principle: On the Role of a Constructive Thought Experiment in Galileo's Discorsi«, *Studies in History and Philosophy of Science*, 20/453-68.
PSA [= *Philosophy of Science Association*] (1992): *Proceedings of the 1992 Biennial Meeting of the Philosophy of Science Association*, hg. v. David Hull / Micky Forbes / Kathleen Okruhlik, 2 Bd., East Lansing/Michigan 1993.
– (2002): *Proceedings of the 2002 Biennial Meeting of the Philosophy of Science*

Association, hg. v. Sandra Mitchell, 2 Bd., Chicago 2003.

Quine, W. V. O. (1960): *Word and Object*, Cambridge/MA.

Rehder, Wulf (1980a): »Versuche zu einer Theorie von Gedankenexperimenten«, *Grazer Philosophische Studien*, 11/105-23.
– (1980b): »Thought-Experiments and Modal Logics«, *Logique et Analyse*, 23/407-17.
Rescher, Nicholas (1990): *Aesthetic Factors in Natural Science* (Hg.), Lanham / New York / London.
– (1991): »Thought Experimentation in Presocratic Philosophy«, in: Horowitz / Massey (1991), 31-41.
Roberts, Francis (1993): »Thought Experiments and Social Transformation«, *Journal for the Theory of Social Behavior*, 23/399-421.
Roese, Neal J. / James M. Olson (1995): *What Might Have Been: the Social Psychology of Counterfactual Thinking* (Hg.), Mahwah/N.J.
Rotert, Michelle Marie (1992): *Thought Experiments and Philosophical Analysis: an Examination of the Method of Counterexample and the Legitimacy of Appeals to Pre-theoretical Intuitions*, Unveröff. Diss., University of Iowa.

Sambursky, Shmuel (1961): »Some Comments on ›Imaginary Experiments‹«, *The British J. for the Phil. of Science*, 111/62-4.
Sandkühler, Hans Jörg (1999): *Enzyklopädie Philosophie* (Hg.), 2 Bde., Hamburg.
Scheibe, Erhard (1973): *The Logical Analysis of Quantum Mechanics*, Oxford.
– (1988): »Kovarianz und Gleichberechtigung. Bemerkungen zu einem Prinzip der allgemeinen Relativitätstheorie«, *Philosophia Naturalis* 25/110-20.
– (1993): »Heisenbergs Begriff der abgeschlossenen Theorie«, in: B. Geyer et al. (Hg.), *Werner Heisenberg. Physiker und Philosoph*, Heidelberg, 249-57.
Scheibe, Erhard / Georg Süßmann (1973): *Einheit und Vielheit – Festschrift für Carl Friedrich v. Weizsäcker zum 60. Geburtstag* (Hg.), Göttingen.
Schick, Theodore Jr. / Lewis Vaughn (1999): *Doing Philosophy: An Introduction through Thought Experiments*, Mountain View/CA.
Schlipp, Paul Arthur (1949): *Albert Einstein: Philosopher – Scientist* (Hg.), Evanston/Ill.; dt.: *Albert Einstein als Philosoph und Naturforscher*, Nachdruck v. Stuttgart 1951, Braunschweig 1971.
Schöpf, Hans-Georg (1989): »Gedankenexperimente in der Physik«, *Wissenschaftliche Zeitschrift der Technischen Universität »Otto von Guericke« Magdeburg*, 33/63-7.
Schrödinger, Erwin (1935): »Die gegenwärtige Situation in der Quantenmechanik«, *Die Naturwissenschaften*, 23/807-12, 823-8, 844-9; in: Österrei-

chische Akademie der Wissenschaften (Hg.), *Erwin Schrödinger – Gesammelte Abhandlungen*, Bd. 3, Wien 1984, 484-501.

Segre, Michael (1980): »The Role of Experiment in Galileo's Physics«, *Archive f History of Exact Sciences*, 23/227-52.

Settle, Thomas B. (1961): »An Experiment in the History of Science«, *Science*, 133/19-23.

Sirridge, M. J. (1975): »Truth from Fiction?«, *Philosophy and Phenomenological Research*, 35/453-71.

Sorensen, Roy A. (1991a): »Rationality as an Absolute Concept«, *Philosophy*, 66/473-86.

– (1991b): »Thought Experiments«, *American Scientist*, 79/250-63.

– (1991c): »Moral Dilemmas, Thought Experiments, and Conflict Vagueness«, *Philosophical Studies*, 63/291-308.

– (1992a): *Thought Experiments*, New York.

– (1992b): »Thought Experiments and the Epistemology of Laws«, *Canadian Journal of Philosophy*, 22/15-44.

– (1992c): [Rezension v. Brown (1991)] *Foundations of Physics* 22/1103-9.

– (1995): »Précis of ›Thought Experiments‹« und »Sorensen's Reply to Bunzl and Feldman«, *Informal Logic*, 17/385-7 u. 399-405 [Diskussion der Kritik an Sorensen (1992a): durch Martin Bunzl und Richard Feldman im gleichen Band, 388-93 u. 394-8].

Stäudner, Frank (1998): *Virtuelle Erfahrung. Eine Untersuchung über den Erkenntniswert von Gedankenexperimenten und Computersimulationen in den Naturwissenschaften*, Unveröffentlichte Dissertation, Friedrich-Schiller-Universität Jena.

Stevin, Simon (1586): *De Beghinselen der Weeghconst*, Leyden; in: Dijksterhuis, E. J. (Hg.), *The Principal Works of Simon Stevin*, Bd. 1, Amsterdam 1955.

Teng, Yu-Jen (1992): *An Inquiry into Thought Experiment*, Unveröffentlichte Dissertation, Southern Illinois University at Carbondale.

Tetlock, Philip E. / Aaron Belkin (1996): *Counterfactual Thought Experiments in World Politics* (Hg.), Princeton.

Tittle, Peg (2004): *What If ... Collected Thought Experiments in Philosophy*, London.

Urbaniec, Jacek (1988): »In Search of a Philosophical Experiment«, *Metaphilosophy*, 18/294-306.

Vermeulen, Frank (2001): *Mijnheer Albert*, Tielt; dt: *Der Herr Albert. Ein Roman über Einsteins Gedankenexperimente*. Hildesheim 2003.

Weinberg, Steven (1993): *Dreams of a Final Theory*, New York; dt.: *Der Traum von der Einheit des Universums*, München.

Weizsäcker, Carl Friedrich von (1971): *Die Einheit der Natur*, München; ²1982.
– (1985): *Aufbau der Physik*, München; Nachdruck 1988.
Wilkes, Kathleen V. (1988): *Real People: Personal Identity without Thought Experiments*, Oxford.
Wittgenstein, Ludwig (1930): *Philosophische Bemerkungen*, Erstveröffentlichung: Oxford 1964; dt.: Frankfurt/M. 1981.
Witt-Hansen, Johannes (1976): »H. C. Örsted, Immanuel Kant, and the Thought Experiment«, *Danish Yearbook of Philosophy*, 13/48-65.
– (1982): »Kriegswissenschaft, Friedensphilosophie und moderne Zukunftsforschung«, *Conceptus* 16/70-85.

Yablo, Stephen (1993): »Is Conceivability a Guide to Possibility?«, *Philosophy and Phenomenological Research*, 53/1-42.
Yourgrau, Wolfgang (1964): »On the Logical Status of so-called Thought Experiments«, *Proceedings of the Xth International Congress on the History of Science*, Ithaca.
– (1967): »On Models and Thought Experiments in Quantum Theory«, *Monatsberichte der Deutschen Academie der Wissenschaften*, Berlin (Ost) 9/865-74.
Yrjönsuuri, Mikko (1996): »Obligations as Thought Experiments«, in: Ignacio Angelelli / María Cerezo (Hg.), *Studies on the History of Logic, Proceedings of the III. Symposium on the History of Logic*, Berlin / New York.

Abbildungsverzeichnis

Namenregister

Schriften. Dits et Ecrits. Herausgegeben von Daniel Defert und François Ewald unter Mitarbeit von Jacques Lagrange. Übersetzt von Michael Bischoff, Hans-Dieter Gondek, Hermann Kocyba, Reiner Ansén und Jürgen Schröder. Einzeln und im Schuber.

- Band 1. 1954-1969. Leinen und kartoniert. 1088 Seiten
- Band 2. 1970-1975. Leinen und kartoniert. 1031 Seiten
- Band 3. 1976-1979. Leinen und kartoniert. 1028 Seiten
- Band 4. 1980-1988. Mit Gesamtregister. Leinen und kartoniert. 1129 Seiten

Sexualität und Wahrheit

- Band 1. Der Wille zum Wissen. Übersetzt von Ulrich Raulff und Walter Seitter. stw 716. 190 Seiten
- Band 2. Der Gebrauch der Lüste. Übersetzt von Ulrich Raulff und Walter Seitter. stw 717. 327 Seiten
- Band 3. Die Sorge um sich. Übersetzt von Ulrich Raulff und Walter Seitter. stw 718. 316 Seiten

Überwachen und Strafen. Die Geburt des Gefängnisses. Übersetzt von Walter Seitter. Mit Abbildungen. stw 184 und st 2271. 396 Seiten

Vorlesungen am Collège de France

- Die Anormalen (1974-1975). Übersetzt von Michaela Ott und Konrad Honsel. 480 Seiten. Gebunden
- In Verteidigung der Gesellschaft. (1975-1976). Übersetzt von Michaela Ott. 312 Seiten. Gebunden. stw 1585. 342 Seiten
- Geschichte der Gouvernementalität I. Sicherheit, Territorium, Bevölkerung. (1977-1978). Übersetzt von Claudia Brede-Konersmann und Jürgen Schröder. 600 Seiten. Gebunden

NF 116/2/2.05

- Geschichte der Gouvernementalität II. Die Geburt der Biopolitik. (1978-1979). Übersetzt von Jürgen Schröder. 518 Seiten. Gebunden
- Hermeneutik des Subjekts. (1981-1982). Übersetzt von Ulrike Bokelmann. 694 Seiten. Gebunden

Wahnsinn und Gesellschaft. Eine Geschichte des Wahns im Zeitalter der Vernunft. Übersetzt von Ulrich Köppen. stw 39. 562 Seiten

Die Wahrheit und die juristischen Formen. Übersetzt von Michael Bischoff. Mit einem Nachwort von Martin Saar. stw 1645. 192 Seiten

Herculine Barbin/Michel Foucault. Über Hermaphrodismus. Herausgegeben von Wolfgang Schäffner und Joseph Vogl. Übersetzt von Annette Wunschel. es 1733. 247 Seiten

Zu Michel Foucault

Gilles Deleuze. Foucault. Übersetzt von Hermann Kocyba. Kartoniert und stw 1023. 192 Seiten

Didier Eribon. Michel Foucault. Eine Biographie. Übersetzt von Hans-Horst Henschen. st 3086. 517 Seiten

Foucault und die Künste. Herausgegeben im Auftrag des Zentrums für Kunst- und Medientechnologie von Peter Gente. stw 1667. 338 Seiten

Gouvernementalität der Gegenwart. Studien zur Ökonomisierung des Sozialen. Herausgegeben von Ulrich Bröckling, Susanne Krasmann und Thomas Lemke. stw 1490. 320 Seiten

NF 116/3/2.05

Thomas Schäfer. Reflektierte Vernunft. Michel Foucaults philosophisches Projekt einer antitotalitären Macht- und Wahrheitskritik. stw 1219. 215 Seiten

Wilhelm Schmid. Auf der Suche nach einer neuen Lebenskunst. Die Frage nach dem Grund und die Neubegründung der Ethik bei Foucault. stw 1487. 466 Seiten

Wilhelm Schmid. Die Geburt der Philosophie im Garten der Lüste. Michel Foucaults Archäologie des platonischen Eros. st 3215. 224 Seiten

Spiele der Wahrheit. Michel Foucaults Denken. Herausgegeben von François Ewald und Bernhard Waldenfels. es 1640. 340 Seiten

Paul Veyne. Foucault: Die Revolutionierung der Geschichte. Übersetzt von Gustav Roßler. es 1702. 84 Seiten

Zwischenbilanz einer Rezeption. Frankfurter Foucault-Konferenz 2001. Herausgegeben von Axel Honneth und Martin Saar. stw 1617. 400 Seiten

NF 116/4/2.05